21世纪高等教育建筑环境与能源应用工程系列规划教材

制冷空调节能技术

张建一　李　莉　编著
王如竹　主　审

机　械　工　业　出　版　社

本书主要介绍制冷空调装置设计的优化，运行调节、维护管理的优化。本书取材立足于实用，从制冷空调装置的设计、节能改造、操作调节、维护保养及节能管理五个方面，论述各个环节的节能原理和国内外实用节能新技术。在阐明节能原理的基础上，力求理论联系实际。书中介绍的许多节能技术已在国内的实践中使用，获得直接的节能效益。

本书共有11章，各章都有思考题，便于学习时掌握相关要点。附录中收录了与节能有关的设备管理、运行维护管理、合理用电评价，以及相关国家标准与规范目录。

本书可作为高等院校建筑环境与能源应用工程专业、能源与动力工程专业制冷空调方向等相关专业教学用书，同时对于制冷空调装置的设计人员、运行管理人员和操作人员也有重要的参考价值。

本书配有电子课件，免费提供给选用本教材的授课教师，需要者请根据书末的“信息反馈表”索取。

图书在版编目(CIP)数据

制冷空调节能技术/张建一，李莉编著. —北京：机械工业出版社，2011.8(2025.8重印)

21世纪高等教育建筑环境与能源应用工程系列规划教材

ISBN 978-7-111-34350-9

Ⅰ.①制… Ⅱ.①张…②李… Ⅲ.①制冷—空气调节器—节能—高等学校—教材 Ⅳ.①TB657.2

中国版本图书馆CIP数据核字(2011)第143210号

机械工业出版社(北京市百万庄大街22号 邮政编码100037)

策划编辑：刘 涛 责任编辑：刘 涛 张丹丹

版式设计：张世琴 责任校对：刘志文

封面设计：王伟光 责任印制：张 博

北京建宏印刷有限公司印刷

2025年8月第1版第8次印刷

184mm×260mm ·18.5印张·457千字

标准书号：ISBN 978-7-111-34350-9

定价：48.00元

电话服务	网络服务
客服电话：010-88361066	机 工 官 网：www.cmpbook.com
010-88379833	机 工 官 博：weibo.com/cmp1952
010-68326294	金 书 网：www.golden-book.com
封底无防伪标均为盗版	机工教育服务网：www.cmpedu.com

前言

制冷空调技术的发展水平是衡量一个国家国民经济和人民生活水平的重要标志之一。随着我国国民经济的发展，人民生活水平的提高，制冷空调行业也获得了迅速的发展。与此同时，制冷空调装置的能耗在我国总能耗中的比例也随之不断上升。因此，制冷空调装置的节能已成为社会关注的重要课题。

本书从制冷空调装置的设计、节能改造、操作调节、维护保养和节能管理五个方面，论述各个环节的节能原理和国内外实用节能新技术。其目的是针对国内工程实际，将各种节能技术系统化，构建一个实用的制冷空调装置节能体系，立足于实用。书中内容主要针对中等及中等以上容量(规模)的制冷空调装置(系统)，其中的许多节能原理和措施也可用于小型制冷空调装置。

在阐明节能原理的基础上，编写中力求理论联系实际。书中大多数节能方法已在国内外使用，可以直接用于工程实际，获得直接的节能效益。2007年，机械工业出版社出版了作者的《制冷空调装置节能原理与技术》。根据教材的特点，作者重新组织，压缩精简了与其他课程相关的内容，更加突出重点，并补充了近年来国内外的新进展，包括作者的一些研究成果。

本书第1~4章，从设计制冷空调装置的角度，阐述了各个环节的节能原理和方法；第8章介绍了现役制冷空调装置的各种节能改造技术的原理和实践；第9章讨论了制冷空调装置操作调节中的节能技术；第10章是维护管理中的主要节能措施；第11章阐述了节能管理体系。考虑到空调的应用越来越广，由李莉教授撰写第5~7章，专门分析讨论了空调系统及热泵的节能。附录中收录了冷库管理规范、空气调节节能途径与方法、中央空调系统节能运行管理规定、制冷空调节能相关国家标准与规范目录等。

本书在编写过程中，参阅并引用了大量文献，在此谨向这些文献的作者表示诚挚感谢。本书由上海交通大学王如竹教授主审，王如竹教授提出了许多宝贵意见，谨在此表示衷心的感谢。在作者近几年的研究工作中，先后得到国家自然科学基金项目(50746021)、福建省科技厅项目(2009H2006，2008J04013，2006I0022)和厦门市科技局项目(3502Z20103022、3502Z20063018)资助。本书内容包括了这些项目的研究成果。特此向福建省科学技术厅和厦门市科学技术局致谢。同时，感谢研究生陈海洋、张庆岭、詹鋆和魏鹏威为本书成稿所作的贡献。

制冷空调装置的节能已经是社会的热点，但作为一门高校的课程时间尚短，还有待改进完善。本课程相当于制冷空调装置设计的优化，加上运行调节、维护管理的优化。对于制冷空调装置的设计人员、操作人员和管理人员，本书是一本实用性很强的专业技术用书。希望本书的出版，能对我国制冷空调装置的节能起到促进作用，为我国建设节约型社会尽一份力。限于作者的水平，错误和不当之处敬请读者批评指正。

张建一
于厦门集美学村

目　录

绪　论

人类利用天然冷源来制冷已有悠久的历史。早在3000多年前，我国《诗经》上就有冬季采集冰雪储藏，到夏季取出降温的记载。但采用天然冷源，难以得到0℃以下的低温，还要受到区域、季节等条件的限制，远远不能满足社会发展的需要。

工程技术上的人工制冷空调，就是利用一定的装置(制冷装置)，消耗一定的能源，强制地使某一对象(空间或物体)的温度低于周围环境介质的温度，并维持这个低温的过程。

人工制冷技术是从19世纪中叶开始发展的。1834年，英国人波尔金斯制成了用乙醚作制冷剂的一台制冷机。1844年，美国人高斯发明了空气压缩式制冷机。1862年，法国人卡尔里制成吸收式制冷机。1874年，德国人林德发明了世界上第一台氨压缩机，使制冷技术进入实际应用的广阔天地。人工制冷不受季节、区域的限制，可以根据需要制取不同的低温。近50年来，随着现代科技的迅速发展，制冷技术已经成为现代社会不可缺少的技术，并且正在国民经济、人民生活、国防科研等领域发挥着日益重要的作用。

食品工业是应用制冷技术最早的部门。由于肉类、水产品、禽类、果蔬等易腐食品的生产，有较强的季节性和地区性，为了调剂旺、淡季节，保障供给，就需要将食品进行冷加工、冷藏及冷藏运输。这就需要用制冷装置来装备冷库、冷藏车船等。在现代化的食品工业中，食品从生产、储藏到运输、销售，始终保持在低温状态。这种完整的冷藏网络称为冷链。冷链是保证食品质量，减小生产及分配过程中损耗的关键。

在石油化工，有机合成(如橡胶、塑料、化纤、药料、染料等)装置，基本化工(酸、碱等)工业中的分离、结晶、浓缩、提纯、液化等控制反应温度单元操作中，都要用到制冷技术。

在空调方面，冶金、纺织、印刷、精密仪表、电子工业等工厂，以及各种实验室、计量室，为了保证必要的恒温恒湿，需要进行空气调节，制冷则是空调装置中不可缺少的组成部分。20世纪90年代以来，随着我国经济的发展和生活水平的提高，舒适性空调在住宅、公共建筑领域及交通工具中的应用得到迅猛发展。空调中应用的制冷装置规模已经大大超过食品工业，成为制冷应用最多的领域。

在产品性能试验、建筑工程、医药生产和医疗、农牧业、体育事业方面，都已广泛应用制冷技术。在许多近代尖端科学技术中，卫星通信、高速电子计算机、激光、超导、红外技术等，都离不开制冷技术。

制冷空调必须消耗能量。20世纪70年代以来，能源问题已被列为世界五大问题之一。随着制冷空调技术应用的日益广泛，制冷空调装置消耗的能源也在迅速增加。制冷空调装置的节能正在引起人们越来越广泛地重视。

新中国成立以来，我国能源工业得到巨大发展。2007年，我国一次能源生产总量23.7亿t标准煤，是改革开放初的3.8倍，约占全球能源生产总量的14%。2008年年底电力总装机达到7.92亿kW，仅次于美国[1]。但是，我国的能源形势仍然十分严峻。到2007年，中西部地区还有1000多万人口没有用上电[1]。2008年，全年共有22个省级电网的局部地区和部分时段出现短时电力紧张或拉限电情况[1]。能源短缺一直是制约我国经济发展的一个重要因素。

更加严重的问题是，我国的人均能源资源拥有量远低于世界平均水平。国务院2007年12月发布的《中国的能源状况与政策》白皮书指出，中国拥有较为丰富的能源资源，但人均能源资源拥有量较低。其中，煤炭和水力资源人均量相当于世界平均水平的50%，石油、天然气人均量仅为世界平均水平的1/15左右。并且，我国能源资源的地域分布明显不均，80%的能源资源分布在西部和北部地区，而60%的能源消费在经济比较发达的东部和南部地区，形成了西煤东运、北煤南运的巨大运输压力。煤炭运量占铁路运量的40%。

在能源短缺的同时，我国又存在着能源有效利用率低的矛盾。能源利用率是指有效利用的能量与能源所具有的能量的比值。它是衡量能源利用水平的综合指标。我国的能源利用率目前仍然很低，比以发达国家为主要成员的经济合作与发展组织（OECD）国家落后约20年，利用率落后10个百分点[2]。可见，我国有极大的节能潜力。

应该强调说明，能源不仅是资源问题，同时与环境问题紧密联系。能源的生产利用对当地的环境和全球大气环境会产生重要的影响。尤其是我国发电以煤炭为主，2010年燃煤的发电量占73.68%。据测定，燃烧一吨煤平均排放二氧化碳490kg，排放粉尘13.6kg，二氧化硫14.8kg[3]。由于大量燃烧煤，我国二氧化硫和二氧化碳排放量已经分别居世界第一位和第二位，面临巨大国际压力。因此，节能的同时也在保护人们的生存和发展环境。

显然，我国人均能源资源占有量少，能源产地远离消费地区的基本情况无法改变。要保证我国国民经济持续发展，单凭加速投资于能源生产设施是不可能实现的。这不仅是因为我国能源资源有限，而且能源开发投资大、时间长，短期内很难有持久的大幅度增加，同时还受到运输和环境的制约。例如，不论是一个大型煤矿或一个相当规模的油田，还是一个大型水电站或一座核电站，从勘探、设计到建成投产，一般都要8～10年，甚至10年以上的时间。因此，应当开源与节流并举，节能是缓解我国经济发展中能源供需矛盾不可缺少的措施。

节能的中心思想是：采用技术上可行、经济上合理，以及环境和社会可接受的措施，提高能源效率，更有效地利用能源。我国在20世纪80年代，制定了能源建设“开发和节约并重，近期要把节能放在优先地位”的总方针，颁布了各种节能法规政策。1997年11月，第八届人大通过了《中华人民共和国节约能源法》，2007年10月我国颁布了新修订的《中华人民共和国节约能源法》，并从2008年4月开始施行。

中国经济未来能否保持快速增长，其中一个重要的先决条件就是能源供应是否充足。2006年9月，国务院印发了《国务院关于加强节能工作的决定》（国发〔2006〕28号），要求从战略和全局的高度，充分认识加强节能工作的极端重要性和紧迫性。国家“十二五”规划纲要明确规定，“十二五”期间单位国内生产总值能源消耗降低16%，单位国内生产总值二氧化碳排放降低17%[4]。

我国已发展成为世界制冷空调设备生产大国，许多产品产量居世界前列，现有制冷空调设备制造企业1000余家。如果计入制冷空调设备制造所需专用配套件、专用材料的生产企业，我国制冷空调工业企业数量已达1800家左右[5]。

制冷空调是耗能大的行业之一。目前广泛采用的压缩式制冷装置消耗大量的电能。2002年，我国冷冻空调设备用电负荷已占到电力总负荷的20%以上[6]。我国许多城市夏季空调耗电量超过总用电量的40%[7]。空调住宅能耗约为一般住宅能耗的6～7倍[7]。因此，制冷空调节能已经在我国节能工作中具有举足轻重的地位。

制冷空调的节能包括了制冷空调装置的设计、操作调节、维护管理及技术改造各个环节。有些人认为，节能只是节省部分的能源，减少一点运行费用，意义不太大。大量事实表明，制冷空调节能的效益是相当可观的。设计不合理、操作管理不善的制冷空调装置，其能耗水平可比节能的装置高 2 ~ 3 倍。

一套优化节能的制冷空调装置必然处于高效运行，能达到最大制冷生产能力，并保证所需的低温。同时，各机器设备都处于最佳运行状态，安全可靠性提高，零部件的磨损减小，维修费用下降，使用寿命延长。因此，制冷空调装置的节能不仅对用户具有直接的经济效益，还具有多方面的综合经济效益。同时，节能还具有节约资源、保护环境的重大社会效益，涉及每一个公民。广大制冷空调工作者对此应有充分的认识，高度重视节能工作。

第1章 制冷方式、流程和控制方式的选择与优化

1.1 制冷方式的选择

在设计选择制冷装置时，首先要确定制冷的方式。目前人工制冷主要有四种方法，即相变制冷、气体膨胀制冷、涡流管制冷和热电制冷。每种制冷方法各有其特点。显然，只有针对制冷对象的具体条件，选择合理的制冷方法，才能满足制冷的要求，进而实现制冷中的节能。因此，对各种制冷方法应有深入的认识和理解。

1.1.1 常用相变制冷方法的特点

相变是指物质集聚态的变化，例如，冰变成水就是一种相变过程。物质发生相变时，必然伴随着一定数量的能量交换，这是一种物理现象。相变制冷就是利用某些物质相变时的吸热效应，达到降温的效果。

固体物质的熔解或升华，液体的汽化，都是吸热的相变过程，通过这些过程吸收热量，就可获得低温。例如，在大气压力下冰融解的温度为0℃，每kg冰可吸收334.96kJ的热量；干冰(固态二氧化碳)在大气压力下升华温度为－78.9℃，每kg干冰可吸热573.62kJ。由于冰和干冰只能单次使用，不能连续使用，因此严格讲只是用冷，还不能称为制冷。

液体转化为蒸气称为汽化。在现代制冷技术中，广泛利用制冷剂(液体)在低压下的汽化过程来制冷。利用这种原理的制冷方式可分为蒸气压缩式制冷、吸收式制冷和蒸气喷射式制冷。

1. *蒸气压缩式制冷*

在蒸气压缩式制冷中，工质(制冷剂)的蒸气首先被压缩到比较高的压力，被外部冷却介质(冷却水或空气)冷却而转变为液体，再经节流，使压力和温度同时降低，利用低压力下工质液体的汽化即可吸热制冷。汽化后的蒸气再由压缩机吸入压缩，不断循环。采用这种制冷方法时，所用的工质必须具有这样的特性：在常温和普通低温下能够液化。图1-1所示为蒸气压缩式制冷的循环系统图及其$T-s$图和$p-h$图。

蒸气压缩制冷的循环过程可以采用各种不同类型的压缩机，例如活塞式、螺杆式或离心式压缩机。蒸气压缩式制冷从19世纪70年代开始发展，至今已有100多年的历史，已发展到相当完备的程度。由于其具有许多明显的优点，因此蒸气压缩式制冷是目前国内外应用最广泛的制冷方式。其主要的特点如下：

1）能达到的制冷温度范围广。从稍低于环境温度至 -150℃ 均可实现，可根据不同的温度要求选择不同的制冷剂和压缩级数。表1-1列出不同压缩级数和不同的制冷剂所能达到的最低蒸发温度。

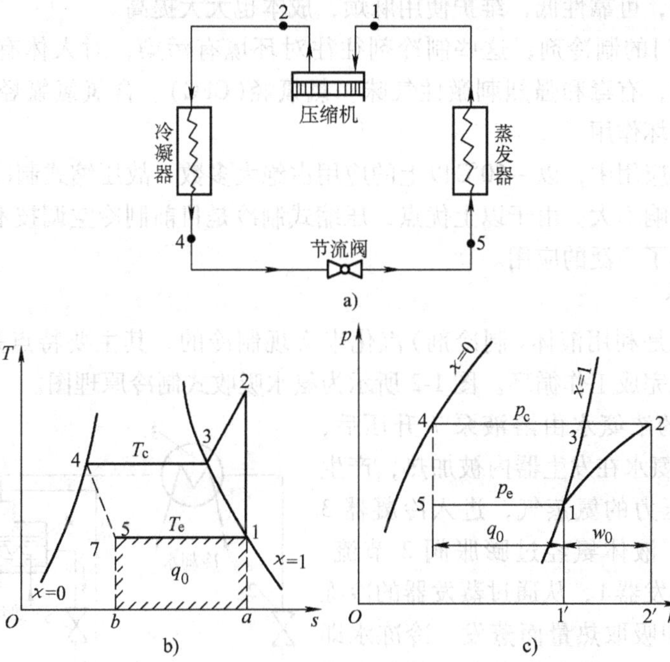

图1-1　蒸气压缩式制冷

a）单级压缩式制冷循环系统　b）$T-s$ 图　c）$p-h$ 图

表1-1　压缩式制冷能达到的最低蒸发温度　（单位：℃）

压缩级数	制冷剂	冷凝温度		
		30	35	40
单级（压缩比 = 8）	R717 R22	-25 -36	-22 -34	-20 -31
两　级	R717 R22	-65 -75		
单级复叠	R22 + R13	-85 ~ -90		
单—两级复叠	R22 + R13	-110		
三级复叠	R22 + R13 + R14	-110 ~ -140		
单—两—单级复叠	R22 + R13 + R14	-110 ~ -140		

2）单机容量范围大，规格多。蒸气压缩式制冷机的单机制冷量，从最小的100W左右到数千kW，有大、中、小各种容量，可以根据需要选择，非常方便。

3）在中、小容量范围，设备比较紧凑，可适应不同场合的需要。广泛应用于空气调节、冰箱、食品冷加工、冷藏、石油、化工等各领域。

4）效率较高。蒸气压缩式制冷的最主要优点，是在普冷领域的温度范围内，制冷系数较大，效率较高。例如，在冷凝温度40℃，蒸发温度5℃时，理论制冷系数可达4.26，实际制冷系数为2.3左右。因此，蒸气压缩式制冷的运行经济性较高。

5）当制冷温度较低时，其综合性能变差。通常当制冷温度低于－70℃时，压缩级数增加。机器变得复杂，可靠性低，维护使用麻烦，成本也大大提高。

6）要使用专门的制冷剂，这些制冷剂往往对环境有污染，对人体有害。例如常用的氨，会燃烧、爆炸，有毒和强烈刺激性气味。氯氟烃(CFC)、含氢氯氟烃(HCFC)制冷剂，对大气臭氧层有破坏作用。

在制冷技术的应用中，以－50℃以上的应用占绝大多数，故压缩式制冷在－70℃以下的缺点对常用范围影响不大。由于以上优点，压缩式制冷是目前制冷空调技术中的主流，在各行业及生活中获得了广泛的应用。

2. 吸收式制冷

吸收式制冷也是利用液体(制冷剂)汽化来实现制冷的。其主要特点是以热能为动力，利用溶液的特性来完成工作循环。图1-2所示为氨水吸收式制冷原理图。

吸收器6中的浓氨水由溶液泵7升压后，送入发生器4。浓氨水在发生器内被加热，产生较高温度和较高压力的氨蒸气，进入冷凝器3被凝结为液体氨。液体氨经过膨胀阀2节流，降温降压后进入蒸发器1，从通过蒸发器的冷冻水(又称载冷剂)中吸取热量而蒸发，冷冻水即可作为冷源使用。发生器4中剩余的稀氨水通过减压阀5降压后，送入吸收器6进行喷淋，稀氨水在喷淋过程中吸收从蒸发器1引来的低压氨蒸气，成为浓氨水，然后继续循环。

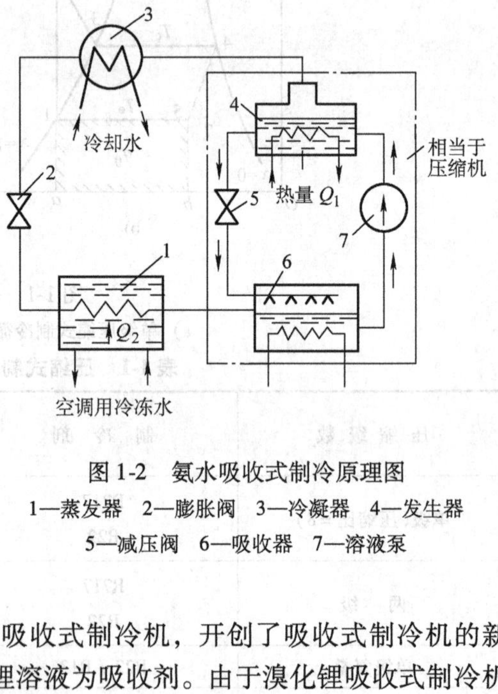

图1-2　氨水吸收式制冷原理图

1—蒸发器　2—膨胀阀　3—冷凝器　4—发生器　5—减压阀　6—吸收器　7—溶液泵

吸收式制冷的工作原理虽然早在18世纪70年代就已提出，但直到1859年才试制成功第一台吸收式制冷机，即氨水吸收式制冷机。氨水吸收式制冷由于效率(热力系数)较低等原因，其应用受到限制。

随着制冷技术的发展，1945年出现了溴化锂吸收式制冷机，开创了吸收式制冷机的新局面。溴化锂吸收式制冷以水为制冷剂，以溴化锂溶液为吸收剂。由于溴化锂吸收式制冷机效率较高，并具有许多独特的优点，特别是节能效果好，引起了人们广泛的重视。氨水吸收式和溴化锂吸收式制冷装置具有一些共同的特点，但也有许多不同的特点。下面分别介绍。

氨水吸收式制冷装置有如下特点：

1）耗电少。由于其耗能主要为热能，耗电量大大少于压缩式制冷装置。国内20世纪80年代开发的利用地热的实用装置[8]用于冷库时，其耗电量比氨压缩式制冷节省65%。

2）可利用废热、余热。由于吸收式制冷主要以热能为动力，可以直接利用工业废热和余热。

3）变负荷容易，调节范围广。可在10%~100%范围内调节制冷量。

4）单级即可达到－40℃的低温。

5）可以露天布置，操作方便，易于维护管理。

6）运行噪声低，可靠性高。装置中除了泵外，没有运动部件。

7）换热设备面积大，耗钢材量大。

8）冷却水消耗量大。

9）一次性投资大于活塞式制冷机。

10）效率较低。

11）没有系列成套的产品，必须现场设计。

根据以上特点，氨水吸收式制冷适用于有余热可利用或燃料低廉的场合。用蒸汽加热的氨水吸收式制冷机，适用于电、热、冷相结合的企业；利用化工废热的氨水吸收式制冷机，适用于在化工过程高温放热，而在低温下又需要冷量的工艺过程；直接燃烧的氨水吸收式制冷机，其制冷温度可达 -20 ~ -60℃。

溴化锂吸收式制冷机有如下特点：

1）以热能为动力，耗用电能很少，耗电量仅为蒸气压缩式的3%~5%。对热源要求不高，可以利用各种废热、余热。例如高于20kPa表压的蒸汽、高于75℃的热水，以及地热、太阳能等均可利用。利用废热、余热时具有很好的节电、节能效果。

2）整个机组除了功率很小的泵外，没有其他的运动部件，振动小，噪声低。

3）机器处于真空下运转，无爆炸危险。溴化锂溶液作为工质，无毒、无臭、无公害、安全可靠，有利于保护环境。

4）冷量调节范围宽。随着外界负荷的变化，一般可在20%~100%冷量范围内无级调节。即使低负荷运行，热效率几乎不下降，性能稳定，能很好地适应负荷变化的要求。

5）对外界条件变化适应性强。如标准外界条件为：蒸汽压力588kPa表压，冷却水进口温度32℃，冷媒水出口温度10℃的蒸汽双效机。实际运行表明，在蒸汽压力196 ~ 784kPa表压，冷却水进口温度25 ~ 40℃，冷媒水出口温度5 ~ 15℃的范围内，能够稳定运行。

6）成套出厂，国内已有蒸气型、热水型、直燃型等系列产品。用户购买的是机组形式，安装时只需一般校平，按要求连接气、水、电即可。由于机器运行时振动小，基础无须防振，只要考虑静负荷即可。安装位置不限，可以安装在室外、底层、楼层或屋顶。

7）制造简单，操作、维修保养方便。机组中除屏蔽泵、真空泵和真空阀等附属设备外，几乎都是静止的换热设备，制造比较容易，操作比较简单，机组的维护保养主要是保持其气密性。

8）用水作制冷剂时，只能获得5℃以上的冷量。在有空气的情况下，溴化锂溶液对普通碳钢具有强烈的腐蚀性。这不仅影响机组的寿命，而且影响机组的性能和正常的运转。

9）机组在真空下运行，空气容易漏入。即使漏入微量的空气，也会严重地损害机组寿命，而且影响机组性能。为此，制冷机要求严格密封，这给机器的制造和使用增加了困难。

10）制冷剂蒸气的冷凝过程和吸收过程均为排热过程，故机组的排热负荷较大。此外，对冷却水的水质要求也比较高。在水质差的地方，应进行专门的水质处理。

根据以上特点，溴化锂吸收式制冷主要应用于空气调节制冷，和为生产工艺提供0℃以上的冷媒水。由于其运行噪声小，对能源要求低，在需要安静和有余热的场合使用更为适宜。当有廉价热源可利用时，其运行经济性高于压缩式制冷。当有余热、废热可利用时，其优势最为突出。在以下情况下应优先应用：

1）在具有大量热能或余热资源的部门，利用热能或余热制取冷量，既可减少企业排热的热污染，又可以节能，明显提高企业能源综合利用的效率。

2）与热电厂联合组成热、电、冷三联供系统，实现能源梯级利用，提高能源的利用率。

3）与燃气轮机和余热锅炉组成电、冷联供系统。即发电的燃气轮机排出的高温烟气，进入余热锅炉产生蒸汽或热水，驱动吸收式制冷机产生低温冷水。

4）在生活、工艺流程中已配有锅炉，而锅炉负荷有余量时，可选配吸收式冷水机组供冷。

我国的吸收式制冷机在20世纪90年代获得迅猛的发展。吸收式制冷机的年产量，从1991年的103台，上升到2000年的3800台，增加了36倍。2000年的3800台中，直燃机为2600台，占总年产量的68%以上[9]。目前的生产能力可达到1万台/年，实际年产量为3500～4500台，产量位居世界前列。

目前我国吸收式制冷技术的总体水平已接近和达到国际领先水平，并处于不断创新和发展的过程中。吸收式制冷机已经由单纯的制冷，发展到可同时供应冷水和热水、供应热水或蒸汽等多种机型（表1-2）。它已成为我国大型空调设备的主要机型之一，为不同场合、不同用户提供了更多的选择方案。

表1-2　吸收式制冷机的分类

分类方式	机组名称	特点和应用
用途	制冷机组	供应0℃以下冷量
	冷水机组	供应冷水
	冷热水机组	交替或同时供应冷水和热水
	热泵机组	供应热水或蒸汽，或直接处理空气用于空调
工质对	氨/水	氨为制冷剂，水为吸收剂
	水/溴化锂	水为制冷剂，溴化锂溶液为吸收剂
	其他	采用其他工质对
驱动热源	蒸汽型	利用蒸汽的潜热
	直燃型	利用燃料（油或气）的燃烧热
	热水型	利用热水的显热
	余热型	利用工业或生活余热
	其他型	利用太阳能、地热等其他热源

随着吸收式制冷技术不断取得进步，效率和性能不断改善，蒸气喷射式制冷的应用越来越少。目前，蒸气喷射式制冷仅在特殊场合仍具有生命力，其他三种制冷方式——气体膨胀制冷、涡流管制冷和热电制冷——在大中型制冷系统中应用很少，故本书不进行讨论。

1.1.2 制冷方法选择要点

如上所述，压缩式和吸收式制冷各有其特点。在工程设计中，要根据特定的制冷要求选择一种合理的制冷方法，必须进行深入的调查分析，全面综合比较才能确定。以下是综合比较中必须考虑的要点。

1. 消耗能量的形式

制冷过程需要消耗大量的能量，因此，从节能的角度，选择制冷方法时首先应考虑能量消耗问题，当要求的制冷量大时更是如此。各种制冷方法中消耗的能量可分为两大类：一类是消耗电能或机械能；另一类是消耗热能。当有廉价热能，尤其是有废热、余热可利用时，首先应考虑采用消耗热能的制冷方法。这对于节能和节电都有重要意义，并且有最佳的经济效益。

2. 应用的温度范围

各种制冷方法各有其适用的低温范围，因此，只有正确地选择了制冷方法，才能满足所设计工程的温度要求。例如，溴化锂吸收式制冷和蒸气喷射式制冷都不能获得0℃以下的低温。

3. 一次性投资(初投资)

对于用户而言，在达到相同制冷要求时，显然一次性投资越少越好。实践表明，对于相同的制冷量、相同的温度范围，不同的制冷方法一次性投资是不同的，有时甚至差别很大。参考文献[10]介绍了某纺织厂空调制冷机采用不同机型时的相对价格和运行费相对比值(表1-3)。虽然表1-3所示的价格是多年前的数据，但仍可以说明选择不同的制冷方法(装置)时，一次性投资可能差别很大。因此，除了典型的常规情况外，应该对各种不同的制冷方法、不同方案进行技术经济分析，全面地比较衡量，然后确定最合理的方案。

表1-3　制冷机类型不同时投资和运行费比较

制冷剂类型	相对价格	运行费对比
蒸气喷射式制冷机	1	1
活塞式制冷机	2.84	0.971
离心式制冷机	3.78	0.813
溴化锂吸收式制冷机	5.75	0.952

注：本表是在空调工况，制冷量1745kW下进行比较的。价格为1996年价格。

4. 运行费

对于制冷量大、全年运行时间长的制冷装置，显然，其运行费的高低比一次性投资更加重要。设计者和用户往往对一次性投资比较重视，对于常年运行费不够重视。由于各种制冷方法特点不同，全年运行管理费也不相同，设计选择时应该对各种方案作细致的分析比较。

5. 运行的可靠性

根据制冷对象的不同，对制冷过程运行的可靠性要求也不同。对于制冷降温过程不允许中断的重要场合，显然应选择可靠性高的制冷方法，防止造成重大损失。

6. 操作维护的方便性

不同的制冷方法，采用不同的制冷装置，它们的操作调节和日常维护的方便性也各不相同。操作维护方便性直接关系到操作维护人数和工作量，即人工费。

7. 安全和环境保护

不言而喻，制冷装置的安全性是一项重要的指标。目前各种制冷方法的工作压力不算太高，人们往往重视不够。应该注意，部分制冷剂对人体有危害，使用这些制冷剂时必须特别注意采取足够的安全措施。我国规定在人口稠密的场合和船舶上，不能使用会燃烧爆炸的有毒制冷剂。尽管制冷装置中的设备只处于中压或低压，但作为压力容器，同样具有爆炸等危险，应按规定严格管理。

应该强调说明，在目前淘汰 CFC 和 HCFC 类制冷剂的过渡时期，天然制冷剂氨又得到人们的重新评价。虽然氨具有毒性、燃烧性和爆炸性，但它具有优良的热力性质，并且属于环境友好制冷剂。我国冷库长期广泛采用氨作为制冷剂，发达国家冷库也广泛用氨。例如美国公用冷库采用氨的约占 85%[11]。国内外长期的工程实践充分说明，只要加强设计和使用中的安全措施，工业制冷系统选用氨作为制冷剂是合理的。

制冷空调装置与保护环境的关系，设计者和用户往往不够重视。现在人们已经逐渐认识到环境与经济可持续发展的关系，并且随着生活水平的提高，对环境质量也提出了更高的要求。因此，在选择制冷空调装置时，应该认真考虑环境保护问题。具体说，有三个方面是必须重视的：①制冷剂对环境，例如对大气臭氧层的破坏性；②制冷剂对任何生物的直接危害性；③制冷空调装置运行的噪声。

显然，不同的制冷空调装置，以上三个方面的指标是不同的，有的指标差别很大。因此，选择制冷方法时，应注意考虑对环境的影响。为了便于比较，现将各种制冷方法的适用范围列于表 1-4。

表 1-4 各种制冷方法的适用范围

制冷及制冷机种类		耗能形式	适用温度范围/℃	单机制冷量/kW	安全性	主要用途
相变制冷	蒸气压缩式	机械能、电能	-140 以上	0.1~34890	随工质而定	广泛用于工、农业及民用生活各领域
	溴化锂吸收式	热能（可利用余热、废热）	5 以上	70~23260	高	各种工业和民用空调或工艺低温水
	氨吸收式		-50 以上	10~854（产品）	中	化工工艺过程，空调
	蒸气喷射式		0 以上	35~3489	高	工业空调和工艺低温水
气体压缩膨胀制冷	空气制冷机	机械能、电能	-150 以上	6~1163	高	人工气候室或空调
	气体回热式	机械能、电能	-100~-253	0.0005~25	高	液氮、红外技术等
涡流管制冷		机械能、电能	-70 以上		高	微型制冷器等
热电制冷		电能	-150 以上	10^{-6}~3489	高	医用和仪器用、军事装备

1.2 压缩式制冷循环中制冷剂的选择

在制冷装置中不断循环以实现制冷的工作介质，称为制冷剂或制冷工质。在蒸气压缩式制冷中，就是利用制冷剂的相变来转移热量的。它在蒸发器中吸收被冷却物体的热量而汽化；在冷凝器中经过冷却介质（水或空气）的冷却，放出热量而冷凝。制冷剂是实现制冷不可缺少的物质。对于一个实用的制冷装置，制冷剂的不同不仅直接关系到装置的结构形式及操作管理，更直接关系到运行的能耗（经济性）。

1.2.1　制冷剂选择的原则

制冷剂应具备一些基本条件，在选择时可以从热力学、热物理性质、化学性质、经济性及环境保护方面来考虑。

1. 热力学的要求

1）在大气压力下，制冷剂的蒸发温度要低，这是一个必要条件。

2）压力适中。在蒸发器内制冷剂的压力最好和大气压力相近，并稍高于大气压力。因为，当蒸发器中压力低于大气压时，外部的空气就可能从不密封处渗漏进来，降低制冷装置的制冷能力。另外，制冷剂在冷凝器中的压力不应过高，一般不应超过1.2～1.5MPa。这样可以减小制冷设备承受的压力，降低对密封性的要求，降低制冷剂渗漏的可能性。

3）单位容积制冷量应尽可能大。单位容积制冷量是指压缩机吸入$1m^3$的制冷剂蒸气所能产生的冷量，其单位为kJ/m^3。在制冷量一定时，单位容积制冷量大，则制冷剂的循环量小，从而缩小压缩机的尺寸和减少压缩机的重量和金属消耗量。不过，对于小型、微型制冷装置，则可以使用单位容积制冷量小的制冷剂，这样可避免机器流道太窄而降低效率，并可避免机器尺寸太小而增加制造加工的难度。

应该说明，同一种制冷剂在不同的蒸发温度和冷凝温度下，其单位容积制冷量是不同的。在相同的温度范围内，不同制冷剂的单位容积制冷量也是不同的。表1-5列出了冷凝温度在30℃，蒸发温度为－15℃时常用工质的单位容积制冷量。

表1-5　常用工质的单位容积制冷量（$t_c=30℃$、$t_e=-15℃$时）

工质	R717	R12	R22	R502	R134a	R290	R600	R600a
单位容积制冷量/（kJ/m^3）	2167.6	1277.9	2098.3	2060.6	1225.7	1807.9	457.4	660.6
相对氨的比值	1	0.59	0.968	0.951	0.565	0.834	0.211	0.305
工质	R123	R227	R32	R404A	R407C	R410A	R744	R507
单位容积制冷量/（kJ/m^3）	160.7	718.3	1093.7	2063.9	1801.2	3134.9	7905.2	2154.4
相对氨的比值	0.074	0.331	0.505	0.952	0.831	1.446	3.647	0.994

4）临界温度要高，凝固温度要低。临界温度高，便于用一般的冷却介质（水或空气）进行冷凝。现有大多数制冷剂的临界温度一般在50～200℃之间，所以，它们可以用环境空气或者水去冷凝。低温制冷剂R13的临界温度为28.8℃，用一般冷却介质无法冷凝，只能用于复叠式制冷装置的低温部分。

5）等熵指数κ要小。等熵指数κ为比定压热容c_p和比定容热容c_V的比值，即$\kappa=c_p/c_V$。不同制冷剂的等熵指数是不同的。在等熵压缩过程中，工质参数间存在如下关系，即

$$T_2=T_1\left(\frac{p_2}{p_1}\right)^{\frac{\kappa-1}{\kappa}} \tag{1-1}$$

由式（1-1）可见，在气体初始温度T_1和压力比不变时，等熵指数越大，则压缩终了温度T_2就越高，即排气温度越高。反之，等熵指数越小，压缩终了的温度就越低。例如，R12的

等熵指数 $\kappa=1.14$、R717 的 $\kappa=1.3$，采用 R12 的压缩机排气温度就比 R717 的排气温度低得多。

2. 热物理性质的要求

1）制冷剂的粘度和密度应尽可能小。这样可以减小制冷剂在制冷装置中流动的阻力，降低压缩机的能耗，并且可以采用较小的管道直径。

2）热导率和表面传热系数要高。这样蒸发器和冷凝器的传热效率高，传热面积减小。

3）具有一定的吸水性。当制冷系统中渗进极少量的水分时，不致产生“冰塞”而影响制冷运行。

4）电绝缘性能好。在半封闭和全封闭式制冷压缩机中，电动机的线圈与制冷剂及润滑油直接接触。因此，制冷剂应具有良好的电绝缘性能。

5）液态的比热容要小。这样可使节流过程的损失减小。

6）溶解于油的性质。制冷剂在润滑油中的溶解性可分为无限溶解和微溶解，它们各有优缺点。如制冷剂能和润滑油无限地溶解在一起，其优点是为机件润滑创造良好条件，在蒸发器和冷凝器的热交换表面上不易形成油膜而阻碍传热。其缺点是使蒸发温度有所提高。此外，制冷剂溶于油，还会使油的粘度降低(但这对低温装置是有利的)，制冷剂沸腾时泡沫多，蒸发器中液面不稳定。对于微溶于油的制冷剂，优点是蒸发温度比较稳定，同时在制冷设备中，制冷剂和油分成两层易于分离。但在蒸发器和冷凝器的热交换表面上，会形成油膜影响传热。

7）相对分子质量。对离心式压缩机，应选用相对分子质量大的制冷剂。因为相对分子质量大，其蒸气的密度也就大，在旋转速度相同时，所产生的离心力也大，因而每一级所产生的压力比较大。这样在冷凝压力和蒸发压力一定时，可使压缩的级数减少。

3. 化学性质及生理学的要求

1）制冷剂的稳定性。制冷剂在制冷系统中不断循环，长期使用，所以要求其化学稳定性良好。尤其在压缩后，即使在较高的温度下也应有较好的热稳定性，不产生分解。在普冷温度范围内，制冷剂的分解温度都高于工作温度。氟利昂在单独存在时，即使温度高达500℃，它仍然稳定。但有金属催化剂存在时，或与油、水、空气等接触时，其分解温度就要降低 200～300℃。氨在 260℃以上会分解成氮气和氢气。

2）燃烧性和爆炸性。一些制冷剂的蒸气，当温度升高到一定值并与明火接触时，蒸气与空气的混合物产生闪火，并且继续燃烧，这时的温度叫燃点。显然，制冷剂的燃点越高，它的燃烧性就越低，就越有利。如果制冷剂蒸气在空气中的含量达到一定比例，就与空气构成爆炸性混合气体，即遇到火源会闪火发生爆炸，称这种制冷剂具有爆炸性。通常制冷剂在空气中构成爆炸性混合气体时，在空气中所占的比例是有一定范围的，这个范围叫爆炸极限。在这个范围以外，即使有明火也不发生爆炸。但在此上限以上的混合气体，遇火源时可以燃烧，在燃烧过程中，也可能发生爆炸。这是因为这些气体燃烧时，在空气中所占的体积比例达到爆炸极限。为了安全，制冷剂最好没有爆炸性。

3）对材料的相容性。制冷装置中的材料可分为金属和非金属两大类。制冷剂最好对各种金属材料无腐蚀性，这样才能保证设备不受腐蚀侵害。有些制冷剂本身对金属材料无腐蚀作用，但和水或润滑油结合后，会产生腐蚀作用。制冷剂对非金属材料应有良好的相容性，这样对制冷装置中的电器绝缘材料、垫片等材料就没有危害。目前常用的氟利昂能溶解天然橡胶和树脂，会使高分子化合物变软、膨胀和起泡，这对于材料的选择是不利的。

4）制冷剂的毒性。制冷剂的毒性是评价其安全的重要指标。由于制冷机昼夜连续运转，安全性对操作人员是非常重要的，各国都规定了最低安全程度的标准。有些制冷剂具有直接危害人体的毒性，有些制冷剂虽然无毒，但当浓度过大时，由于缺氧会使人窒息。

GB/T 7778—2008《制冷剂编号方法和安全性分类》中，将毒性和燃烧性统一采用安全性级别反映。一些制冷剂的安全性参考数据见表1-6。

表1-6 一些制冷剂的安全性参考数据

制冷剂	安全性级别	引起严重或致命后果		时间停留60min无严重危险的体积分数(%)	停留数小时能引起轻度症状的体积分数(%)
		体积分数(%)	时间		
R764	B1	0.7	5min	0.005~0.002	0.001~0.005
R717	B2	0.5	30min	0.03	0.01
R10	B1	2.0~2.5	1h	—	—
R40	B2	2.5	2h	0.7	0.05~0.1
R113	A1	5	1h	—	—
R21	B1	10	30min	—	—
R30	B2	5	30min	—	—
R744(CO_2)	A1	30	30min	—	—
R11	A1	10	2h	—	—
R290	A3	—	—	—	—
R22	A1	—	—	—	—
R500	A1	—	—	—	—
R502	A1	—	—	—	—
R12	A1	30	28.5~30.4	28.5~30.4	20~40
R114	A1	21	—	—	—
R13	A1	—	—	—	—

为了防止制冷剂对人体产生危害，应保证机房内空气中的制冷剂含量不超过允许的限度。这一限度为：氨(R717)0.02g/m^3；碳氢化合物30~40g/m^3；各种氟利昂100~700g/m^3(按毒性级别而定)。

5）制冷剂对食品的影响。制冷剂在泄漏时对食品没有影响为最理想。如氨对水果、蔬菜没有危害；但接触时间过长，或氨的含量太高，会使食品焦烂，有不少食品与氨接触后改变滋味，甚至不能食用。氟利昂蒸气对乳品、肉类、蔬菜、皮毛或纺织品都无影响。氟利昂与食品接触后既不改变食品颜色或组织，也不使食品变味，这是十分理想的。

4. 经济性的要求

显然，理想的制冷剂应价格低廉，容易获得。对于大型和中型制冷装置，由于制冷剂充注量很大，制冷剂的价格直接涉及一次性投资和日常运行管理费用。因此，应尽可能选择价格较低的制冷剂。

5. 环境保护的要求

制冷剂对环境的影响在20世纪80年代开始引起国际社会重视。1974年美国学者提出，含氯的氟利昂中的氯原子会破坏臭氧层。1980年联合国专门委员会经过调研和评价，认为臭氧层损耗的确威胁人类健康和地球生态系统。1987年9月在加拿大蒙特利尔召开了“保护臭氧层公约关于含氯氟烃议定书全权代表大会”，有36个国家参加。最后形成了有24个国家签署的《关于消耗臭氧层物质的蒙特利尔议定书》，规定了受控物质的种类、消费量及禁用时间，开始对消耗臭氧层物质(简称ODS)的生产使用量进行控制[12]。它成为国际社会面对环境问题联合行动的开端。由此，制冷剂破坏臭氧层问题成为国际社会关注的热点。

应该说明，并不是所有的氟利昂都会破坏臭氧层。氟利昂是饱和碳氢化合物的氟、氯、溴衍生物的总称，有几十种。为了便于区分，现在经常把氟利昂分为氯氟烃(CFC)、含氢氯氟烃(HCFC)、含氢氟烃(HFC)三类。其中CFC类(如R11和R12)，对臭氧层有明显破坏作用，是淘汰的重点；HCFC的破坏作用比CFC类小得多，作为过渡物质目前还可以使用；第三类HFC不含氯，对臭氧层没有破坏作用。即破坏臭氧层的只是含氯的氟利昂。破坏臭氧层的实际上是氯原子，并不是氟原子。无氟冰箱的提法是错误的。

CFC与HCFC排入大气后即无国界，因此保护臭氧层需要世界各国协调行动。我国于1992年加入《蒙特利尔议定书》，对消耗臭氧层的物质进行控制。1993年我国批准了《中国消耗大气臭氧层物质逐步淘汰国家方案》。随后又于1997年修正了国家方案，形成了《国家方案修正案》，并于1999年11月正式实施。

应该说明，CFC并不是只用于制冷空调。从世界平均水平来看，用作制冷剂的CFC大约占30%，其余用于塑料发泡，各种行业的喷雾剂、清洗剂、溶剂。因此，淘汰CFC保护臭氧层涉及许多行业，是一个系统工程，是一个逐步进行的过程。

经过世界各国20多年的努力，对消耗臭氧层物质的控制和淘汰取得了重大的成果。发达国家已经完成了CFC的淘汰，进入HCFC淘汰阶段。我国自2007年起，禁止生产以CFCS为制冷剂、发泡剂的家用电器产品，对CFC的淘汰已基本完成。但是，人们又发现用来替代ODS的许多HFC工质的全球变暖潜能值(GWP值)比较高。即它们虽然不破坏臭氧层，但它们是重要的“温室气体”，对全球气候有比较大的不良影响。1997年的《京都协议》又将HFC物质列入了温室气体清单中，要对它们的排放加以控制。即以臭氧层保护为选择标准的第三代制冷剂，又面临着淘汰。这迫使人们开发第四代制冷剂——以全球变暖效应为选择标准。

为此，提出了评价温室效应的两种新指标或方法[12]：

1）变暖影响总当量TEWI。它考虑了两方面因素，也就是制冷剂排放的直接效应和能源利用(系统效率)引起的间接效应。

2）寿命期气候性能LCCP。LCCP指标是对TEWI指标的修正，进一步考虑了制冷剂生产过程对气候的影响。

显然，新一代制冷剂必须有高的效率，并且要确保对所有环境问题作整体考虑和综合评估。从目前的情况看，很难找到一种不影响环境的完全理想的替代物(消耗臭氧潜能值ODP =0,GWP值小于100)，即高效、安全，且价格不贵的制冷剂。究竟如何选择替代物，必须“因地制宜”。目前不同国家和地区，对不同类型的设备，往往采用不同的替代物。

应该说明，关于制冷剂对环境的影响及其替代的研究还在不断深入，不少问题尚无定论。因此，在选用制冷剂时，尤其对于大型制冷空调系统，应注意不要仅根据市场上的产品，或者仅考虑价格，应该查阅最新的文献资料，掌握最新的发展动态。

1.2.2 制冷剂的热力完善度

1. 不同工质的理论循环热力完善度

蒸气压缩式制冷循环是建立在逆卡诺循环的基础上的。所谓逆卡诺循环，是由两个可逆等温和两个可逆等熵过程所组成的(图1-3)。

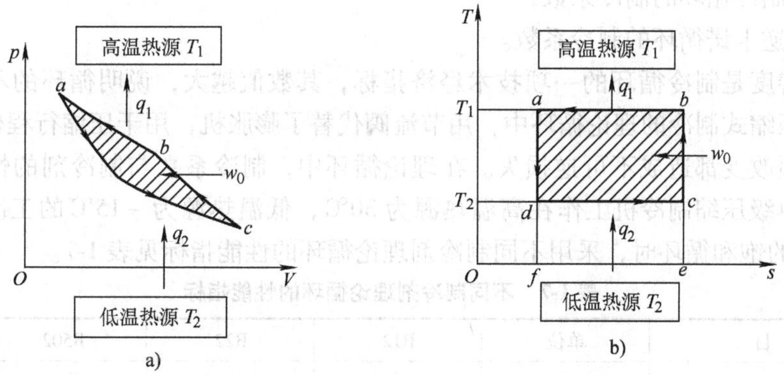

图1-3 逆卡诺循环

a）$p-V$图 b）$T-s$图

逆卡诺循环由下列可逆过程所组成：

1）等熵膨胀过程 a—d。工质在等熵膨胀过程中比熵不变，$s_a=s_d$，而温度由 T_1 降为 T_2。

2）等温膨胀过程 d—c。工质在等温膨胀过程中，从低温热源 T_2 吸取热量 q_2，工质比熵增加，由 s_d 增大到 s_c。

3）等熵压缩过程 c—b。工质在等熵压缩过程中比熵不变，$s_c=s_b$，而温度由 T_2 升高到 T_1。

4）等温压缩过程 b—a。等温压缩过程中工质向高温热源 T_1 放热 q_1，比熵由 s_b 降为 s_a。

工质经过上述四个可逆过程后，又恢复到初态，完成了一个逆卡诺循环。结果是消耗了外界提供的循环净功 w_0，而将从低温热源吸取的热量 q_2 连同消耗的循环净功 w_0 一起，排放给高温热源，即 $q_1=q_2+w_0$。

该循环用于制冷时，制冷系数 ε_c 为

$$\varepsilon_c=\frac{q_2}{w_0}=\frac{T_2(s_c-s_d)}{T_1(s_b-s_a)-T_2(s_c-s_d)}$$

由图1-3可见，$s_b-s_a=s_c-s_d$，所以逆卡诺循环的制冷系数 ε_c 为

$$\varepsilon_c=\frac{T_2}{T_1-T_2} \tag{1-2}$$

由式(1-2)可得下列结论：逆卡诺循环的制冷系数只取决于高温热源 T_1 和低温热源 T_2 的温度，与工质的性质无关。制冷系数随着热源和冷源的温差减小而提高。

逆卡诺循环的四个过程均为可逆过程，不存在任何不可逆损失。实际循环总是存在不可逆损失。因此，在相同的温度界限内，以逆卡诺循环的效率为最高效率。实际上，逆卡诺循环的制冷系数是无法实现的，但它建立了衡量循环效率的最高标准。通常用热力完善度来反映一个制冷循环接近理想最高效率的程度，即

$$\eta = \frac{\varepsilon}{\varepsilon_c} \tag{1-3}$$

式中 η——制冷循环的热力完善度；

ε——制冷循环的制冷系数；

ε_c——逆卡诺循环的制冷系数。

热力完善度是制冷循环的一项技术经济指标，其数值越大，说明循环的不可逆损失越小。在蒸气压缩式制冷的理论循环中，用节流阀代替了膨胀机，用干压缩行程代替了湿压缩行程，这两项改变都造成不可逆损失。在理论循环中，制冷系数与制冷剂的性质等因素有关。例如，单级压缩制冷机工作在高温热源为30℃，低温热源为－15℃的工况下，当采用图1-1b所示的饱和循环时，采用不同制冷剂理论循环的性能指标见表1-7。

表1-7 不同制冷剂理论循环的性能指标

项　目	单位	R12	R22	R502	R717
单位制冷量 $q_0 = h_1 - h_4$	kJ/kg	116.4	162.9	104.4	1098.4
单位容积制冷量 $q_V = \frac{q_0}{V_1}$	kJ/m^3	1277.9	2098.3	2060.6	2167.1
单位理论功 $w_0 = h_2 - h_1$	kJ/kg	25.6	34.5	24.9	264.9
单位冷凝热量 $q_c = h_2 - h_3$	kJ/kg	141	198.3	129.4	1345.2
制冷系数 $\varepsilon = \frac{q_0}{w_0}$		4.55	4.59	4.19	4.15
逆卡诺循环制冷系数 ε_c		5.74	5.74	5.74	5.74
热力完善度 $\eta = \frac{\varepsilon}{\varepsilon_c}$		0.793	0.8	0.731	0.723

由表1-7可见，当制冷循环的条件相同时，采用不同制冷剂，其理论循环的制冷系数不同，热力完善度不同，即采用不同制冷剂时能耗不同。因此，正确选用制冷剂对制冷空调装置的节能具有重要意义。

2. *不同制冷剂的实际循环热力完善度*

在蒸气压缩式制冷的理论循环中，忽略了制冷剂的流动阻力损失等不可逆因素。而在实际制冷循环中，流动阻力损失等不可逆因素是不可避免的。因此，实际制冷循环的制冷系数和热力完善度均低于理论循环，能耗大于理论循环。应该注意，由于不同制冷剂的不可逆因素不同，理论循环制冷系数大的制冷剂，在实际循环中制冷系数有可能反而小。对于工程应用，必须以实际循环的实际制冷系数为考核基准。

影响制冷循环不可逆因素的制冷剂性质主要有：

（1）制冷剂气态的密度　一般而言，对于阻力损失，制冷剂气态的密度越小越好。因为在管径相同时，密度小，则管道中流动的压力损失小，不可逆附加功耗较小。因此，对于较大型的集中式工业制冷装置，尤其是制冷负荷较分散、管道较长时，制冷剂气态的密度是

需考虑的因素之一。另外，如采用离心式压缩机时，选用气态密度小的制冷剂，将使离心式压缩机的效率大大降低。

（2）制冷剂液态的密度 不同制冷剂的液态密度有较大差别。因此，不同制冷剂在液体管道中的流动阻力损失也不同。对于泵循环供液的制冷装置，泵的轴功率P_b可按下式计算，即

$$P_b = \frac{q_V \rho H}{3600 \times 102 \eta_b} \tag{1-4}$$

式中 P_b——泵所需的轴功率(kW)；

q_V——泵的体积流量(m^3/h)；

ρ——工质的密度(kg/m^3)；

H——泵的扬程(m)；

η_b——泵的总效率(%)。

由式(1-4)可见，泵的轴功率与流体的密度成正比。不同制冷剂的液态密度有较大的差别，例如，在-30℃时的饱和液体，R22的密度$\rho = 1.382kg/L$，R717的$\rho = 0.677kg/L$，两者相差一倍。因此，采用R22时，液泵耗功将比R717增大一倍。虽然制冷剂泵耗功只占制冷循环总功耗的1.1%~2.6%，但从节能的角度，这仍是一个值得考虑的因素。

（3）制冷剂的粘度 制冷剂流体具有粘性，它反映流体内部分子之间发生相对运动时的摩擦阻力。粘性的大小与物质的种类、温度、压力有关。工程上用动力粘度μ(Pa·s)或运动粘度ν(m^2/s)来衡量物质的粘度。两者之间的关系为

$$\nu = \frac{\mu}{\rho} \tag{1-5}$$

式中 ρ——流体密度(kg/m^3)。

制冷剂气体和液体的动力粘度越小越好，因为粘度与管道阻力有很大关系。粘度越大，流动阻力损失越大。通常，制冷剂气体的动力粘度随温度升高而增加，而饱和液体则相反，温度升高时动力粘度下降。

（4）制冷剂的比热容对热力完善度的影响 制冷剂的比热容对循环的性能有很大的影响。直接影响的是饱和液体的比热容c'_χ，饱和蒸气的比热容c''_χ，以及过热蒸气的比热容c_p。

根据比热容的定义，可以用下式表示，即

$$c'_\chi = T\frac{ds'}{dT} \qquad c''_\chi = T\frac{ds''}{dT} \qquad c_p = T\frac{ds}{dT}$$

它们的数值可用$T-s$图上过程曲线的切线在横坐标轴上的次切距表示，如图1-4所示。所有制冷剂的饱和液体比热容c'_χ都是正值，即当温度升高时，饱和液体总是吸热的。c'_χ越大，则$T-s$图上的饱和液体线越平坦，这种饱和液体节流后的干度χ值越大，单位制冷量越小。对于这样的制冷剂，采用液体过冷就比较有效。

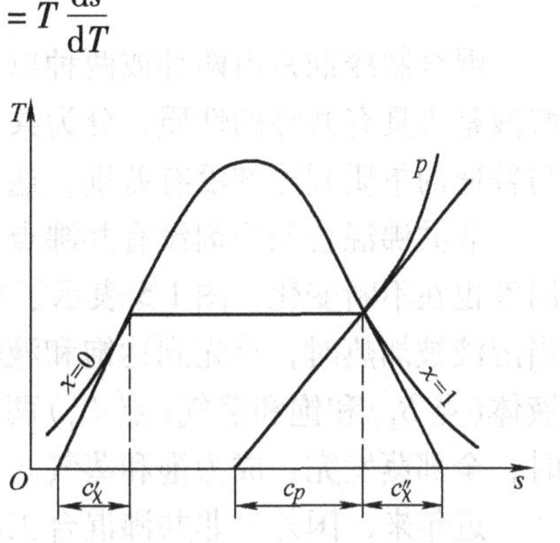

图1-4 c'_χ、c''_χ及c_p在$T-s$图上的表示

大多数制冷剂的饱和蒸气比热容c''_χ都是负值。对于这类工质，如果c''_χ越大，则$T-s$图上饱和蒸气线越平坦，因而饱和蒸气等熵压缩以后，就离饱和曲线较远，

排气温度将提高。由此可见，c''_χ 的数值小，对于压缩过程是有利的。对于 c''_χ 为正值(即 $T-s$ 图上饱和蒸气曲线向左下方倾斜)的工质，饱和蒸气的压缩过程只能在两相区进行。

过热蒸气的比定压热容 c_p 大时，则过热区域内的等压线就趋于水平，这样饱和蒸气压缩后的终温就比较低，压缩功也较小，使循环更接近于卡诺循环。所以 c_p 大时，制冷循环由于压缩过程所引起的损失就减小。但是，事实上对于同一种制冷剂，当 c_p 大时，c'_χ 也大，此时节流损失将要增大。由此可知，制冷循环的节流损失和压缩过程的损失，通常是成反比的。这也是不同制冷剂的制冷系数往往相差不太大的原因。在常用制冷剂中，氟利昂通常具有较大的比定压热容 c_p，压缩终温较低，由压缩过程引起的损失小，但它们的节流损失就比较大。R717 的比定压热容 c_p 较小，因而它的压缩终温较高，由压缩过程引起的损失较大，但它的节流损失较小。

(5) 制冷剂表面传热系数的影响　在逆卡诺循环中，没有考虑传热温差的不可逆影响。在实际制冷装置中，蒸发器和冷凝器都是换热器，都存在传热温差的不可逆损失。传热过程中，制冷剂的表面传热系数直接影响到传热效率和传热温差。表面传热系数大的制冷剂，在相同热负荷和相同传热面积下，传热温差较小，不可逆影响小，即实际运行的能耗较小。

综上所述，在蒸气压缩式制冷的理想循环(逆卡诺循环)中，运行性能系数(制冷系数)与制冷剂无关。但用节流阀代替膨胀机，干压缩行程代替湿压缩行程后，即在压缩式制冷的理论循环中，制冷系数与制冷剂有关。相同工况下，不同制冷剂的制冷系数不同，耗功不同。

分析表明，在不同制冷剂中，对实际制冷系数影响最大的因素是传热效率和流动压力降损失。参考文献[13]介绍了两个采用螺旋冻结器的制冷系统，机器设备、管道及阀门设计完全相同，外界条件和热负荷也完全相同，唯一的差别是一个系统采用 R22，另一个系统采用 R717 作为制冷剂。实际运行的结果表明，采用 R22 的制冷系统，比采用 R717 的系统耗电量增加了约 18%。其主要原因是 R22 的流动阻力损失较大，密度较大，热交换的性能较差，这些因素使采用 R22 时，不可逆损失增加，能耗增加。

根据国外专家的评估，在蒸发温度 -35℃以上，压缩式制冷采用氨制冷剂是最节能的。在国内外大中型冷库中，目前采用氨制冷剂是主流，今后氨仍然将是主要制冷剂[14]。采用氨制冷剂关键是安全问题，必须采取足够的防护措施，保证操作人员安全和公共安全。

1.2.3 非共沸混合制冷剂

混合制冷剂是由两种或两种以上的纯制冷剂，以一定的比例混合而成的。按照混合后的溶液是否具有共沸的性质，分为共沸制冷剂和非共沸制冷剂两类。共沸混合制冷剂在使用上与普通的单质制冷剂没有差别，通常把它作为一种物质看待。

非共沸混合制冷剂没有共沸点，即在定压下蒸发或冷凝时，其气相和液相的成分不同，温度也在不断变化。图 1-5 表示了非共沸制冷剂的 T-ξ 图。由图 1-5 可见，在一定的压力下，当溶液被加热时，首先到达饱和液体点 A；若再加热到达点 B，即进入两相区，并分为饱和液体(点 B_1)和饱和蒸气(点 B_g)两部分，其质量分数分别为 $\xi_{b,1}$ 和 $\xi_{b,g}$；继续加热到达点 C 时，全部蒸发完，成为饱和蒸气。

近年来，国外对非共沸混合工质进行了大量研究和实验。非共沸混合制冷剂在生产上已获得广泛的应用，其主要特点如下：

1）降低功耗，提高循环的制冷系数。非共沸制冷剂在蒸发和冷凝过程中，温度是变化的，其单级压缩循环的 T-s 图如图1-6所示。这种特性能较好地适应变温热源的情况，减少冷凝过程和蒸发过程中的传热温差，实现非等温制冷，提高循环的热力完善度。

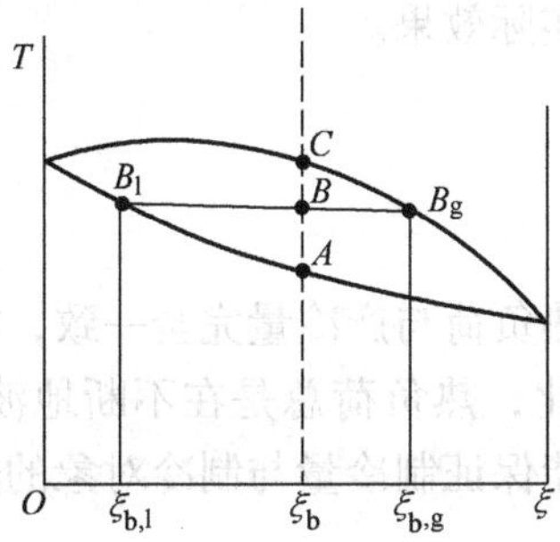

图1-5 非共沸制冷剂的 T-ξ 图

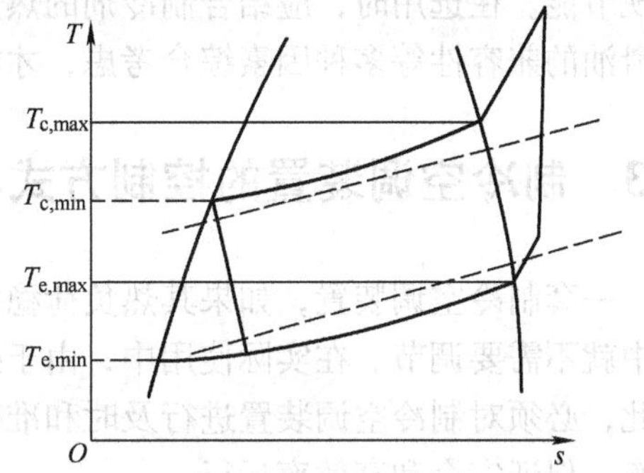

图1-6 非共沸制冷剂单级循环的 T-s 图

2）增加制冷机的制冷量。对于一定尺寸的制冷机，与组成非共沸制冷剂的单一制冷剂相比，制冷量可增加。

3）降低了制冷循环中的压缩比，使单级压缩能获得更低的蒸发温度。因为工质在循环中会分离成单组分，然后再混合，这样就使压缩比显著减小。

4）相变过程中，传热系数一般要比纯制冷剂低得多。

一般情况下，当一种较少量的高沸点组分和另一种较多量的低沸点组分组成混合制冷剂时，与该种低沸点制冷剂相比，将使制冷系数提高，循环的经济性改善；但对一定尺寸的制冷机，此时的制冷量将会减小。相反，如果是一种量少的低沸点组分和另一种量多的高沸点组分组成的非共沸制冷剂，则降低了制冷系数，使循环的经济性下降；但由于吸入蒸气的比体积减小，制冷机的制冷量是增加的。

经过大量分析和筛选，人们发现很难得到新的单物质作为制冷剂。因此，除了进一步开发天然制冷剂外，混合制冷剂就成为新制冷剂研究开发的重点，发展迅速。GB/T 7778—2008《制冷剂编号方法和安全性分类》中，已经有33种非共沸混合物列入制冷剂编号。到2009年，已经有45种非共沸混合物列入ASHRAE制冷剂编号[15]。

开发非共沸混合制冷剂，可以利用其变温相变的特点，实现高效的劳伦兹循环，提高循环效率，实现节能；同时，还可以利用工质互补的原理，组合成不同特性和性能较优的新制冷剂。当用于劳伦兹循环的系统时，其配比应考虑工质相变温差能够与变温热(冷)源的外部条件相适应，这样才能最大限度地提高循环效率，实现最大程度的节能。

非共沸混合制冷剂在使用中，主要的麻烦是当制冷空调装置发生制冷剂泄漏时，剩余在系统内的混合物配比质量会改变。这样再补充制冷剂时，难以确定组成质量，可能造成装置的性能下降。近年来的试验发现，一些非共沸混合制冷剂(如R407C)，当其在系统中发生泄漏后，对系统再补充原配比的制冷剂时，装置的制冷量下降在可以接受的范围(小于5%)。因此，非共沸混合制冷剂的使用有逐步扩大的趋势。

在文献中，还经常会看到“近共沸制冷剂”(Near Azeotropic Mixture Refrigerant)这一术语。它是指那些泡点温度(混合物溶液开始沸腾的温度)与露点温度(混合物溶液完全成为饱和蒸气的温度)很接近的非共沸混合制冷剂。但目前接近到什么程度为近共沸制冷剂尚无明确规定。通常认为泡点温度与露点温度的差值(又称温度滑移)小于3℃,称为近共沸制冷剂[16]。显然,泄漏对采用近共沸制冷剂的制冷装置影响更小。

综上所述,采用非共沸混合制冷剂可以利用其变温相变的特点,减少循环的不可逆性,实现节能。在选用时,应结合制冷剂的热力学性能、单位容积制冷量、传热特性、能效比与润滑油的兼容性等多种因素综合考虑,才能取得最佳的实际效果。

1.3 制冷空调装置的控制方式与节能

一套制冷空调装置,如果其热负荷稳定不变,而且热负荷与产冷量完全一致,该装置运行中就不需要调节。在实际使用中,由于外界条件的变化,热负荷总是在不断地波动变化。因此,必须对制冷空调装置进行及时和准确地调节,才能保证制冷量与制冷对象的热负荷相平衡,保证安全和高效率运行。

早期的调节采用人工手动进行,即通过观察检测仪表(如压力表、温度计、液位计等),对运行状况进行判断,然后进行相应的人工调节。这就需要比较熟练的操作人员和高度的责任心,才能达到比较好的效果。随着科技的发展,人们开发了各种自动化装置,用以代替操作人员的部分直接劳动和脑力劳动。自动调节控制有不同的水平,分别可以达到不同程度的调节效果。因此,在制冷空调装置的设计中,就存在自动调节控制水平方式的选择问题。

早期的自动调节控制,目的是保证控制对象安全正常运行。随着控制技术的发展,人们要求自动调节控制能够达到及时、稳定和高精度的要求。这样,制冷空调装置可以实现节能和提高舒适性的目的。应该说明:在制冷空调装置中,自动调节控制水平分类尚没有明确一致的定义。在工业制冷装置中,人们比较一致认为,自动调节控制水平可以分为五级[17]:第一级手动控制配合安全保护自动装置;第二级局部自动控制;第三级半自动控制;第四级全自动控制;第五级最佳工况调节。但由于中央空调系统的多样性和复杂性,至今尚无比较明确的分类方法。本节将两者分开叙述。

1.3.1 工业制冷装置的控制方式与特点

1. 手动控制配合安全保护自动装置

对工业制冷装置采用手动调节控制,是一种最简单原始的控制方式,也是我国目前仍广泛采用的控制方式。这种方式完全靠操作人员进行调节,对操作人员提出了较高的要求。要求制冷装置操作人员必须经过有关的技术培训,具有有关部门认可的操作维修资格。他们必须掌握以下几方面的基本知识:

1) 制冷的原理和制冷循环的特点。

2) 冷却水系统的作用和循环方式。

3) 制冷压缩机工作原理及结构。

4) 蒸发器、冷凝器和节流装置工作原理与结构。

5) 制冷量调节的特点及调节方法。

6) 压缩机润滑系统的作用与工作方式。

7) 安全保护装置的设定值及整定方法。

制冷装置的操作人员除了必须掌握以上一般性知识外,在上岗前,还必须熟悉该制冷装置的以下特点：

1）制冷系统的特点。因为制冷系统的形式不同，其具体调节控制方法也有所不同。例如，在重力供液系统的调节控制中，应严格控制膨胀阀的开启度，注意氨液分离器中液面的水平；对氨泵供液系统，则要注意控制循环储液桶内的液面，并且还要注意氨泵的运行情况。

2）各冷却设备的特点。不同的冷却设备(蒸发器)，具有不同的工作特性。操作者不仅要掌握各种蒸发器的一般工作特性，还必须熟悉所控制调节蒸发器的特有特性。

3）熟悉各热负荷的变化规律。由于冷却降温的对象不同，热负荷变化的情况也不同。操作人员必须熟悉所控制对象的热负荷变化特定规律，才能正确、合理地调节控制。

4）熟悉各压缩机的制冷能力。由于运转条件随外界因素不断变化，所以压缩机的制冷量也跟着变化。操作人员要熟悉每台压缩机，以及不同组合的压缩机在不同工况下的制冷量。这样才能根据制冷系统热负荷的变化，来调整压缩机台数及进行能量调节。

综上所述，制冷装置的手动控制，要求操作人员熟悉各种机器设备的性能、结构、操作方法和操作规程；还必须熟悉整个制冷系统机器和设备的正确配合方法；各控制阀与管道、设备的连接状况；所冷却对象的热负荷以及压缩机的运转变化特点等。

在手动调节控制中，要随时注意观察制冷系统中的各种仪表。根据仪表反映的参数，判断运行状况，及时进行必要的调节控制。由于运行参数是不断变化的，即使操作人员十分认真，也很难做到及时和准确的调节控制。换言之，制冷装置采用手动调节控制方式时，很难维持在最经济合理的状态下运行。因此，这种控制方式对于节能显然是不利的。

必须强调指出，手动调节控制的效果，不仅取决于操作者的水平，更取决于操作者的工作态度。在生产实际中，有些制冷装置尽管采用手动调节控制，通过精心操作调节、精心管理，也能达到较高的节能效益。但手动控制方式具有很大的主观随意性，有时要求的低温已经达到但仍在继续降温，有时却不能及时降温，延长了不必要的运行时间，增加了电耗。尤其是操作人员素质较低时，能耗将明显增大。

由于手动调节控制减少了自动化控制装置的投资，这种控制方式至今仍在国内大量采用。从节能的角度，采用这种控制方式时，操作人员一方面要有较高的技术水平，另一方面要有认真严谨的良好工作态度，才能取得较好的节能效果。

现代制冷压缩机均实现了高速运转，制冷装置中出现的故障要求立即处理，不可延误。在这种情况下，手动调节控制的制冷装置，均配备了各种安全保护自动装置。例如，制冷压缩机一般设有高、低压保护器，油压差保护器，断水保护器等；低压循环桶和中间冷却器设有液位超高保护装置等。这些自动保护装置控制的任何一项出现故障，就能自动切断压缩机电源，停止制冷装置运行，并发出报警信号。

安全保护自动控制元件的反应，比人工手动控制更灵敏、准确、动作快速，能确保制冷装置的安全运行，避免事故。目前制冷压缩机的安全保护装置已设计成固定配备，不需选择考虑。对于制冷系统中(压缩机之外)的安全保护装置，手动控制时也应尽量采用。因为这些安全保护装置能有效地避免误操作等引起的事故，减少不正常运行状况，减少了能量损失，实际上也是节能工作中的一环。

2. *局部自动控制*

所谓局部自动控制，从广义上说，制冷装置常规操作调节的任一部分，采用了自动控制方式，都属于局部自动控制。例如，放空气操作的自动控制，也属于局部自动控制。通常说的局部控制，是指在实现安全保护的基础上，增加液泵回路和蒸发器回路的自动控制。其原因是这部分的调节工作量最大，对运行的制冷效果影响也最大。因此，在考虑局部自动控制时，总是优先考虑液泵回路和蒸发器回路的自动控制。

液泵强制供液系统在大中型制冷装置中获得较广泛的应用。它利用液泵把制冷剂从低压循环桶输向蒸发器，是一种多倍供液的再循环形式。液泵回路的自动控制，通常配以下自控元件：①由液位控制器控制电磁主阀，向低压循环桶供液；②为了避免氨泵起动后不上液，损坏泵的部件，在泵进出口之间装设压差控制器；③为了防止泵排出压力过高，设置自动旁通阀，让多余的液体可旁通回低压循环桶；④为了防止泵停止运转时液体回流，防止多泵并联使用的串液，在泵出口设止回阀。

蒸发器回路的控制，实质上就是对被冷却对象温度(如冷库库温)的控制。一般通过温度控制器与电磁阀等组成的回路，控制蒸发器的供液和回气，实现对所要求温度的控制。这种控制是双位式的，即达到温度上限时对蒸发器供液制冷，达到下限时则停止，使温度在给定值允许的范围内波动。显然，根据制冷的对象不同，要求温度、精度不同，采用的自控元件也有差别，但其控制原理是相同的。

采用液泵回路和蒸发器回路的自动控制，不仅可以减少操作调节的工作量，而且可以提高调节精度，稳定被冷却对象的温度，节省能耗。例如，在手动控制时，往往发生温度已经达到而没有及时停止蒸发器的制冷。采用了蒸发器回路的自动控制，就能按设定的温度，及时地关闭阀门，停止蒸发器的制冷。

近年来，国内对冷库的局部自动控制应用越来越多，已经总结了成熟的设计管理经验。制冷装置在设计时应尽量采用，这对制冷装置运行的节能具有重大效益。

3. 半自动控制

半自动控制是指除实现局部自动控制外，还增加制冷压缩机的自动开机和停机，以及能量自动调节。在压缩式制冷中，压缩机是制冷装置的心脏，也是制冷装置中最主要的耗能设备。压缩机实现自动控制，就能根据需要及时开机和停机，减小了能耗。另外，压缩机的能量自动调节，可以根据热负荷的变化，将压缩机部分卸载或加载，使制冷量接近于被冷却对象的热负荷。这样既合理地使用了机器，又节约了用电。

如果压缩机没有能量调节装置，就会使压缩机运行不合理或开、停频繁，同时使蒸发压力和蒸发温度波动增大，制冷对象的温度与给定值偏差增大，降低调节质量。能量自动调节装置不仅可以根据热负荷，自动增减压缩机运行的台数，也可以增减压缩机投入运行的气缸数。它还能使压缩机轻载或空载起动，既避免了电动机产生过载，又可节约起动能耗。

与局部自动控制相比，半自动控制无疑有更大的节能效果，但同时需要更多的投资。应该说明，国内对半自动控制的定义并不统一。另一种看法是，压缩机具有能量自动调节，用手指令开停也属于半自动控制。许多专家认为，在我国，特别是氨冷库，制冷系统一般均采用集中控制，机器较大、较多，国产机器质量又未必十分理想，比较适宜于采用机器用手指令开停的半自动控制。只要加强管理，认真操作，半自动控制就能达到良好的节能效果。

半自动控制的主要内容是制冷压缩机的控制，这只靠自控仪表是不够的，还需要使机器也成为自动型产品，供设计时选用。我国于20世纪80年代初，开发了自动型氨压缩机，解决了这个问题。目前冷库用的机器设备均有自动型产品。对于冷库，制冷自控设计已变得非常容易。选用自动型机器设备，按库房回路配上必要的仪表、阀门，各个回路都有基本定型的电气控制程序，设计人员适当组合加工，就能实现半自动控制。许多专家提出，根据我国的实际情况，制冷装置自动化应该广义地理解，实现了半自动控制，就可以认为是实现了制冷装置的自动化。

4. 全自动控制与节能

制冷装置的全自动控制，是指除了半自动控制的内容外，还实现其他辅助设备等的自动控制，例如，制冷装置自动加油、自动放油、自动放空气、自动调节冷凝器冷却水量等。

制冷装置中的辅助设备与压缩机相比，操作调节的工作量较少，即一般不需要经常调节控制。因此，辅助设备的自动控制对减少操作调节工作量而言，意义不太大。另外，辅助设备操作调节的及时性，对运行能耗的影响相对较小。只要制冷装置处于正常管理状态，定期加油、放油、放空气等，正常操作控制不会有问题。即使辅助设备的调节控制不够及时，例如推迟几小时放油或放空气，对制冷装置的运行影响也不大。

因此，可以认为制冷装置采用全自动控制，与半自动控制方式相比，节能的效果并不明显。而且由于辅助设备数量不少，需要增加较多自控元件，使投资增加，维护的工作量增加。从节能和其他因素综合考虑，采用全自动控制，可能对我国大多数制冷装置并无明显效益。因此，在选择控制方式时，不要盲目地追求自动控制的程度，而要注重实际效益。

5. 最佳工况自动调节控制

在上述的局部自动控制、半自动控制和全自动控制方式中，控制系统采用的是定值调节系统，即所控制的参数为一确定的数值，这些控制参数值难以随时更改。而在实际生产中，热负荷及制冷装置运行条件的变化是复杂的。例如，对于冷库，冬季的最佳控制参数值就可能不同于夏季。因此，定值调节系统就难以使系统随时保持在最佳状况运行。

所谓最佳工况调节控制方式，是指所控制的参数不是一个确定的数值，可以按某一事先确定好的规律变化。这种调节系统又称为程序调节系统，其程序可以根据需要而修订变化。借助微型计算机，能对各种条件作出判断，从预定的程序中，选出节能效率高的一种工况进行控制，使系统运行的冷却效果最好，耗电量、耗水量等降低到最小限度。

具体来说，这种控制方式是将被控对象的状态给定值和数学模型或控制规律，通过应用程序输入微型计算机；然后，微型计算机执行应用程序定时、定点地采集被控对象的各项参数，经过计算后与给定值比较；对偏差则按控制规律求取调整值，通过执行机构及时纠正被控对象运行状态。只要保证微型计算机采集和处理数据的速度，就能达到闭环实时控制（图1-7）的目的。

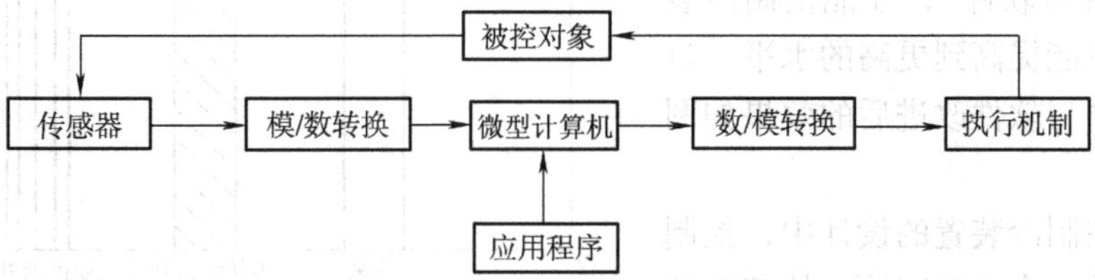

图1-7　微型计算机实时闭环控制框图

应该说明，微型计算机本身相当于计算工具，它不会思考。因此，输入微型计算机的控制程序和数学模型，需要人们去总结开发。不同制冷装置的服务对象不同，最佳工况可能就不同；即使同一套制冷装置，在不同季节时，其最佳工况也会不同。所以，即使采用了微型计算机实时闭环自动控制，其自动控制的水平，还取决于人们对制冷装置优化控制和数学模型的认识和开发。

日本东京水产冷藏分配中心采用的“变蒸发温度控制”，就是最佳工况控制方案中的一种。常规全自动控制采用的是“定蒸发温度(压力)控制”，压缩机能量自动调节装置的各设定点都是定值，并且传热温差 Δt = 库温 t_N - 蒸发温度 $t_e \approx$ 恒定值。“变蒸发温度控制”则提出了从最佳运行状态出发，制冷装置在运行中的 t_e 值应该是变化的，即在热负荷大时，应使系统在 t_e 较低状态下运行，此时 Δt 较大，蒸发器产冷能力较大；反之，当热负荷较小，可使 t_e 升高，虽然 Δt 减小后，蒸发器的产冷量较小，但已能满足要求。这样制冷装置的运行电耗将显著降低，对节能十分有利。

采用常规自动控制仪表，难以实现“变蒸发温度控制”。采用微型计算机就能实现这种控制，因为它可以对所有参数进行运算、判断、预测控制，并能按预编程序来实现各种控制要求。在上例中，微型计算机可以随时求出与冷库热负荷相对应的最佳 t_e 值并自动进行设定。当然，首先要建立关于蒸发温度与各库房热负荷(或库温偏差)之间函数关系的数学模型，即

$$f(t_e) = \sum_{i=1}^{n} [(T_{ci} - T_{set} + A)B_i]$$

式中 $f(t_e)$——蒸发温度 t_e 的函数；

T_{ci}、T_{set}——库房的实测温度与设定温度；

A——常数；

B_i——各冷间运转状态系数。

利用实时测得的参数和数学模型，微型计算机就能求出当时最佳的 t_e 值，并以所求出的 t_e 值为目标，来进行最佳工况自动调节控制。据报道，日本东京水产冷藏分配中心采用这种“变蒸发温度控制”后，压缩机的轴功率约降低了 12%。

制冷装置采用微型计算机控制，具有控制系统精度高、可靠性高、体积小、重量轻、功耗小、功能强等特点。但是，微型计算机毕竟还是“硬件”，利用“硬件改进”来节能毕竟有一个限度。只有当人们对制冷装置运行有更深的认识，开发出更好的数学模型和控制模式，即利用人们的“智力软件”，才能使制冷装置的控制和节能提高到更高的水平。自动控制中硬件与软件改进后的效果如图 1-8 所示。

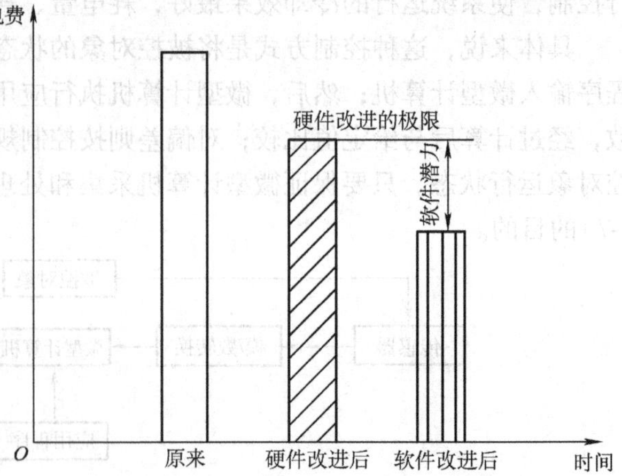

图 1-8 自动控制中硬件与软件改进后的效果

综上，在制冷装置的设计中，控制方式的选择是一个重要问题。从节能的角度，自动控制的水平越高，节能降耗

的水平越高。据国内实际测试，与手动操作比较，自动控制的最大节电效果达44%[18]。同时，随着自动控制程度的提高，控制精度提高，产品质量提高，产品成本降低。另外，自动控制可以明显减少事故发生，提高安全性。自动控制使操作调节的工作量大大减少，可以减少操作人员。

但是，事物总是一分为二的，随着自动控制程度的提高，一次性投资将增加。据统计，投资增加幅度为5%~15%。另一方面，维护检修复杂性通常也提高，对操作人员的素质提出了更高的要求。因此，在选择制冷空调装置控制方式时，必须深入调查研究，全面考虑各种因素。既要积极采用先进新技术，使节能提高到新水平，又要认真考虑实际经济能力和人员素质等条件。经过综合分析比较，确定最合理的制冷装置控制方式。

1.3.2 中央空调系统的控制方式

中央空调系统的控制方式，基本上可以分为局部(回路)自动控制、制冷站自动控制配合局部自动控制和空调系统集散控制。

1. 局部自动控制

为了实现向空调空间提供所需的空气温度、湿度、速度和空气质量的要求，中央空调系统一般需配备制冷主机和各种末端装置。常用的末端装置主要有风机盘管、新风机组和空调机组。这些末端装置分散在各个空调房间或者机房内，它们通常都有各自一套独立的控制系统，可以单独完成某项控制任务，实现局部自动控制。

2. 制冷站自动控制配合局部自动控制

中央空调制冷站通常由多套冷水机组及其附属设备冷媒水泵、冷却水泵、冷却塔等组成。要使系统能够稳定、安全地运行，需要正确安排各个设备的开机、停机顺序，并且对它们进行联锁安全保护。

中央空调制冷站的集中控制，通常由电气专业设计人员根据要求设计。其控制系统包括制冷站各个设备的开机、停机顺序，各设备的联锁安全保护，多套机组的切换运行，各设备的运行监测。制冷站的自动控制，一般需与空调末端装置的局部自动控制配合进行。

3. 空调系统集散控制

在一些大的建筑物或者大的工业厂房内，有时可能设置几套、十几套，甚至几十套空调系统。为了便于运行管理，在现场采用可编程序控制器(PLC)，进行各系统的就地运行控制；然后通过总线，将可编程序控制器的通信接口与中央控制总站的监控微型计算机连接，实现通信。这样就构成了由可编程序控制器作为第一级控制，由微型计算机作为第二级监控的集散控制系统[19]。

当采用楼宇自动化系统(BAS)时，中央空调系统的自动控制就成为BAS中的一个子系统。不过，中央空调系统的自动控制是BAS中最重要、节能潜力最大的一个子系统。

应该说明，选择中央空调装置的控制水平，并不是自动化水平越高越好。对于一个具体工程项目，确定其自动化程度应该进行技术经济分析，既要技术上可行，又要经济上合理。在设计自动调节系统时，要有经济观点。设计思想上需要重视调节系统要简单、可靠。

随着微电子和计算机技术的发展，制冷空调装置的自动化水平不断提高和完善。从机械式控制，发展到计算机控制；控制模式从简单控制，向智能控制发展。例如，模糊控制技术、神经网络控制技术等。实际上，智能化控制已经跳出了传统的控制模式，它充分发挥了计算机所具有的运算、判断和处理的功能，使装置能够发挥最大能力，并最大限度地提高其运行效率（运行节能）。毫无疑问，随着自动控制技术的发展和控制器件可靠性提高，价格下降，制冷空调装置的自动化程度将越来越高。

1.4 带有辅助回路的单级压缩制冷新流程

在压缩式制冷循环中，对节流阀前的液态制冷剂再冷却；可以提高制冷量和循环的制冷系数。问题在于用什么方法实现液态制冷剂的过冷。在两级压缩制冷循环中，通常利用中间冷却器来实现过冷。在单级压缩制冷循环中，除了采用回热循环可实现一定程度的过冷外，实际上很少利用过冷的优点。

作者经过研究，提出了一种可实现深度过冷的单级压缩制冷新流程[20]，即在一般单级压缩流程的基础上，增设一辅助蒸发回路，专门对液态制冷剂进行深度过冷。计算和分析表明，新流程只需增加少量投资，即可较明显地提高制冷系数，达到长期节能的效果。

图 1-9 所示为这种带辅助回路的单级压缩新流程的设备布置。与常规最简单的单级压缩流程（图 1-1）相比，新流程增设了一个过冷器（换热器）和一个节流阀，这两者与专门的压缩机组成辅助回路。辅助回路上的压缩机排气与主压缩机排气汇合后，进入冷凝器冷凝。

图 1-10 所示为新流程在 p-h 图上的表示。从冷凝器出来状态为点 3 的饱和液态制冷剂，一部分经过辅助节流阀节流进入过冷器，在其中蒸发吸热转变为蒸气，然后进入辅助压缩机压缩，由状态点 1′变为状态点 2′；另一部分（主要部分）液态制冷剂，经过过冷器中的盘管，被盘管外蒸发的制冷剂冷却，实现深度的过冷（过程 3—5）。点 5 状态的过冷液态制冷剂，经过主节流阀节流成为状态点 6，进入蒸发器制冷，过程 6—1 为蒸发器中制冷剂蒸发过程。

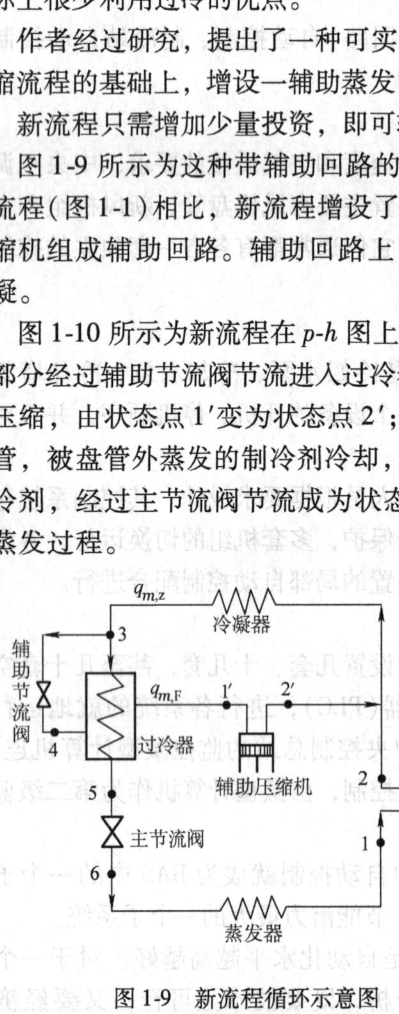

图 1-9 新流程循环示意图

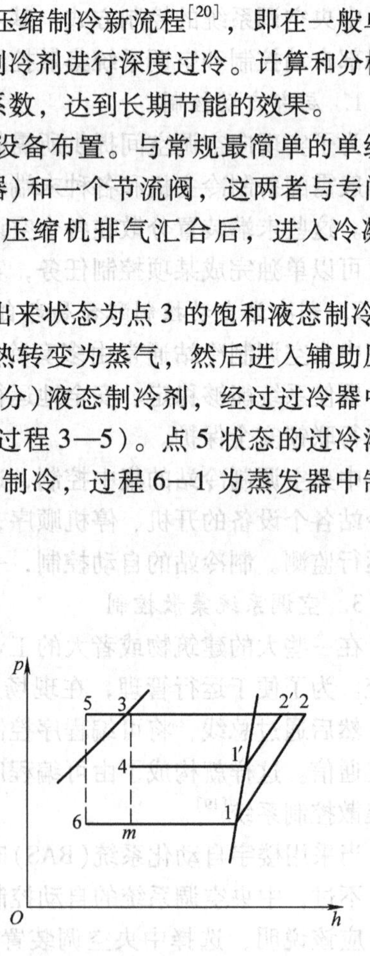

图 1-10 新流程在 p-h 图上的表示

点 1 状态的制冷剂气体进入压缩机，压缩至状态点 2 排出，与状态点 2′的辅助回路排气混合，进入冷凝器冷凝至状态点 3。整个流程就这样周而复始。

当辅助回路的过冷器中保持一个恒定的蒸发温度 $t_{e,F}$，传热温差为 5℃，则过冷后液态制冷剂的温度 $t_5 = t_4 + 5℃ = t_{e,F} + 5℃$。由图 1-10 可见，当辅助回路采用不同的蒸发温度 $t_{e,F}$

时，循环的性能将发生变化。将新流程的制冷系数与常规循环进行比较，可以得出不同条件下制冷系数的变化规律。常规循环在图1-10中的流程为1—2—3—m—1。

设新流程的制冷量为Q_0，冷凝器中制冷剂流量为$q_{m,z}$，辅助回路中制冷剂流量为$q_{m,F}$，则蒸发器中流量为$(q_{m,z}-q_{m,F})$。忽略热损失，根据过冷器的能量平衡，则

$$q_{m,z}h_3 = q_{m,F}h_{1'} + (q_{m,z}-q_{m,F})h_5 \tag{1-6}$$

由式(1-6)可得

$$q_{m,F} = q_{m,z}\left(\frac{h_3-h_5}{h_{1'}-h_5}\right) \tag{1-7}$$

冷凝器中流量$q_{m,z}$为蒸发器流量和辅助回路流量之和，即

$$q_{m,z} = \frac{Q_0}{q_0} + q_{m,F} = \frac{Q_0}{h_1-h_6} + q_{m,z}\left(\frac{h_3-h_5}{h_{1'}-h_5}\right) \tag{1-8}$$

整理式(1-8)，可得$q_{m,z}$与Q_0关系为

$$q_{m,z} = \frac{Q_0}{h_1-h_6}\left(\frac{h_{1'}-h_5}{h_{1'}-h_3}\right) \tag{1-9}$$

常规循环的制冷系数ε_m为

$$\varepsilon_m = \frac{q_{0,m}}{W_{k,m}} = \frac{h_1-h_m}{h_2-h_1} \tag{1-10}$$

新流程的制冷系数ε为

$$\begin{aligned}\varepsilon = \frac{Q_0}{P} &= \frac{q_{m,z}(h_1-h_6)\left(\dfrac{h_{1'}-h_3}{h_{1'}-h_5}\right)}{(q_{m,z}-q_{m,F})(h_2-h_1)+q_{m,F}(h_{2'}-h_{1'})}\\ &= \frac{(h_1-h_6)(h_{1'}-h_3)}{(h_{1'}-h_3)(h_2-h_1)+(h_3-h_5)(h_{2'}-h_{1'})}\end{aligned} \tag{1-11}$$

式中 P——主、辅回路压缩所耗功率之和。

新流程ε相对常规循环ε_m的变化为

$$\Delta\varepsilon = \frac{\varepsilon-\varepsilon_m}{\varepsilon_m}\times 100\% \tag{1-12}$$

在实际工程上，单级压缩制冷在冷藏制冰和空调等不同场合、不同季节均广泛应用。这里选择三种运行工况(表1-8)，对辅助回路采用不同蒸发温度的影响进行了计算。为了提高计算精度，采用Cleland提出的制冷剂热力性质公式，借助微型计算机编程计算，制冷剂采用氨。计算结果列于表1-9。

表1-8 三种运行工况的参数 （单位:℃）

工 况	A	B	C
冷凝温度 t_c	30	40	40
蒸发温度 t_e	-15	-15	5

由表1-9所示的结果可见，在表1-8所示的三种工况(A、B和C)中，新流程的制冷系数均比常规流程大。这表明采用新流程，在相同条件下比常规流程耗功少，即新流程具有节能效果。

表 1-9 不同工况下新流程制冷系数的增量(工质 R717)

辅助回路蒸发温度 $t_{e,F}$/℃	工况 A	工况 B	工况 C	辅助回路蒸发温度 $t_{e,F}$/℃	工况 A	工况 B	工况 C
	制冷系数的增量(%)				制冷系数的增量(%)		
-10	1.96	2.19	—	12	3.76	5.89	2.29
-8	2.59	2.94	—	14	3.38	5.73	2.68
-6	3.13	3.61	—	16	2.93	5.5	2.96
-4	3.58	4.2	—	18	2.4	5.2	3.11
-2	3.93	4.71	—	20	1.79	4.82	3.15
0	4.18	5.13	—	22	1.12	4.37	3.07
2	4.34	5.46	—	24	0.39	3.86	2.88
4	4.4	5.71	—	26	—	3.28	2.58
6	4.37	5.88	0.42	28	—	2.65	2.18
8	4.25	5.96	1.16	30	—	1.96	1.67
10	4.05	5.97	1.78				

显然，辅助回路采用不同的蒸发温度，新流程的总体积流量将发生变化。体积流量直接关系到压缩机的容量。当工况和制冷量 Q_0 相同时，新流程的体积流量是否比常规循环大，决定了是否需增加压缩机，即是否增加投资，这是新流程是否有实用价值的关键之一。

没有过冷的常规循环体积流量 $q_{V,c}$ 为

$$q_{V,c}=q_{m,c}v_1=\frac{Q_0}{h_1-h_m}v_1 \tag{1-13}$$

新流程中主回路和辅助回路容积流量之和为

$$\begin{aligned}q_{V,x}&=(q_{m,z}-q_{m,F})v_1+q_{m,F}v_{1'}\\&=\left(\frac{Q_0}{h_1-h_6}\right)v_1+q_{m,z}\left(\frac{h_3-h_5}{h_{1'}-h_5}\right)v_{1'}\\&=\left(\frac{Q_0}{h_1-h_6}\right)\left(v_1+\frac{h_3-h_5}{h_{1'}-h_3}v_{1'}\right)\end{aligned} \tag{1-14}$$

新流程与常规流程制冷量都是 Q_0 时，容积流量之比为

$$\frac{q_{V,x}}{q_{V,c}}=\frac{(h_1-h_m)\left(1+\dfrac{h_3-h_5}{h_{1'}-h_3}\dfrac{v_{1'}}{v_1}\right)}{h_1-h_6} \tag{1-15}$$

由于辅助回路压缩机是独立的，且其压力比小于主回路，其压缩机的输气系数大于主回路。因此，新流程所需的压缩机理论输气量将更小，故式(1-14)将两种不同比体积的流量一起计算，并不影响式(1-15)的结论。

从实际应用的角度考虑，主回路压缩机容量与辅助回路压缩机容量之比，是该流程能否实施的重要因素。因此，不同 $t_{e,F}$ 时，主回路和辅助回路的体积流量之比的变化必须考虑。

主回路(即蒸发器回路)压缩机体积流量 $q_{V,z}$ 为

$$q_{V,z}=(q_{m,z}-q_{m,F})v_1$$

辅助回路压缩机体积流量 $q_{V,F}$ 为

$$q_{V,F}=q_{m,F}v_{1'}$$

主回路与辅助回路体积流量之比为

$$\frac{q_{V,z}}{q_{V,F}}=\frac{(q_{m,z}-q_{m,F})v_1}{q_{m,F}v_{1'}}=\left(\frac{h_{1'}-h_3}{h_3-h_5}\right)\frac{v_1}{v_{1'}} \tag{1-16}$$

按表1-8所示的三种工况，用式(1-15)和式(1-16)对不同$t_{e,F}$时的体积流量比进行计算，计算结果列为表1-10。

表1-10　不同工况下体积流量比与辅助回路蒸发温度$t_{e,F}$的关系(工质R717)

$t_{e,F}$/℃	工况					
	A		B		C	
	体积流量比					
	$q_{V,x}/q_{V,c}$	$q_{V,z}/q_{V,F}$	$q_{V,x}/q_{V,c}$	$q_{V,z}/q_{V,F}$	$q_{V,x}/q_{V,c}$	$q_{V,z}/q_{V,F}$
-10	0.975	8.04	0.968	5.99	—	—
-8	0.969	9.22	0.959	6.78	—	—
-6	0.964	10.6	0.952	7.68	—	—
-4	0.96	12.22	0.946	8.71	—	—
-2	0.958	14.14	0.942	9.89	—	—
0	0.956	16.43	0.939	11.25	—	—
2	0.956	19.2	0.937	12.83	—	—
4	0.956	22.58	0.936	14.67	—	—
6	0.958	26.77	0.936	16.83	0.996	8
8	0.96	32.06	0.936	19.37	0.989	9.21
10	0.962	38.9	0.938	22.4	0.984	10.66
12	0.966	48.01	0.94	26.05	0.98	12.39
14	0.97	60.63	0.942	30.5	0.977	14.51
16	0.974	79.11	0.946	35.99	0.975	17.12
18	0.979	108.5	0.95	42.92	0.975	20.42
20	0.984	161.89	0.954	51.86	0.975	24.67
22	0.991	287.35	0.959	63.73	0.976	30.32
24	0.996	917.31	0.964	80.16	0.978	38.14
26	—	—	0.97	104.2	0.98	49.57
28	—	—	0.976	142.37	0.984	67.74
30	—	—	0.982	211.67	0.988	100.7

综上所述，采用带辅助回路的新流程，循环的制冷系数增大。在表1-8所示的三种工况中，制冷系数最大增加了3.15%~5.97%。由表1-10可知，三种工况下新流程的总体积流量，均小于常规循环的流量。因此，新流程并不需要增设压缩机，只需把常规流程中的压缩机分一部分作为辅助回路之用。即新流程只需增加一个过冷器和一个节流阀，投资增加很少。

辅助回路采用不同蒸发温度时，新流程的制冷系数增量存在一极值点。在该点，新流程的制冷系数增量最大。另外，单级循环的压力比越大，采用新流程制冷系数提高越多，即节能效果越大。主回路和辅助回路的体积流量比，随着辅助回路$t_{e,F}$的降低而减小，可以根据实际配备的压缩机情况，选择适当的辅助回路蒸发温度$t_{e,F}$。

根据能量守恒，冷凝器热负荷等于制冷量和耗功之和。由于新流程制冷系数增大，即制冷量一定时，耗功减小，故制冷量相同时，新流程的冷凝热负荷将小于常规流程，冷凝面积不需增加；并且由于冷凝热负荷减小，冷凝器的工作条件改善，实际运行性能还可得到改善。上述原理和计算方法，同样适用于氟利昂制冷剂。计算表明，在上述A、B和C三种工况下，采用新流程，R22的制冷系数增大5.51%~10.46%[21]。

对于多台压缩机的大容量制冷系统，只需分出一台或两台压缩机作为辅助回路之用，新流程很容易实现。对于新设计的系统，还可考虑利用单机双级压缩机的高压级作为辅助回路之用。辅助回路的节流阀可采用热力膨胀阀，自动地控制过冷器的供液，使过冷器出口状态稳定，不必经常调节。

综上所述，带有辅助回路的单级压缩新流程，不仅可用于新设计的制冷装置，也可以用于现役单级压缩系统的技术改造，具有一定的节能效果，值得推广应用。

1.5 一次节流与两次节流的选择

在两级压缩制冷循环中，可以采用一次节流或者两次节流。目前两种方案在工程上均有应用。因此，在制冷装置的设计中，存在对节流次数进行合理选择的问题。

采用一次节流方案，可以利用高压液态制冷剂的压力，供液给装设较远或较高的蒸发器。这对大型制冷装置，例如多层冷库的重力供液制冷系统较为有利，并且高压制冷剂经过了中间冷却器的过冷，在输送管道中不会因管道阻力损失而出现吸热汽化的现象。另外，进入蒸发器的液态制冷剂，不与中间冷却器中的液态制冷剂直接混合，减少了润滑油进入蒸发器的机会，使蒸发器的传热性能不受影响；并且采用一次节流时，供液量的调节比较方便。因此，一次节流方案在我国得到广泛的应用。

两次节流时，进入蒸发器的制冷剂焓值是中间温度饱和液体状态的焓值，而采用一次节流时，若不考虑过冷，进入蒸发器的制冷剂焓值是冷凝温度饱和液体状态的焓值。将这两种情况同时表示在同一 p-h 图上（图1-11），可以更清楚地反映出一次节流和两次节流的单位制冷量差别。图1-11中9-10′为一次节流循环中，冷凝压力下的饱和液态制冷剂从点9一次节流到蒸发压力。由图1-11可见，一次节流无过冷循环的单位质量制冷量为 $q_0=h_1-h_{10'}$，两次节流时 $q_0=h_1-h_{5'}$。显然，工况相同时，两次节流的单位质量制冷量 q_0 较大。

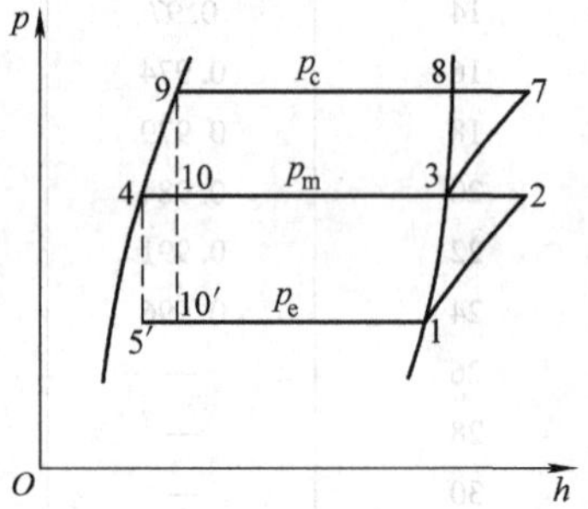

图1-11 一次节流与两次节流 q_0 的比较

比较分析一次节流与两次节流循环的制冷系数表达式，可以看出，两次节流的单位制冷量增大了，高压级和低压级的单位压缩功不变。但是，两次节流时，高压级流量大于一次节流的高压级流量。因此，根据制冷系数的表达式，无法判断出哪种方案的制冷系数较大。

参考文献[22]对相同工况下采用一次节流和两次节流进行了实际计算分析。其冷凝温度和蒸发温度相同，压缩机选用S8-12.5和S6-12.5两种机型，高压级和低压级压缩机的理论排气量之比分别为1∶3和1∶2。计算中考虑了两种冷凝温度，并且考虑了压缩机的指示效率和摩擦功率，制冷剂为氨。一次节流时，高压氨液从中间冷却器盘管出来的温度（过冷温度），比中间温度高5℃，低压级压缩机吸入蒸气过热度为5℃。

计算分析表明，高压级压缩机的指示功率，两次节流时比一次节流时减小；低压级压缩机的指示功率，两次节流时比一次节流时增大。由于减小值比增大值大，在压缩机总摩擦功率不变的情况下，压缩机的总轴功率仍然降低。即综合高、低压级压缩机的效果，两次节流比一次节流功率略减少。在同一工况下，同一台制冷压缩机，采用两次节流时比一次节流产冷量增加1.45%~1.75%，制冷系数提高1.7%左右[22]。

综上所述，采用两次节流的制冷量略增大，制冷系数较大。虽然节能的百分比不大，但长年运行的节能效益十分可观。同时，中间冷却器内不需设置过冷盘管，简化了设备的结构。

我国的两级压缩制冷装置基本上沿用一次节流方案。实际上，目前两级压缩制冷装置都采用氨泵供液系统，一次节流便于输送制冷剂的优点就失去了意义。另外，随着液位自动控制技术的发展，两次节流需要增加中间冷却器液位控制工作量的问题也不复存在。因此，在两级压缩制冷系统中，采用两次节流是值得重视的节能措施之一。

根据中国制冷学会对法国冷库的考察[23]，在法国冷库两级压缩制冷系统中，广泛采用两次节流循环。参考文献[24]介绍了美国和加拿大冷库的制冷装置中两次节流循环的采用情况(表1-11)，两次节流循环约占40%。这也说明了两次节流循环是完全可行的，在技术上和实际运行中没有问题。

表1-11 美国公用冷库制冷装置的压缩级数及流程(62个厂)

压缩级数	厂数	比例(%)	节流次数	系统数目
单级	12	20.3	一次	
两级	47	79.7	一次	30
			两次	20
没回答	3			

注：有的厂有两个系统。

对于新设计的两级压缩系统，采用两次节流循环既不需要增加投资，又不需要增加操作工作量，且具有长期的节能效益。目前两次节流循环已经在我国个别工程中得到应用，应积极加以宣传推广。

思考题

1. 蒸气压缩式制冷是应用最广泛的制冷装置，主要原因有哪些？
2. 吸收式制冷机最主要的特点是哪两个？什么情况下采用它可以节能？
3. 压缩式制冷的理论循环热力完善度高，其实际循环的效率是否也高？为什么？
4. 制冷剂的哪些性质对制冷循环的能耗有较大影响？
5. 制冷剂的ODP值和GWP值反映了什么？
6. 哪两类制冷剂会破坏臭氧层？哪一类是当前必须淘汰的？
7. 为什么采用非共沸混合制冷剂可以节能？
8. 采用自动控制有何优缺点？为什么采用自动控制可以节能？
9. 楼宇自动化系统(BAS)与中央空调系统的自动控制有何关系？
10. 采用带辅助回路的深度过冷循环有何特点？在什么情况下可以采用？
11. 两级压缩制冷循环中，一次节流和两次节流所用的中间冷却器有何不同？
12. 两级压缩制冷循环中，两次节流比一次节流循环节能，为什么？

第 2 章

制冷空调压缩机与设备的选择

2

2.1 制冷压缩机的特点和选型

在工程设计中，要正确合理地选用制冷压缩机，首先必须了解各种制冷压缩机的特点。制冷压缩机种类很多，有活塞式、离心式、螺杆式、滑片式及涡旋式等。大中型制冷空调工程上常用的主要是活塞式制冷压缩机、螺杆式制冷压缩机和离心式制冷压缩机。

2.1.1 常用制冷压缩机的特点

1. *活塞式制冷压缩机*

活塞式制冷压缩机是问世最早的一种机型，至今已发展到相当完善的程度。其工作压力范围广，能适应较宽的制冷量范围和不同场合。它具有高速、多缸、能量可调、热效率高，适用于多种制冷剂等优点。其缺点是结构复杂、易损件多、检修周期短、对湿行程敏感、有脉冲振动。目前，其性能系数一般为 2 ~ 2.5W/W(制冷)和 2.9 ~ 3.4W/W(空调)。

我国制造活塞式制冷压缩机已有数十年，该机种制造加工较容易，造价也较低廉。国内应用极为普遍，有成熟的运行管理、维护经验。近年来，随着其他机型(尤其是螺杆式)不断改进及效率的提高，在工业系统中，活塞式制冷压缩机的使用有逐渐减少的明显趋势。

值得注意的是，多种系列活塞式制冷压缩机有两种活塞行程(表 2-1)。对于低温工况(压缩比大的情况)，选用长行程压缩机可以提高效率，获得节能的效益。设计者和用户在选用时对此应特别注意。

表 2-1　压缩机的活塞行程　　(单位:mm)

类　型	半 封 闭		开 启 式					
缸径	70		100		125		170	250
行程	70	55	100	70	110	100	140	200

2. *螺杆式制冷压缩机*

螺杆式制冷压缩机与活塞式制冷压缩机相比，具有结构简单、易损件少、体积小、重量轻、单机压缩比大、对湿行程不敏感、振动小、对基础要求低(通常无须采用隔振措施)、输气系数高、排气温度低及热效率较高的特点。螺杆式压缩机的零件总数只有活塞式压缩机的1/10，检修周期长，无故障运行时间可达2～5万h，制冷量可在10%～100%的范围内无级调节。

随着螺杆式压缩机可靠性和性能的不断改进，它的适用范围不断扩大，目前已逐渐取代较大的活塞式压缩机，同时也取代了一些中等制冷量(350～1500kW)的离心式压缩机。它的优势是具有良好的部分负荷性能。部分负荷时，其效率一般可高出离心式压缩机8%～10%，并且没有离心式压缩机所特有的喘振问题。

螺杆式压缩机的缺点是噪声较高，耗油量大，油路系统和辅助设备比较复杂。从加工制造角度，螺杆式压缩机的运动部件表面为曲面形状，加工及检测均较复杂，需要使用专用设备，成本较高。另外，螺杆式压缩机的运动机件之间，或运动机件与固定机件之间，需保持一定的运动间隙，必须使运动间隙尽可能小，这就使加工的精度要求更高。

近年来又开发了内容积比可调的螺杆式制冷压缩机，使性能有了进一步改善。20世纪90年代以来，螺杆式压缩机的型线更加多样化。目前，在螺杆式压缩机主要生产厂的产品中，第二代产品(齿数比为6:4)约占27%；第三代产品(齿数比为6:5)约占58%；第四代产品(齿数比为7:5)约占15%[25]。这种分类方法可能不准确，但可以说明市场上的产品处于不同水平。应该说明，对螺杆式压缩机的型线研究还在不断深入，许多新型螺杆式压缩机的运行经济性、可靠性和寿命，已超过了活塞式压缩机，在选用中应给予充分的重视。例如，烟台冰轮集团与西安交通大学合作开发新型螺杆压缩机，已实现工业化生产，2006年荣获国家科技进步二等奖，其性能指标已经接近国际先进水平[7]。

螺杆式压缩机又分为双螺杆压缩机和单螺杆压缩机。单螺杆压缩机由一根螺杆和两个星轮组成。单螺杆压缩机在很多方面与双螺杆压缩机类似，且受力平衡性更加理想，故在国内外得到了较快的发展。

3. 离心式制冷压缩机

离心式制冷压缩机与活塞式制冷压缩机相比，其优点是转速高，单机制冷量大(最大达到28000kW)，机械磨损小，无易损件，维护简单，费用低，振动小，运行平稳，对于基础要求低。在大制冷量时，单位功率机组的重量轻、体积小、占地面积小，能经济方便地调节制冷量，制冷量可在30%～100%范围内无级调节。离心式制冷压缩机易于实行多级压缩和节流，可采用经济性较高的工业汽轮机直接拖动。

在离心式压缩机中，润滑油与所压缩的制冷剂基本不接触，不会影响蒸发器和冷凝器的工作。因为结构简单，没有易出故障的零部件，摩擦部件只有轴承，故运行可靠性高，不会由于磨损而效率下降，检修周期可达一年以上。国内外的使用经验证明，由于没有易损件，离心式制冷压缩机可靠性最高，寿命一般不少于20年。维护良好时，可使用20～40年。

离心式压缩机的缺点是制冷量不能太小。因为机器内气体处于高速流动状态，流量小、流道狭窄都将明显影响流动效率。就空调工况而言，其单机制冷量不宜小于350kW。由于离心式压缩机的工作原理，单级的压缩比小于4，所以要达到高压缩比需要多级压缩。通常单级离心式压缩机的工作转速高于电动机的最高转速3000r/min，需要通过增速器来传动。其他不足是对制冷剂有特定的要求，负荷低时操作不当会产生喘振。采用多级压缩可以很大程度上克服这些不足。

2.1.2 制冷空调压缩机的选型要点

1. 制冷量

制冷空调装置(系统)的制冷量是首先要考虑的问题。由于上述三种压缩机的单机制冷量不同，所以系统的总制冷量直接关系到压缩机的台数。如果总制冷量很大，而选择单机制冷量最小的活塞式压缩机，则会造成系统的压缩机台数太多，产生占地大、投资大等许多不良后果。因此，首先应该根据系统的总制冷量，初步考虑合适的机型。

通常制冷量的大小是根据用户的热负荷而定的。热负荷可以根据设计手册逐项计算而得。必须强调指出，设计手册的计算，基本上是按照常规典型情况进行的，而在生产实际中，情况千差万别。因此，设计人员必须深入了解用户的实际情况，根据基本设计原则对实际情况进行分析，灵活地决定取舍，而不能生搬硬套。在选择压缩机时，还有必要适当地考虑用户未来用冷的发展趋势，进行全面分析。

2. 运行能耗

制冷空调装置的运行能耗是运行中的主要开支。由于三种压缩机的性能系数(COP)不同，在相同条件下运行的能耗也不同。应该说明，由于技术的进步，目前各种制冷压缩机的COP虽然有所不同，但差别不大。运行能耗与制冷空调装置的全年运行时间关系很大。在设计选型时，应根据不同的情况区别对待。

实际使用中，制冷机的运行大致分为三种类型：一种是短期间歇运行，全年累计运行时间很少，其典型是试验性制冷装置；另一种是季节性运行，全年有好几个月运行，其余月份则完全停止运行，其典型是空调用制冷装置；第三种类型是全年运行，如低温冷藏库等。显然，全年运行时间越长，性能系数(COP)的影响就越大。这时，虽然COP差别不大，但全年的能耗差别就非常可观。

参考文献[26]对国产螺杆式压缩机产品进行比较分析，发现1988年典型产品的COP值低于活塞式压缩机。但是，1997年后生产的典型产品COP值已高于活塞式压缩机。换言之，由于技术的进步，在20世纪90年代末，典型螺杆式压缩机的运行能耗已经低于活塞式。因此，从节能角度，在全年运行时间长的情况下，应该首先考虑选择螺杆式制冷压缩机。

3. 制冷量调节性能

上述三种压缩机的制冷量调节性能各不相同。螺杆式压缩机制冷量调节范围最大，并且可以无级调节，调节性能最佳；活塞式压缩机可以有级调节，调节性能次之；离心式压缩机的调节范围比较小，低负荷时操作不当容易发生喘振故障。应该说明，制冷量调节性能有两个方面：一方面是调节是否容易实现，即调节范围是否大、是否可以无级调节；另一方面，制冷量调节后，在部分负荷下运行的效率如何。

在实际使用中，许多用户全年大部分时间在部分负荷下运行。因此，选型时必须注意具体制冷空调用户的负荷情况。显然，对于负荷变化范围大、变化频繁的情况，压缩机的制冷量调节性能是必须重点考虑的问题。

4. 工作温度范围

所设计工程的制冷温度范围是选择制冷压缩机时的重要因素之一。对于常规空气调节工程，制冷温度在0℃以上，压缩比小，三种压缩机都可以考虑。对于制冷温度在-15℃以下的装置，除了制冷量特别大的化工企业外，通常选用螺杆式或者活塞式制冷压缩机。螺杆式制冷压缩机由于没有吸气阀和排气阀，可以达到更低的吸气压力，并且，它的排气温度比较低，可以在更高的压缩比下工作。因此，采用相同制冷剂时，螺杆式制冷压缩机可以得到比活塞式更低的制冷温度。

5. 一次性投资(初投资)

一次性投资是选择压缩机的另一重要因素。通常，国内螺杆式制冷压缩机的价格要高于活塞式压缩机(相同制冷量)。参考文献[26]对此进行了深入分析，发现制冷量小于 250kW 的系统，采用活塞式综合经济性较高。在制冷量为 250 ~ 450kW 的范围，选用螺杆式压缩机的投资比活塞式大。但此范围内，制冷量越大，则选用螺杆式压缩机增加的投资就越少。制冷量大于 450kW 时，选用螺杆式压缩机的初投资比活塞式压缩机少。其原因是螺杆式压缩机的单机制冷量大，相同制冷量下需配备的压缩机台数比活塞式压缩机少，减少了初投资。

根据参考文献[7]，从价格方面看，制冷量在 1320kW 以上的螺杆式冷水机组售价甚至低于同冷量的离心机，而机组的效率相同。对于制冷量大的制冷空调系统，螺杆式压缩机单机制冷量大，台数少，机房面积小，即机房的投资可以减少。目前，螺杆式压缩机的优点已经逐渐得到用户的认可，烟台冰轮集团和大连冷冻机股份有限公司螺杆式压缩机的产量在 2010 年已经是活塞式压缩机的 3 倍。当然，对于一个具体工程，选择机型时还应该进行具体的技术经济比较。

6. 操作维护管理费

操作维护管理费与在使用压缩机中操作维护的难易程度直接联系。如果压缩机的操作维护简单，则需要投入的人力、物力费用少；反之，则需要投入的人力、物力费用多。常用的三种压缩机中，离心式的操作维护最简单，螺杆式压缩机次之，活塞式压缩机的易损件多，操作维护最复杂。当采用活塞式压缩机时，一方面必须配备易损件，保证零件损坏可以随时更换；另一方面，需要配备较多的操作维护人员，人工费增加。因此，采用活塞式压缩机时，操作维护管理费明显增加。

根据国内外使用经验，螺杆式压缩机操作调节方便，没有易损件，可靠性高。与活塞式压缩机比较，采用螺杆式压缩机操作人员数量可减少一半，甚至可无人值守运转，使人工费用明显降低。

7. 机组化

当选定了制冷压缩机类型之后，对于典型情况应当优先考虑选用制冷机组，特别是优先选用专用的制冷机组。例如，盐水机组、乙醇机组、冷水机组、单机两级机组等。由于专用机组经过全面的论证和试验，匹配合理，效率较高；另外，机组各设备之间的连接大多在制造厂内完成，质量较高，既可减少设计程序，又可减少现场施工安装的环节。

8. 环境保护

随着我国工业化的进展，环境受到很大的破坏，环境保护问题日益突出。选用制冷压缩机时，也应该考虑到环境保护问题。制冷空调装置对环境的有害影响有制冷剂污染和噪声两方面，在选择制冷机时必须加以考虑。

关于制冷剂对环境的污染，有微观和宏观两种概念。制冷剂用户所关心的是制冷剂的性能以及它直接造成的对人身和设备的影响。作为制冷装置的设计者，不仅要考虑微观的安全性，而且要同时考虑宏观的安全性，即制冷剂对人类的宏观环境、对地球大气层所形成的危害也应纳入评价范畴。例如对大气臭氧层的影响、温室效应等。

制冷压缩机运行时均发出噪声，其噪声值随制冷压缩机的大小而增减。各种类型制冷压缩机的噪声大小不同，选用时主要根据用户对环境条件的要求，必须符合 GB 3096—2008《声环境质量标准》。必要时应该采取防噪措施。应该说明，长期以来，螺杆式制冷压缩机噪声比活塞式大，但近年来随着技术的进步，螺杆式制冷压缩机噪声已经降低，有的机型噪声已经低于活塞式压缩机。

9. 全面分析综合考虑

从节能的角度，制冷压缩机选型中最主要的因素是运行管理费。全年运行的时间越长，运行管理费在设计选择时的地位越重要。当然，一项优秀的工程设计，不能只从节能的角度考虑设计方案，还应该全面综合考虑。除了上述要点之外，设计之前应深入调查，了解用户的发展规划、操作管理人员的素质等有关因素。设计选择上考虑不周，不仅会给操作维护造成困难，导致能耗增大，甚至可导致事故，造成严重损失。因此，设计人员必须具有高度的责任心，十分慎重地对待每一个设计环节。

国内制冷工程在设计选型中，经常出现的一个问题是过于保守，对新技术、新设备不敢大胆采用。例如螺杆式压缩机有许多突出的优点，在许多场合中采用是十分合理的。但我国许多地区设计者和用户至今还选用不多。究其原因，很重要的因素是用户和设计者对螺杆式压缩机的特点和新技术进展了解不够。显然，除了开发新产品、新技术的制造厂家要注意宣传外，设计者很有必要不断学习掌握各种新设备和新技术的特点。只有这样才能及时地向用户推荐，及时地在设计中推广采用各种新技术和新设备。

以螺杆式制冷压缩机为例，如果全面掌握了螺杆式压缩机的特点，就会认识到螺杆式压缩机没有易损件，维修周期长，安全可靠。因此，选用它会使操作管理人员大大减少。随着我国经济的发展，人工费不断上涨，减少操作管理人员，可以明显提高企业的经济效益。另外，螺杆式压缩机运行可靠，不易发生湿行程液击等故障。所以在许多情况下，即使增加部分一次性投资，完全可以从其他方面得到补偿。

目前，不少设计者和用户对螺杆式制冷压缩机了解不够。为了保险起见，客户要求用“成熟”的活塞式压缩机，设计人员设计时选用“可靠”的活塞式压缩机，操作工人乐意用“熟悉的”活塞式压缩机。这样，就不能做到全面综合考虑，合理选择最佳方案了。

参考文献[24]调查了美国和加拿大冷库制冷装置中压缩机的使用情况(表 2-2)。由表 2-2 可见，在 62 个厂中，只用活塞式压缩机的厂有 12 个，仅占 19%。螺杆式压缩机已在美国和加拿大冷库中广泛应用。该调查发现，20 世纪 80 年代以来建设的冷库，基本上都采用螺杆式压缩机。

表 2-2 美国和加拿大冷库采用压缩机的状况(62 个厂)

只用活塞式压缩机的厂/个	12
只用螺杆式压缩机的厂/个	23
活塞式和螺杆式压缩机都有的厂/个	27

为了便于选择，表 2-3 列出了各种制冷压缩机的适用范围。

表 2-3　各种制冷压缩机的适用领域和场合及单机容量[27]

压缩机种类	单机容量/kW	适用领域或场合					
		汽车空调器	家用冰箱及冷冻箱	房间空调器	住宅空调器	商业冷冻冷藏	大型空调
活塞式	0.1～200		√	√	√	√	
转子式	0.1～10	√	√	√	√		
涡旋式	5～70		√	√	√	√	
螺杆式	150～1400					√	√
离心式	≥350						√

2.2　制冷压缩机的台数与容量

当制冷压缩机的类型确定之后，面临的选择是压缩机的台数。确定压缩机台数的一般原则是：配备的压缩机台数应尽量少，以简化系统和便于操作管理。但是，压缩机的总台数不宜少于 2 台，以保证负荷变化时容量的调节，以及检修时仍有一台可维持制冷。一般情况下，配备的压缩机总制冷量以满足生产要求为准，不考虑备用机。

在实际设计选择中，除了掌握以上原则外，还要根据实际工程的具体情况进行更仔细的分析。随着节能问题的日益突出，人们对压缩机台数的选择也进行了更深入的研究。

制冷工程中实际热负荷常常随外界条件变化而变化，因此需要不断调节压缩机的制冷量。工业用活塞式制冷压缩机通常设有能量调节装置，可分挡调节制冷量。螺杆式压缩机设有滑阀，可以在 10%～100% 范围内无级地调节制冷量。在压缩机的容量调节中，虽然气体的压缩功几乎是随容量减小而成比例地减少，但作为整台压缩机的机械损耗却几乎维持不变。因此，在同一系统中采用多台机代替单台压缩机，在低负荷调节工况下可以节省功率，特别是对较大冷量的系统尤为有利。

参考文献[28]介绍了同一系统中分别采用单台螺杆式压缩机与四台螺杆式压缩机时卸载特性的比较。当冷量调节至 75% 时，单台压缩机所需功率为满负荷时的 86%，对四台机的系统可以停开一台，所需功率为满负荷的 75%。当冷量调节为 50% 时，单台机组所需功率为满负荷时的 77%，四台机系统则可以停开两台，所需功率仅为满负荷的 50%。表 2-4 列出了不同负荷时采用单台与四台压缩机的结果。

表 2-4　单台与四台压缩机系统的耗能比较

负荷百分比(%)	100	75	50	25
单台系统的耗能(%)	100	86	77	67
四台系统的耗能(%)	100	75	50	25
四台系统的节能(%)	0	11	27	42

由表 2-4 可见，负荷变化范围越大，多台压缩机系统的节能越多。多台压缩机的系统不仅在调节工况时带来节能的好处，而且还有下列优点：①可以用较少的机种来满足不同冷量

的需要，便于制造厂降低生产成本；②多台系统起动时可以逐台起动，对电网冲击小，对起动装置的要求低，如30kW以下的机器可以直接起动；③压缩机的运转率可以提高，当某台发生故障时，可单台维修而系统仍然维持运转。

美国赫斯曼(Hirschmann)公司生产的小型制冷设备，在美国的小型冷藏库、超级市场和冷冻食品分配中心等应用较多。该公司生产的氟利昂活塞式压缩机，单机最大功率为18kW(25马力)。该公司研究发现，多台并联系统可以节能。图2-1说明了为什么四台并联系统比两台系统的效率高[29]。两个系统在100%负荷时，能效比均在最高点。负荷减小到接近80%时，四台系统中的一台压缩机，开始起/停周期运转；负荷继续减小至67%时，这一台压缩机完全停止运转，而另外三台仍在接近能效比最高点的情况下运行。而两台并联系统在负荷55%左右时，其中一台才开始起/停周期运转，直到负荷在35%时，这一台压缩机停止运转，这时能效比下降到70%。即与四台系统比较，两台并联系统在低能效比和低吸入压力下运转。

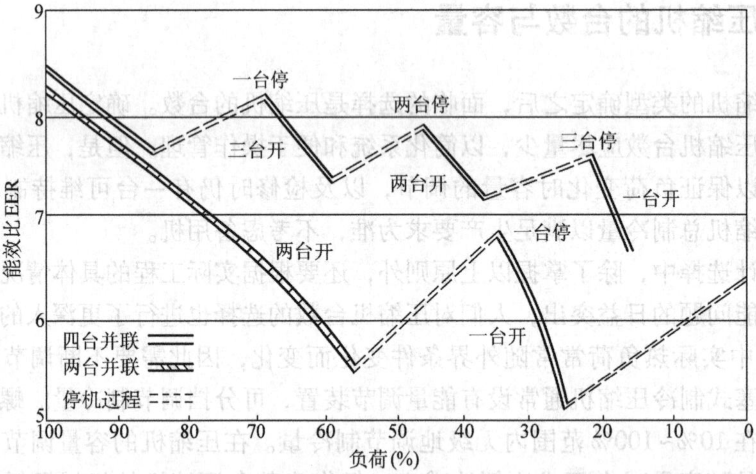

图2-1 两台并联和四台并联系统的调节特性

从上述两个实例可以明显看出，在总制冷量一定时，选用多台型系统在部分负荷时可以提高效率，实现节能运行。尽管用户不同，负荷的变化规律也各不相同，但各种制冷系统部分负荷运行的时间，都占有相当大的比例。因此，采用多台型系统对运行的节能具有相当大的潜力，值得在设计选择时作深入的分析比较。

多台型系统也有其不利的一面：采用多台型系统，必须使每台压缩机趋向小型化，而压缩机的价格并不是与容量成定比的；一般多台压缩机系统的一次性投资将增大；随着压缩机尺寸的减小，其效率通常降低；随着电动机尺寸的减小，电动机的效率也将下降；多台型系统由于压缩机台数多，所占用的空间也较大；由于零件数增加，多台型系统对压缩机的质量要求也相应提高。因此，是否选用多台型系统，以及具体选用多少台数，都应根据用户的实际情况进行深入分析比较，全面衡量后再确定最佳方案。

2.3 制冷压缩机能量调节方式

通常制冷压缩机总是根据最大制冷量来选用的。在生产实际中，热负荷(即所要求的制冷量)是随着外界条件变化的，故需要对压缩机的制冷量进行调节。压缩机的制冷量与其输气量成正比，通过调节输气量就可以调节制冷量。故制冷量调节又称为输气量调节，或能量调节。能量调节的实质是使压缩机的产冷量与热负荷相平衡。能量调节有以下三方面的好处：

1）能使制冷装置的产冷量始终与热负荷平衡，从而提高了运行的经济性。

2）减小了蒸发温度(蒸发压力)的波动，相应减小了被冷却对象的温度波动。这样可以减少压缩机的起动次数，延长压缩机的使用寿命。

3）保证了轻载起动，避免引起电网负载过大的波动。无能量调节时，压缩机的起动力矩较大(达额定负载的1.8~2.25倍)，易引起电动机过载。若选用大容量电动机，则降低了运行的经济性。有了能量调节，起动时压缩机处于卸载状态，就能够轻载起动。

显然，采用不同的能量调节方法效率不同。在生产实际中，制冷空调装置在部分负荷运行的时间占很大比例。因此，选择合适的能量调节方式，对于运行的节能具有重要意义。

2.3.1 活塞式压缩机的能量调节方式

对于单台活塞式压缩机，最简单的能量调节方式是间歇运行：当达到规定的制冷温度时，压缩机停止运转；当温度升到规定的上限时，压缩机重新起动运转。这种方式只用于小型压缩机。对于功率大于10kW的压缩机，电动机的频繁起动会引起电网的电压波动，影响其他设备的正常工作。对于较大容量的压缩机，目前常见的调节方式是顶开吸气阀片。

在高速多缸压缩机运行中，通过顶开机构，使吸气阀片脱离阀座，气缸中无法实现对吸入蒸气的压缩。这样，尽管压缩机依然运转着，但吸气阀片被顶开的气缸没有输气，从而改变了压缩机输气量。这种顶开吸气阀片的调节法，在我国缸径ϕ70mm以上、缸数在四缸以上的多缸系列压缩机中广泛应用。这种方法总的看来还是实用的，能够满足生产实际的调节要求，操作也较方便。

顶开吸气阀片调节机构有以下两种形式：

1）液压缸拉杆机构。当液压缸中无油压时，拉杆在弹簧的作用下，带动气缸套外的转动圈，通过顶杆顶开阀片；当油压恢复时，油压克服弹簧力，推动卸载活塞，使转动圈反转，顶杆下降，气缸恢复正常输气。

2）油压直接顶开机构。这种机构利用气缸套外可上下滑动的移动环，直接推动顶杆。同样是无油压时利用弹簧力顶开气阀；有油压时克服弹簧力，气缸正常输气。这种结构免除了液压缸拉杆等零件，结构较紧凑。但这种结构的移动环等零件加工精度要求高，所用的O形密封圈易变形老化，引起润滑油泄漏和调节失灵。

上述两种形式中，液压油的供给和切断，可以手动控制，也可采用压力控制器与电磁阀配合实现自动控制。应该说明的是，顶开吸气阀的调节方式属分挡调节，适用于气缸数多的压缩机。气缸数越多，可调节的挡数就越多。例如，8缸压缩机每挡卸载2缸，就可以分为25%、50%、75%和100%四挡运行。对于气缸数较少的压缩机，可调节的挡数就较少。

顶开吸气阀片的调节方式，基本上可以满足实际生产中的调节要求。但是从节能的角度看，这种调节方式显然是不理想的。因为顶开吸气阀片的气缸虽然不输气，但活塞连杆仍在运动，存在机械摩擦损失。气体没有被压缩，但随着活塞往复运动，不断地流入、流出气缸也存在流阻的损失。尤其当负荷很小时，这些损失所占的比例将增大。

2.3.2 螺杆式制冷压缩机的能量调节方式

螺杆式制冷压缩机通常采用滑阀调节能量，即在两个转子高压侧，装上一个能轴向移动的滑阀来调节制冷量和卸载起动。滑阀调节能量的原理，是利用滑阀在螺杆的轴向移动，改变螺杆的有效工作长度，使输气量在10%~100%范围连续无级调节。中小型螺杆式压缩机也有采用多个柱塞阀调节的。柱塞阀设在两转子间，当需要减少输气量时，将柱塞阀打开，基元容积内的一部分气体就回流到吸气口。这种调节法是有级的，其级数由柱塞阀的个数决定。

滑阀的移动调节分为手动和自动，但控制的基本原理都是采用油压驱动。该系统由三部分构成：供油、控制和执行机构。供油机构有液压泵及压力调节阀；控制机构有四通电磁阀或油分配阀；执行机构有滑阀、活塞及液压缸等。在调节过程中，40%以上负荷时，功率与制冷量的关系几乎是成正比例的。但负荷在40%以下，制冷量与消耗的功率不成正比例，即在低负荷时，效率降低。由图2-2可见，只有在蒸发温度较高，压缩比较小时，功率与负荷才成正比例关系，即一般高压缩比轻负荷运行是不经济的，在设计中应尽量避免。

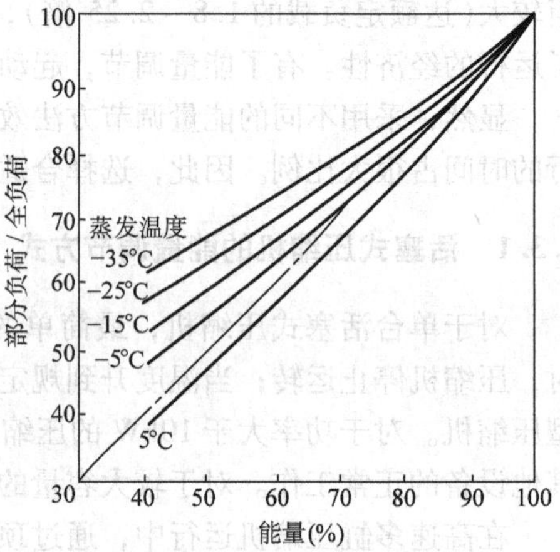

图2-2 部分负荷与功率关系

必须注意，同一型号的螺杆式压缩机可以配用不同的滑阀。在系列产品中滑阀分为三种规格，其内容积比分别为5、3.6、2.6。用户必须根据具体的工况选用内容积比适当的滑阀，这是因为一般螺杆式压缩机具有固定的内容积比。

螺杆式压缩机没有吸排气阀，吸排气孔的通断完全为几何结构所定。当一台螺杆式压缩机结构已定，则压缩开始和压缩终了的内容积比 τ_v 为定值。而内容积比 τ_v 确定后，内压力比 τ_p 也就确定了，两者的关系为

$$\tau_p = (\tau_v)^m \tag{2-1}$$

式中 m——多方压缩指数。

内压力比为定值，意味着当压缩机的吸入压力一定时，则压缩终了的压力将恒定不变，完全不受压缩机排出端压力变化的影响。压缩机排气接管内的气体压力称为外压力。外压力与吸气压力的比值称为外压力比。忽略压力损失，则外压力等于冷凝压力。冷凝压力随环境变化，故外压力比也随环境变化。在吸气压力不变的情况下，内压缩终了的压力可能有三种情况，即大于、等于或小于外压力。当内压缩终了的压力大于外压力时，在压缩机排气口就会出现等容膨胀；当小于外压力时，则会增加等容压缩过程。这两种情况都会使压缩机增加附加功耗。只有内压缩终了压力与外压力相等时，没有附加功耗，压缩机的效率最高。

为了避免能量损失，应使压缩终了压力等于外压力，即内压力比与外压力比相等。因此，系列螺杆式制冷压缩机推荐了三种容积不同的滑阀，让用户根据需要选配。显然，当选配了某种内容积比的滑阀后，内压力比就成了定值。但在实际生产应用中，工况是变化的，尤其是压缩机排出端压力（冷凝压力）将随着环境温度的变化而变化。因此，采用内容积比

固定的螺杆式压缩机，不可避免地将产生一定的附加功耗，使效率降低。

经过深入研究，人们发明了内容积比无级可调的装置。国内开发的内容积比无级可调的螺杆式压缩机已有多种产品，调节范围为 2.5 ~ 5.0。显然，内容积比无级可调的机型，在工况频繁变化时，可保持压缩终了压力等于外压力(冷凝压力)。故不存在附加功耗，效率较高。

目前市场上的螺杆式压缩机有内容积比无级可调的产品，也有内容积比不可调的产品(只能通过更换滑阀调整)。从节能角度考虑，应尽可能选用内容积比无级可调的螺杆式压缩机，尤其对于工况变化频繁和变化范围大的场合，其节能效益将更加明显。参考文献[30]报道，对于吸气和排气压力变化大的螺杆式制冷系统，使用可变内容积比的螺杆机取代不可变内容积比的螺杆机，制冷系统的效率可提高 20%。

2.3.3 离心式制冷压缩机的能量调节方式

离心式压缩机具有带叶片的工作轮，当工作轮转动时，叶片就带动气体运动并使气体得到动能，而后部分动能转化为压力能，从而提高气体的压力。从能量转化的角度看，可以理解为叶轮给气体以一定的能量，此能量又转化为气体的压力能和速度能。

用户实际所需的制冷量是变化的，为了适应用户的需要和安全经济运行，必须根据外界的变化进行调节。通过调节，使制冷压缩机的制冷量与用户需要的冷负荷基本平衡，制冷系统处于稳定运行状态。离心式制冷机的制冷量调节方法有：①改变转速；②进口节流调节；③进口导叶调节；④冷凝器水量调节；⑤旁通调节。前三种调节方法是以改变制冷压缩机的特性来适应冷量变化的，后两种调节方法是用改变管网特性来适应冷量变化的。

在离心式制冷装置的实际运行中，部分负荷占相当大的比例。因此，部分负荷运行时的效率对节能十分重要。上述的几种调节方法中，变转速调节的经济性最好，进口导叶调节的经济性也较好，在设计选用中应尽量采用。其他调节方法经济性较差，往往作为临时性或短时调节之用。对于空调用离心式制冷压缩机，常用的三种调节方法的综合比较见表 2-5。

表 2-5 离心式制冷压缩机三种调节方法的比较

调节方法 / 比较项目	进口节流调节	变转速调节	进口导叶调节
调节范围	一定	最大	较大
经济性	较差	最好	较好
结构	简单	简单	单级较简单，多级复杂
特性趋势	曲线较陡	曲线平坦	曲线较陡
操作	方便，自控系统复杂	最方便，自控系统最简单	方便，自控系统较简单
多级机组	效果差	效果好	效果差
超负荷调节	受阀门开度限制	受叶轮强度限制	不受叶轮强度限制
保持载冷剂出口温度恒定调节	不易实现	方便	较方便
对拖动要求	一般	变速拖动要有专门装置	一般
保持制冷量恒定的调节	损失较大	损失最小	损失较小
维修和保养	较简单	最简单	较复杂
可靠性	较好	好	较差

2.4 冷凝器

在制冷系统中，冷凝器是一个制冷剂向外放热的换热器。压缩机排出的高温、高压制冷剂气体，经油分离器后进入冷凝器，将热量传递给周围介质——水或空气，气态制冷剂因受冷却而凝结为液体制冷剂。

冷凝器的形式主要与冷却介质有关。冷却介质一般为水和空气。按冷却方式可把冷凝器分为三大类：

冷凝器：
- 空气冷却式冷凝器
- 水冷式冷凝器
- 空气与水联合冷却式冷凝器

每一类又可按冷凝器的结构、安装方式分成几种，例如，空气冷却式冷凝器可分为空气自然对流冷凝器和强迫对流冷凝器，水冷式冷凝器可分为壳管式冷凝器和套管式冷凝器等。

2.4.1 空气冷却式冷凝器

空气冷却式冷凝器简称为风冷式冷凝器，制冷剂放出的热量由空气带走，制冷剂在管内冷凝。传热管由盘管组成，由于空气的表面传热系数很低，盘管外侧通常加肋片以增加空气侧的传热面积。在家用冰箱等微型制冷装置中，常用空气受热后产生的自然对流，将制冷剂凝结放出的热量带走。工业和商业用制冷装置，通常采用空气强迫对流形式，即空气在风机的作用下流过传热管表面。传热管外均设有肋片，而且多为套片式。肋片用厚度为0.2~0.6mm的铜片或铝片制作，片距为2~4mm。这种冷凝器的传热系数比较小，当迎面风速为2~3m/s时，按全部外表面(包括肋片在内)计算的传热系数为24~29W/($m^2 \cdot K$)。

由于空气的传热较差，采用空气冷却式冷凝器时，其冷凝温度较高(可达40~50℃)，使冷凝压力升高，制冷机效率降低。因此，空气冷却式冷凝器比较适用于夏季室外温度不太高的地区，或冷凝压力较低的制冷剂。其最大优点是不需要冷却水，特别适用于缺水地区或者供水困难的场合。早期的空气冷却式冷凝器主要用于小型制冷装置。近年来，随着水资源短缺矛盾的突出，空气冷却式冷凝器正在逐渐向中型、大型发展，在冷凝压力较高的氨制冷装置中也得到应用，例如，英国制造厂(Heating and Cooling Coils LTD) 1995年就开发出容量为700kW的氨用空气冷却式冷凝器。

参考文献［24］调查了美国和加拿大公用冷库制冷装置中实际使用的冷凝器类型，见表2-6。在62个厂中，有8个厂使用了空气冷却式冷凝器。值得一提的是这8个厂中，有5个厂采用氨作为制冷剂。这说明在一定条件下，大中型制冷空调装置采用空气冷却式冷凝器是合理的选择。例如，在夏季最高温度仅25℃的爱尔兰，许多大中型制冷空调装置中采用了空气冷却式冷凝器[31]。我国地域广阔，气候条件各不相同，在大中型制冷空调装置中，空气冷却式冷凝器的合理选用值得深入探讨。

表2-6 美国和加拿大公用冷库的冷凝器形式(62个厂)

形式	立式	卧式	蒸发式	空气冷却式	板式
厂数	2	3	58	8	1

注：有的厂采用了两种冷凝器。

2.4.2 水冷式冷凝器

用水作为冷却介质，使高温高压制冷剂气体冷凝的设备，称为水冷式冷凝器。由于自然界中水的温度一般比较低，并且水的传热性能优良，故水冷式冷凝器的冷凝温度比较低。这对压缩机的制冷能力和运行经济性都比较有利，在工业制冷系统中得到了广泛应用。水冷式冷凝器中使用的冷却水，可以一次流过，也可以循环使用。由于水资源短缺，目前普遍采用循环水的形式。使用循环水时，需设有冷却塔等装置，使离开冷凝器的水得到冷却降温，以便重复循环使用。

常用的水冷式冷凝器有卧式壳管式冷凝器、立式壳管式冷凝器和套管式冷凝器。近年来板式冷凝器也开始用于工业制冷装置[32]。各种形式的水冷式冷凝器各有其优缺点和适用范围，设计选用时应根据用户的具体情况，进行全面分析比较。在实际工程设计中，经常存在的问题是没有对具体工程进行方案计算比较，经常由设计者或者用户主观选择确定。

参考文献[33]分析了立式水冷式和卧式水冷式冷凝器在相同条件下的运行能耗。结果表明，立式冷凝器的耗电量为卧式冷凝器的1.5倍。由此可见，采用不同的冷凝器，运行能耗有明显的不同。因此，设计者和用户应该通过定量分析，来确定最节能的方案。

2.4.3 蒸发式和淋激式冷凝器

1. 蒸发式冷凝器

蒸发式冷凝器最主要的特点是需要的水流量少，其工作原理是利用冷却水蒸发的汽化热，来吸收制冷剂放出的热量。这与上述两种冷凝器利用显热来吸收制冷剂的热量完全不同。在空气冷却和水冷式冷凝器中，均靠冷却介质吸热后温度升高来带走热量，需要的冷却介质流量较大。由于水的汽化热很大，所以蒸发式冷凝器只需要少量的冷却水。

从理论的角度分析，在水冷式冷凝器中，1kg 的冷却水能带走 8.75 ~ 25.12kJ 的热量。而1kg 水在35℃的常压下汽化热为2418kJ/kg，因而蒸发式冷凝器所需的理论水量只为水冷式冷凝器的0.35%~1%。根据目前国内市场上不同典型品牌产品配置的平均值，在相同冷凝热负荷下，蒸发式冷凝器的额定循环水量约为立式水冷式冷凝器的51%，约为卧式水冷式冷凝器的76%[34]。应该说明，冷却水循环水量与耗水量(损失的水量)是两个概念，应注意区分。

蒸发式冷凝器基本上是冷却塔与冷凝器的组合。由于它省去了冷却水在冷凝器中的显热传递阶段，使冷凝温度有可能更接近空气的湿球温度。因此，其冷凝温度可比冷却塔水冷式冷凝器系统低3 ~5℃，比风冷式冷凝器约低8 ~11℃，这可以大大降低压缩机功耗。由表2-6可见，在美国的冷库制冷装置中，蒸发式冷凝器的应用占80%以上。根据国内贸易部对美国冷藏库的考察，冷凝温度与空气湿球温度的温差在8.3℃以内是比较实际和经济的。在这样的条件下，与冷却塔和管壳式冷凝器相结合的系统比较，采用蒸发式冷凝器时，压缩机的动力消耗可节约10%以上；与空气式冷凝器比较，可节约30%以上。

蒸发式冷凝器的风机动力消耗，与水冷式的冷却塔相近，仅为水冷式的1/3。由于降低了水泵的扬程与流量，泵的动力消耗约为冷却塔和管壳式冷凝器相结合系统的1/4。采用蒸发式冷凝器可以节能的原因有两方面：一是水的循环量小，水系统(水泵和风机)的能耗降低；二是冷凝温度可降低，压缩机的功耗降低。

必须说明，蒸发式冷凝器本身起了冷却塔的作用。因此，采用蒸发式冷凝器不需配备冷却塔。从表面上看，蒸发式冷凝器的初投资比水冷式冷凝器高。实际上，水冷式冷凝器的初投资，还必须加上冷却塔，故水冷式冷凝器和冷却塔的综合初投资要高于蒸发式冷凝器。正是由于初投资省和系统能耗低，蒸发式冷凝器在发达国家得到了广泛的应用。

我国在蒸发式冷凝器的应用中曾遇到一些问题，影响了早期的推广使用，例如，换热管组的严重结垢；冷凝器外壳和换热管的严重腐蚀；水喷头常堵塞等。此外，蒸发式冷凝器受不同地区的气候影响较大，从某种程度上也影响了推广使用。近年来，随着国外新技术的引进和国内制造和维护水平的提高，蒸发式冷凝器在国内已经得到广泛的认同，应用越来越广。作为制冷空调系统中重要耗能设备，蒸发式冷凝器的推广使用应该引起更大的重视。

2. *淋激式冷凝器*

淋激式冷凝器的工作原理类似于蒸发式冷凝器，冷却水通过配水槽流到换热管组上，以水膜的形式往下流。但由于水膜外的空气，并不像蒸发式冷凝器那样在风机作用下以较高的速度流过，影响了水的蒸发，即产生的水蒸气是由自由运动的空气带走，故传热的效果较差。由于传热管之间需保持较大的距离使空气畅通，故这种冷凝器占地面积大，金属耗量大，目前生产和使用已很少。

各种冷凝器的特点及适用范围见表 2-7。

表 2-7 各种冷凝器的特点及适用范围

冷凝器类型		优　点	缺　点	适用范围
水冷式冷凝器	立式壳管式	1）可露天安装，节省机房面积 2）对水质要求较低 3）清洗方便 4）漏氨易发现	1）传热系数比卧式壳管式的低 2）冷却水进、出口温差小，耗水量大 3）体积比卧式壳管式的大 4）操作不太方便，需设较高的操作平台	大、中型氨制冷装置
	卧式壳管式	1）结构紧凑，体积比立式壳管式的小 2）传热系数比立式壳管式的大 3）冷却水进、出口温差大，耗水量少 4）室内布置、操作较为方便	1）对水质要求高 2）清洗不方便，且必须停运时方可清洗 3）冷却水流动阻力较大 4）制冷剂泄漏不易发现	大、中、小型氨和氟利昂制冷装置
	套管式	1）传热系数较高 2）结构简单，易制造	1）金属耗量大 2）冷却水流动阻力大	小型氟利昂制冷装置
风冷式冷凝器		1）不需要冷却水，节省水 2）可露天布置，节省机房面积	1）传热系数低 2）气温高时，冷凝压力较高 3）传热管外有翅片，清洗不便	中、小型氟利昂制冷装置，特别适于缺水、干燥地区或运输式制冷装置
淋激式冷凝器		1）制造方便，清洗容易 2）维修方便，漏氨易发现 3）露天安装，节省机房面积 4）对水质要求低	1）金属耗量大 2）占地面积较大 3）传热效果比卧式壳管式差	中、小型氨制冷装置
蒸发式冷凝器		1）循环水量少，能耗小 2）室外布置，节省机房面积 3）冷凝温度比风冷式、水冷式的低，运行经济性好	1）清洗、维修较麻烦 2）对水质要求高	大、中型氨制冷装置及中型氟利昂制冷装置

综上所述，各种冷凝器各有其优缺点。对于一个特定的场合，选用不同类型的冷凝器与能耗直接有关的有两方面：一是冷凝器本身的能耗不同，即冷凝器的水泵、风机的能耗不同；二是冷凝温度不同，造成制冷压缩机运行的能耗不同。显然，冷凝温度越高，运行的能耗越大。例如，空冷式冷凝器能力是随环境空气的干球温度而定的，设计的干球温度要比用蒸发式冷凝器高得多。根据国内的研究，采用蒸发式冷凝器时，压缩机的功耗相对于水冷和风冷机组，可减少5%~30%[35]。

在选择冷凝器时还必须综合考虑初投资、安装布置位置、操作维护等各方面因素。但是值得指出的是，在实际选用冷凝器时，往往对不同类型的冷凝器，同一类型不同品牌产品的运行能耗未加比较。实际上，相同排热量时选择不同品牌，能耗可能增加一倍以上[36]。故对采用不同类型、不同品牌的冷凝器进行全面的技术经济分析，是节能的重要措施之一。

除了类型选择外，冷凝器的面积是设计选择中的另一个重要内容。由于国内维护管理水平普遍较低，因此适当选择较大的冷凝器面积是符合国情的。随着我国经济的发展，能源短缺将长期存在，电费将呈上涨趋势。因此，冷凝器选择对运行能耗的影响，必须引起高度重视。

2.5 蒸发器

蒸发器是制冷系统中的另一个主要热交换设备。在蒸发器中，制冷剂液体在低温下吸收被冷却物体的热量，沸腾转变为蒸气。蒸发器是制冷系统制取冷量和输出冷量的设备，是制冷循环中必不可少的设备之一。显然，蒸发器的选择是否得当，直接关系到整个制冷装置的制冷效果，直接关系到运行的能耗。

2.5.1 蒸发器的种类及特点

蒸发器的种类很多，根据制冷剂的供液方式，可分为满液式、非满液式、循环式、喷淋式。按被冷却介质的特性，蒸发器主要可分为冷却液体的蒸发器和冷却空气的蒸发器两大类。

1. 冷却液体的蒸发器

冷却液体的蒸发器分为满液式蒸发器和非满液式蒸发器。所谓满液式蒸发器，即蒸发器中基本充满了液态制冷剂(约占蒸发器内容积的60%~70%)，这样传热面积与液态制冷剂接触面积大，传热系数较高。但它需充入大量制冷剂，并且混在制冷剂中的油很难返回。这种形式的蒸发器主要以氨为制冷剂，因为氨的价格较低，密度小，氨与油基本不溶解，容易将油分离排出。非满液式的蒸发器则充液量较少，克服了满液式蒸发器的缺点。但是，非满液式蒸发器较多的传热面积只与制冷剂蒸气接触，而蒸气等温下不吸热，故其传热效果不如满液式。

2. 冷却空气的蒸发器

冷却空气的蒸发器都是制冷剂在管内蒸发冷却管外的空气。按照空气的流动方式，冷却空气的蒸发器可分为自然对流式蒸发器和强迫对流式蒸发器。按照蒸发器的结构和安装位置，可分为墙排管蒸发器、顶排管蒸发器、搁架式蒸发器、冷风机蒸发器等多种形式。

除了冷却液体和冷却空气这两类蒸发器外，还有一些直接冷却物料的专用蒸发器，例如，快速制冰机、管冰机、片冰机、平板速冻机的蒸发器。这类专用蒸发器通常包含在成套制冷装置中，难以单独选择或变动，故不讨论其选择问题。

2.5.2 蒸发器的选择

在实际工程中，蒸发器的选择主要考虑类型和传热面积两方面。蒸发器虽有许多不同类型，但各有其优缺点和适用范围。因此，对于一个具体的工程项目，根据其特定的环境条件和要求，蒸发器类型的选择范围并不大。也就是说，蒸发器的选择主要考虑传热面积。

根据传热学，蒸发器的传热面积 A(单位为 m^2)按下式计算，即

$$A=\frac{Q_0}{K\theta_m}=\frac{Q_0}{q_{A,e}} \tag{2-2}$$

式中 Q_0——制冷量(W)；

K——蒸发器传热系数[W/(m²·K)]；

θ_m——蒸发器平均传热温差(K)；

$q_{A,e}$——蒸发器单位面积热负荷(W/m²)。

制冷量 Q_0 一般是给定的，或按有关生产工艺要求进行计算，或根据配套制冷压缩机的制冷量来确定。传热平均温差可按对数平均温差或算术平均温差的计算公式求出。传热系数 K 可通过理论计算求出。但在 θ_m 和 K 值的计算中，有许多参数需要进行合理的选择。例如，当生产工艺或空气调节的要求确定后，蒸发器的蒸发温度和被冷却流体的终温都要进行合理的选择。它们的确定涉及技术经济问题，既要考虑运行费用，又要考虑设备投资，需要通过一定的技术经济分析才能确定。

在实际工程设计中，由于技术经济分析的计算繁复、工作量大，在蒸发器的选择计算中，往往直接选用手册的推荐数值。实际上，不同的手册推荐值可能不同，推荐值又都有一定的范围，在实际设计选用中很难正确地把握。进行全面技术经济分析的工作量很大，依靠人工计算很难做到。因此，目前工程上计算选择的蒸发器也难以达到最佳状态。要从根本上解决这个问题，还有待于工程设计优化软件的开发。

近年来，国内外对于换热器(包括冷凝器和蒸发器)的设计选用有一个比较一致的倾向，即采用较小的传热温差，增大传热面积。根据传热基本公式，当传热量一定时，传热温差减小，就必须增大传热面积。传热面积增大即意味着增加投资和减少运行费用。随着能源短缺矛盾的突出，世界各国都对节能提出了更高的要求，并采取了相应的政策措施。从长远的观点来看，能源价格将不断上涨，即运行费用将不断上升。因此，适当增加初投资，增大传热面积，可以减小长年运行的能耗，最终得到较高的经济效益。

例如，上海江浦冷冻厂在大修改造中，采用了节能设计的原则，将原冷藏间(-18℃)的传热温差13.5℃改用7.2℃。这就使原蒸发温度-31.5℃上升为-25.2℃。同时将原冻结间的传热温差7.7℃改为5.9℃，使冻结间的蒸发温度由原-33℃上升为-31℃。由于蒸发温度升高，制冷循环的制冷系数增大，使能耗明显降低，达到了节能的目的。上海江浦冷冻厂大修改造中，采用节能设计得到的效果详见表2-8[37]。

表 2-8 上海江浦冷冻厂节能设计的效果

库型	因增加蒸发面积而增加的投资/万元	提高蒸发温度后的节电率(%)	理论年均节电量/$\times10^4$kW·h	理论节电量的价值/万元	实际年均节电量/$\times10^4$kW·h	实际年均节电价值/万元	增加投资理论回收周期/a	实际回收周期 a
冻结间	8.6	8	6.8	1.90	7.53	2.10	4.5	4.1
冷藏间	11.4	20	23	6.44	16.80	4.70	1.8	2.4

上海江浦冷冻厂是1960年投产的万吨级冷库，冷藏间蒸发器采用排管，冻结间蒸发器采用冷风机，这是国内冷库的典型配备，因此该厂的节能设计具有典型意义。值得注意的是，该厂是在1986年大修改造的，表2-8中电费仅按0.28元/(kW·h)计算。随着我国经济的高速发展，能源紧张的状况将长期存在，电费必然也将长期处于攀升之势。因此，节能改造增加的投资回收期将逐渐缩短，其效益将更加明显。

通过增大蒸发器的传热面积、减小传热温差使运行能耗减少的节能措施，不仅适用于冷却空气的蒸发器，也适用于冷却液体的蒸发器。例如，在盐水制冰池中，当立管式和V形管式蒸发器在盐水流速为0.5~0.7m/s，螺旋管蒸发器在盐水流速为1~1.5m/s时，它们的传热系数K为465~580W/(m^2·K)，制冷剂与盐水之间的平均温差θ_m一般取4~6℃。根据上述参数，计算盐水制冰蒸发器面积的配置标准，结果是每天每生产1t机制冰需配备3m^{2}左右的蒸发器，国内长期以来按此配置冰池的蒸发器面积。

由于渔业生产对冰的需求普遍存在高峰期，迫使许多制冰厂增大冰池蒸发器面积，提高制冰速度，增加冰的产量。实际生产后的核算表明，经过增加蒸发器面积的改造后，经济效益提高。并且由于蒸发面积增大，制冷剂与盐水的传热温差减小，制冷剂的蒸发温度升高，使循环的COP增大，能耗降低。部分制冰厂的实践表明，原单产10t/次的盐水制冰系统，将蒸发器从原来每吨机制冰3m^{2}增加到9m^2，则每天制冰可从一次增为两次[38]，即可生产机冰20t，获得良好的效益。其经济性与传统盐水制冰法比较见表2-9。

表 2-9 增大冰池蒸发器面积的效益比较

每吨冰配置的蒸发器面积/m^2	蒸发器形式	生产能力/(t/24h)	蒸发器增加费用/元(320元/m^2)	需增加其他设备的费用/元(1030元/m^2)	耗电量/kW·h	电费/元	销售利润/元
3	螺旋管式	1	0	0	75	39	40
6	螺旋管式	1.5	960	3090	110	57.2	60
9	螺旋管式	2	1920	6180	140	72.8	80

许多制冰厂的生产实践表明，配置较大蒸发面积(1t冰配置4~9m^2)的盐水制冰池及其制冰系统，具有制冰速度快、制冰产量高、投资较少、机动灵活的特点，并且运行经济效益较好。实际上这方面的理论研究已经落后于生产实践。

随着能源短缺矛盾的突出，换热器(包括冷凝器和蒸发器)对运行费用的影响日益受到重视。板式换热器等各种新型换热器正在不断开发，对新型高效换热表面的研究也正在深入。制冷工作者尤其设计人员，很有必要了解发展新动态，大力宣传和及时采用新技术、新设备，达到节能降耗提高经济效益的目的。

2.6 膨胀与节流装置

由于液体膨胀机难以实现，目前的压缩式制冷均采用各种形式的节流装置，来实现制冷剂液体的膨胀过程。因此，压缩式制冷装置中除了压缩机、冷凝器和蒸发器外，节流装置是其中必不可少的关键部件。

所谓“节流”，是指工质在管路流动时，由于局部阻力，使压力显著下降的现象。由于工程上的节流过程时间很短，工质与外界进行的热交换很不明显，可以近似作为绝热过程来处理，所以工程上常将节流称为“绝热节流”。制冷装置中的节流装置就是用来实现节流过程的。

在压缩式制冷装置中，节流装置起了以下几方面的作用：

1）使制冷剂液体膨胀、降压、降温。液体制冷剂经节流装置后，温度降低。膨胀过程的压差 Δp 越大，则温差 ΔT 越大。在节流过程中，压力由冷凝压力 p_c 降至蒸发压力 p_e。

2）控制蒸发器的供液量。节流装置可以控制调节供液量，使蒸发器中保持适量的制冷剂液体，既使蒸发器全部传热面都能发挥作用，又要防止蒸发器中液体过多，发生制冷剂液体进入压缩机引起液击的故障。

3）将制冷系统的高压部分同低压部分分开，防止高压的制冷剂蒸气串流到蒸发器中。

制冷机中的节流装置按其在使用中的调节方式，可以分为以下四类：

1）手动调节的节流装置。手动节流阀的结构比较简单，可以单独使用，也可以同其他控制器件配合使用。

2）利用液位调节的节流装置。常用的是浮球节流阀，它既可以单独用作节流装置，也可以作为感应元件与其他执行元件配合使用，主要用于中型及大型氨制冷装置中。

3）用制冷剂蒸气过热度调节的节流装置。这一类节流装置包括热力膨胀阀及热电膨胀阀等，主要用于管内蒸发的氟利昂蒸发器及中间冷却器等。

4）不调节的节流装置。有毛细管、节流短管、恒压膨胀阀、节流孔等，适用于工况比较稳定的制冷机组。例如，在小型制冷机（冰箱及空调器用制冷机等）中，毛细管作为节流元件获得了广泛的应用。

节流装置没有外功输出，因而没有效率的概念。但是，节流装置的工作特性，直接影响到制冷装置的制冷性能，影响到运行的效率和能耗。在实际使用中，通常是按节流装置实现上述几方面功用，尤其是调节供液量的特性来判断其性能。本节着重对节流装置的正确选择与节能关系进行讨论。

2.6.1 浮球调节阀

浮球调节阀简称浮球阀，是利用液位升降进行调节的自动节流装置。它适用于具有自由液面的蒸发器（如壳管式、立管式及螺旋管式蒸发器）和中间冷却器等。

浮球阀按工作压力可分为低压浮球阀和高压浮球阀两类。高压浮球阀安装在高压液体管路上，用来保持冷凝器或贮液器中的液位，从而间接地调节蒸发器的供液量。高压浮球阀只适用于具有一个蒸发器的制冷机组，故现在已很少使用。低压浮球阀则安装在蒸发器或中间冷却器的供液管路上，在起到节流装置功用的同时，它还可以保持蒸发器或中间冷却器中的液位。低压浮球阀在国内氨制冷装置中被广泛使用。

低压浮球阀按制冷剂液体在其中的流通方式，可分为图2-3所示的直通式和非直通式两种。浮球阀是用液体连接管及蒸气连接管，分别与蒸发器或中间冷却器的液体部分及蒸气部分连通，因而两者中具有相同的液位。当蒸发器或中间冷却器内的液面下降时，阀体内的液面也随着下降，浮球落下，针阀便将阀孔开大，于是供液量增大；反之，当液面上升时，浮球上升，阀孔开度减小，供液量减小；而当液面升高到一定限度时，阀孔被关死，即停止供液。所以浮球阀对供液量的调节属比例调节。

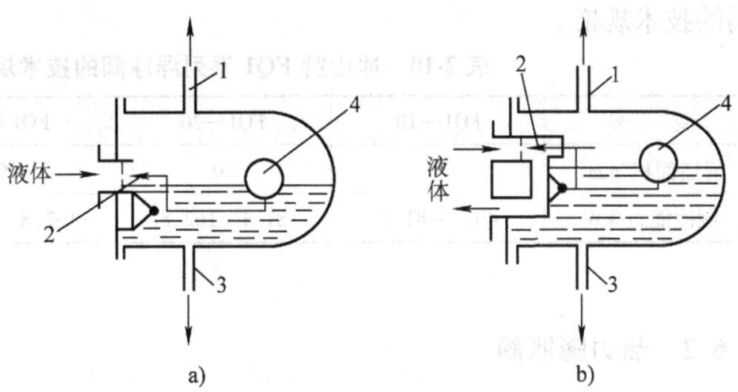

图2-3 低压浮球阀

a) 直通式 b) 非直通式

1—蒸气连接管 2—阀针 3—液体连接管 4—浮球

直通式和非直通式浮球阀中，液体的流通方式是不相同的。在直通式浮球阀中(图2-3a)，液体经阀孔节流后先流入阀壳体内，再经液体连接管3进入蒸发器或中间冷却器中。节流时产生的蒸气，则经蒸气连接管1进入蒸发器或中间冷却器。直通式浮球阀结构比较简单，但阀体内液面波动较大(由进入液体的冲击作用引起)，使浮球阀的工作不稳定。另外，直通式的供液液体从阀体流入蒸发器或中间冷却器是依靠液位差，所以只能供液到液面以下。

在非直通式浮球阀中，液态制冷剂不进入阀体，而是用一单独的管路送入蒸发器或中间冷却器中。非直通式浮球阀工作较稳定，可以供液到任何部位。它既能供液到容器的液面以下，也可以按图2-4中虚线表示的管路布置，从容器的上部注入，因为节流后的压力高于蒸发器或中间冷却器中的压力。在氨立式蒸发器及中间冷却器中，即常用顶部供液方式。

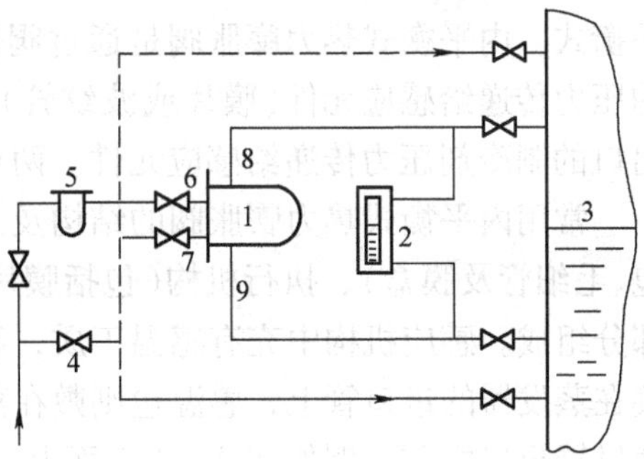

图2-4 非直通式低压浮球阀的安装示意图

1—浮球阀 2—液面指示器 3—容器

4—手动节流阀 5—过滤器 6—液体进口阀

7—液体出口阀 8—蒸气连接管 9—液体连接管

在制冷装置选配浮球阀时，应考虑使浮球相对稳定。在实际运行时，冷凝压力的变化，浮球阀前液体是否过冷，都会对浮球阀容量产生影响。浮球阀的容量，是指在浮球阀前后压差下，通过阀的制冷剂流量，在一定的蒸发温度下完全蒸发所产生的冷量，称为该蒸发温度下的浮球阀容量。

由于浮球阀的容量大小不仅与阀门本身的结构尺寸有关，而且与使用条件有关。在制冷装置的实际运行中，使用条件是变化的。因此，浮球阀的容量应选择比蒸发器负荷大30%~50%，即

$$Q_{设} = Q_0 \times (1.3 \sim 1.5) \tag{2-3}$$

式中 $Q_{设}$——浮球阀的设计容量(kW)；

Q_0——蒸发器的热负荷(kW)。

在产品目录中，浮球阀的容量常用制冷能力表示，表 2-10 列出了冰山牌 FQ1 系列浮球阀的技术规格。

表 2-10 冰山牌 FQ1 系列浮球阀的技术规格(大连冷冻机厂)

型号	FQ1—10	FQ1—20	FQ1—50	FQ1—100	FQ1—200
通道面积/mm^2	10	20	50	100	200
制冷能力/kW	40.7~81.4	81.4~162.8	162.8~325.6	325.6~651.2	651.2~1279

2.6.2 热力膨胀阀

热力膨胀阀也称自动膨胀阀、热力调节阀或感温调节阀，是中小型系统应用最广的一类节流机构。它利用蒸发器出口制冷剂蒸气的过热度，自动调节阀孔的开度，以调节供液量，适用于没有自由液面的蒸发器，如干式蒸发器、蛇管式蒸发器、蛇管式中间冷却器等。热力膨胀阀主要用于氟利昂制冷机中。对于氨制冷机也可使用，但其结构材料中不能用有色金属。

在制冷装置的设计中，热力膨胀阀的选配是否适当，直接关系到制冷装置的运行效率和能耗。在实际选配中需要注意的有三个方面：①选择内平衡型还是外平衡型；②容量大小的确定；③热力膨胀阀充注方式的选择。

1. *热力膨胀阀形式的选择*

热力膨胀阀形式是指热力膨胀阀的平衡方式。热力膨胀阀的平衡方式分为内平衡式和外平衡式。内平衡式热力膨胀阀是通过阀体内部通道，将膨胀阀出口(即蒸发器进口)制冷剂的压力传递给感应元件(膜片或波纹管)。外平衡式热力膨胀阀则通过外平衡管，将蒸发器出口的制冷剂压力传递给感应元件。两种形式的适用场合有所不同。

常用内平衡式热力膨胀阀的结构及工作系统图如图 2-5 所示。它由感应机构(包括感温包、毛细管及膜盒)、执行机构(包括膜片、推杆、阀芯等)及调整机构(包括调整杆、弹簧)三个部分组成。感应机构中充有感温工质，利用它的压力通过膜片和推杆，将阀门打开。膨胀阀接在蒸发器的进口管上，感温包则敷在蒸发器出口管上。进入蒸发器的制冷剂液体，在到达蒸发器出口之前，例如在 *A—A* 截面上，就已全部汽化，因而在出口处为过热蒸气。感温包

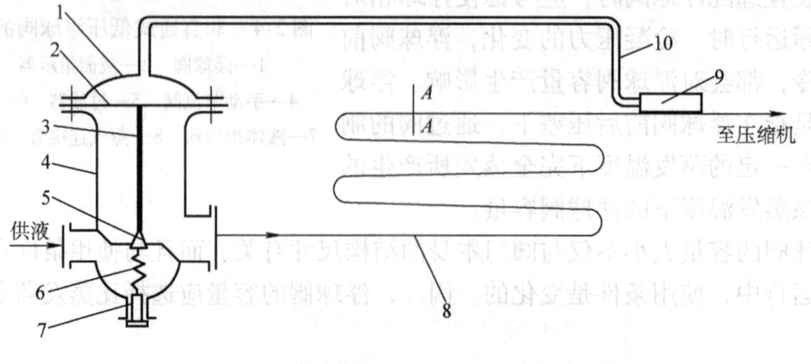

图 2-5 内平衡式热力膨胀阀的结构及工作系统图

1—阀盖 2—膜片 3—推杆 4—阀体 5—阀芯
6—弹簧 7—调整杆 8—蒸发器 9—感温包 10—毛细管

内感温工质的温度，约等于该过热蒸气的温度，由此产生一定的压力。正是这一压力的变化，通过膜片和推杆，使阀门的开度变化。

当蒸发器的热负荷增大，供液量不足时，$A—A$截面后移(即远离出口截面)，蒸发器出口蒸气的过热度增大。这时感温工质的温度升高，压力增大，于是阀孔开大，供液量增加；反之，当蒸发器热负荷减小，供液量太多时，$A—A$截面前移(即移向出口截面)，制冷剂蒸气的过热度减小，感温工质的压力减小，于是在弹簧的作用下阀门稍关小，供液量随之减少。这样，根据蒸发器出口蒸气过热度的大小可以调节供液量。这种调节方式属比例调节。

内平衡式膨胀阀适用于小型蛇管式蒸发器，因为小型蒸发器中的流动阻力很小，对膨胀阀性能的影响可以忽略不计。对于蛇管较长、流动阻力较大的蒸发器，压差的影响就不能忽略。例如，R12用膨胀阀，设计需要5℃的过热度才能保持阀门一定的开度。当将它用于小型蒸发器，蒸发温度为$t_e = -15℃$时，则蒸发器出口温度为$t_1 = -10℃$。若将它用于蛇管较长的蒸发器，设流动阻力为$\Delta p_e = 20kPa$，若仍保持蒸发器进口的蒸发温度为$t_e = -15℃$(该温度对应的饱和压力作用在膜片下方)，则蒸发器出口处的蒸发温度将要降到$t'_e = -18℃$。此时为保持阀原先的开度，蒸发器出口温度需保持$t_1 = -10℃$，蒸气的过热度需增大为$\Delta t' = t_1 - t'_e = 8℃$。过热度增大，意味着蒸发器的有效利用面积减小，显然是不利的。

为了克服上述缺点，对于蛇管较长的蒸发器，一般采用外平衡式膨胀阀。外平衡式膨胀阀如图2-6a所示，它用外平衡管4同蒸发器出口接通。这样膜片下方是蒸发器出口的压力，因而消除了蒸发器压力损失对膨胀阀特性的影响。显然，外平衡式膨胀阀的结构及管道连接都比内平衡式复杂一些。

在上述两种膨胀阀中，都是采用弹性膜片将感应系统同阀体隔开。实际上弹性膜片也可以用波纹管代替，制成如图2-6b所示波纹管式热力膨胀阀。因为波纹管的弹性较好，故波纹管式膨胀阀比膜片式膨胀阀具有更高的灵敏度。

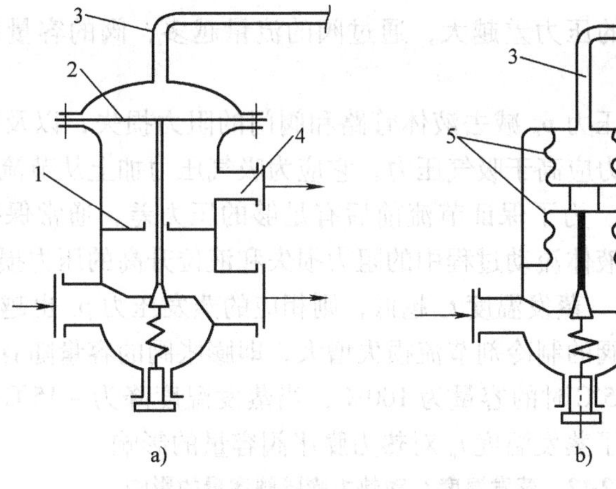

图2-6 外平衡式及波纹管式热力膨胀阀

a）外平衡式 b）波纹管式

1—隔板 2—膜片 3—毛细管 4—外平衡管 5—波纹管

综上可见，热力膨胀阀形式选择不当，将造成蒸发器的蒸发面积利用率下降，制冷装置的效率降低，能耗增加。在热力膨胀阀选择中，内平衡式适用于蒸发器中压力损失较小的场合，一般小型制冷系统可选用内平衡式。外平衡式则适用于蒸发器中压力损失较大的场合。

当蒸发器配用液体分配器时，由于压力损失较大，一般应采用外平衡式热力膨胀阀。

内平衡或外平衡方式的选择可按表2-11所示来确定，当蒸发器的压力损失小于表中数值时，可采用内平衡式；当超过表中数值时，应采用外平衡式。

表2-11 热力膨胀阀平衡方式的选择

制冷剂 压力损失 Δp/MPa 蒸发温度/℃	R12	R22	R502
10	0.020	0.025	0.030
0	0.015	0.020	0.025
-10	0.010	0.015	0.020
-20	0.007	0.010	0.015
-30	0.005	0.007	0.010
-40	0.003	0.005	0.007
-50	—	0.003	0.005
-60	—	0.002	0.004

2. 热力膨胀阀容量的选择

热力膨胀阀的容量(制冷能力)，是指在某压力差的作用下，膨胀阀通过的制冷剂流量，在一定的蒸发温度下完全蒸发时所产生的冷量。因此，热力膨胀阀的容量是随制冷系统的工况而变的。在说明一个热力膨胀阀的容量时，必须同时说明其工况。当它的实际工作条件与名义工况不同时，其实际容量会相应发生变化。对同一种制冷剂，影响容量的因素有阀前后的压力差、蒸发温度的高低和制冷剂的过冷度。

(1) 膨胀阀前后压差 Δp 的影响　根据流体力学知识，在一定开启度下，流过阀的流量 $q_m \propto (\Delta p)^{\frac{1}{2}}$。因此，阀前后的压力差越大，通过阀的流量越多，阀的容量就越大；反之就越小。

膨胀阀前的压力是冷凝压力 p_c 减去液体管路和阀门的阻力损失，以及制冷剂液位升高的压力损失。节流阀后的压力应高于吸气压力，它应为吸气压力加上从节流机构出口经蒸发器到回气管上的总阻力损失。为了保证节流前后有足够的压力差，通常保持足够的冷凝压力，并且尽可能减小制冷剂液体流动过程中的阻力损失和液位升高的压力损失。

(2) 蒸发温度 t_e 的影响　蒸发温度 t_e 越低，则相应的蒸发压力 p_e 也越低，膨胀阀的容量越小。这是因为流经膨胀阀的制冷剂节流损失增大，即膨胀阀的容量随着蒸发温度的降低而减少。例如，蒸发温度为5℃时的容量为100%，当蒸发温度降为-15℃时，其容量仅为5℃时的66%。表2-12列出了蒸发温度 t_e 对热力膨胀阀容量的影响。

表2-12 蒸发温度 t_e 对热力膨胀阀容量的影响

蒸发温度/℃	5	0	-5	-10	-15	-20	-25	-30	-35	-40
容量系数	1	0.90	0.80	0.75	0.66	0.57	0.49	0.41	0.39	0.38

(3) 制冷剂液体过冷度的影响　液体制冷剂在管路中流动时，存在阻力损失；液位升高时会引起压力损失。因此，当制冷剂从贮液器流到膨胀阀前，由于阻力损失和压力损失，

压力降低，其相应的饱和温度也降低。如果制冷剂液体没有过冷度，压力降低时必然会使部分液体制冷剂汽化，从而使流经膨胀阀的制冷剂质量流量明显减少，导致制冷能力相应降低。表 2-13 列出了膨胀阀前液体压力损失对膨胀阀容量的影响。

表 2-13　膨胀阀前液体压力损失对膨胀阀容量的影响

节流前制冷剂液体总压力损失 Δ*p*/Pa		0.5×10^5	1.0×10^5	1.5×10^5	2.0×10^5	2.5×10^5	3.0×10^5	3.5×10^5
容量系数	R12	0.75	0.65	0.55	0.45	0.40	0.35	0.30
	R22	0.90	0.75	0.70	0.65	0.57	0.53	0.50

由表 2-13 可见，以 R12 为制冷剂时，如冷凝器出口的制冷剂液体没有过冷度，供液管路上的总压力降仅为 0.5×10^5Pa 时，则膨胀阀的容量将下降为原来的 75%。因此，除了尽可能减小液体管路的压力损失外，还必须使制冷剂液体过冷，以避免在膨胀阀前出现制冷剂蒸气。建议采用的过冷度见表 2-14。

在为制冷装置选配热力膨胀阀时，应使阀的容量与蒸发器的热负荷(产冷量)相匹配。若膨胀阀容量选得过小，将造成蒸发器面积得不到充分利用，产冷量降低；若膨胀阀容量选得过大，则会影响膨胀阀的调节性能，扩大蒸发器出口温度的波动，严重时甚至出现液击。

表 2-14　建议热力膨胀阀采用的液体过冷度

阀前液体总压力损失 Δ*p*/Pa		0.5×10^5	1.0×10^5	1.5×10^5	2.0×10^5	2.5×10^5	3.0×10^5	3.5×10^5
过冷度/℃	R12	2.5	4.5	7.0	9.5	12	15	18.5
	R22	1.5	3.0	4.5	6.0	7.5	9.0	10.5

通常选配的热力膨胀阀必须比蒸发器的实际负荷大 20%~30%。对不设冷却水量调节阀，或冬季冷却水温度较低的制冷系统，容易出现冷凝压力太低而使膨胀阀容量减少的情况。因此，此时膨胀阀的容量应比蒸发器的负荷大 70%~80%，但最大不超过蒸发器热负荷的 2 倍。对于冷负荷较大且变动范围也较大的系统，可以并联安装两个以上的热力膨胀阀。当负荷下降时，可停止部分热力膨胀阀的工作，以保证阀的开度不至于过小而影响调节性能。

综上所述，热力膨胀阀的容量是随工况而变的。选择容量时可以按生产厂家提供的热力膨胀阀性能表选择。但必须注意，蒸发温度、阀前后压差和阀进口液体温度对膨胀阀容量的影响都必须进行修正[39]，才能保证膨胀阀的正常运行。

3. 热力膨胀阀的充注方式

热力膨胀阀的感温包、毛细管与弹性膜片上部的空间，共同构成一个密闭系统，称为感温系统。阀的开启度取决于感温系统中充注物的集态及温度、压力的变化。由于充注的物质和形式不同，热力膨胀阀的启闭特性(工作特性)有很大差别，选用时需特别注意。

在热力膨胀阀的选配中，切不可不加分析地按照产品样本上的名义制冷量选配，而应该全面地考虑热力膨胀阀的平衡方式，各种因素对阀容量的影响，以及不同充注方式的影响。这样才能保证热力膨胀阀与制冷空调装置很好地匹配，使制冷空调装置处于最佳的运行状况，达到高效节能运行的效果。

2.6.3 电子膨胀阀

1. 电子膨胀阀工作原理

电子膨胀阀是20世纪80年代推出的新一代制冷节流装置。由于属于电子式调节模式，并具膨胀阀功能，故称电子膨胀阀。它的流量调节范围大、控制精度高，适应了机电一体化的要求，便于实现智能控制。它由电信号控制，可与微处理器控制结合。微处理器根据给定温度值与室温差进行比例和积分计算，控制阀的开度，改变蒸发器中制冷剂的流量。

采用电子膨胀阀就能实现压缩机的转速与阀的开度相适应，即压缩机输气量与阀供液量相适应，从而使蒸发器能力得以最大限度的发挥，实现制冷系统高效运行。因此，在智能变频空调、多路系统空调等系统中，得到日益广泛的应用。

采用电子膨胀阀节流的变频空调，可根据设在膨胀阀进口、压缩机吸气管等处的温度传感器收集的信息，控制阀门开启度。可及时改变制冷剂的流量，配合变频压缩机能力的变化（含频率的变化），使变频压缩机始终有最佳的能效比，其优异性能可以得到充分发挥。

电子膨胀阀由检测、控制和执行三部分构成。按驱动方式分为电磁式和电动式两类。目前使用最多的是四相步进电动机驱动的电动式膨胀阀。电动式又分为直动型和减速型。

电动式电子膨胀阀采用电动机直接驱动轴，以改变阀的开度。该阀接收由微型计算机传来的信号进行动作。根据运转信号，驱动转子回转，将回转运动转换为轴的直线运动，以轴端头的阀针调整节流孔的开口度。

直动型膨胀阀电动机转子的转动，主要是依靠电磁线圈间产生的磁力进行的，由导向螺纹将转动变换成阀针的直线移动，从而改变阀口的流通面积。转子的旋转角度及阀针的位移量，与输入脉冲数成正比。

电动式膨胀阀的另一种形式是减速型。其工作原理是：电动机通电后，高速旋转的转子通过齿轮组减速，再带动阀针作直线移动。由于齿轮的减速作用大大增加了输出转矩，使较小的电磁力可获得足够大的输出力矩，所以减速型膨胀阀的容量范围大。它的另一特点是电动机组合部分与阀体部分可以分离，更换不同口径的阀体，就可以改变阀的容量。

目前使用最多的是四相脉冲电动机驱动，其控制动作原理如图2-7b所示[40]。脉冲电动机由微型计算机控制，膨胀阀开度的大小由输入的脉冲数决定。指令信号序列反向时，电动机转动反向。通过脉冲信号，实现对制冷剂流量的控制。直动型膨胀阀从全开到全关需要240次脉冲；减速型膨胀阀需要1440次脉冲。

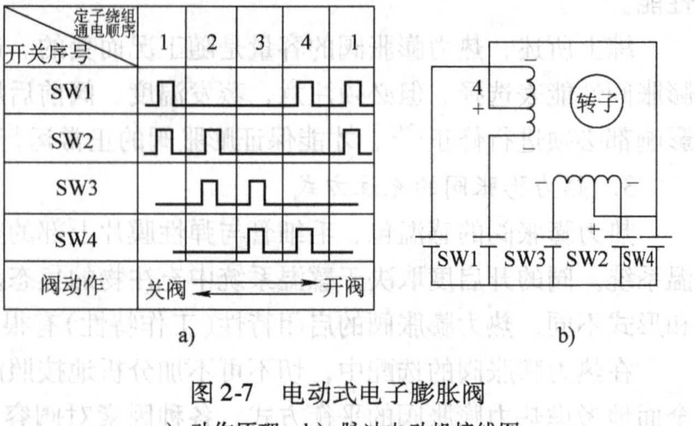

图2-7 电动式电子膨胀阀
a）动作原理 b）脉冲电动机接线图
注：图中未画出开关控制电路。

电子膨胀阀的输入信号通常是空调制冷系统的以下参数：蒸发器的出口温度、出口压力及压缩机的排气压力。蒸发器出口温度、出口压力决定了蒸发器的过热度。将该过热度与设定值相比，经PID调节后输出信号，控制阀的开启度，实现对工质流量的精密控制。排气压力信号用于防止高压超过规定范围。

2. 电子膨胀阀与热力膨胀阀的比较

热力膨胀阀用感温包感应蒸发器出口温度，构成过热度比例反馈调节系统。它靠弹簧预紧力设置某一蒸发温度下过热度的给定值(静过热度)，受蒸发温度变化和流动阻力的影响，使它只在一个较窄的工况下和负荷范围下才能实现调节。工况和负荷变动太大，将影响正常工作。另外，感温包感温滞后，调节反应滞后，实际调节中流量波动较大，控制精度差。

电子膨胀阀直接检测蒸发器出口的真实过热度，信号传递快，调节反应迅速。阀有很好的线性流量特性，调节范围宽。微型计算机可以对阀设置开度基准和开度记忆，实现制冷剂流量的精确调节。按要求设计调节规律，不仅可采用反馈调节，也可采用前馈复合调节，还可以与压缩机能量调节联动，即使热负荷波动大而频繁，仍能获得优良的调节品质。试验表明，采用电子膨胀阀的制冷系统，在相同制冷工况下，其平均运转时间比采用热力膨胀阀时缩短32%，压缩机的平均电力消耗减少30%[40]。

总之，电子膨胀阀具有信号传递快、对变工况调节迅速、调节范围宽等优良的调节特性。它对实现温度的快速调节、对提高运行的能量效率具有十分重要的意义。对于较大功率的变频空调，必须采用电子膨胀阀作为节流元件，否则变频运行的节能效果无法充分发挥。电子膨胀阀已经在家用空调器、商业冷柜、陈列柜等小型装置得到应用。此外，电子膨胀阀还可以实现不间断供热的快速除霜、冷凝器过热度、压缩机的排温控制等一系列新功能。

目前市场上销售的电子膨胀阀，主要有日本鹭工 DKV 型和美国艾柯的 EX2 型。国内已经制定了产品标准：JB/T 10212—2000《制冷空调用直动式电子膨胀阀》；JB/T 10386—2002《家用和类似用途空调电子膨胀阀》。国内已经有 DPF 系列等电子膨胀阀产品，还有与电子膨胀阀类似的脉衡宽度电磁阀[27]。该阀与计算机和传感器组合在一起，能精确地调节制冷剂流量。它与常规的热力膨胀阀不同，不依赖于制冷剂、系统压力和温度，可用于除氨以外的所有制冷剂。

思考题

1. 在三种系列中型活塞式制冷压缩机中，同一种缸径分别采用了长行程和短行程。什么情况下采用长行程具有较好的节能效果？

2. 螺杆式制冷压缩机的输气量调节可以采用滑阀和柱塞阀调节，它们的工作原理是什么？从节能角度看哪一种更节能？

3. 螺杆式制冷压缩机的内容积比调节可以采用更换不同的滑阀，也可以采用内容积比无级调节机构。它们的工作原理是什么？从节能角度看哪一种更节能？

4. 在什么条件下采用多台制冷压缩机可以节能？采用多台制冷压缩机有何缺点？

5. 为什么压缩机需要进行能量调节？能量调节与节能有何关系？

6. 在工业制冷装置中，为什么蒸发式冷凝器获得了广泛的应用？

7. 从节能角度看，选用蒸发器时要注意什么？

8. 制冷系统中节流装置的功用是什么？按调节方式，节流装置可分为几类？

9. 内平衡和外平衡热力膨胀阀在结构和用途上各有何不同？

10. 热力膨胀阀的实际容量与额定容量往往有较大的差别，为什么？在选用时必须考虑哪些影响因素？

第3章 制冷空调系统热负荷的控制

制冷就是使某一系统(空间或物体)的温度低于周围环境的温度，并维持这个低温的过程。为了使某一系统达到并维持所需的低温，就得不断地从该系统中取出热量并转移到环境介质中。热负荷的控制，就是尽可能减少该系统的热量，减少系统的热量也就减少了制冷负荷，其节能效果是不言而喻的。

从宏观上看，系统中需要移出的热量可分为两部分：一部分是外界即周围环境传入系统的热量；另一部分是系统内部产生的热量，例如系统内部的照明、动力设备及人员产生的热量。外界传入系统的热量可进一步分解，从实际出发，可认为外界传入的热量主要受三个因素的影响，即系统与外界的隔热情况，外表面受辐射的影响和系统与环境联系通道的热交换。

3.1 低温建筑和空调建筑的隔热

要使某一对象(系统)的温度低于周围环境的温度，显然，必须采取隔热措施，将被冷却对象与温度较高的环境隔离开来，才能维持被冷却系统内的低温。隔热的目的是把外界传入到被冷却对象内的热量，降低到实用的和经济的数值。

要实现良好的隔热并维持长期有效，必须选择适当的隔热材料，确定合理的隔热层厚度。并在设计施工和使用管理中，全面考虑影响隔热的各种因素，采取相应的措施。制冷空调系统中应进行隔热的部分，除了低温空间(如冷库)外，还包括低温设备、管道及附件。

3.1.1 隔热材料

理想的隔热材料应当具有下列性能：

1）热导率小。常用保冷隔热材料的热导率范围为 $\lambda = 0.024 \sim 0.139 \mathrm{W/(m \cdot K)}$，并应力求最小。

2）密度小。同一种材料中，密度小的材料热导率也小(在一定的范围内)。密度小、重量轻，将使设备和管道的支撑结构小，节省投资费用。

3）吸水率低且耐水性能好。隔热结构中虽设有防潮层，但施工存放时要与空气接触，且使用后也难以完全避免局部防潮层失效，致使水分进入隔热材料。若吸水率高，将使材料的热导率增加，隔热性能大大降低。此外，还要求材料吸收少量水分后不应很快破坏机械强度，也不应很快松散、腐烂。

4）抗水蒸气渗透性能好，即水蒸气不易渗入隔热材料内部。材料的小孔应为封闭型，或者有一层致密、光滑的表面层。

5）耐低温性能好。在低温下其结构不被破坏，机械强度不受影响，并能保持其隔热性能。耐低温性能越好，意味着该材料在制冷工程中的使用范围越广泛。

6）材料本身不能燃烧。万一发生火灾时，不致沿隔热材料蔓延至其他地方。

7）不易霉烂、经久耐用。天然有机物构成的隔热材料，其性质一般不如无机物构成的隔热材料好。例如，锯末、稻壳、牛毛毡、羊毛毡等都较易腐烂。软木是天然有机物隔热材料中较不易霉烂者，但与无机隔热材料相比仍相差得多，矿物棉、泡沫玻璃、泡沫塑料均甚好。

8）能抵抗或避免鼠咬、虫蛀。特别是用于冷藏库的材料，希望有此特性。以前，我国冷藏库常用的软木、稻壳都存在被鼠咬、虫蛀问题。玻璃棉、矿渣棉类则无此问题，泡沫玻璃最为理想。

9）制品的尺寸准确和尺寸稳定性好。制品尺寸不准确将增加施工的困难，甚至影响施工质量。尺寸稳定性不好，若在施工前出现，则与尺寸不准确一样影响施工；若在施工以后出现，则将使隔热层出现变形，造成凸起、挠曲、下陷或者剥落，影响隔热效果。

10）机械强度较高，特别应具有较高的强度与自重比。尤其是用于大型设备和冷藏库的隔热，这一特性将使隔热层的支撑结构简化，既节省投资，又可减少“热桥(冷桥)”。

11）施工方便，施工劳动条件好。隔热工程的工作量，在整个制冷装置中占有相当的比例。冷库工程则占有更大的比例。因此，选用施工方便的材料，将使工期缩短、投资减少。目前，隔热材料工厂大多已将材料加工成制品，大大方便了施工，对改善施工条件至为重要。材料加工成制品的形式已经大大改善了劳动条件，但玻璃棉、矿渣棉等材料的制品尚存在一些问题，还应努力找出更加妥善的解决办法。

12）价格低廉，资源丰富，货源充足，并应尽量就地取材，以节约运输力量和运费。

实际上，十全十美的隔热材料是没有的。选用时应根据具体使用要求、围护结构的构造、材料的技术性能及其来源和价格等具体情况，进行全面的分析比较后再作出抉择。

近年来，随着材料工业的发展，新的隔热材料不断出现。特别是各种高分子化学合成隔热材料的出现，促进了隔热建筑技术的发展。例如，聚乙烯化学交联发泡体(简称 PEF)、挤塑硬质聚苯乙烯板(EPX)、酚醛泡沫塑料、海绵橡胶、铝箔绝热材料等，均有优良的特性[41-42]。在选用隔热材料时，应对新材料给予充分的重视，并进行深入的比较分析。例如，同样是聚苯乙烯板，挤塑硬质聚苯乙烯板(EPX)与模塑发泡聚苯乙烯(EPS)比较，EPX 的强度、保温、抗水和水气渗透性、抗老化耐久性都有极大的提高，尺寸稳定性优良。选用时应认真比较。

隔热保温涂料是近年发展起来的新型功能型涂料，将其用于建筑物表面可降低建筑物内部温度，减少制冷空调的能耗。它可以分为阻隔型隔热保温涂料、反射型隔热保温涂料和辐射型隔热保温涂料。参考文献[43]报道，与普通涂料相比，涂刷反射型隔热保温涂料的建筑外墙体热负荷峰值下降接近50%，昼夜平均下降约23%~25%，季节平均下降大于30%。有的产品涂刷后，基体温度可以下降15 ~20℃[42]。显然，隔热保温涂料对降低夏季制冷空调负荷效果明显，尤其适用于长江以南地区。因此，值得制冷空调用户高度关注。

3.1.2 低温建筑的隔热层厚度

在制冷工程中，通常的隔热方法是采用一层热导率很小的隔热材料，覆盖低温建筑或设备管道的冷表面，以减少传入低温系统的热量。显然传入的热量大小，直接影响制冷装置的容量。传入的热量越多，制冷装置的制冷量就必须越大，相应的运行能耗和运行费就越高。另一方面，要使传入的热量减少，就必须采用较厚的隔热层。隔热层厚度的增加，意味着投资的增加。所以，必须进行综合分析，以确定综合效益最佳的隔热层厚度。

理论上隔热层的经济厚度应这样考虑：使隔热层成本折旧和制冷成本折旧(即制冷装置投资成本和运行成本折旧)的和保持最低。实际上这些成本涉及设备、材料及能源的价格，而价格是不断变化的。所以，在实际工程上要确定最经济的隔热厚度是困难的。

1. 隔热层厚度的最优化选择方法

在《热带发展中国家冷藏手册》中，国际制冷学会推荐了冷藏库隔热层厚度的最优化选择法。这种计算方法考虑了当地的经济情况和气候条件，从经济角度看是最有利的。

在这种计算方法中，只考虑冷藏库隔热层效能和机器装备的能力这两种主要性能。实际上，在隔热层很厚或机器装备很大的情况下，储藏费用显然较大。在介于这两种极端方案之间，必然会存在以最低费用相应的隔热层最佳厚度值，及制冷的最佳产冷量。

必须说明，按最低投资计算的最佳厚度 δ_{opt1}，与按最低运行费计算的最佳厚度 δ_{opt2} 是不同的。在欧洲的经济条件下，通常 δ_{opt2} 要大于 δ_{opt1}。这表明能量费用和水费的影响很大。反之，对于一个能量价格低而投资负担重(运输、关税等)的国家来说，则会得出相反的结论。

对一个冷藏库的设计和运营条件进行经济上最优化选择是必要的。在最高温度相同、其他条件也相同的情况下，热带气候比温带气候的隔热层最佳厚度要大些。

2. 工程上实用隔热层厚度的确定方法

从理论上说，可以采用优化法计算出隔热层的最经济厚度。但优化法需要的各种参数涉及具体费用价格，而市场经济中价格是不断变化的。简言之，优化法计算繁复，而结果却不能令人满意。因此，在工程设计中，隔热层厚度的确定通常有以下几种方法：

(1) 限制单位面积传入热量的原则　隔热层的厚度不同，单位面积传入热量就不同。限制了单位面积传热量，就可根据不同的传热温差确定热阻。在隔热材料选定后，就可根据热阻计算出隔热层厚度。它们之间的关系可用下式表示，即

$$q = K\Delta t = \frac{\lambda}{\delta}\Delta t = \frac{\Delta t}{R} \tag{3-1}$$

式中　q——面积热流量(W/m²)；

K——传热系数[W/(m²·K)]；

Δt——传热温差(K)；

λ——隔热材料的热导率[W/(m·K)]；

δ——隔热材料的厚度(m)；

R——传热热阻(m²·K/W)。

在 GB 50072—2010《冷库设计规范》中，就是根据这个原则来确定隔热材料的厚度 δ 的。计算公式为

$$\delta = \lambda\left[R_0 - \left(\frac{1}{\alpha_w} + \frac{\delta_1}{\lambda_1} + \frac{\delta_2}{\lambda_2} + \cdots + \frac{1}{\alpha_n}\right)\right] \tag{3-2}$$

式中　R_0——围护结构总传热热阻($m^2 \cdot K/W$)；

α_w——围护结构外表面的传热系数[$W/(m^2 \cdot K)$]；

α_n——围护结构内表面的传热系数[$W/(m^2 \cdot K)$]；

δ_1、δ_2——围护结构隔热层外各层材料的厚度(m)；

λ_1、λ_2——围护结构隔热层外各层的热导率[$W/(m \cdot K)$]。

由式(3-2)可见，只要传热热阻 R_0 确定了，就可求出隔热层厚度。热阻 R_0 取决于单位面积热流量的选取。20 世纪 80 年代以来，随着能源供求的突出，各国对节能问题日益重视。法国在 20 世纪 80 年代规定：冷库围护建筑的面积热流量取 7～8W/m^2。20 世纪 80 年代开始，日本采用了节能型隔热厚度的概念，即节能型隔热厚度比标准型增加了 25%。

从世界范围看，很多国家相继修改有关保温标准及规范，加大了隔热层厚度。20 世纪 80 年代比 20 世纪 70 年代，有的保温厚度增加了 50%；对保温费用的投入，由原来一般占设备总费用的 2%，提高到 4%～8%[44]。这些措施大大提高了保温效果，减少了能耗。

GB 50072—2001《冷库设计规范》推荐外墙面积热流量为 8～12W/m^2，2010 年修订后改为 7～11W/m^2。推荐值的范围较大，主要是考虑我国地域广阔，各地经济发展水平不同的国情。面积热流量取小值，则隔热的投资增加，隔热结构占地增加，但运行能耗降低。表 3-1 所示为几个国家推荐的面积热流量 q 的推荐值。

表 3-1　面积热流量 q 的推荐值

国　家	日本(节能型)	法国	美国(ASHRAE)	中国(2010 年)
$q/(W/m^2)$	7.2	8	6.31	7～11

从我国的国情考虑，由于我国人均能源资源占有量仅为世界平均水平的 40%～50%，电费较高，采用节能型隔热厚度比发达国家具有更大的经济效益。从长期的发展趋势看，能源价格将不断升高。对于冷库这类长期保持低温的建筑，采用较小的面积热流量，即较厚的隔热层对用户是有利的。因此，只要条件允许，设计时应该采用较厚的隔热层，而且对现有冷库的技术改造也同样具有现实意义。

需要指出的是，增加隔热层厚度对小型冷库的节能具有更重要的意义。例如，在库内、外温度相同的情况下，100m^3 的冷库单位容积耗电量，比 10000m^3 的冷库多 6 倍。换言之，小型冷库由于单位容积传热量大，运行费较高，采用加厚隔热层可获得更大的节能效果。参考文献[45]介绍，当小型冷库采用稻壳为隔热材料，选用面积热流量为 7W/m^2 时，所增加的投资，一般在运行两年内可从节约的电费中收回。

(2) 防止隔热表面结露的原则　这种方法不同于面积热流量作为限制条件，而采用隔热层表面温度作为限制条件。其计算的原则是所求出的厚度，应能保证隔热层外表面的温度不低于当地条件下的露点温度，以保证隔热层外表面不至于结露。其计算式为

$$\delta = \frac{\lambda}{\alpha}\frac{t_1 - t_2}{t_1 - t_s} \tag{3-3}$$

式中　δ——隔热层厚度(m)；

λ——隔热材料的热导率[$W/(m \cdot K)$]；

α——空气对隔热层外表面的传热系数[$W/(m^2 \cdot K)$]；

t_1——室外计算温度(℃)；

t_2——被隔热的室内(或物体)的温度(℃)；

t_s——隔热层外表面温度(℃)，以不结露为最低厚度考虑，通常比露点温度高 1.5 ~ 2℃，露点温度可由室外计算温度 t_1 和相对湿度 φ 求得。

按隔热层表面不结露原则确定的隔热层厚度，可以理解为隔热层的最小厚度。这个厚度会明显小于第一种方法的节能型厚度，目前这种方法常用于计算设备和管道的隔热厚度。从节能的角度看，设备和管道的隔热厚度也有必要适当加厚，以减少冷量的损失。

(3) 经验公式计算或图表直接查取　在实际设计工作中，往往希望采用更简便的方法来确定隔热层厚度。许多隔热材料的厚度是以 5mm 或 10mm 为基数的，如板材厚度有 25mm、50mm、75mm、100mm、150mm 等。因此，对板材的计算值应取其整数。若所采用的隔热材料热导率为 0.035 ~ 0.058W/(m · K)，室内外温度为 7 ~ 8℃时，隔热材料的厚度定为 25mm，即得出经验公式为

$$\delta = \frac{t_1 - t_2}{\Delta t} \times 25 \times 10^{-3} \tag{3-4}$$

式中　δ——隔热材料厚度(m)；

t_1——室外计算温度(℃)；

t_2——低温室(或设备)的温度(℃)；

Δt——传热温差(℃)，取 7℃ 或 8℃，即每增加 7℃(或 8℃)温差时，隔热层厚度增加 25mm。

除了采用上述简单的经验公式外，许多设计院常将几种计算数值取定值(典型数值)，然后将这些数值算出的结果列成表或图，设计者可根据所设计对象的具体条件，酌情选取，即直接从表和图上查出隔热厚度。例如在《实用制冷工程设计手册》等工具书中就列出了各种图表，可以较方便地直接查取。

目前，采用节能型隔热层厚度的做法已得到国内外比较一致的肯定，在实践中也取得了较好的经济效益。一般采用节能型隔热层厚度时，隔热工程的投资需增加约 25%，但增加的投资可以在几年内从运行费中回收。

据对各类冷库的统计表明[46,47]，一般冷库的围护结构传热量 Q_1 约占冷库总热负荷的 20%~35%，小冷库占的比例更大，即除了货物热负荷 Q_2 外，就是 Q_1 所占的比例较大了。对于分配性冷库，Q_1 可占制冷设备总负荷的 50%[47]。Q_2 是由冷加工工艺要求所决定的，难以任意变动，所以减少热负荷主要应从减少围护结构传热量 Q_1 着手。根据作者对福建省几个地区冷库的调研结果可知，隔热良好的冷库夏季制冷机运行时间每天只要 5 ~ 6h，而隔热不良的冷库每天运行时间可达 10h 以上。所以，只要初投资允许，应该尽可能采用节能型隔热层厚度。

3.1.3 防潮隔汽层

1. 防潮隔汽层的重要性

制冷装置投入运行后，被冷却的空间(如冷库)和制冷系统中管道及设备的温度也随之降低。此时隔热层的温度也由内到外，不同程度地降低。隔热层的内表面因紧贴被隔热的冷表面，其温度降至接近或等于低温空间或低温设备的工作温度；隔热层外表面的温度比环境

温度低，降至设计隔热层厚度时所设计的温度；在隔热层中任意一点的温度，则由表至里而下降。

在隔热层降温后，隔热层中空气的体积缩小，空气中水蒸气的分压力随温度的降低而降低。因此，如果没有防潮隔汽层，在水蒸气分压力差的作用下，大气中的水蒸气就将和空气一起进入隔热层，并且向温度更低、水蒸气分压力更低的内部渗透。如果隔热材料的孔隙不完全封闭，水蒸气就逐渐进入隔热层内部。进入隔热层的水蒸气，在被冷却之后变成水，温度低于0℃时，水凝固成冰。

隔热层受潮将使隔热性能降低，甚至失效；而当水凝固成冰时，将导致隔热结构损坏，甚至破坏。因此，设置一层质地优良、经济耐用的防潮隔汽层，防止隔热材料受潮，是保冷隔热工程中头等重要的任务。由于水蒸气是从高温侧向低温侧渗透的，故防潮隔汽层应设置在隔热层温度高的一侧。

2. 常用防潮隔汽材料

在制冷工程中，常用的防潮隔汽材料有石油沥青及其制品、沥青塑料防水材料、聚乙烯塑料薄膜、聚氨酯防水涂料等。

(1) 沥青　沥青具有很好的防水性能和粘结力。常用的沥青有石油沥青和焦油沥青两种。石油沥青是天然石油蒸馏出轻油、重油后，剩余的胶状物质或胶状物质的氧化物。天然石油蒸馏后的胶状物质叫软沥青。软沥青经氧化后变硬叫硬沥青，也叫建筑沥青。制冷工程中常用建筑沥青作防潮材料。石油沥青的主要技术性能见表3-2。

表3-2 石油沥青主要技术性能指标

新牌号	140	100	60	30	10
旧牌号	Ⅰ	Ⅱ	Ⅲ	Ⅳ	Ⅴ
针入度/(1/10mm) (25℃时,100g)	121 ~ 160	80 ~ 120	41 ~ 80	21 ~ 40	5 ~ 20
环球法软化点/℃	25	40	45	70	90
延伸度/cm(25℃)	≥100	≥60	≥40	≥3	≥1

焦油沥青是用烟煤炼制焦炭或制取煤气时，在煤焦油中提炼出各种油质之后所得的残渣，又称柏油。它具有高度抗水性和抗微生物性，但它遇冷易脆裂，遇热易于软化流淌，故宜用于地下防水工程，不宜用作冷库建筑中的防潮材料。

用于冷库内低温部分的沥青，针入度要大，软化点要低，使其在低温下不易脆裂。用于库外屋面、外墙防水隔汽层的沥青，则要求针入度小，软化点高，以避免因外界温度高时发生流淌。

(2) 冷底子油　冷底子油是一种把沥青溶于挥发性溶剂中的液状物。粘贴油毡之前，在混凝土及水泥砂浆基层面上，先喷涂一层冷底子油，当溶剂挥发后，剩下一层沥青膜，可使油毡与基层更紧密地结合在一起。因为多用在防潮层的底层，又是冷施工，故称冷底子油。冷库建筑中常用的冷底子油是用质量分数为30%~40%的石油沥青及70%~60%的有机溶剂(柴油或汽油)配制而成的。

(3) 油毡　油毡是用低软化点沥青浸渍原纸，然后用高软化点沥青涂盖油纸的两面，再撒以撒布材料而制成的一种防水材料。油毡的标号是根据原纸每平方米的重量(克数)来标定的。按其所浸的沥青材料不同，油毡可分为石油沥青油毡和焦油沥青油毡。石油沥青油毡又分为粉状撒布材料面油毡和片状撒布材料面油毡两类。冷库建筑中，宜采用有粉状撒布物的不低于350号的石油沥青油毡。焦油沥青油毡适用于地下防水。

（4）沥青塑料防水材料　它是用焦油沥青、聚氯乙烯、滑石粉、苯二甲酸二丁酯原料，经混合压制而成的。这种卷材具有高度的不透水性，有足够的强度，延展性大，耐热度达150℃，在－15～－20℃的温度下不脆裂，且有较高的耐腐蚀性。

沥青塑料防水材料已向油膏和乳(胶)液型方向发展，如聚氯乙烯防水油膏和PVC防水乳液，在冷库建筑防潮隔汽层中已得到应用。尤其是PVC防水乳液，是一种冷施工、单组分、弹塑性厚质防水涂料。其性能优越，在材质上保留了热施工聚氯乙烯防水油膏的防水性、弹塑性、耐热性、耐低温性、粘结性、耐老化性等优点，并在使用上消除了热施工带来的不便，在－20～80℃条件下能保持良好的性能。

（5）聚乙烯(PE)或聚氯乙烯(PVC)薄膜　其蒸汽渗透阻较高；在常温及低温条件下，其强度适合于冷库的使用要求；无毒，透气性及吸水性很低，柔软性、耐冲击性都良好。

（6）聚氨酯防水涂料　它是以异氰酸酯和羟基化合物反应而生成的高分子化合物，是一种双组分液态涂料。施工时将两组分按规定比例混合，搅拌均匀，即可涂刷或喷涂于防水基层上。数小时后固化，形成富有弹性的、无接缝的橡胶防水层。现场冷施工固化后的涂膜无毒。这种涂料强度高，与基层粘结性能好、延伸率大、弹性好，形成的防水层对基层有较好的适应性；耐温性好，120℃不流淌，－35℃不脆裂，具有耐酸、耐碱、耐老化等性能。

（7）橡胶乳化沥青涂料　它干燥后是一种无味、无毒的黑色挠性涂层，兼有橡胶和沥青的优点。采用高压喷涂，能与水泥或聚氨酯等紧密粘结，也可用毛刷涂布。适用于冷库等食品贮存场所。

冷库常用的防潮隔汽材料热物理性能见表3-3。

表3-3　冷库常用防潮隔汽材料热物理性能

材料名称	密度ρ /(kg/m³)	厚度δ /mm	热导率λ /[W/(m·K)]	比热容c /[J/(kg·K)]	蒸汽渗透率μ/ [g/(m·h·Pa)]	蒸汽渗透阻H /(m²·h·Pa/g)
石油沥青油毡(350号)	1130	1.5	0.27	1.59	1.35×10^{-6}	1106.57
石油沥青或玛蹄脂一道	980	2.0	0.20	2.14	7.5×10^{-6}	266.64
一毡二油	—	5.5	—	—	—	1639.86
二毡三油	—	9.0	—	—	—	3013.08
聚乙烯塑料薄膜	1200	0.07	0.16	1.42	2.03×10^{-8}	3466.37

3．隔热结构、防潮隔汽层设置要求

水蒸气渗透理论计算定性分析和实践证明，如果不设置隔汽层，或者隔汽基层部位不当、隔汽层水蒸气渗透阻不够大，以及隔汽层施工不良，则隔热层无论多厚，隔热效果也是不好的。这是因为水蒸气渗透引起水在围护结构内部凝结，降低了隔热材料的隔热性能。所以，防潮隔汽层的合理设置和施工质量是非常重要的。

（1）合理布置围护结构各结构层的位置 在同一气象环境条件下，使用相同的材料，由于围护结构的结构层序布置的不同，其中一种结构层序方案可能不会出现水蒸气渗透凝结现象，而另一种结构层序方案就可能出现水蒸气渗透凝结现象。

现以图3-1为例说明。图中t为结构层内各点的温度，p_s为水蒸气渗透到构造层内的分压力，p_b为构造层内与温度相对应的最大水蒸气分压力(饱和蒸气压)。图3-1a是将热导率小、水蒸气渗透阻小的泡沫混凝土(隔热材料)布置在水蒸气渗入的一侧；将热导率大、水蒸气渗透阻大的密实层砖砌体布置在水蒸气渗出的一侧。由于外侧一层热阻大，温度降落大，最大水蒸气分压力p_b曲线相应降落得也快；但该层透气性大，水蒸气分压力p_s线降落平缓。在内侧一层中，t线和p_b线降落平缓，而p_s线降落急剧。这样，p_b线和p_s线相交，即p_s大于p_b，也就是容易出现水蒸气在围护结构内部凝结。图3-1b把隔热层布置在水蒸气渗出的一侧，就避免了水蒸气在围护结构内部凝结情况。所以，在围护结构的结构层序布置上，应尽量在水蒸气渗透的通路上做到“进难出易”，使各层水蒸气分压力p_s不易达到最大值p_b，从而减少凝结的可能。

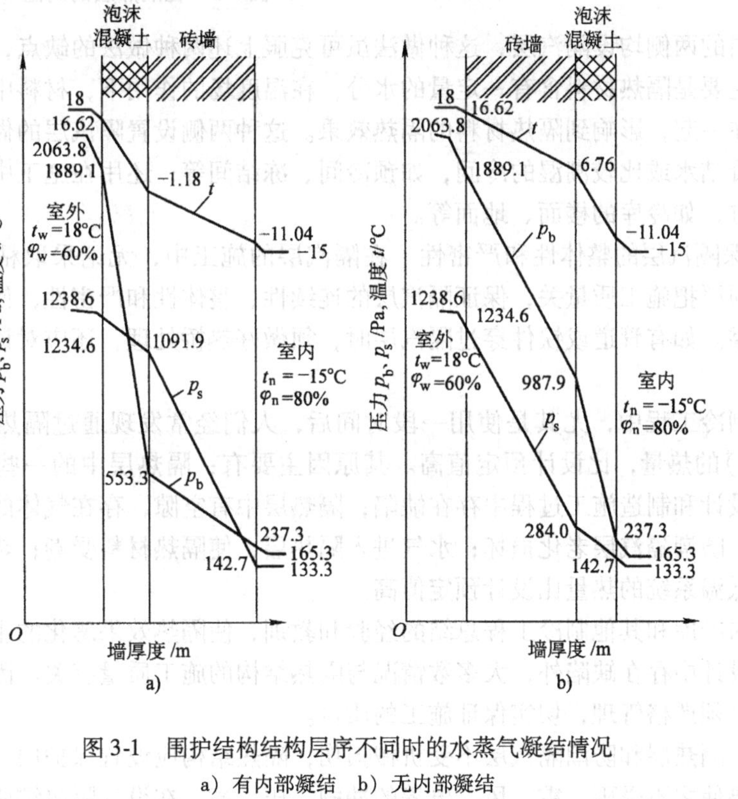

图3-1 围护结构结构层序不同时的水蒸气凝结情况

a）有内部凝结 b）无内部凝结

（2）设置防潮隔汽层 从图3-1b中可以看出，当室外空气相对湿度较大时，单纯采取合理布置围护结构的结构层序，往往不能完全消除渗透的水蒸气在隔热层内的积聚凝结现象。若在隔热层的高温一侧，增设如图3-2所示的防潮隔汽层，既可避免水蒸气在隔热层内的积聚凝结，也可减少水蒸气渗透到冷间的数量。

为防止围护结构内隔热层因水蒸气渗透而受潮，冷库围护结构隔热层高温侧的最小蒸汽渗透阻，应满足下式要求，即

$$H' \geqslant 1.6(p_{sw} - p_{sn})$$

式中 H'——围护结构隔热层高温侧各层材料最小蒸汽渗透阻之和($m^2 \cdot h \cdot Pa/g$)；

p_{sw}——围护结构高温侧的水蒸气分压力(Pa)；

p_{sn}——围护结构低温侧的水蒸气分压力(Pa)。

上述是指室外温度常年高于室内温度单侧设置隔汽层的情况。其缺点是当围护结构冷热面发生变化时，就会起反作用。如遇这种冷热面经常发生变化的情况，就要慎重处理。

必须指出的是，隔汽层设在隔热层的低温侧是十分不利的。因为水蒸气由热侧渗入，继续向冷侧渗透时，在冷侧遇到隔汽层而受阻，于是水蒸气积聚在隔热层内，日积月累，导致隔热层受潮。因此，不允许只在隔热层的低温侧设隔汽层。

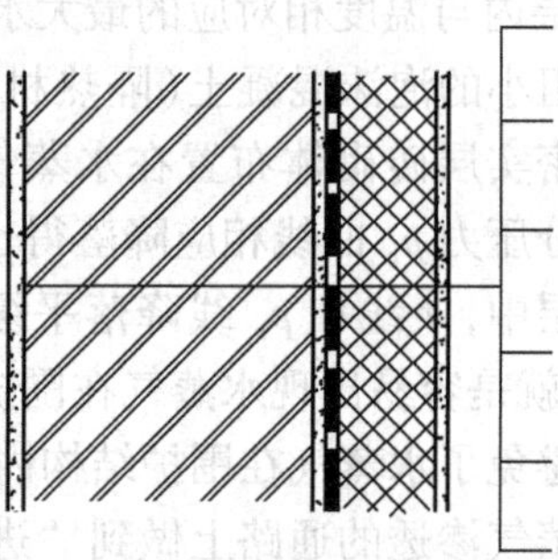

图 3-2 在隔热层的高温一侧设置隔汽层

在隔热层的两侧均设隔汽层，这种做法虽可克服上述两种做法的缺点，但实用中仍存在一些问题。主要是隔热材料含有一定量的水分，在温度场的作用下，材料中所含的均布水分逐渐地积聚在一起，影响到隔热材料的隔热效果。这种两侧设置隔汽层的做法，常用在冷侧会产生大量凝结水或比较潮湿的冷间，如预冷间、冻结间等；还用在施工中容易引起隔热材料受潮的地方，如冷库的楼面、地面等。

(3) 确保隔汽层的整体性和严密性　在隔汽层的施工中，无论采取粘贴方法还是喷涂方法，都必须严把施工质量关，保证隔汽层的连续性、整体性和严密性，使隔汽层与基层面粘结密实牢靠。如有管道或铁件穿过隔汽层时，须做好热桥处理，还应对该处隔汽层的局部加强处理。

在实际制冷工程中，尤其是使用一段时间后，人们经常发现通过隔热层传入低温系统(空间或设备)的热量，比设计预定值高。其原因主要有：隔热层中的一些冷桥可能在设计时被忽略；设计和制造施工过程中存在缺陷；隔热层中有空隙，存在气体的自然对流或受迫对流。另外，防潮隔汽层老化损坏；水气进入隔热层，使隔热材料受潮；热导率增加等，也可导致传入低温系统的热量比设计预定值高。

根据国内冷库和其他制冷工程总结的经验和教训，使隔热效果恶化的主要因素是水蒸气侵入。除了设计中存在缺陷外，大多数情况与隔热结构的施工质量有关。因此，在隔热结构的施工中，必须严格管理，切实保证施工的质量。

为了保护隔热层和防潮隔汽层不受机械损伤，隔热结构应设置保护层。设在室外的设备和管道，也要使之不受雨、雷、风、电等的冲刷、压、撞。在设计隔热结构时，就应对保护层材料的选择、构造和施工方法予以重视，保证隔热结构长期有效地发挥作用。

3.1.4 空调采暖建筑的隔热

空调采暖建筑的隔热性能直接影响建筑的能耗，我国长期对此重视不够。20 世纪 70 年代能源危机后，发达国家单位面积的建筑能耗已有大幅度的降低。例如，与我国北京地区采暖度日数相近的一些发达国家中的新建建筑，每年的采暖能耗已从能源危机前的 300 ~

$400kW \cdot h/m^2$，降低到$50 \sim 80kW \cdot h/m^2$，并预计将进一步降低到$30 \sim 50kW \cdot h/m^2$。英国住宅墙体的传热系数K值，1975年为$1.0W/(m^2 \cdot K)$，2002年降低至$0.30W/(m^2 \cdot K)$，屋面的传热系数从$0.6W/(m^2 \cdot K)$降低至$0.16W/(m^2 \cdot K)$[48]。

我国房屋建筑面积已超过400亿m^2，目前建筑的使用能耗约占社会总能耗的28%。平均每年要建20亿m^2左右的新建筑，相当于全世界每年新建建筑的40%[49]。但是，达到节能标准的建筑物比例还很小。我国建筑物的单位面积能耗，外墙为发达国家的4~5倍，屋顶为发达国家的2.5~5.5倍，外窗为发达国家的1.5~2.2倍，门窗气密性方面的能耗为发达国家的3~6倍[50]。建筑物围护结构保温隔热性能差和门窗气密性差，是造成我国采暖空调能耗偏高的主要原因。

近年来，我国建筑物围护结构节能技术已经取得突破性进展，许多围护结构节能技术已经得到应用。包括新开发的EIFS和福卡XPS等各种外墙外保温技术、外墙自保温技术、各种屋面保温技术等[48]。上海市在大量技术研究项目的试点工程的基础上，已经颁布了《住宅建筑围护结构节能应用技术规程》。许多围护结构节能技术已经成熟，进入推广阶段。

目前，建筑节能问题已经引起国家的高度重视，并采取了一系列政策措施。GB 50189—2005《公共建筑节能设计标准》从2005年7月开始实施。按该节能标准设计的建筑，在相同的室内参数条件下，与未采取节能措施前相比，全年采暖、通风、空气调节和照明的总能耗应减少50%。2007年10月建筑部颁布了《建筑节能管理条例》。我国建筑节能正在从示范走向推广，从节能、绿色技术硬件的推广应用，走向绿色生态社会新风尚的建立。

3.2 太阳辐射热

在大多数情况下，制冷空调的对象都受到太阳辐射热的影响。典型例子有冷库和采用空调降温的各种建筑物，其外表面受到太阳的直接照射，使传热量增加。显然，如果采取措施，减少太阳辐射的影响，制冷负荷就可减少，从而减少能耗，节省运行费用。

根据传热的基本定律，所有低温物体都受到高温物体的辐射传热。以冷库为例，冷库外表面受到来自太阳和天空的短波辐射及地面的辐射。太阳辐射(简称日照)的强度随着纬度、一天中的时间、一年中的季节、天空中云的多少、大气中水蒸气含量和含烟量的不同而不同。冷库壁面吸收入射的地面辐射量，是由它的朝向和它对太阳辐射的吸收率决定的。传入壁面的热量取决于壁面上的热量平衡，即取决于壁面吸收的太阳辐射、壁面同周围空气的对流散热、壁面同大气间的长波辐射散热这三者之和。

对不同朝向的壁面及屋顶，计算时可以采用增加大气综合温度的方法，把太阳辐射增加的热量考虑进去。即在原传热温差的基础上，增加太阳辐射引起的温差增量。目前在冷库设计规范和空调计算中，均采用这种方法。

据测定，在夏季太阳高度角很高的情况下，太阳辐射到地面的太阳辐射能量约在$1047W/m^2$。太阳辐射能主要分布在波长为$0.3 \sim 3.0\mu m$的短波段内，这个波段内的紫外线区、可见光区、红外线的波长分别为$0.3 \sim 0.4\mu m$、$0.4 \sim 0.7\mu m$、$0.7 \sim 3.0\mu m$。各区所占的太阳辐射能量分别为5%、52%和43%。

建筑物材料表面吸收或反射太阳辐射能力的大小，主要取决于材料的化学成分、表面光滑状况和表面颜色。其中表面颜色是影响反射率的主要因素。表面颜色越浅，反射太阳辐射热的能力就越大。如白色表面对太阳辐射的反射率可达 0.8，而黑色表面反射率只有 0.1。表 3-4 所示为几种常用材料的表面吸收率。

根据表 3-4 可知，减少太阳辐射影响最简单的方法是外壁面使用白色涂料。白色外表面对太阳辐射有很高的反射率，大大减少了太阳辐射的影响。另外，白色外壁面对长波有很高的辐射率。在晴朗的夜晚，由于壁面对天空的长波辐射，使它的温度变低，降低了制冷负荷，实现了节能。

表 3-4 常用材料的表面吸收率

材 料	太阳辐射吸收率	长波辐射吸收率	材 料	太阳辐射吸收率	长波辐射吸收率
白色涂料	0.2	0.8	铝	0.3	0.05
混凝土	0.6	0.9	水	—	0.95
沥青	0.9	0.92	砖、墙粉、木	0.86	—

据中国建筑科学研究院物理所的测定，在常州某自行车厂车间屋面喷石灰水后，与无保温层、无石灰水，其他条件相同的水泥屋面相比，屋面外表面温度下降了 19～24℃，内表面温度下降了 16.4～19℃。因此，夏季在强烈的太阳照射下，白色表面的温度可比黑色表面低 25～30℃。据此，在 GB 50072—2010《冷库设计规范》中，规定了冷库屋面及外墙宜涂白色或浅色。即利用白色或浅色减少太阳辐射热，实际上就是节能的措施之一。

减少太阳辐射影响的另一措施，是采用具有反射和遮阳作用的外壁或屋顶结构。在环境温度 30℃，相对湿度 50%，库温 -30℃，壁的传热系数 0.2W/(m^2·K)，壁面外侧的传热系数 10W/(m^2·K)，平均太阳辐射强度 340W/(m^2·K) 的条件下，采取了各种防辐射措施后的结果见表 3-5。采用对太阳辐射起遮阳反射作用的壁面结构后，壁面的温度和渗入冷库的热量与壁面吸收率的关系，可用表 3-5 所示的数据来估算。

表 3-5 采取各种防辐射措施后的壁面温度和渗入冷库的热量

防辐射措施	壁面温度/℃	渗入冷库的热量/(W/m^2)
壁面吸收率 0.8	55.5	17.1
壁面吸收率 0.5	45.5	15.1
壁面吸收率 0.2	35.5	13.1
有遮阳，壁面吸收率 0.8	遮阳 41.6，壁面 32.7	12.5
有遮阳，吸收率 $\varepsilon_1=0.2$，$\varepsilon_2=0.8$，$\varepsilon_3=0.9$	遮阳 32.7，壁面 30.1	12.02
水喷淋屋顶 0.05m 湿深，壁面吸收率 0.8，有效吸收率 0.87	28.8	11.8
水喷淋屋顶 0.05m 湿深，壁面吸收率 0.2，有效吸收率 0.463	25.8	11.2
无辐射	28.8	11.8

近年来开发的绝热反射膜和反射型隔热涂料，均有很好的太阳辐射能反射率。绝热反射膜[42]的反射率≥85%，反射型隔热涂料[43]反射率≥70%。它们都适用于建筑物屋面和墙体，是新建或既有建筑节能改造的新型节能材料，应尽量采用。

近年来相变蓄能材料在建筑节能的应用研究中得到关注。其原理是建筑的外部得热与围护结构的蓄热和隔热特性相关，如果围护结构的衰减和延迟作用很强，则可以利用昼夜温差，减少制冷空调的负荷。研究表明，围护结构采用相变蓄能材料，不仅能够提供一个更稳定的室内环境，而且供热/制冷的时间可以缩短，空气处理设备(制冷及加热)的容量可以减小，能源利用率提高[7]。

在遮阳和壁面间应有充分的通风，以提高遮阳的效果。20世纪70年代以来，我国开始生产和引进装配式冷库。这些冷库均由工厂预制，现场装配，具有施工周期短、成套供货、自动控制简单可靠、操作维修容易等优点。但其隔热板属于热惰性低的轻质结构，太阳辐射对其影响比土建式冷库更大。例如，早期预制隔热板的聚氨酯泡沫塑料采用120mm的设计厚度，其热惰性指标D值为1.76，20世纪80年代采用155mm的厚度，其D值也仅为2.2。而通常土建结构的冷库围护结构(包括隔热层)的D值都大于或等于6。

这种装配式冷库轻型隔热结构受太阳辐射的影响大，太阳辐射对其耗能有明显影响。其隔热层外侧宜设通风层，不使阳光直接照射到隔热板上，以降低隔热层外表面温度。尤其在南方地区，这是装配式冷库重要的节能措施之一。除了采用白色、浅色表面和遮阳措施外，还可采用在屋顶铺白色沙砾层，以及采用水喷淋层等措施来减少太阳辐射热，获得节能的效果。

对于空调建筑物，除了外墙采用浅色外，减少太阳辐射热潜力最大的是窗户。研究表明，窗户的热工性能对冷(热)负荷影响极大。例如，与单层普通玻璃窗相比，用双层内充氩气的低辐射(Low-E)玻璃窗的住宅建筑，可以节省约40%的采暖费用和38%的供冷费用。

对于普通用户，从玻璃进入室内的辐射热量与窗户的遮阳系数成正比。表3-6所示为各种遮帘的遮阳系数。可见在窗户上，最好挂遮帘。但是，辐射热还随窗户的位置不同(东、南、西、北)、同一窗户的不同时刻(太阳位置)、天气情况的不同而不同。

表3-6 各种遮帘的遮阳系数

遮帘种类	向太阳一侧的颜色	遮阳系数
帆布篷(两侧面悬空)	暗色到中间色	0.25
帆布篷(上面和两侧面紧贴建筑物)	暗色到中间色	0.35
内侧遮帘	白色，乳白色	0.56
	漫反射的铝	0.45
	中间色	0.65
	暗色	0.75
	白色，乳白色	0.15

注：1. 使用遮帘和不使用遮帘时所得辐射热的比称为遮阳系数。
2. 遮阳系数受颜色、形状、安装方法、辐射的入射角、阳光直射与非直射等许多因素影响，所以表中值仅为概略值。

3.3 门洞及通风换气的冷损失

制冷的目的是降低并维持某对象的温度，使之低于周围环境的温度。在大多数情况下，该对象需要有与环境相联系的通道或界面，以使人员及货物能够进出，例如冷库的门和制冰池的盐水表面。由于被冷却的对象与周围环境之间存在很大的温差，在通道或界面处发生强烈的热交换，即温度高的环境将把大量热量传入被冷却的对象(空间)内。这部分热量又称冷损失，它使制冷负荷增大，能耗增加。采取措施尽量减少冷损失，就能实现节能。

3.3.1 冷库开门冷损失

由于冷库内外的温度差很大，开门时空气通过门洞强烈对流，导致热湿交换，增加了冷库的热负荷。这部分热负荷通常又称为开门耗冷量或开门冷损失。该热负荷包括空气的显热负荷和空气中水分的潜热负荷，空气中的水分还会在蒸发器表面形成厚厚的霜层。

开门时进入冷库内的空气量，与门的高度和宽度有关，与库内外的温度有关，当然也与开门的时间和次数有关。据国外报道[51]，在环境气温25℃、冷库温度 -30℃时，对于一个码垛车可通行的开足的门洞，冷损失可达1200kW。对于设有内门斗的冷库，其冷损失较小，一般为100~400kW。在货运繁忙的单层冷库中，一天之内要开门2~4h，因而冷损失每天可达700~17000MJ。

对于空气通过敞开的门洞进入冷库引起的热负荷，参考文献[51]推荐用下式计算，即

$$Q = K\Delta t \cdot \rho_i A\sqrt{H\ (1 - T_i/T_a)}\Delta h \tag{3-5}$$

式中 Q——开门引起的冷损失(kW)；

K——系数，$K=0.48+0.004\Delta t$；

Δt——库内外的温差(℃)；

ρ_i——冷库内空气的密度(kg/m³)；

A——门的面积(m²)；

H——门的高度(m)；

T_i——冷库内空气的热力学温度(K)；

T_a——环境空气的热力学温度(K)；

Δh——比焓差(kJ/kg)。

上述计算法是按门完全开启，没有任何阻挡措施来考虑的。参考文献[52]分析了国内外常用的开门耗冷量计算方法，发现国内外两种计算方法的结果差别极大。从工程实际出发，各种计算方法只涉及理论状态的热负荷，冷库门实际的使用情况显然不是固定不变的。因此，精确理论计算的意义在于设计阶段的负荷计算。从用户节能的角度出发，有意义的是注意在设计阶段控制门的数量，减小门洞的尺寸；选用启闭动作迅速的冷藏门；设置风幕，减少热交换；在使用管理中采用各种节能措施，及时关闭门扇，尽可能减少开门的耗冷量。

3.3.2 减少门洞冷损失的措施

1. 确保门启闭的时间最短

对用电动机开关的门，应装有定时回路的自动关门器或码垛车能用的拉线开关，开门或关门的时间应在3~5s内。双扇对开门的开关时间可缩短为上述的一半。近年来美国冷库电动冷藏门的启闭速度不断提高。较早的单扇电动冷藏门的速度为0.3m/s，后来发展到0.61m/s。最新高速电动冷藏门的速度达到了1m/s，双扇冷藏门的速度达到了2m/s[53]。为了保证安全，这些高速门关闭的速度仅为开启速度的1/2。

冷库门在使用中应及时关闭，门保持开启的时间应尽量短。但必须注意的是，门洞敞开的时间增加一倍，其冷损失将增加数倍。英国的一项研究表明，当门敞开的时间由7s延至15s时，通过门的冷损失增加了3.3倍[54]。表3-7所示为一个3.6m×1.8m的门敞开不同时

间的冷损失，门内冷藏库的库温为 -30℃，库外环境为25℃。

表3-7　冷库门敞开不同时间的能量损失

门敞开的时间/s	7	15	30	常开
能量损失/kW·h	14	60	164	400

为了加快货物的流动，减少门的启闭时间，美国一些冷库已经将冷藏门的控制由拉线开关改为低压断路器。目前实用的冷藏门低压断路器有三大类：①光电管式(Photo cells 或 Electric Eyes)，其原理是用一束红外线通过门道，当这束红外线被阻挡时，开关就发生动作；②移动传感器(Motion Detectors)，配备有微波发射和接收装置，能够识别移动目标使开关动作；③环路传感器(Loop Detectors)，靠叉车的金属影响环路的磁场变化来发生动作。据所调查的38个冷库统计，有26%的美国公用冷库采用了冷藏门低压断路器[53]。

2. 冷库门的面积应尽量小

在满足使用的前提下，冷库门的面积应该尽量小，以减少能耗。必须注意的是，门洞的高度对冷损失有很大影响。英国的研究表明，对于冷损失，门的高度比宽度的影响大得多[54]。如果以3m高的门洞作为参照基准，不同高度的门相应的能量损失见表3-8。

表3-8　门洞高度不同时的相对能量损失

门洞高/m	4.5	4.0	3.5	3.0	2.5	2.0
相对能量损失(%)	185	154	126	100	76	54

3. 安装风幕

当门需要经常打开较长时间时，则应在门上安装风幕。风幕应均匀分布在整个门的面积上，风幕的宽度、风速和风吹出的角度应是最佳的。风幕在门打开时，应能自动开启。根据国内的使用经验，风幕只要调整安装恰当，一般使用效率可达85%左右。安装风幕一方面大大减少了冷损失；另一方面大大减少了进入冷库的水分，减少了冷库中的冰霜。

国内的空气幕有多种规格，正确地选择和安装是保证其使用效果的关键。如图3-3所示，安装时，要保证喷口与门框有适当的倾斜角 α_0，不能垂直或反向安装。倾斜角 α_0 不宜过大或者过小。过大时，射流就会远离门槛，引向库外的冷量多；过小则引入库内的空气量多，进入库内的热量和水分也多，直接影响靠库门堆放的商品质量。安装时，倾斜角 α_0 一

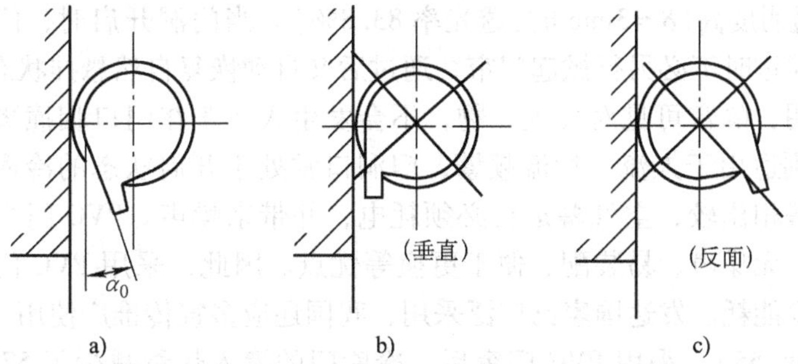

图3-3　空气幕喷口倾斜角

a) 正确安装　b)、c) 不正确安装

般以夏季温差为准，表 3-9 列出不同情况下的倾斜角。

表 3-9 空气幕喷口倾斜角

门洞净高 H/m	库内外温差 Δt/℃	喷口倾斜角 α_0/(°)	门洞净高 H/m	库内外温差 Δt/℃	喷口倾斜角 α_0/(°)
≈2	15～30	15	2.3～2.5	15～35	15
	30～45	20		35～60	20
	45～60	25			

风幕安装调整中的另一关键是喷口出口风速。喷口风速取决于库门高度 H 和库内外温差条件。喷口风速过小，则射流吹不到地面，不能有效地阻止库内外空气对流；过大则会引起门洞空气交换量增大。喷口风速越大越好的想法是错误的。试验证明，流经门洞的空气量越少，空气幕效率越高。有空气幕时，流经门洞的最少空气量相当于没有空气幕时的 40% 左右。欲获得流经门洞的最少空气量，空气幕就必须选择最佳的喷口风速 v_c。由实测资料分析，风幕喷口最佳风速为空气幕停止工作时，门洞对流空气速度的函数，可按下式求取，即

对一般冷藏门
$$v_c = 7.2v_x \tag{3-6}$$

对于带有吊轨小门的冷藏门
$$v_c = 9.65v_x \tag{3-7}$$

$$v_x = \frac{v_{x,i} + v_{x,w}}{2} \tag{3-8}$$

式中 v_c——空气幕的喷口风速(m/s)；

v_x——由库内外热压差引起的门洞空气对流速度平均值(m/s)，v_x 随库门高度 H 和库内外空气温差 Δt 变化；

$v_{x,i}$——距离库门顶板 150mm 处热空气向内流速(m/s)，可用风速仪直接测定；

$v_{x,w}$——距离地面 150mm 处冷空气向外流速(m/s)，可以用风速仪直接测定。

4. 采用 PVC 塑料门帘

20 世纪 70 年代起，国外开发了透明 PVC 塑料门帘替代空气幕。我国在 1984 年由上海化工厂研制成功透明 PVC 塑料软片，由上海市第二商业局设计室设计成门帘。1984 年上海制冷学会第三专业委员会组织专家通过了新产品评价。

透明 PVC 塑料门帘为 3mm×200mm 条状软板，按不同门高交叉搭接，悬挂在冷藏间或空调室的门洞口冷侧。当门开启时，门帘阻热效果比空气幕好。门帘材料本身的强度好(抗拉强度 10780kPa)、韧性好(断裂伸长率 21%)，耐低温(-30℃，脆化温度-65℃，-20℃时伸长率 62%)，透明度高(δ=3mm 时，透光率 83.8%)。当门洞开启时，门帘呈自然悬挂状态。人员或车辆通过时不必另行掀起门帘，通过后又自动恢复自然悬挂状态。

由于门帘透明，隔帘可见对面人、物，不会发生人、车在门口相撞事故。因此，透明 PVC 塑料门帘特别适用于人流、货流频繁，门洞口常处于开启状态的冷库、空调间等低温建筑物。与空气幕相比较，空气幕运行必须耗电，并带来噪声。PVC 门帘具有成本低、效率高、无须耗能、无噪声、易装配、便于更换等优点。因此，采用 PVC 门帘可减少热量渗入低温空间，减少能耗。发达国家已广泛采用，我国还应多宣传推广使用。

根据参考文献[55]，采用 PVC 门帘后，冷库门的渗入热量减少了 57%。如果用 DC-1 铲车进行冷库运输，1t 货物通过冷库门需时 30s；若平均每天有 30t 货物进出，每年按工作 300 天计算，采用 PVC 门帘可节约冷量 1256×10^8J，即每扇冷库门安装 PVC 门帘后，按以

上条件每年可节约用电35000kW·h。另外，PVC门帘不仅能在低温条件下(约-20℃)保持柔软透明，而且具有不容易老化，可防虫、防蛀、耐污性强、易于清洗、价格相对较低的优点。

应该指出，在使用空调过程中门窗同样存在冷损失。只是空调场合的内外温差比较小，全年的运行时间比较短，人们重视不够。夏季经常可以见到开着空调的商店(商场)及办公楼等敞开门窗，这也是明显的能源浪费。空调建筑物的门采用PVC门帘同样可减少冷损失，用户不仅可以节省电费，而且也为节能减排作出贡献，应该大力宣传推广。

3.3.3 通风换气的耗冷量

所谓通风换气，是指用新鲜空气替代所冷却空间的污染空气。对于贮存水果蔬菜的冷间，空气的污染由果蔬的呼吸造成；对于空调建筑物，污染来源包括由人体或者生产工艺引起的二氧化碳、粉尘、有害气体等污染物，以及吸烟、炊事、办公设备等引起的污染物。通风换气过程必然有冷量损失。减少这部分冷量损失，也是制冷空调装置节能中的一环。

1. 空调建筑物的通风换气

通风换气包括引入新鲜空气和排出污染物两方面。室外新鲜空气是保障良好的室内空气品质的关键。因此，空调系统中引入室外新鲜空气(简称新风)是必要的。由于夏季室外空气焓值比室内空气焓值要高，空调系统为处理新风势必要消耗冷量。据调查，空调处理新风的能耗约占总能耗的25%~30%，对于高级宾馆和办公建筑可高达40%以上。可见，空调处理新风所消耗的能量十分可观。所以，在满足室内空气品质的前提下，空调系统应尽量选用较小的新风量。否则，将会明显增加空调系统容量，增加能耗。

(1) 考虑节能的通风换气法的原则

1) 局部产生的污染(尤其是长期发生的)，应在其扩散之前采用局部排风，以减少其影响，减少换气量。

2) 对于局部排风的补风，只用空调引入新风中的剩余新风，不足时用另外的系统(不形成空调负荷)进行局部送风，而不考虑渗透风或经由空调系统的送风。

3) 空调中根据不同空间(房间)的换气目的，考虑最节能的换气方法。

4) 将通风换气系统设计成可调节的形式，运行中可以根据负荷变化调节换气量。

(2) 新风量的各种推荐值　显然，在保证需要的前提下，尽可能采用最小的新风量，就能减少能耗。新风量计算原则上遵照相关标准，详见第5章。但有些建筑物内人数的随机性很大，参考文献[56]介绍了每平方米地板面积新风量指标(表3-10)，可供设计时参考。GB 50189—2005《公共建筑节能设计标准》提出，在人员密度较大且变化较大的场合(如商场等)，宜采用新风需求控制。

表3-10　每平方米地板面积新风量指标　[单位：$m^3/(h \cdot m^2)$]

项目		办公室	饭店、百货商店	会议室	剧场、观众席	公寓、住宅、旅馆客房	走廊、入口、大厅
新风量	推荐值	5	10	15	25	3	3
	最小值	3	6	10	25	2	2

2. 冷库的通风换气

对于冷却物冷藏间(冷库)，存放的主要是果蔬等植物性货物及蛋品等。植物性食品为了保持其新鲜状态，一般都在冷却状态下储藏。它们在储藏中仍然是有生命的有机体。这些活体在氧气供应充足时，将进行有氧呼吸；如氧气供应不足，果蔬将进行缺氧呼吸，生成乙醇、乙醛等产物，造成生理病害。因此，冷却物冷藏间及时通风换气，引入新鲜空气，对保证果蔬冷藏的质量极为重要。

对于冷却物冷藏间储藏果蔬的换气量，可根据二氧化碳的呼出量和允许体积分数按下式计算，即

$$L_w = \frac{K}{100\rho_{CO_2}(\varphi_{CO_2,p} - \varphi_{CO_2,a})} = \frac{K}{4.7\rho_{CO_2}} \tag{3-9}$$

式中 L_w——新鲜空气量[$m^3/(t \cdot h)$]；

K——水果蔬菜二氧化碳呼出量[$g/(t \cdot h)$]；

$\varphi_{CO_2,p}$——冷藏间内二氧化碳允许的体积分数，$\varphi_{CO_2,p}=0.5\%$；

$\varphi_{CO_2,a}$——新鲜空气中二氧化碳的体积分数，$\varphi_{CO_2,a}=0.03\%$；

ρ_{CO_2}——二氧化碳密度(kg/m^3)。

根据国内生产中的实践经验，果蔬冷藏间每天进行2~3次换气考虑，即可满足需要。在设计通风系统之前，可用此法估算。另外，当冷却物冷藏间的平面尺寸小于或等于12m×12m时，可以利用库门的自然启闭，达到通风换气的目的，即此时不必专门考虑通风换气的措施。显然，从节能的角度，应该避免过量的通风换气造成能耗增加。

3.4 低温建筑和空调建筑内的热负荷

在一个被冷却的系统中，需降温的货物或物料的热负荷，取决于加工物料的工艺要求，其热负荷是无法变动的。但为了实现降温和加工要求，存在设备的发热、人员的操作热及照明的发热。显然，这些热量都使制冷的热负荷增加，应该尽量地加以限制。

3.4.1 设备发热产生的热负荷

在被冷却系统内，发热的设备主要是各种电动设备。例如，冷库或冻结间中的风机、运输链带及搬运设备等。这些电动设备均消耗电能。当电能输入电动机后，一部分电能由于电动机线圈、磁铁的阻抗和轴承摩擦而产生功率损耗，并转化为热能，随电动机表面散出；另一部分电能变为机械能，带动电动设备运转。电动设备本身的运动摩擦也产生热量。因此，当电动机和用电设备都在低温室内时，产生的热量可用下式计算，即

$$Q_4 = P\rho/\eta \tag{3-10}$$

式中 P——电动机额定功率(kW)；

η——电动机效率；

ρ——电动机运转时间系数，对冷风机配用的电动机取1，对冷间内其他设备配用的电动机可按实用情况取值，一般可按每昼夜操作8h计。

当工艺设备放在低温室内而电动机在室外时

$$Q_4 = P\rho \tag{3-11}$$

这里需要指出，在电动机发热量的计算中，有些书刊没有考虑到电动机效率的因素。根据定义，电动机的额定效率 η 为

$$\eta = \frac{P_o}{P_i} \tag{3-12}$$

式中　P_o——电动机额定工况下输出功率(kW)；

P_i——电动机额定工况下输入功率(kW)。

电动机铭牌上的功率是输出功率，而引起电动机总发热量的是其输入功率。故当电动机位于低温环境下，其总发热量等于其铭牌功率(输出功率)除以其效率。不同系列和用途的电动机效率有所差别，一般电动机的效率可参见表3-11。

表3-11　电动机效率 η

电动机功率/kW	0.25～1.5	1.5～3	3～5.5	5.5～7.5	7.5～13	13～22
电动机效率	0.76	0.80	0.83	0.85	0.87	0.88

显然，为了减少电动机等设备的发热量，应尽量减少低温空间内的电动机等发热设备。但应该强调指出，对于具体问题要作具体分析，全面考虑。例如，在低温冷库中采用电动设备搬运货物，虽然增加了电动机发热量，但由于采用电动机械，工作效率大大提高，工作人员的人数和在低温空间中停留的时间将大大减少。因此，综合考虑后，电动设备产生的发热量可能更少，对节能更有利。

综上可见，生产性场所的电动机及其他发热设备，往往是必不可少，或有助于提高生产率的。对这些发热设备，减少其发热量主要应从选用高效率设备，并保证其高效率工作两方面进行。对于舒适性空调，应尽量减少空间内不必要的发热设备，对于节能具有更大的实际意义。

3.4.2　人员和照明产生的热负荷

1．人体散热造成的热负荷

人体按照活动状况散发热量，由皮肤和呼吸的放热使之达到平衡。人体散热造成的热负荷与人在室内的活动状况、室内温度和湿度等因素有关。一般按每个人的平均散热量计算，其计算式为

$$Q = q_r n \tag{3-13}$$

式中　Q——人体散热负荷(W)；

q_r——人体平均散热量(W/人)；

n——低温或空调场所内人员数(人)。

对于空调场所，人体的平均散热量可按表3-12选取。表3-12所示的数值已按各种场合常见情况，考虑了男性、女性和儿童的百分数。

对于低温空间，例如低温冷库，人体散热负荷也可用式(3-13)计算。此时人体的平均发热量可采用表3-13中的数据。

表 3-12 人体平均散热量 (单位:W/人)

活动程度	适用场所	室温/℃									
		21		24		25.5		27		28	
		显热	潜热	显热	潜热	显热	潜热	显热	潜热	显热	潜热
静坐	剧场	72	25	64	34	58	40	55	43	49	49
静坐，有轻微活动	学校	76	35	66	44	59	51	54	57	50	61
普通事务工作	办公室、旅馆	78	47	67	57	59	65	55	70	50	74
站立工作或时坐时立，有步行	商店	79	59	71	67	61	78	55	84	50	88
轻作业	工厂、轻劳动	84	62	74	71	64	81	58	88	52	93
一般作业	工厂、中等劳动	100	111	81	129	67	143	61	150	54	157
步行(速度 1.3m/s)	工厂、重劳动	127	150	105	172	91	186	83	194	74	202
重作业	工厂、强劳动	167	234	145	256	134	267	128	273	124	276

表 3-13 低温下人体平均发热量

空间温度/℃	5	0	-10	-20	-30
发热量/(W/人)	256	279	337	395	442

显然，要减少空调或低温场合的人体散热量，唯一的办法是尽量减少人数。这对工厂的工艺性空调而言是应加以考虑的，而对于舒适性空调，这一点是毫无意义的。对于低温冷库这一类温度很低的场所，人们只是在不得已的情况下才会在冷库中停留。因此，这类场合中减少人员问题一般不必加以考虑，只有少数情况下，可以考虑用机械来减少工作人员。

2. 照明引起的热负荷

照明需要耗电，我国照明耗电约占全国总发电量的10%~12%。因此，照明节能是我国节能工作中不可忽略的一环。对于制冷空调系统，照明节能具有更重要的意义。因为，低温或空调场所照明消耗的电能，最终将全部转化为热能。它们还需要制冷机消耗能量，对其进行制冷。如两级压缩制冷装置的实际制冷系数按 COP = 1.7 计，则照明每消耗 1W 的电能，制冷装置还需为此消耗 0.6W 的能量。因此，在制冷空调建筑中采取照明节能措施，具有更大的节能效益。

(1) 制冷或空调空间照明的节能途径　从设计的角度看，减少低温空间内的照明耗电量可以从以下四方面考虑：

1）采用适当的照度。空调的应用场合十分广泛，涉及的照明要求各不相同，但都应严格按 GB 50034—2004《建筑照明设计标准》执行。冷库属于较特殊的建筑，GB 50072—2010《冷库设计规范》规定了大中型冷库冷间照度不宜低于 50lx，穿堂照度不宜低于 100lx。小型冷库冷间照度不宜低于 20lx，穿堂照度不宜低于 50lx。视觉要求高的场合，应按要求设计。

应该说明，照明标准的制订一方面取决于照明的需要，另一方面取决于各个国家各个时期的经济能力。我国目前还是发展中国家，国内标准规定的照度值与国际发达国家相比并不一致。可以考虑各地区发展水平不同，但从国情和节能的角度，在满足需要的前提下不宜盲目地追求高水平。

2）采用高效节能灯具。在相同的照度下，消耗尽可能少的电能，使照明的发热量尽量少。由于各种电光源的发光原理不同，各种灯具的发光效率差别很大，表3-14列出了几种灯具的发光效率[57]。钠灯的效率相当于白炽灯的十倍，即同样照度下其耗电量仅为1/10，同时大大减少了照明的发热量。

表3-14　几种灯具的发光效率　（单位：lm/W）

白炽灯	卤钨灯	荧光灯	高压汞灯	低压钠灯	高压钠灯
10～14	20～34	50～70	35～65	80～150	110～120

在选用高效灯具（气体放电灯）的同时，要注意选用电子镇流器。镇流器是气体放电灯用于启动和限流的控制器件。常用的电感镇流器是一个高感抗和高电阻的器件，不但要消耗有功功率，还要消耗无功功率，功率因数很低，使照明用电效率下降。电子镇流器具有不需要启动器、有功消耗少、功率因数高、点燃速度快、无噪声干扰等优点；节电效率高达75%；功率因数可达0.9以上[58]；同时，它采用25～40kHz高频供电，频闪效应微乎其微，极大地减轻了视力疲劳和人身伤害机会。美国大部分州已经禁止电感镇流器进入市场[58]。

值得注意的是：市场上销售的产品优劣并存，良莠不齐。使用电子镇流器，特别是紧凑型荧光灯，除了要关注有效寿命期外，还要防止高次谐波，尤其是防止三次谐波对电网的污染。大量使用质量低劣的产品，有可能烧毁灯具，威胁其他用电设备的安全运行。

表3-15所示为电光源和镇流器替代节电率与寿命比，它是指合格的一般产品，不是具体的产品指标，在缺少必要的计算和评估参数时可参酌使用。

表3-15　电光源和镇流器替代节电率与寿命比（参考值）[59]

项　目	替代灯具	平均节电率（%）	平均寿命比
白炽灯	粗管荧光灯＋电感镇流器	70	—
	紧凑型荧光灯＋电子镇流器	75	2.5
	带红外线反射膜白炽灯	35	1
	卤钨灯	30	1.5
粗管荧光灯（40W，ϕ38mm）	细管荧光灯（36W，ϕ26mm）	10	1.2
粗管荧光灯＋电感镇流器	粗管荧光灯＋电子镇流器	12	—
	粗管荧光灯＋电感镇流器	8	—
	细管荧光灯＋电子镇流器	21	—
高压汞灯	高压钠灯	50	1.2
	低压钠灯	70	1
	金属卤化物	40	1
电感镇流器＋管型荧光灯	电子镇流器＋管型荧光灯	75	—

我国冷库照明过去普遍采用发光效率低、寿命短的白炽灯。由于低温下白炽灯的电阻丝阻值低于设计值，开灯时的瞬间电流过大，容易造成钨丝熔断。因此，冷库中白炽灯的寿命最多1～2个月。《冷库设计规范》明确规定，冷库一般不应采用白炽灯。

参考文献[60]介绍了中国水产科学研究院与南京电子管厂研制的冷库新灯具使用效果。这种70W中显型高压钠灯属于气体放电光源，没有灯丝，不会受到低温影响，寿命长不易损坏，显色指数 R_a 达到60。在上海水产冷冻厂实际使用寿命达到一两年，节电可达到50%以上。它不仅节能，还可以减少低温下更换灯泡的工作，值得推广使用。

近年来新型灯具不断开发，其中适合低温下使用的有无极荧光灯和LED光源。无极荧光灯是综合功率电子学、等离子体学、磁性材料学等理论开发出来的高新技术照明产品。没有传统光源的灯丝和电极，通过电磁感应方式将能量耦合到灯泡内。其寿命长达6万h以上，是白炽灯的60倍，节能灯的12倍，高压钠灯的4倍。发光效率高，可达60lm/W以上，比白炽灯节能70%以上。具有极低的运行成本和维护成本。安装高度为5~12m，在-40~50℃范围内，普通冷库和高架型冷库均可采用[61]。目前已经在冷库中得到应用，反映良好。无极荧光灯的不足是会产生电磁干扰，影响周边的精密电子设备使用。而且成本较高，配套灯具少，价格相对较高。

传统用灯一般是热光源。LED（Light Emitting Diode）光源是一种新型的冷光源，节能环保，电光功率转换接近100%。既无热量，也无辐射，寿命比传统光源长10倍以上。目前我国已经开发出LED电子高效冷库专用照明灯，可以在-40℃的环境中正常工作，寿命5万h以上。与白炽灯相比节能高达75%，与节能灯相比节能50%。频繁开关不影响使用寿命，低温下可瞬时起动点亮。采用通用的标准灯头接口，可以直接旋在平时所用的灯座接口上[62]。

3）采用合理的照明方式。在进行室内照明设计时，要根据生产和工作性质及特点不同，按照各工作部位对照度的不同要求，合理地确定照明方式，这样可以降低总平均照度。各种建筑物的照明方式可分为以下三种：

a. 一般照明，即在整个工作场所或场所的某部分，照度基本均匀的照明方式。

b. 局部照明，即局限于某一工作部位固定的或移动的照明。

c. 混合照明，即一般照明与局部照明共同使用。

4）采用合理的照明控制方式。采用各种类型的节电开关和管理措施，如定时开关、调光开关、光电自动控制器等，以及照明自控管理系统，可以节能。表3-16列出不同照明控制方式的节电效果，节电率最大可达60%[58]。

表3-16 不同照明控制方式的节电效果

序号	方法	功能	节电率(%)
1	利用天然光	自动检测入射天然光的照度变化，决定照明点亮的范围，以此适时控制熄灯、分段调光、多段调光	20~25
2	调节光亮度	按使用要求进行无级调光	10~60
3	设定时间程序	制作若干时间程序，一天和一年分别适时控制空间照明，减少无用的灯光	15~20
4	人体传感器	感知人员是否存在而实现室内有人点灯，无人熄灭	46
5	光电传感器	感知照度达到某种程度时开、熄灯	50
6	确立点灯模式	依据运行及空间等状况，决定控制照明的点灯模式	40~50
7	保持空间照度	正常工作状态使各个照明区域均保持规定照度	8
8	调整初期照度	自动调节照明设备的照度过剩，包括初期使用及清扫后的过剩	30
9	便利灯具操作	可遥控，或就地按钮等控制的开、关、调光等节能操作	>10

要实现照明方面的节能，须遵循的原则如下：

a. 根据视觉作业要求，确定合理的照度标准，选用合适的照明方式。

b. 选择高效灯具。

c. 根据需要采用分区或局部照明，以降低总平均照度。

d. 根据需要选择合理的照明控制方式。

e. 照明线路宜分细些，并多设开关，便于随时关灯。

f. 大面积使用气体放电灯具的场所，宜装设补偿电容器，功率因数应提高到0.85以上。

（2）采用不同灯具照明的经济性计算 采用不同灯具照明的经济性，可用其单位时间和单位光通量所需的照明费用 C 来比较。

$$C=\frac{C_P+C_L}{\Phi T} \tag{3-14}$$

$$C_P=\frac{(P_L+P_B)T}{10^3}F \tag{3-15}$$

式中 C——单位时间和单位光通量的照明费用[元/(lm·h)]；

C_P——灯泡寿命期间所消耗的电费(元)；

C_L——灯泡价格(元)；

Φ——光源的总光通量(lm)；

T——灯泡的寿命(h)；

P_L——灯泡输入功率(W)；

P_B——镇流器损失功率(W)；

F——电量单价[元/(kW·h)]。

根据式(3-14)，可以比较不同灯具的照明经济性，C 越低，则经济性越好。

【例3-1】 有40W荧光灯和150W白炽灯，试比较它们的经济指标 C。

【解】 40W荧光灯的有关参数为：$P_L=40\text{W}$，$P_B=8\text{W}$，$T=5000\text{h}$，$\Phi=2400\text{lm}$，$F=0.3$ 元/(kW·h)，$C_L=7$ 元。150W白炽灯的有关参数为：$P_L=150\text{W}$，$T=1000\text{h}$，$\Phi=2090\text{lm}$，$F=0.3$ 元/(kW·h)，$C_L=1.40$ 元。

根据式(3-14)和式(3-15)，计算40W荧光灯的经济指标 C，即

$$C_P=\frac{(40+8)5000}{10^3}\times0.3\text{ 元}=72\text{ 元}$$

$$C=\frac{72+7}{2400\times5000}\text{元/(lm·h)}=6.58\times10^{-6}\text{元/(lm·h)}$$

同理，对150W白炽灯，计算其经济指标 C，即

$$C_p=\frac{150\times1000}{10^3}\times0.3\text{ 元}=45\text{ 元}$$

$$C=\frac{45+1.4}{2090\times1000}\text{元/(lm·h)}=22.2\times10^{-6}\text{元/(lm·h)}$$

因此，在灯的寿命期间，两者照明费用之比为

$$22.2\times10^{-6}/(6.58\times10^{-6})=3.37$$

由上述计算可知，在两者光通量相差不多时，使用白炽灯的费用为荧光灯的3倍以上。上述计算仅考虑了灯泡价格与电费，未包括灯具等费用，还是一种粗略的比较。更详细的照

明方案经济性比较可参阅有关文献。

我国1993年开始启动中国绿色照明工程，为了保证绿色照明工程的贯彻，GB 50034—2004《建筑照明设计标准》中，专门设置照明节能一章，规定了各种建筑的照明功率密度值，即单位面积上的照明安装功率(W/m^2)(包括光源、镇流器或变压器)。必须注意，标准规定的现行值均为强制性条款。

对于低温和空调环境下大规模的照明工程，更有必要贯彻绿色照明，认真进行不同照明方案的详细比较。如前所述，低温环境和空调空间内照明所耗的电能，还要增加制冷装置的负荷和能耗。因而对于空调和低温空间的照明，其节能的效益相当可观。

思 考 题

1. 什么是隔热保温材料？
2. 为什么隔热结构的防潮隔汽层对保温性能十分重要？
3. 防潮隔汽层应该设置在隔热层的高温侧还是低温侧？为什么？
4. 在防潮隔汽层的施工中，要特别注意什么问题？
5. 我国的建筑节能与发达国家比较主要有何差距？
6. 采用低辐射(Low-E)玻璃窗对建筑节能有何意义？
7. 在《冷库设计规范》中，规定了冷间屋面和外墙宜涂白色或浅色，为什么？
8. 减少冷库门洞的冷损失主要有哪些措施？
9. 与常规照明节能比较，制冷空调场所的照明节能具有更重要的意义，为什么？
10. 为什么选用高效灯具可以节能？实际应用中还需考虑哪些因素？
11. 传统的电感镇流器与电子镇流器有何不同？
12. 制定照明标准(照度)需要考虑哪些因素？

第4章

4

制冷空调装置电气系统的节能

制冷空调装置是耗能大户，目前广泛应用的压缩式制冷消耗的是电能。因此，系统设计中必然要考虑到电气装置的匹配，电气设计也是节能中重要的一环。从节能的角度看，电气设计中直接涉及节能的有三方面，即变压器的合理选配、电动机的合理选配和电力系统的功率因数。考虑到变频技术的广泛应用，本章对其在制冷空调中的应用进行分析。

4.1 变压器的合理选配

4.1.1 变压器的损耗和效率

现代化工业企业中，广泛采用电力作为能源。在各种电气设备中，往往需要不同的电源电压。例如，日常生活中的照明用电都是220V，制冷压缩机等机器设备，其电动机电压大多为380V。变压器就是专门用来改变电压，解决供电和用电电压不同的设备。

1. 变压器的损耗

变压器是在静止状态下工作的，因此没有机械损耗，其效率是比较高的。一般大型变压器效率高于99.5%，小型变压器的效率在98%以上。但是通过变压器的电能是非常大的，即使效率很高，损耗的绝对数字却是非常可观的。由于从发电厂到用户要经过3~5次变压，因此在输、配电网络中，所用的变压器的数量是相当多的。电力网中变压器的装机容量为发电容量的5~7倍，变压器损耗可占线路总损耗的17%~20%，仅配电变压器的电能损耗就约占发电量的1.7%[63]。因此，合理确定变压器容量，实现变压器的经济运行，对于节能具有重要意义。

变压器的损耗，可分为与负荷电流有关和无关的两部分，常称为负荷损耗和空载损耗。

（1）空载损耗(铁损)　变压器的空载损耗与其负荷的大小无关，只要加上电压，空载损耗就存在。它由变压器的涡流和漏磁损耗组成，其大小与铁心材料的性能、铁心制造工艺有关。变压器制成后这部分损耗是固定不变的，可由产品目录查得。空载损耗通常简称为铁损。

（2）负载损耗(铜损)　负载损耗主要是负载电流通过变压器绕组时，在电阻上的损耗，通常简称为铜损。负载电流引起的漏磁通，会使绕组内产生涡流损耗，使绕组外的金属部分产生杂散损耗。负载损耗的铜损和涡流损耗都随负载而变化，它们与负载电流的平方成正比。因此，负载损耗很大程度上取决于绕组电阻的大小，该电阻值是随使用温度的变化而变化的。对油浸变压器，绕组的标准温度设定为75℃，负载损耗就是由换算这个温度的电阻值决定的。空载损耗几乎不随温度的变化而变化，所以可以不考虑温度的影响。

2. 变压器效率

变压器效率 η 是指变压器的输出有功功率 P_2 和输入有功功率 P_1 的百分比，即

$$\eta = \frac{P_2}{P_1} \times 100\% \tag{4-1}$$

输入的有功功率 P_1 包括输出的有功功率 P_2、空载损耗 P_F 和负荷损耗 P_C，即

$$P_1 = P_2 + P_F + P_C \tag{4-2}$$

所以

$$\eta = \frac{P_2}{P_2 + P_F + P_C} \times 100\% \tag{4-3}$$

4.1.2 变压器的系列和容量选择

1. 变压器的系列

我国变压器的发展经历了不同阶段，但国家在节能方面的重视从未发生过改变。相继开发的配电变压器从20世纪70年代起有S、S1、S2、S5、SL、SL1、SL3系列，80年代起有SL7、SL8、S7、S8、S6、S9等系列。20世纪80年代中期，我国采用S7系列低损耗配电变压器，强制性地在全国范围内淘汰正在电网运行的高能耗变压器[64]。从1998年开始，我国政府在全国推行城乡电网改造，用S9系列配电变压器取代S7系列。经过先后两次全国大规模的更新换代，新产品比老产品降低空载损耗约8%~15%。

目前我国配电变压器S7系列产品已被淘汰，S9系列产品成为市场主流。此外，我国配电变压器还有以下系列：

（1）新S9低损耗变压器　S9系列变压器是按照IEC标准开发的，比SL7系列空载损耗平均降低8%，负载损耗降低约24%，总重量降低约20%。新S9系列变压器与老S9系列变压器相比，主要材料成本平均降低18%[59]。

（2）S11系列低损耗配电变压器　此变压器是新型节能配电变压器，与S9系列配电变压器相比，每台年耗电量平均降低10.85%，其市场规模正在扩大。根据行业调查，目前许多企业已具备生产S11系列变压器的技术和能力，普及S11系列变压器只是市场需求的问题。

S11系列低损耗配电变压器的容量为30~1600kV·A，额定电压10kV/0.4kV，产品性能满足国家标准的有关规定。变压器采用波纹式油箱、全密封结构，结构合理、外形美观、运行可靠性高。S11系列低损耗配电变压器按铁心材料和结构的不同，分为叠积式铁心结构、非晶合金铁心及R型卷铁心结构三种。

（3）组合式变压器　其特点如下：

1）组合式变压器是由不同铁心结构形式和不同铁心材料所构成的。

2）组合式变压器结构紧凑、体积小、占地少，与环境和谐融为一体。

3）组合式变压器具有能深入负荷中心、减少线路损耗、送电周期短、提高供电质量、选位灵活、外形美观、安装使用方便、维护简单，以及投资少、见效快等一系列优点。

（4）新合金变压器　它是使用铁、铌、硼三种材料组成的新合金制造的变压器。使用

这种变压器，不仅能够大大减少电力损耗，而且还可节省材料成本，简化制造工艺，同时，还会减少电力损耗所产生的温室效应，在环保方面也有益处。

（5）调容变压器 该产品的设计特点是在变压器高容量绕组的基础上，高压、低压各加一段绕组，外壳装设有调容开关。变换开关的位置，即可改变线圈的连接，从而改变变压器容量。其结构简单、体积小、造价低、操作装修方便、性能优越可靠。

（6）SH系列非晶态合金变压器 此变压器是一种全新的配电变压器，它以非晶态钢为铁心制成。它与普通硅钢片变压器比较，空载损耗显著降低。例如，与S11系列变压器比较，SH15型非晶态合金铁心空载损耗约降低65%，而负荷损耗基本相当，年运行费用平均降低约28%[65]。随着制造技术逐步完善，生产工艺水平不断提高，推广使用量逐年增加。

GB 20052—2006《三相配电变压器能效限定值及节能评价值》于2006年7月1日起开始实施。能效限定值是一个强制性指标，如果变压器的损耗高于该指标，就被认为是高耗能产品，不能生产或销售。变压器技术发展中，我国变压器能效性能也经历了S7、S9和S11几个过程阶段。该标准将有效地推动节能变压器的生产和应用，使产品的能效稳步提高。显然，在选择变压器时，应尽量选用节能的新系列产品。

2. 变压器的容量计算

在制冷装置的运行中，实际的电力负荷并不等于所有电气设备的额定负荷之和。这是因为所有的电气设备不可能全部同时运行；每台电气设备也不可能全部满负荷；各种电气设备的功率因数也不可能完全相同。因此，在制冷装置的电气设计中，必须确定一个假想负荷，以便按照此负荷来选择电力系统的设备，通常把该负荷称为计算负荷。

在确定计算负荷的过程中，不考虑短时间出现的尖峰负荷，如电动机的起动电流等（只有几秒钟）；但对于持续时间超过半小时及以上的最大负荷，必须考虑在内。

作为电力用户，制冷装置所需配备的是降压变压器。确定电力计算负荷可用需要系数法或二项式系数法。对于冷库，《冷库设计规范》提出电力计算负荷宜按需要系数法计算，即

$$P_{js} = K_x P_s \tag{4-4}$$

式中 P_{js}——有功功率计算负荷（kW）；

K_x——需要系数；

P_s——电气设备总容量（备用设备容量不计入，kW）。

需要系数K_x是同时系数K_t与负荷系数K_ϕ的乘积，即

$$K_x = K_t K_\phi \tag{4-5}$$

同时系数K_t用来衡量电气设备同时使用的程度，它是指运行中所有电气设备的综合最大负荷与各个设备最大负荷之和的比值。负荷系数K_ϕ用来衡量每台设备带负荷的程度，即电气设备的实际负荷与额定负荷之比。工程设计时，应与建设方协商，充分考虑实际情况。

实际运行和理论计算均表明，变压器负荷相同而容量不同时，负荷率越低，则变压器的电能损耗越大。以SL7系列变压器为例，负荷相同、容量不同变压器的电能损耗见表4-1。当变压器容量相同而负荷不同时，负荷率越低，则在变压器所产生的单位能耗越大。表4-2反映了负荷不同、容量相同变压器的电能损耗。

表 4-1 负荷相同、容量不同变压器的电能损耗

型号	容量/kV·A	负荷/kV·A	负荷率(%)	变压器电能损耗/kW·h			单耗①/[kW·h/(kV·A)]
				有功	无功	合计	
SL7	100	100	100	7803	5679	13482	134.8
SL7	315	100	31.7	7867	9483	17350	173.5
SL7	500	100	20	10151	14416	24567	245.7
SL7	800	100	12.5	13877	17801	31678	316.8
SL7	1000	100	10	16058	22125	38183	381.8

① 单耗是指 1kV·A 的耗电量。

表 4-2 负荷不同、容量相同变压器的电能损耗

型号	容量/kV·A	负荷/kV·A	负荷率(%)	变压器电能损耗/kW·h			单耗/[kW·h/(kV·A)]
				有功	无功	合计	
SL7	1000	100	10	16058	22125	38183	381.8
SL7	1000	315	31.5	18639	24133	42772	135.8
SL7	1000	500	50	23018	27525	50543	101.1
SL7	1000	800	80	34328	36300	70628	88.3
SL7	1000	1000	100	44768	44400	89168	89.2

由表4-1和表4-2可见，选用合适的变压器容量，可以提高变压器的负荷率，减少变压器损耗，从而节约电能。必须注意的是，在计算负荷确定之后，按不同方法选择的变压器，容量差别较大。如果按变压器效率最高或功率损耗最小来选择变压器容量，则变压器的容量往往偏大。因为一般变压器最高效率时的负荷率为50%~60%，如SL7系列铝线电力变压器，最高效率点的负荷率仅40%。所以，单纯按最高效率来选择变压器，其利用率显然太低。

目前我国企业的电费计算公式为

$$电费 = 基本电费 + 实用电量电费$$

基本电费是按照受电变压器的容量计算的，变压器的容量越大，收费越高。从工程实际出发，变压器的容量选择应进行全面的技术经济分析。既要考虑其效率，又要考虑其产品价格、折旧、电费及运行情况，在全面衡量的基础上确定变压器容量。

4.1.3 变压器的台数选择

在满足同样负荷要求的前提下，变压器的台数可以有几种不同的组合形式，例如，选一台较大容量的变压器，或者选多台较小容量的变压器。其选择原则如下：

1）变压器容量越小，效率越低。对于负荷较稳定的情况，应选择台数尽量少的大容量变压器，而不应选择多台小容量的变压器。

2）视在功率计算负荷的数值在两个标准容量的等级之间时，如近期内负荷会增长，则应选大一级容量的变压器；如近期内负荷不会增加，则可选择小一级容量的变压器。

3）对于电力使用地点分散，且相隔遥远的情况，由于电路损失和电压降增大，可以考虑选择多台变压器分散设置。

4）对于制冷空调装置用于重要场合的情况，如属于一级用电负荷时，应选择多台变压器的组合。万一某台变压器的供电系统发生故障，则其他变压器可以保证连续供电。

5）在用电负荷随季节性变化较大时，应考虑选择多台变压器并联运行的方案。这样在用电负荷小的季节，可以切除部分变压器，减少空载损耗。换言之，对于负荷变化幅度大的场合，选择多台变压器的方案，才有可能实现经济运行。

采用多台变压器是否合理，主要取决于增加的投资能否被节省的费用(电能损耗和维护费等)所抵偿，即在预定的时间(一般定为五年)内，收回多花费的基本投资。

需要说明的是，变压器并联运行虽具有提高供电可靠性和运行经济性的优点，然而并非所有的变压器均能并联运行。变压器并联运行应同时满足下列条件[63]：①变压器的接线组别相同；②变压器的电压比相同(允许有 ±0.5% 的差值)；③变压器的阻抗电压相等(允许有 ±10% 的差值)。前两个条件保证了变压器空载时绕组内不会有环流；第三个条件保证负荷分配与容量成正比。另外，考虑到容量不同的变压器，阻抗电压值不相同，容量小的变压器阻抗电压小，因此对容量比有一定的要求。通常，并联运行变压器的容量比不宜超过 3:1。

对食品冷冻的制冷装置，要求供电有可靠的保证。因为冷间温度不允许过大的波动，所以经常停电难以保证食品的储藏质量。根据 GB 50072—2010《冷库设计规范》：大型冷库、高层冷库应按二级负荷供电，不会导致较大经济损失的中小型冷库可按三级负荷供电。

根据 GB 50052—2009《供配电系统设计规范》中对二级负荷供电系统的规定："应尽量做到当发生电力变压器故障或电力线路常见故障时不致中断供电"，所以冷库可采用一回路专用线供电，当供电质量不能保证时，可考虑双电源供电；或者可选用柴油发电机作为备用电源，备用电源的容量应能满足冷库保温运行的需要。

冷库用电负荷应根据生产淡、旺季节进行调节，以节约能源和生产费用的开支。《冷库设计规范》规定：当冷库电力负荷有明显的季节性变化，在保证制冷机组可靠启动时，宜选用两台或多台变压器运行。在实际生产中，有些企业高峰季节用电量是淡季的 2~3 倍。因此，在确定变压器台数时，必须对用电负荷进行深入调查分析，对各种方案进行全面经济技术分析和比较，然后再作出决策。

4.2　电动机的合理匹配

目前广泛应用的压缩式制冷，消耗的是机械能。电动机就是提供机械能，实现生产机械电气化的基本设备。例如制冷装置中的压缩机、水泵、风机均由电动机驱动。因此，电动机的效率及各种性能，无疑是制冷装置节能中极其重要的一环。

4.2.1　异步电动机的工作特性

工业制冷装置常用的电动机是交流电动机，它又可以分为异步电动机和同步电动机两类。由于异步电动机结构简单，具有运行可靠、使用维护方便、价格便宜等优点，因此在制冷空调装置中获得了最广泛的应用。

异步电动机的工作特性曲线如图 4-1 所示。这些关系中，对节电最有意义的是

$\eta = f_{\eta}(P_2)$和$\cos\varphi = f_{\varphi}(P_2)$曲线。由图4-1可见，当异步电动机在空载和轻载时，效率η和功率因数$\cos\varphi$都很低；当电动机接近满载，即实际负荷$P_2 = (0.7 \sim 1)P_e$时，η和$\cos\varphi$都较高。典型异步电动机的η和$\cos\varphi$随P_2/P_e而变化的情况见表4-3。

表4-3　负荷不同时异步电动机的特性

负荷率(P_2/P_e)(%)	0	25	50	75	100
功率因数$\cos\varphi$	0.20	0.50	0.77	0.85	0.89
效率η	0	0.78	0.85	0.88	0.875

由表4-3可见，当电动机负荷低于额定功率的50%时，效率和功率因数明显降低。因此，合理选择电动机的容量，对于运行中的节能具有重要的现实意义。

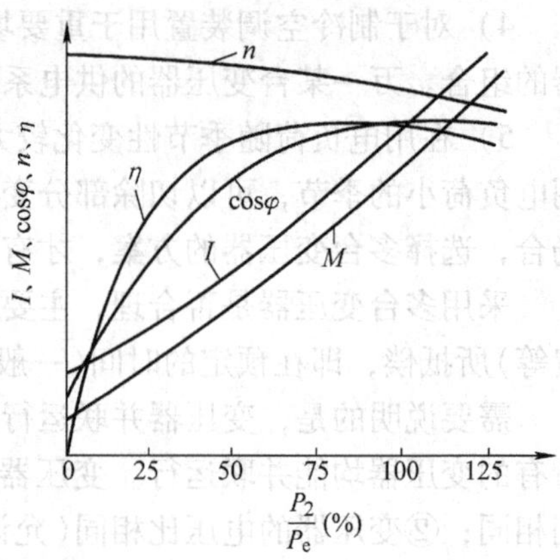

图4-1　异步电动机的工作特性曲线
I—电流　$\cos\varphi$—功率因数　M—转矩
n—转速　η—效率　P_2—负荷　P_e—额定功率

4.2.2　单级制冷压缩机的电动机匹配

据国内商业和水产冷库的统计，制冷压缩机的耗电量占制冷装置总耗电量的60%以上。对于空调系统，制冷压缩机的耗电量约占系统总耗电量的50%以上。因此，在压缩式制冷空调装置中，压缩机与电动机匹配对运行效率十分重要。单级压缩制冷广泛用于空调、制冰、果蔬冷藏、生产冷媒水等各种场合。

根据制冷压缩机的使用范围，单级活塞式制冷压缩机可以在很宽的温度区间运行。蒸发温度在5～－30℃之间，只要压缩比小于8，压缩机均可正常运行。但是，同一台压缩机在不同的工作条件下，其制冷量和所需的功率差别很大。对一种型号的压缩机，制造厂一般按两种工况分别匹配电动机，即同一规格的压缩机有两种电动机功率可以选用。单级压缩机匹配的电动机功率P(kW)计算公式为

$$P = \frac{CP_e}{\eta_c} \tag{4-6}$$

式中　P_e——压缩机的轴功率(kW)；

η_c——传动效率，直连时$\eta_c = 1$，带传动时，$\eta_c = 0.97 \sim 0.99$；

C——余量系数，防止意外情况下电动机发生过载，通常C在1.05～1.15范围内选取。

由式(4-6)可见，同一台压缩机当余量系数选择不同时，计算出的电动机功率就不同；另外，电动机产品的规格是分挡的，当计算出的电动机功率没有相吻合规格的产品时，为保险起见，通常选用规格大一挡的电动机。

当余量系数选择比较大，又选用规格大一挡的电动机时，匹配的电动机就可能比实际需要大得多。这在工程实际中经常发生，即造成“大马拉小车”的现象。根据产品样本，同一型号的制冷压缩机，在相同工况下各厂家匹配的电动机也不完全相同[66]。因此，在确定压缩机后，用户应该根据自己的工作条件，自行核算压缩机需要的电动机功率。然后，比较不同厂家匹配的电动机功率，挑选匹配最合理的电动机。

目前出厂的压缩机产品通常都匹配了电动机，因此，如果自行核算压缩机需要的电动机功率与厂家原匹配差别较大时，应该在订货时提出具体需要的功率。尤其是压缩机工作于非典型或者特殊的温度区间时，应该特别注意该问题。

4.2.3　两级压缩机的电动机匹配

国内早期的两级压缩制冷均采用配组式系统，即由单级压缩机来承担两级压缩循环中的低压级或者高压级压缩机。随着制冷技术的进步，人们发现，从节能的角度看，单级压缩机作为两级循环中的低压级或高压级运行，存在许多无法克服的缺陷，造成能耗增加。因此，随着国产单机两级压缩机的节能优势逐渐被认识，它已成为设计中的首选方案。

在单机两级压缩机中，随着要求的制冷温度的降低，其电动机匹配又成为一个新问题。作者对此进行了研究[67]，计算了 12.5 系列单机两级压缩机不同工况下所需的功率（表 4-4）。

表 4-4　12.5 系列单机两级压缩机不同工况下所需的功率

冷凝温度 t_c/℃	气缸数	所需功率/kW		冷凝温度 t_c/℃	气缸数	所需功率/kW	
		t_e = −33℃	t_e = −40℃			t_e = −33℃	t_e = −40℃
35	4	35.3	28.1	37	4	35.7	29.6
	6	47.5	38.8		6	48.3	39.8
	8	70.5	57.1		8	71.2	58.1

表 4-5 所示为 12.5 系列单机两级压缩机产品实际配用电动机功率。比较表 4-4 和表 4-5 可见，当蒸发温度 t_e 为 −40℃，即为典型流态式冻结装置常用的蒸发温度时，各厂实际匹配的电动机的功率均大于实际需要的功率。极端情况下，实际匹配的电动机功率比需要值大了 57.3%，这将在实际运行中明显出现“大马拉小车”的现象，电动机将在低效率、低功率因数下运行。由表 4-5 可见，有的制造厂已经注意到该问题，同型号压缩机匹配了不同规格的电动机。

表 4-5　12.5 系列单机两级压缩机产品实际配用电动机功率　　（单位：kW）

气缸数	上海第一冷冻机厂	烟台冷冻机厂	烟台冰轮①	苏州制冷设备厂	大连冰山②
4	37	45	37/30(45)	37	—
6	55	55	45(55)	55	—
8	75	75	60/55(75)	75	75

①、②　目前产品，其余为 20 世纪 90 年代产品。

综上可见，单机两级压缩机的电动机匹配，仍然是一个值得注意的问题。一台压缩机所需的功率随工况而变，制冷温度越低，所需要匹配的电动机功率越小。另外，压缩机在起动过程中要通过最大功率工况，这个因素也必须考虑。为了使匹配的电动机不仅在使用工况下具有较高的效率，而且能使压缩机通过最大功率工况，选配电动机时应综合考虑压缩机的大小、有无卸载装置、使用工况及运行要求等情况，合理地确定所需的电动机功率。

在制冷压缩机选配电动机时，必须掌握 Y 系列等新系列电动机的特点，并了解它们与老系列电动机的差别。Y 系列电动机是我国 20 世纪 80 年代开发出的第三代产品，采用了 B 级绝缘，允许温升达 80℃。更重要的是其起动性能明显改善，与第二代的 JO2 比较，Y 系列的堵转转矩(起动转矩)平均提高了30%。

我国在1996年又开发了Y2系列电动机，性能比Y系列有了进一步提高。Y2系列三相异步电动机外形美观，高效，节能，噪声和振动小，运行可靠，寿命长，绝缘等级提高为F级，防护等级提高到IP54(防尘,防溅水)，综合性能指标优于Y系列。Y2系列电动机符合JB/T 8680—2008《Y2系列(IP54)三相异步电动机技术条件(机座号63～355》技术标准，与国外同类产品先进水平相当。

2004年2月，我国又发布了《Y3系列(IP55)三相异步电动机技术条件》，自2004年6月1日起实施。Y3系列电动机是全封闭、外扇冷式、笼型结构。具有设计新颖、造型美观、噪声低、转矩高、起动性能好、结构紧凑、使用维护方便等特点。其效率完全符合GB 18613—2002《中小型三相异步电动机能效限定值及节能评价值》的规定，采用F级绝缘，且全系列温升按B级考核，从而大大提高了安全可靠性。电动机的安装尺寸符合IEC标准规定，电动机的外壳防护等级为IP55。

对于制冷压缩机来说，电动机具有较高的起动性能和短期超载能力这两点是最为可贵的。过去为了防止起动时超载，不得不选用较大容量的电动机，这种加大选配功率叫做电动机的过安装容量。根据新系列电动机起动转矩明显提高、绝缘性能提高、温升裕度大、较大过载系数的特点，过安装容量(余量系数)可以减小，有些情况甚至可以不考虑。这样电动机的运行效率将提高，能耗减少。

4.3 用户电力系统的功率因数

4.3.1 电网功率因数和无功补偿

由电工学可知，在交流电路中除了纯电阻性的电路外，有功功率P总比视在功率S小。当电网的电压向量为U，电流向量为I，它们之间的相位角为φ，无功功率为Q时，它们之间的关系如图4-2和图4-3所示。

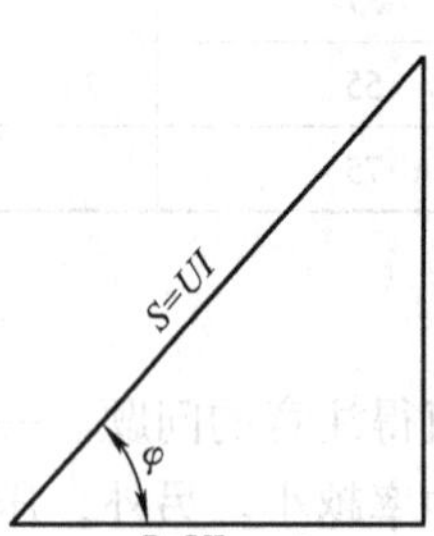

图4-2 功率三角形

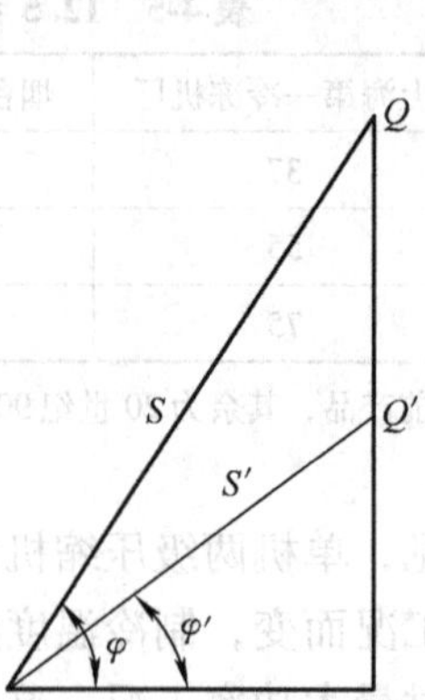

图4-3 无功补偿示意图

从图4-2看出

$$S = UI \tag{4-7}$$

$$P = UI\cos\varphi \tag{4-8}$$

$$Q = UI\sin\varphi \tag{4-9}$$

$$\cos\varphi = \frac{P}{S} \tag{4-10}$$

式中　S——视在功率(V·A)；

U——电压(V)；

I——电流(A)；

P——有功功率(W)；

Q——无功功率(var)。

由式(4-10)可见，功率因数反映了有功功率P与视在功率S之比。功率因数越大，则有功功率越接近视在功率，无功损耗越小。反之，功率因数降低会造成电能损耗增加。因此，提高电力网的功率因数，是保证电力系统安全经济运行的重要措施。

在用电系统中，有许多根据电磁感应原理工作的电气设备，如变压器、电动机。这些电气设备在运行中不仅要消耗有功功率，而且需用一定数量的无功功率。另外，线路中的电感、电抗也都消耗无功功率。如果不采取其他补偿措施，这些无功功率将由发电厂的发电机供给，影响了有功功率，并引起线路电压降低和功率损失。

为了减少用户消耗的无功功率，除了设法提高用户的自然功率因数外，可以安装同步调相机、移相电容器和无功静止补偿装置等设备。这些无功补偿设备也是无功功率的电源。

如果电力网的有功功率P不变，由于加装了一部分无功补偿设备，使无功消耗由Q减少到Q'，功率因数由$\cos\varphi$提高到$\cos\varphi'$，如图4-3所示。Q—Q'称为无功补偿的容量。由图4-3可见，加装无功补偿设备以后，视在功率S'也比S小了。在用户负荷处进行无功就地补偿，提高功率因数有以下几方面的效益：

1. 减少了线路和变压器的功率损失和电能损失

在三相交流电路中，电流通过线路的有功功率损耗为

$$\Delta P = \frac{P^2 R}{U^2 \cos^2\varphi} \times 10^{-3} \tag{4-11}$$

式中　P——线路输送的有功功率(kW)；

R——线路每相的电阻(Ω)；

U——线路的额定电压(kV)；

$\cos\varphi$——线路负荷的功率因数。

由式(4-11)可知，有功功率损耗ΔP与负荷功率因数的平方成反比。因此，提高功率因数以后，有功功率的损耗可以大大降低。例如，一个车间的功率因数从0.7提高到0.8，则它的电能损失可降低到原来的76%；如果提高到0.9，其则电能损失可降低到原来的60%[68]。

电流通过变压器时，其有功功率损耗也可用式(4-11)来计算，此时公式的R为变压器的等值电阻。有功功率损耗降低的结果，使每年在线路上和变压器中的电能损失下降，从而节省了大量的电能。

2. 提高了电气设备的送电能力

通过电气设备的视在功率S、有功功率P与功率因数$\cos\varphi$的关系为

$$P = S\cos\varphi \tag{4-12}$$

由式(4-12)可见，电气设备的视在功率 S 不变时，如提高负荷的功率因数，就可提高它的有功功率输送能力。以变压器为例，一台 $S=320\text{kV}\cdot\text{A}$ 的变压器，当负荷的功率因数 $\cos\varphi=0.7$ 时，通过它的有功功率 $P=224\text{kW}$；而当 $\cos\varphi=0.9$ 时，通过它的有功功率可提高为 $P=288\text{kW}$。在负荷的有功功率 P 一定的情况下，当负荷的功率因数的 $\cos\varphi$ 提高时，就可选用较小容量等级的变压器，从而节省了投资。

3. 改善了用户的电压质量

线路中的电压损失为

$$\Delta U=\frac{PR+QX}{U}\times 10^{-3} \tag{4-13}$$

式中 ΔU——线路中的电压损失(%)；

U——线路电压(kV)；

P——通过线路的有功功率(kW)；

Q——通过线路的无功功率(kvar)；

R——线路电阻(Ω)；

X——线路电抗(Ω)。

负荷的功率因数提高以后，减少了线路中通过的无功功率 Q。从式(4-13)可见，无功功率 Q 在感抗上造成的电压降 QX 将减小，从而使电压损失 ΔU 有所下降。

综上所述，提高电力网的功率因数，解决好无功补偿问题，对于降低损耗、节约电能有着极为重要的意义。各国对此都采取了相似的政策，鼓励用户采取措施提高功率因数。我国采用的两部电价，就包含了按功率因数调整电费部分，即在计算出当月基本电费和电度电费后，再按功率因数调整电费表所定的百分数增减计算。例如对一般工业用户(100kV·A 及以上)，要求功率因数为 0.85。高于 0.85 则给予减免电费的奖励，低于 0.85 则增收电费。

对于 160kV·A 以上的工业用户，要求功率因数达到 0.90，低于 0.90 则增收电费，详见表 4-6 和表 4-7。因此，用户提高功率因数，不仅可以节约电能，减少电费支出，而且使电网运行提高了效率。提高功率因数可以从提高自然功率因数和无功补偿两方面进行。

表 4-6 功率因数对应的减免电费(以 0.90 为标准)

减收电费	实际功率因数	0.90	0.91	0.92	0.93	0.94	0.95~1.00
	月电费减少(%)	0.0	0.15	0.30	0.45	0.60	0.75

表 4-7 功率因数对应的增收电费(以 0.90 为标准)

平均功率因数	0.89	0.88	0.87	0.86	0.85	0.84	0.83	0.82	0.81	0.80	0.79	0.78	0.77
增收电费(%)	0.5	1.0	1.5	2.0	2.5	3.0	3.5	4.0	4.5	5.0	5.5	6.0	6.5
平均功率因数	0.76	0.75	0.74	0.73	0.72	0.71	0.70	0.69	0.68	0.67	0.66	0.65	
增收电费(%)	7.0	7.5	8.0	8.5	9.0	9.5	10.0	11.0	12.0	13.0	14.0	15.0	

注：功率因数自 0.64 及以下，每降低 0.01，电费增加 2%。

4.3.2 用户的自然功率因数

提高用户的自然功率因数，可以从根本上降低电气设备需要的无功功率，因而是应当首先采取的积极办法。所谓“自然功率因数”，是指未经人工补偿前电气设备(或系统)所具有的功率因数。据统计[68]，在工业企业所需的全部无功功率中，感应电动机消耗的无功功率约占60%，变压器约占20%。因此，感应电动机和变压器是考虑的重点。

1. 变压器的功率因数

对于三相变压器，其效率可由下式表示，即

$$\eta = \frac{\sqrt{3}U_2 I_2 \cos\varphi}{\sqrt{3}U_2 I_2 \cos\varphi + \Delta P_{\mathrm{T}}} \tag{4-14}$$

式中 U_2——变压器的二次电压(V)；

I_2——变压器的二次电流(A)；

$\cos\varphi$——变压器的功率因数；

ΔP_{T}——变压器的有功损耗(W)。

由式(4-14)可得变压器的功率因数 $\cos\varphi$ 为

$$\cos\varphi = \frac{\Delta P_{\mathrm{T}}}{\sqrt{3}U_2 I_2}\left(\frac{\eta}{1-\eta}\right) \tag{4-15}$$

式(4-15)表明，变压器的效率对功率因数影响很大，效率越高，功率因数就越大。变压器的效率取决于变压器的设计和变压器的负荷率。早期我国生产的老式变压器损耗较大，效率较低。随着新产品的开发，在设计中应尽可能选择高效率、低能耗的新型变压器。

变压器的负荷率取决于其设计容量与实际负荷。根据表4-1和表4-2，随着变压器负荷率降低，无功损耗迅速增大，效率降低，功率因数降低。因此，从设计选择的角度，要提高变压器的自然功率因数，一方面要选择高效率、低损耗的变压器，另一方面必须选择好变压器的容量，使变压器能长期处于低损耗、高效率的状态。

从运行管理的角度，提高变压器的自然功率因数可从以下几方面进行：①根据用电负荷及时调整变压器投入数，在生产淡季停用部分变压器，使运行的变压器处于高负荷率状况；②变压器负荷率长期小于30%时，应考虑更换小容量的变压器；③当变压器投入数无法调节，机械负荷普遍较低时，可适当降低变压器的输出电压，即改接变压器的分接头，使输出电压适当降低。

2. 电动机的功率因数

通常一台电动机的效率由输出功率与输入功率之比来决定。显然，电动机运行中总会发热，会产生一定损耗，其效率总是小于1。提高设计和制造标准，可提高电动机的效率。但在电动机制造中，成本是必须考虑的主要因素。随着设计和制造标准的提高，电动机的成本会大幅度增加。

另一方面，高效电动机由于效率高、损耗低，将在运行中得到减少运行费的补偿。电动机如每年以额定功率运行2500h以上，即电动机处于长期运行的情况下，购买高效电动机多支付的成本将很快收回。每年2500h即平均每天6.8h，大多数工业制冷装置的运行会超过这个标准。因此，年运行时数长的场合，应该把高效电动机放在优先选择的地位。

工业制冷装置中广泛采用三相异步电动机，其功率因数可用下式计算，即

$$\cos\varphi = \frac{P}{3\eta U_1 I_1} \times 10^3 \tag{4-16}$$

式中 P——电动机功率(kW)；

I_1——线电流(A)；
U_1——电源线电压(V)；
η——电动机效率。

由式(4-16)可见，当电动机功率和线电压、线电流一定时，影响其功率因数的主因是电动机的效率。电动机的效率和功率因数是两项主要的性能指标。电动机处在额定功率75%~95%负荷下运行时，效率最高；在75%~100%负荷下运行时，功率因数在0.85~0.89之间。当电动机的负荷小于额定功率的50%时，功率因数急剧降低。

因此，要提高电动机的功率因数，从设计选择的角度，首先必须保证电动机有较高的负荷率。显然，由于实际需要的负荷往往是变动的，电动机选用的功率不可能与负荷功率完全一致。通常可认为平均负荷在70%时，电动机效率与额定效率相近。据原商业部的调查，我国冷库电动机负荷率过低的情况相当普遍。

3. 提高异步电动机的检修质量

在工业企业中，由于异步电动机检修质量不良，也会使其功率因数降低。运行经验表明，在检修后的异步电动机中，在额定电压下空载时的无功功率，比正常时多10%~100%。其原因是空气间隙增加和重绕线圈的匝数减少。

必须指出，即使采用了高效率、低损耗的用电设备，采取以上措施提高用户的自然功率因数，无功损耗仍然不能完全避免。在我国的许多工业制冷装置中，尤其是早期设计的装置，对提高自然功率因数重视不够，因此，普遍存在制冷装置的用电自然功率因数较低的情况。例如，据我国商业系统的调查，肉类联合冷加工企业的自然功率因数较高的一般在0.65~0.83，最低的全年平均仅为0.37。

由于许多企业没有专门的电能管理人员，自然功率因数问题往往被忽视，这种情况在发达国家也很普遍。据美国的调查统计，没有采用功率因数补偿的工厂，一般功率因数为0.7~0.8。对于功率因数低的用户，几乎所有美国电力公司都加收惩罚费。参考文献[69]调查分析了美国公用冷库的功率因数情况(表4-8)，发现许多冷库没有采用功率因数补偿措施，功率因数过低。

表4-8 美国公用冷库功率因数和电容补偿情况(62个厂)

	无电容补偿	有电容补偿	没回答
厂数/个	36(占58%)	20(占32.3%)	6(占9.7%)
功率因数	0.75~0.91①	0.85~0.98	33个厂(53.2%)

① 没有采用功率因数补偿时，功率因数难以达到0.85以上，可能有误。

4.3.3 无功补偿装置及配置

1. 无功补偿的方式

如前所述，非纯电阻的电路，其有功功率P总比视在功率S小，这是由于有一部分无功电流在各用电设备之间流动，这部分无功损耗当然要由用电单位承担。因此，要减少无功损耗，除了提高各设备的自然功率因数外，还要对用电设备设置无功补偿装置。无功补偿的基本原则就是尽量使用户的无功负荷和电网的无功损失就地供应。

所谓无功补偿装置，就是一些设置在用电负荷处，能够供给无功功率的设备。它们可以就地提供无功功率，减少线路无功功率的输送量，使功率因数大大提高。目前的无功补偿装置主要是移相电容器和同步调相机，两者各有其优缺点。世界各国由于幅员、资源、电网结构等条件的不同，对同步调相机和移相电容器的使用各有侧重。我国电网中移相电容器使用较多。

和同步调相机相比，移相电容器的最大优点是功率损耗小，约为其无功功率的0.3%~0.4%。同步调相机的有功损耗满载时，占额定功率的1.8%~5.5%；50%额定负载时占2.9%~9%；25%额定负载时高达5%~15%，为移相电容器的10~40倍。

移相电容器的特点综合如下：

1）移相电容器是一种在工频交流电压作用下，长时间运行的容性无功功率发生器。

2）有功功率损耗较小，一般约占无功容量的0.3%~0.4%。

3）由于无机械转动部分，不需专人维护管理，维护工作量小。

4）安装简便。可以做到自动投切，自动增减其补偿容量。

5）一次性投资较少。

6）过高的环境温度和运行电压会影响它的使用寿命，甚至造成事故。

7）使用寿命较短，损坏后不便修复。

8）电容器的无功出力与电压的平方成正比。当系统电压降低，需要更多的无功功率时，它的无功出力恰恰在此时降低，这也是它的一个不足之处。

尽管移相电容器存在一些不足，但其优点还是比较明显的。因此，移相电容器获得了广泛的应用。除了同步调相机和移相电容器外，20世纪70年代又发展了静止无功补偿装置。它能够适应无功冲击引起的电压波动，并能消除高次谐波对设备的危害。对于工业制冷装置和中央空调系统，目前我国广泛采用的是移相电容器补偿的方式。

2. 移相电容器的补偿方式

工厂企业内部移相电容器的补偿方式，可分为高压侧(10kV)补偿和低压侧(0.38kV)补偿两种。高压侧补偿多采用集中补偿，将移相电容器接在变电所的10kV母线上。高压侧集中补偿的特点是：电容器的利用率高，能减少供电系统及线路中输送的无功负荷，但是不能减少用户变压器和低压配电网络中的无功负荷。

低压侧补偿可分为以下四种方式：

（1）变电所低压母线上的集中补偿　对于负荷比较集中、低压线路较短、供电半径不大的用户，可在变电所低压母线上集中装设移相电容器。移相电容器可分为若干组，分别采用控制和保护装置，或采用定型电容器柜。这种补偿方法只能减少变压器中的无功负荷。

这种方式的移相电容器由一个专用控制器控制。根据检测到的母排无功功率的变化，随时控制投入补偿的电容器容量(数量)。其优点是设备集中，便于管理，在补偿区内可获得较好的补偿效果；缺点是需要一套检测、控制装置及执行机构，维修复杂，可靠性较差。

（2）个别补偿(就地补偿)　它是按照个别用电设备的需要来布置移相电容器，将电容器直接接在用电设备附近。通常电容器与用电设备共用一组开关，与电气设备同时投入或退出运行。一般功率大于10kW的风机、水泵就应考虑就地补偿。

个别补偿的优点是无功负荷能做到“就地补偿”，补偿范围为线路终点，从而减少了企业内部的配电线路、配电变压器的无功负荷。同时，相应地减少了线路和变压器中的有功电能损耗。适当地配置低压电容器，还可以减少低压配电线路的导线截面积和配电变压器的容量，因而补偿效果最好。

(3) 车间内补偿(分组补偿) 移相电容器组接于车间配电的母线上，电容器的利用率比个别补偿高。这种方式能减少供电线路和变压器中的无功负荷，对于低压配电线路较长的车间，可以很明显地提高末端电压的作用，但不能减少车间内低压配电线路的无功负荷。

(4) 集散补偿 上述三种补偿方式各有其优缺点，选择补偿方式应根据生产特点和工艺、负荷的自然功率因数、配电网络结构等因素，通过技术经济比较来确定。所谓集散补偿，就是集中补偿与分散补偿相结合[70]。它能够取两者之长，又能避两者之短。

其基本原理是变电所在运行时，其无功功率可分为两部分：

1）第一部分无功功率由一些容量较大的单机设备或单台电动机所产生，这部分无功功率用分散补偿的方法，在控制电动机(或设备)起停的开关或接触器的下端，并联容量与被补偿电动机无功功率相匹配的补偿器进行补偿。分散补偿与就地补偿的不同之处在于，电容器不是安装在生产现场，改善了电容器工作环境。分散补偿的电容器容量计算方法同就地补偿。

2）第二部分无功功率是指除第一部分以外的无功功率。它由变压器及那些无法分散补偿的感性负载所产生，其平均值记为 Q。Q 可以这样确定：在分散补偿正常运行时，测出变压器高压侧的无功功率，取其算术平均值；也可以在变压器低压侧检测，再加上变压器自身的无功功率。这部分无功功率用集中的方式补偿。图 4-4 所示为集散补偿原理图。

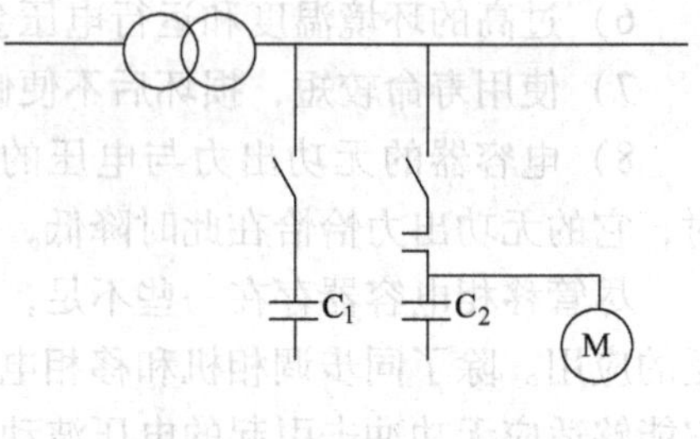

图 4-4 集散补偿原理图

C_1—集散补偿集中部分的电容器

C_2—集散补偿分散部分的电容器

集散补偿有以下特点：

1）设备简单，运行环境比就地补偿好，因而运行可靠，故障率低。

2）补偿效果比就地补偿好，略差于集中补偿。补偿器利用率介于两者之间。

3）能有效地保护开关设备。

感性负载工作时，其线圈中要储存一定的能量，其值为 $\frac{1}{2}LI^2$。停机时，开关触点瞬时离断，电流变化率 di/dt 很大，线圈自感电动势 Ldi/dt 可达很高的数值。例如一台 100kW 的三相交流电动机，其 U_e 为 380V，I_e 为 180A，励磁电感 L 为 0.52H。设接触器离断时间 $\Delta t = 0.01\text{s}$，则感应电动势瞬时最大值为

$$E_m = L\frac{\Delta i}{\Delta t} = 0.52\ \frac{180\sqrt{2}}{0.01}\text{V} = 13235\text{V}$$

储存的能量最大值为

$$A_m = \frac{1}{2} \times 0.52 \times 180^2\text{J} = 8424\text{J}$$

如此高的电压和能量施加于开关触点间，当离断开始时，触点间隙很小，足以击穿气隙，将气隙间空气电离导电，出现拉弧烧蚀触点。其下端并联电容器后，因电容器端电压不能突变，吸收了大部分能量，大大减小了触点火花，有效地保护了开关触点，延长了开关寿命。

集散补偿的不足之处是在负荷低峰期，交接班时存在过补偿现象。过补偿严重时，可由值班电工切除集中补偿部分。

3. 移相电容器补偿容量的确定

采用移相电容器补偿时，补偿容量的大小取决于电力负荷的大小、补偿前电力负荷的功率因数 $\cos\varphi_1$、补偿后准备达到的平均功率因数 $\cos\varphi_2$，即

$$Q = P_j(\tan\varphi_1 - \tan\varphi_2) \tag{4-17}$$

式中 Q——需要装设的电容器总容量(kvar)；

P_j——最大负荷月的平均有功功率(kW)；

$\tan\varphi_1$——补偿前功率因数角 φ_1 的正切值；

$\tan\varphi_2$——补偿后功率因数角 φ_2 的正切值。

其中 P_j、$\tan\varphi_1$ 可由最大负荷月的有功及无功用电量求出。

为了迅速求出补偿容量，也可以用查表法。表4-9列出每1kW有功负荷所需要的补偿容量。由补偿前的功率因数 $\cos\varphi_1$ 和补偿后要达到的功率因数 $\cos\varphi_2$，查出相应的数值，然后乘以有功功率的千瓦数，即得到所需的补偿容量。

表4-9 每1kW有功负荷所需要的补偿容量

补偿前功率因数 $\cos\varphi_1$	补偿后功率因数 $\cos\varphi_2$								
	0.80	0.82	0.84	0.86	0.88	0.90	0.92	0.94	0.96
	每1kW有功负荷所需电容器容量 Q_K/(kvar)								
0.40	1.54	1.60	1.65	1.70	1.75	1.81	1.87	1.93	2.00
0.42	1.41	1.47	1.52	1.57	1.62	1.68	1.74	1.80	1.87
0.44	1.29	1.34	1.39	1.45	1.50	1.55	1.61	1.68	1.75
0.46	1.18	1.23	1.29	1.34	1.39	1.45	1.50	1.57	1.64
0.48	1.08	1.13	1.18	1.23	1.29	1.34	1.40	1.46	1.54
0.50	0.98	1.04	1.09	1.14	1.19	1.25	1.31	1.37	1.44
0.52	0.89	0.94	1.00	1.05	1.10	1.16	1.21	1.28	1.35
0.54	0.81	0.86	0.91	0.97	1.02	1.07	1.13	1.20	1.27
0.56	0.73	0.78	0.83	0.89	0.94	0.99	1.05	1.12	1.19
0.58	0.66	0.71	0.76	0.81	0.87	0.92	0.98	1.04	1.12
0.60	0.58	0.64	0.69	0.74	0.79	0.85	0.91	0.97	1.04
0.62	0.52	0.57	0.62	0.67	0.73	0.78	0.84	0.90	0.98
0.64	0.45	0.50	0.56	0.61	0.66	0.72	0.77	0.84	0.91
0.66	0.39	0.44	0.49	0.55	0.60	0.65	0.71	0.78	0.85
0.68	0.33	0.38	0.43	0.48	0.54	0.59	0.65	0.71	0.79
0.70	0.27	0.32	0.38	0.43	0.48	0.54	0.59	0.66	0.73
0.72	0.21	0.27	0.32	0.37	0.42	0.48	0.54	0.60	0.67
0.74	0.16	0.21	0.26	0.31	0.37	0.42	0.48	0.54	0.62
0.76	0.10	0.16	0.21	0.26	0.31	0.37	0.43	0.49	0.56
0.78	0.05	0.11	0.16	0.21	0.26	0.32	0.38	0.44	0.51

由表4-9可见，补偿电容器的容量随着补偿深度(补偿后功率因数)提高而迅速增加。补偿越深，所需的补偿电容量就越大。通常将补偿后功率因数从0.9提高到1所需的补偿容量，与将功率因数从0.72提高到0.9所需的补偿容量相当。

计算表明，当功率因数补偿到0.95以上时，所需的无功补偿电容量增长幅度大大提高，而补偿后的视在功率减少量却有限，即在高功率因数下进行补偿，其效益将显著下降。因此，无功补偿到什么程度(即 $\cos\varphi_2$ 的确定)，要衡量无功补偿装置的投资与补偿收益等因素，通过技术经济比较后确定。

对异步电动机进行个别补偿时，补偿容量的确定不能用上述方法，即此时电容器容量的选择，不应以负荷情况计算，而应以电动机空载时将其功率因数补偿到1来考虑。因为以空载情况补偿，则满载时仍为滞后；若以负载情况下将功率因数补偿到 $\cos\varphi=1$，则电动机空载(或轻载)时，势必过补偿(即功率因数超前)。过补偿的电动机在切断电源后，由于补偿电容器的放电作用，相当于供给电动机以励磁电流，能使仍在旋转的电动机成为异步发电机。这时，电动机的端电压会超过额定电压好多倍，可能导致电动机和电容器绝缘的损坏。因此，个别补偿的感应电动机的补偿容量由下式确定，即

$$Q \leqslant \sqrt{3}U_e I_o \tag{4-18}$$

式中 Q——电动机的补偿容量(kvar)；

U_e——电动机的额定电压(kV)；

I_o——电动机的空载电流(A)。

由于一般异步电动机的空载电流 I_o 约占其额定电流的25%~40%，因此电动机个别补偿容量也相应为其容量的25%~40%。一般情况下，电动机个别补偿的补偿容量确定也可以用查表法。表4-10列出电动机个别补偿容量。

表4-10 电动机个别补偿容量

电动机容量/kW	电动机转速/(r/min)					
	3000	1500	1000	750	600	500
	电动机补偿容量/kvar					
7.5	2.5	3.0	3.5	4.5	5.0	7.0
10	3.5	3.0	4.5	6.5	7.5	9.0
14	5.0	4.0	6.0	7.5	8.5	11.5
17	6.0	5.0	6.5	8.5	10.0	14.5
22	7.0	7.0	8.5	10.0	12.5	15.5
30	8.5	8.5	10.0	12.5	15.0	18.5
40	11.0	11.0	12.5	15.0	18.0	23.0
45	13.0	13.0	15.0	18.0	22.0	26.0
55	17.0	17.0	18.0	22.0	27.5	33.5
75	21.5	22.0	25.0	29.0	33.0	38.0
100	25.0	26.0	29.0	33.0	40.0	45.0
115	32.5	32.5	33.0	36.0	45.0	52.5
145	40.0	40.0	42.5	45.0	55.0	65.0

根据国内的经验，对于异步电动机的无功就地补偿并联电容的容量，一般可按其额定功率 P_N 乘以0.2~0.3kvar/kW 计算，即

$$Q_c = (0.2 \sim 0.3) P_N \tag{4-19}$$

一般的异步电动机，若按 $0.2P_N$ 配置补偿电容量时，电动机在有效区域内运行，可把功率因数提高到0.9以上；若按 $0.3P_N$ 配置，可把功率因数提高到0.95以上。容量较大的异步电动机，功率因数较好，励磁容量相应减小，无功补偿可以少一些，即使按0.2系数配置，也能把功率因数提高到0.95以上。功率因数较差的电动机，可按0.3系数配置，即使满载时功率因数降低到0.8的电动机，补偿后功率因数仍可提高到0.9以上。对于极对数较多，自身功率因数过低的电动机，可适当把系数放大一些。但如前所述，过深的补偿是不经济的，应以适度为宜。

用户提高功率因数对企业十分有利：①可以增加变压器的负载能力，减少变压器的配置容量；②可减少用户内部配电线路的负荷电流，降低用户内部配电线路的功率损耗；③可以减少电费开支，降低生产成本；④可延长电器使用寿命；⑤可提高全厂的经济效益。

另外，提高用电的功率因数，不仅关系到企业自身的利益，而且关系到发电厂和整个电网的经济运行，关系到国家的电力供应。所以，提高功率因数是节电的根本措施之一，制冷空调装置是耗能大户，设计者和用户对此应高度重视。

4.4 变频调速技术及其在制冷空调中的应用

变频调速，就是用变频器把50(或60)Hz的交流电变成频率可调的交流电，供给交流电动机，用于改变交流电动机转速的技术。在制冷空调领域，使用变频调速的主要目的是节能，其次是提高控制质量。

4.4.1 变频调速技术原理

在1889年三相交流电动机诞生时，人们就知道只要改变交流电动机定子的电源频率，就能改变其转子的旋转速度。虽然其道理简单，但实现却很难。经过近100年的探索，直到20世纪80年代，随着大功率电力电子器件的发展，变频调速才得以快速发展起来。

由于该技术具有许多明显的优点，发展非常迅速，现已成为现代交流调速的主流。变频调速装置已经开发了从不足1kW到数千千瓦的各种系列产品。我国的变频器生产发展迅速，2006年生产厂家已达到约220家(其中国产厂家约170家)，估计变频器行业市场值为280亿元，已形成一个重要产业。变频器的应用已经进入推广阶段。

交流电动机可分为异步电动机和同步电动机两大类。异步电动机结构简单、运行可靠、维护方便、价格便宜，是所有电动机中应用最广的。据统计，目前在电力拖动中90%以上采用的是异步电动机，在电力系统总负荷中，三相异步电动机占50%以上。三相异步电动机的转速表达式为

$$N = 60f(1-s)/p \tag{4-20}$$

式中 f——电动机电源频率(Hz)；

s——电动机转差率；

p——电动机的极对数(对)；

N——电动机的转速(r/min)。

由式(4-20)可见，只要改变供电频率f，就能改变异步电动机的转速。变频调速通过变频装置改变供电频率，使电动机转速根据需要而变化，从而达到不同的目的，收到相应的效益。根据不同的对象和领域，使用变频调速有不同的目的——节能、提高生产效率、提高产品质量、提高调节性能等。变频调速系统的核心是变频器和控制器。

变频调速通常按变频器的特点进行分类。按变流环节可分成两大类：交流—直流—交流(简称交—直—交)变频器，又称带直流环节的间接式变频器；交流—交流(简称交—交)变频器，又称为直接式变频器。前者的技术较成熟，应用较多。按输出电压调制方式可分为：脉冲幅值调制方式(Pulse Amplitude Modulation)，简称PAM方式，其特点是改变输出频率的同时也改变了电压的振幅值，随着技术发展，该方式在商品中已基本被淘汰；脉冲宽度调制方式(Pulse Width Modulation)，简称PWM方式，其特点是改变输出频率的同时也改变了电压的脉冲占空比；若输出电流波形接近正弦波，称为正弦波脉宽调制，简称SPWM，这种方式大大减少了负荷电流中的高次谐波，是应用最广泛的方式。

20世纪80年代中期以来，电力电子器件的发展非常迅猛。变频器的功率器件(开关器件)从普通晶闸管SCR，发展到第二代的门极关断晶闸管GTO、双极型功率晶体管GTR等，随后又发展到第三代绝缘栅双极型晶体管IGBT。IGBT变频器已成为20世纪90年代变频调速技术的主流。20世纪90年代末以来，电力电子器件的发展进入了第四代，包括智能模块IPM，专用功率模块ASPM，集成门极换向晶闸管IGCT，功率集成电路PIC等。这些器件的发展，使变频器的发热明显减少、开关速度加快、驱动功率减小、体积明显缩小，变频器的性能明显提高。

变频调速以体积小、转矩大、精度高、功能强、可靠性高、操作简便及便于通信等功能，优于以往的任何调速方式。目前变频调速在交流调速中已占统治地位。随着电力电子技术、计算机技术、自动控制理论的迅速发展，变频技术将这三者相结合的趋势更为明显。变频调速装置正向主控一体化、小型化、低电磁噪声化、专用化、数字化和系统化的方向发展。

4.4.2 变频调速系统的方案设计

在现代社会中，大量的电力主要是通过电动机消耗，电动机的用电量约占社会总用电量的70%[71]。提高电动机的实际运行效率成为节能的基本点。所以，传统的“电动机+工作机械”的模式许多情况下已不能满足需要，将逐渐被“电动机+调速装置+工作机械”的模式所取代。

变频调速中变频器是以上模式的核心。但必须注意，变频调速是一个系统，不是买一个变频器用上就可达到目的。在考虑是否采用变频调速，和确定具体的调速方案时，必须充分考虑整个变频调速系统，即同时考虑电动机和工作机械的各种因素及综合效果。

变频调速是一种先进的技术手段，也是一种相对比较昂贵的技术手段。虽然变频调速已成为交流电动机调速的主流，但是不排除在特定情况下，其他调速方案可能更优。只有在更低廉的手段不能满足要求，或者变频调速系统更加经济时，才应确定采用变频调速。节能方面调速的需要，应该进行技术经济比较，考察需要多长时间能够通过节约电费收回投资。一般认为投资回报周期短于3年的情况，都值得采用调速技术。

在确定采用变频调速系统后，必须了解电动机的机械特性，同时也必须了解电动机所带负荷的特性，即电动机转速 N 与负荷转矩 T 之间的函数关系 $[N=f(T)]$。不同生产机械在运动中所具有的转矩特性不同，通常将负荷分为三大类型：恒转矩负荷、平方转矩负荷（又称二次方转矩负载）和恒功率负载。它们的负载特性[72]见表4-11。

表4-11　典型的负载速度—转矩特性

负载类型	恒转矩负载	平方转矩负载	恒功率负载
转矩特性	T=恒定值 $P=kN$	$T=kN^2$ $P=kN^3$	P=恒定值 $T=k/N$
负载功率与转速的关系	负载功率与转速成正比	负载功率与转速的三次方成正比	负载功率与转速无关
典型机械	压缩机、起重机等	风机、泵等	机床等

注：T 为转矩，N 为转速，P 为功率，k 为比例系数。

在制冷空调的变频调速中，主要目的是节能，调速的主要对象是水泵风机和压缩机。由表4-11可见，压缩机的功率与转速成正比，水泵风机的功率与转速的三次方成正比，故调速时水泵风机比压缩机具有更明显的节能效果。对于恒功率负荷，由于负载功率与转速无关，故调速并不节能。

变频调速有许多不同的控制方式和系统方案，这些方案有不同的适用对象，并影响到调速过程的机械特性、调速特性及系统的投资。变频调速方案中要考虑的问题很多，其中最主要的问题是运行控制模式。目前有U/F控制、矢量控制和直接转矩控制等控制模式。

制冷空调变频调速常用的是恒U/F控制，也称为转速开环恒压频比控制调速系统。这种模式配合一般异步电动机的输出特性，使异步电动机在不同转速下有恒定转矩，这样就可适应工作过程中转矩基本不变的特性。这种控制方式的系统结构简单，成本低，适用于风机、水泵等对调速系统动态性能要求不高的场合。

为了提高电动机的静、动态性能，人们又提出了转速闭环转差频率控制、智能矢量控制及转矩控制的变频调速系统。这些控制方式可以不同程度地改善电动机的特性。随着现代控制理论，包括模糊控制、神经网络控制的发展，新的控制策略和控制方法还在不断开发。随着微处理器和控制技术的不断进步，变频器的控制技术正在向高性能化和智能化方向继续发展。

在设计选择变频调速系统的方案时，要充分考虑：①要求的速度变化范围；②压缩机或电动机的负荷大小；③调速装置的技术复杂程度；④调速装置的价格；⑤可靠性及易维修性；⑥特殊要求或其他因素。只有深入调查研究综合考虑，进行技术经济分析，才能设计出合理、高效的变频调速系统。

4.4.3　泵和风机的变频调速

制冷空调系统中有许多水泵和风机，并且多数时间运行在部分负荷。水泵风机属于平方转矩负载，当平均转速下降至额定转速的70%，根据表4-11所示负载功率与转速的关系，此时的负载功率仅为额定功率的35%，即此时理论上节能可达65%。这就是平方转矩负载在变频调速时能够大量节能的基本依据。这类负荷还有过载可能性不大、低速下对转矩要求不高、通过限制最高转速能够限制最大输出电流等共性。

风机是应用面很广的通用机械，据统计，我国风机拥有量大于4000万台，耗电约占全国用电总量的20%。与发达国家的平均水平比较，我国风机效率约低10%~30%，具有很大节电潜力。

离心式风机和轴流式风机属于典型的二次方转矩负载。在忽略风道变化因素后，有风量与转速成正比、风压与转速二次方成正比、机械轴功率与转速立方成正比的关系。因此，只要实际需要的风量有裕量，就有很明显的节能潜力。表4-12所示是风机变频调速节能效果参考数据[73]。由于除风量因素外，节电率还受许多因素的影响，例如，风机型号、风道阻力、变频器运行参数的整定等，所以表中提供的数据仅供参考。虽然实际节能值低于理论值，但仍然可见，变频调速具有巨大的节能空间。

表4-12 风机变频调速节能效果参考数据

实需风量/标称风量（%）	节电率（%）		
	与不调节方案比	与出口节流比	与入口节流比
90	20~23	19~22	17~20
80	37~42	35~40	32~37
70	50~57	47~54	43~50
60	58~68	54~64	48~58

应该说明，与风机类负荷比较，泵类负荷的特性主要受到管路中垂直扬程的影响，它使转速与转矩的关系、转速与功率的关系、流量与功率的关系都发生了明显的变化。因此，严格意义上说，泵的负荷转矩已不再与转速成典型的二次方关系[40]，所以水泵的节能效果不如风机明显。通常只有在扬程和流量都有裕量时，才会有明显的节能效果。

需要注意，泵升扬程不一定等于实际提升扬程，它们之间的关系是：泵升扬程=实际提升扬程+出口压力相应的压头-入口压力相应的压头。这里的入口和出口指的是整个管路系统的入口、出口，不是指水泵的入口和出口。

如果水泵系统是全开启的，实际提升扬程应该以吸入水池的水位和管道出口标高之差来计算，那么泵升扬程略大于实际提升扬程。式中的入口计为零，出口压力等于出口处的残余压力。如果入口是封闭的，由有压管道供水，则入口压力为正值，实际提升扬程有一部分是由入口压力承担的，故泵升扬程小于实际提升扬程。

特殊的情况是：系统是全封闭的，出口管道在封闭情况下连接到入口。例如封闭式循环冷却系统，这时实际提升扬程为零，入口压力正好就是水泵出口压力减去管道损耗后的剩余压力，因此泵升扬程为零。

在单纯流量有富裕时，泵类负荷的变频调速节能效果远不如风机类明显。当扬程也有富余量时，节能效果会明显一些，但仍然不如风机的情况明显。要估算泵类负荷的节能效果，需要同时了解流量和扬程的富余量。表4-13列出泵类变频调速节电率[73]。

表4-13 泵类变频调速节电率

实需流量(%)	实需扬程(%)		
	90	80	70
	节电率①(%)		
90	9~12	12~16	15~20
80	15~20	17~23	20~27
70	19~26	22~30	25~34
60	23~31	25~34	28~38

① 节电率是与系统中装设出口调节阀的情况比较。

对于泵和风机的变频调速，一般情况下可直接选用"风机、泵专用型"变频器系列。只有对于具有恒转矩特性的齿轮泵，以及应用在特殊场合的泵，才选用通用型变频器。平方转矩负荷通常采用U/F控制方式。泵和风机采用变频调速必须注意以下问题：

1）转速超过额定转速时，转矩将按平方规律增加，导致电动机严重过载。因此，变频器的最高频率只能低于或者等于工频。

2）当泵的转速过低，全扬程小于基本扬程(实际扬程)。因此，在多数情况下，泵变频的下限频率应定为30~35Hz。

3）风机在频率太低时，实际意义不大，故下限频率常设定为25Hz。

4.4.4 压缩机的变频调速

常规的压缩机采用工频驱动，恒速运行，电动机输出功率几乎不变。在非满负荷时，电动机输出功率比负荷需要的大，造成功率的浪费。采用变频调速，在部分负荷时就可以实施转速调节，大幅度削减消耗的电力。制冷压缩机采用变频调速能量调节的主要特点如下：

1）节能、能效比高。这是压缩机采用变频调速最突出的优点。在部分负荷运行时，由于冷凝器、蒸发器的热流量减少，制冷系数明显提高。例如，离心式冷水机组实际运行表明，采用变频调速比固定转速的冷水机组每年可节电约30%；在小型空调器中，采用变频能量调节节电可达40%。因为空调大部分时间都在部分负荷下进行，部分负荷时冷凝器、蒸发器的传热温差减小，运行效率提高，可以大幅度地减少全年运行电费。

2）起动电流小。一般电动机的起动电流是额定电流的5~7倍，即使采取了降压等措施，起动过程对电网的冲击仍较大。采用变频调节时，可以进行"软起动"（软件控制起动），即起动时以低频、低压供电，起动电流不超过电动机的额定电流。这样不仅改善了交流电动机的起动性能，而且大幅度地降低了电动机的起动电流，获得节能的效果。

3）压缩机的寿命延长。采用变频调节后，压缩机大部分时间都在低于额定转速下连续运行，避免了频繁的起动、停机。这样压缩机和电动机的机械冲击大大减少，因而磨损少，可靠性提高，寿命延长。

4）无级调速、调节范围宽。目前变频调速的调速范围可达1:100以上[74]。适应负荷变化的范围非常宽，完全可以满足各种不同情况的调节需要。变频调速不但能实现无级调速，而且根据负荷的特性不同，通过适当调节电压和频率之间的关系，可使电动机始终运行在高效区，并保证良好的动态特性。

5）温度波动小、控制精度高。由于变频调速能量调节具有随负荷改变制冷量的特性，大负荷时机器可在高频高出力状态下运行，到达设定温度速度快。又因为制冷量始终追踪负荷调变，因此控制精度高，空调的舒适性提高。例如，对变频式空调器的实测表明，从起动到达设定温度的时间及室温波动幅度，均比一般开关控制式空调器减少一半。

6）可以利用原笼型异步电动机，对减少投资特别有利。对现有制冷装置进行技术改造，更适合采用这种调速方式。

7）节省设计冗余。一般设计都按照电动机使用时的极端条件，因而都留有设计冗余，有的余量很大，形成“大马拉小车”的情况。变频调速则可把这部分冗余节省下来。

8）功率因数高。采用变频调节后，电动机运行的功率因数一般在0.95以上，减少了无功功率的损耗，提高了用电系统的效率。

综上所述，制冷压缩机采用变频调速进行能量调节，具有良好的调节特性，节能效果良好。

4.4.5 变频调速应用的注意点与综合效益

各种变频调速方案特性不同，效果也有所不同。在变频调速技术的应用中，存在许多实际问题，对于制冷空调系统而言，需要注意以下问题：

（1）变频器类别问题　在选择变频器时，有高性能型与普通型、专用型和通用型。高性能型一般指具有矢量控制功能，主要用于对转速精度和动态响应要求高的场合。制冷空调系统通常采用普通型就可以满足要求。一般而言，由于专用变频器针对特殊需要设置了一些专门功能，故选择专用型变频器是较好的。

（2）润滑问题　根据负载机械使用的轴承不同，有的在低速连续运行时会有润滑不良现象。此时应该设定频率下限，保证电动机运行在允许的最低转速以上。当压缩机的油润滑系统与压缩机转速直接相关时，低转速（尤其频率低于10Hz时）有可能使压缩机润滑油供油不足，此时应考虑设置外置油泵等措施。

（3）电动机散热问题　冷却风量与转速的三次方成正比，普通异步电动机转速降低时，冷却风量随之减小，电动机的冷却状况变坏。因此，当异步电动机需要降到很低的转速时，必须注意电动机散热冷却问题。对于新设计的系统，可以考虑采用变频调速电动机。

（4）避免共振　由于变频器是通过改变电源频率来改变电动机转速的，因此有可能在某一电动机转速下与负载轴系的共振点、共振频率重合，即可能在某频率产生共振，造成设备损坏。因此，调试时应该找出共振频率，设定需要跳跃的频率，避免共振。

（5）回油问题　对于氟利昂制冷空调系统，当负荷低时，变频压缩机转速较低，从而增加了回油的难度。当频率低于某一值时，制冷剂将没有足够的流速带动润滑油从系统中回到压缩机。因此，氟利昂制冷空调系统采用变频调速时，需要采取措施保证回油。

综上可见，变频调速技术在工程应用中，还存在许多实际问题和不足。既有电动机本身的问题和负载（系统）本身的问题，又有变频器的品牌、规格、设置等问题。不足之处主要是变频器初投资较高，变频技术较复杂，对使用、维修、管理技术水平要求比较高。

尽管变频调速还有不足，但其优点仍然十分明显，尤其是泵和风机的变频调速具有巨大的节能空间。许多制冷空调系统的实际运行测试表明，采用变频调速，平均节能效率达到30%，甚至40%[75]。近年来，随着技术的发展，变频器的价格不断下降，可靠性和智能化不断提高，优势更加突出。变频调速已发展成一门专项技术，获得越来越广泛的应用，详细可参阅有关书籍和文献。

应该注意，采用变频调速技术后，在许多情况下不仅可以明显节能，而且还可带来其他经济效益。例如，采用变频调速后，由于平均转速的降低，压缩机的应力和磨损都大为减小，机器的寿命得到延长；由于加速、减速过程缓和，消除了水锤效应，水泵和管道系统的寿命也得到延长；电动机故障减少，寿命延长等[76]。因此，采用变频调速后，在多数情况下不仅有直接的节能效益，还有间接的节能效益、经济效益等综合效益。变频调速技术应该得到更广泛的重视。

思考题

1. 当输出功率一定时，变压器的效率与哪些因素有关？
2. 什么是变压器的空载损耗和负载损耗？
3. 为什么负荷率低的变压器单耗较大？
4. 变压器并联运行应同时满足什么条件？
5. 当用电负荷随季节变化较大时，变压器的台数应如何选择？为什么？
6. 一般而言，异步电动机长期运行的负荷率不应低于多少？
7. 购买制冷压缩机时，对其匹配的电动机应注意什么？
8. 同J2、JO2系列电动机相比，Y系列电动机有何明显的优势？
9. 当压缩机工作在非典型温度区间时，应特别注意电动机功率匹配问题。为什么？
10. 什么是功率因数？它的数值大小反映了什么？
11. 为什么制冷空调用户的功率因数低时，供电部门要增收电费？
12. 为什么提高功率因数可以节能？哪些措施可以提高功率因数？常用措施是什么？
13. 采用移相电容器进行无功补偿有几种设置方式？各有何特点？
14. 变频调速的原理是什么？
15. 平方转矩负载有何特点？具体有哪些典型设备属于平方转矩负载？
16. 为什么风机和水泵变频调速通常具有巨大的节能效果？
17. 泵系统和风机系统采用变频调速有何相同点和不同点？
18. 制冷空调装置采用变频调速具有优良的调节性能和明显的节能效果，其原因何在？

5

第 5 章 空调系统的节能

在人类社会文明飞速发展的进程中，能源是社会发展的重要物质基础。但目前所使用的能源绝大部分是不可再生资源，因而能源消耗问题得到了各行各业的高度重视。能源的合理使用也成为全世界共同关注、共同努力的问题。

生产过程、科学实验及人们生活和工作的某一特定空间内空气的温度、湿度、流动速度和清洁构成了该空间的空气环境。采用技术手段创造并保持一定要求的空气环境就是空气调节的任务。随着人们生活水平的不断提高，需要空气调节的场合越来越多，空调系统的能耗在整个社会中的比重越来越大，有时甚至成为企业生产成本的主要部分。空调能耗费用巨大，其节能潜力也大。因此，采取措施降低能耗将给使用单位带来巨大经济效益。本章将就以下五个方面对空调系统的节能进行论述：①空调节能评价；②空调系统耗能的特点与节能途径；③空调系统的节能分析；④空调系统的热回收节能技术；⑤空调系统总耗能量计算。

5.1 空调节能评价

20 世纪 70 年代以来，能源消耗问题受到各国的普遍重视，成为全球性的问题。对于如何合理使用能源，各国均做出相应的法律规定。空调系统耗能较大，为了有效地利用和节约能源，各国还制定了相应的评价方法以及相关设计规范。

5.1.1 相关的空调节能法规与标准

1. 节能法规与标准

我国制定了一系列与制冷空调相关的节能法规与标准，为方便查阅，将其汇总列于附录 F。为便于标准的推广应用，一些标准还出版有宣贯指南，如《夏热冬暖地区居住建筑节能设计标准实施指南》[77]。

2. 常见不同标准代号的意义

为了使用和查阅方便，不同的标准均有相应的代号。与制冷空调相关的常见标准代号有：GB——中华人民共和国强制性国家标准；GB/T——中华人民共和国推荐性国家标准；GB/Z——中华人民共和国指导性技术文件；JG——建筑工业行业标准；CECS——工程建设标准；JGJ——建设部建筑工程标准；CJJ——建设部城镇建设标准(强制性)；GBJ(TJ)——国家工程建设标准。

使用中应注意：

1）若遇到特殊情况不能按规定条例执行时，应在把握规范有关条文精神实质的基础上，与有关主管部门协商解决。

2）当上述规范、标准已经修订，或者有新的规范、标准颁布时，上述相关文件相应作废，应按新的文件执行。

5.1.2 节能评价水准

我国节约能源法给节能赋予了科学的定义，即节能“是指加强用能管理，采取技术可行、经济上合理以及环境和社会可以承受的措施，减少能源生产到消费各个环节中的损失和浪费，更加有效、合理地利用能源”。科学家把“节能”称之为开发“第五大能源”，与煤、石油和天然气、水能、核能四大能源相并列，由此可见节能的重要意义。

把能源从开采、加工、转换、运输、储存到最终使用，分为四个过程，分别计算出各个过程的效率，然后相乘求得总的能源利用率 η_z，即

$$\eta_z = \eta_{exp}\eta_{pro}\eta_{tra}\eta_{use} \tag{5-1}$$

能量通常分为以下四个水准：

1）为创造某一环境条件，排除内扰、外扰所需要的能量称为负荷水准。

2）为满足负荷所需的能量，通常要由设备对某种形式的能量进行转化或转移，输入设备的能量就是二次能水准。

3）为供应某种形式的二次能，生产厂所消耗的能量是一次能水准。

4）为提供一次能，开采、输送所消耗的能量即为资源能水准。

以上四种水准的能量之间有如下关系：

$$\text{负荷水准}\xrightarrow{\text{设备性能系数}}\text{二次能水准}\xrightarrow{\text{生产厂效率}}\text{一次能水准}\xrightarrow{\text{开采输送效率}}\text{资源能水准。}$$

例如，为提供 14068kJ/h 的冷量，设驱动制冷机所需的电力为 1kW（折合成热能为 3600kJ/h）。电力是由发电厂生产的，以火力发电为例，若发电及变配电的效率为 35.1%，则生产 1kW 电能，需要 3600kJ/h/0.351 = 10256.4kJ/h 的能量（煤炭或天然气等）。进而为了供给发电厂燃料，又需要开采及输送燃料的能量。如此追溯下去，就可以有一系列不同的能量水准。

显然，不同水准的同一种评价指数是不同的。如上例中二次能水准的性能系数为 14068/3600 = 3.91；而一次能水准的性能系数为 14068/10256.4 = 1.37。一般以一次能水准作为节能性的评价水准。

在节能工作中，如果运用价值工程的观点，用能效益就相当于价值，能源消耗则相当于成本，因此有如下关系，即

$$\text{用能效益} = \frac{\text{产品功能}}{\text{能源消耗}} \tag{5-2}$$

不论产品的功能和能耗是增加还是减少，只要用能效益提高，就取得了节能的效果。这样就将节能从单纯数量的含义扩展到效益的范畴，即节能效益。因此，根据产品功能和能耗的改变情况，有以下几种节能的类型：

1）功能不变，能耗降低，称为纯节能型。这就是目前普遍采用的节能形式。

2）功能提高，能耗不变，称为增值节能。这是一种值得提倡的节能法。

3）功能提高，能耗降低，称为理想节能。这种情况只有在改革工艺方法后才能达到。

4）功能大量提高，能耗略有提高，称为相对节能。

5）功能略有降低，能耗大量降低，称为简单节能。这是在能源短缺时不得已才采用的方式。

6）功能提高、不变或降低，但能耗为零，称为零点节能或超理想节能。例如省去一道工序，或利用生产过程中的化学反应放热代替外供能源消耗等，都属于这种节能形式[78]。

5.1.3 节能评价指数

通常用节能评价指数来说明能源被有效利用的程度，以评估设备或系统的节能潜力。在制冷空调范围内，能量有效利用评价指数有三种基本形式，即单位能耗指数、能量消费指数、性能系数。其定义分别为

$$单位能耗指数=\frac{期间能耗(负荷)}{规模} \tag{5-3}$$

$$能量消费指数=\frac{输入能量}{目标负荷} \tag{5-4}$$

$$性能系数=\frac{目标负荷}{输入能量} \tag{5-5}$$

以上三式中，对不同的期间，限定分子、分母的具体内容，就可以得出一系列不同的评价指数。如在式(5-3)中，对于夏季，限定分子为空调负荷，分母为空调面积时，就得出单位[空调]面积空调负荷这一评价指数。

下面介绍空气调节中的能量利用评价指数。

1. 周边全年负荷系数(Perimeter Annual Load,PAL)

周边全年负荷系数是一个反映减少建筑外围护结构能量损失的节能指标，其定义如下：使外区夏季降温时保持26℃，冬季供暖时保持22℃，随着室外空气状态和太阳辐射的变化，由每1m²外区流出或流入热量的全年累计平均数，即

$$PAL=\frac{建筑物周边的全年空调负荷}{建筑物外区面积之和} \tag{5-6}$$

建筑物周边是指从外墙中心线往里6m的区域；全年负荷是指建筑物一年中累计的采暖负荷和制冷负荷之和(或全年空调负荷)，其累计时间是指除去节假日(不包括周六)的每天上午九时至下午五时(周六为下午一时)，即为建筑物使用的标准时间。该负荷是与空调设备等实际运行时间无关而计算出的周边负荷。

日本建筑节能法要求办公楼建筑的PAL值小于3.35×10^5kJ/(m²·a)乘以规模修正系数f所得的值[79]，即

$$PAL\leqslant3.35\times10^5\times f \tag{5-7}$$

规模修正系数f查图5-1，其中

$$平均每层建筑面积=\frac{建筑面积的总和}{建筑总层数}(不计地下室) \tag{5-8}$$

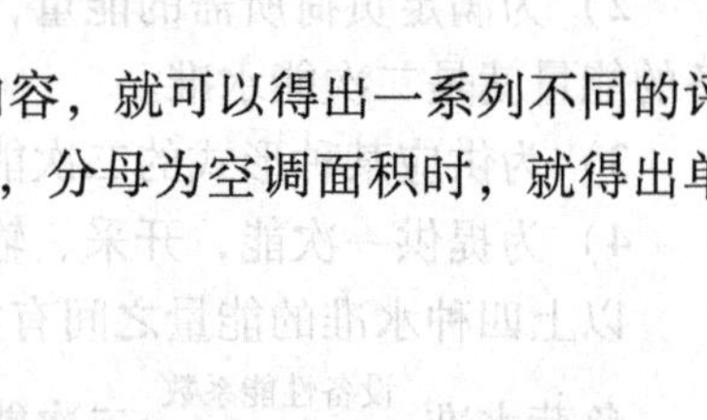

图5-1 规模修正系数

2. 空调能量消耗系数(Coefficient of Energy Consumption,CEC)

空调能量消耗系数是一个用以评价空调设备能量利用效率的指标，它等于空调设备一年的能量总消耗(kJ/a)与假想空调负荷全年累计值(kJ/a)之比。定义为

$$\mathrm{CEC}=\frac{\text{空调设备全年总能量消耗量}}{\text{假想空调负荷全年累计值}} \tag{5-9}$$

CEC 值越小，表明空调设备的能量利用率越高，日本规范公布，按节能要求，商场的 CEC 值必须小于或等于 1.5；办公楼等 CEC 值必须小于或等于 1.6。

如图 5-2 所示，空调设备全年总能量消耗量是指采用各种节能措施后的实际能耗；假想空调负荷包括围护结构的传热、太阳辐射热、照明和人体等内部发热量、其他发热量以及新风负荷之和。它仅是一个计算负荷，没有考虑任何节能措施的因素在内。计算时所用到的温湿度条件和空调设备的运行时间为设计时规定的条件。

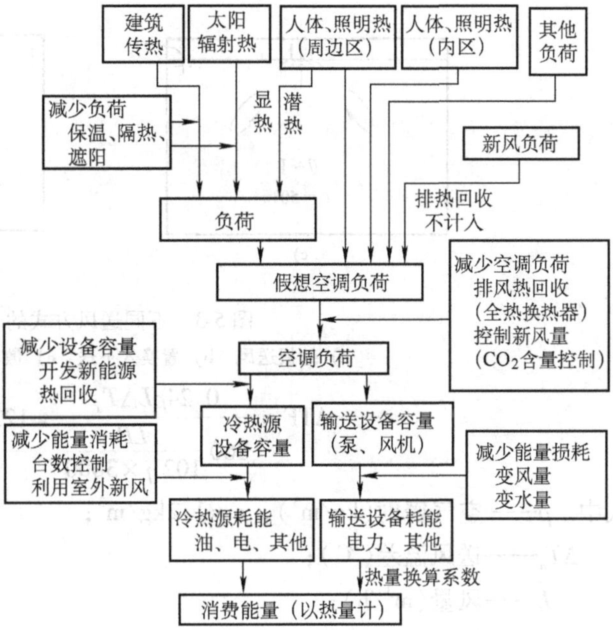

图 5-2 建筑节能流程图

由此看出，CEC 分别从建筑物的节能性和空调设备的能量利用效率两方面，对建筑物的性能进行综合评价。CEC 值可以通过多种途径控制空调设备的耗能而得到限制。因此，这种评价方法，不局限于评价某一节能措施的效果，而是评价各种措施的综合节能效果。因而设计自由度大，可以从各方面探求最佳方案，适应于评价各类建筑，并有利于新能源、新技术的开发。

3. 气流组织的能量利用系数 η

考察气流分布方式的能量利用有效性，可用能量利用系数 η 来表达，即

$$\eta=\frac{t_{\mathrm{p}}-t_0}{t_{\mathrm{n}}-t_0} \tag{5-10}$$

式中 t_{p}、t_{n}、t_0——排风温度、工作区空气平均温度和送风温度。

从式(5-10)中可以看出，当 $t_{\mathrm{p}}>t_{\mathrm{n}}$时，$\eta>1$；当 $t_{\mathrm{p}}=t_{\mathrm{n}}$时，$\eta=1$；当 $t_{\mathrm{p}}<t_{\mathrm{n}}$时，$\eta<1$。不同气流分布方式的 η 值大致范围如图 5-3 所示。

值得指出的是，下送风、上排风送风方式的 η 值大于 1。这种方式之所以受到重视并在一些国家内应用，是因为它具有较高的换气次数 ε 值和 η 值。

4. 空气输送系数(Air Transferring Factor, ATF)

根据美国有关节能标准，空气输送的能耗可用输送系数 ATF 来评价。

$$\mathrm{ATF}=\frac{\text{排走的显热量}}{\text{送、回风机的输入功率和}} \tag{5-11}$$

式中，分子为室内除去的显热量(kW)，分母为送、回风机的电动机能耗(kW)。

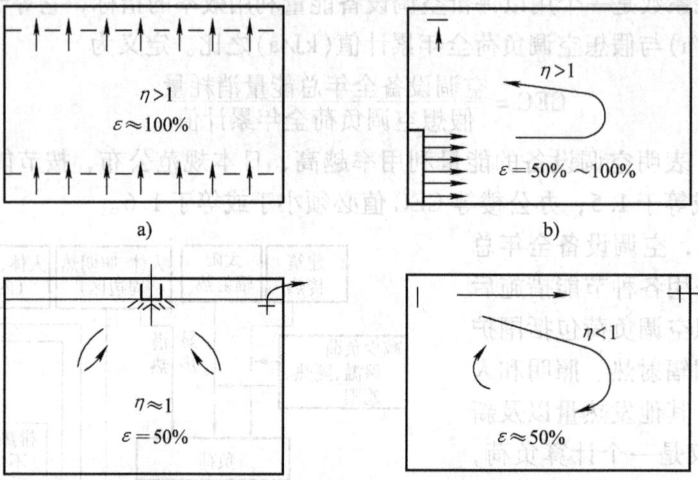

图 5-3　不同送风方式的 ε、η 值

a）地板送风　b）置换式下送　c）散流器上送　d）侧送

$$\mathrm{ATF}=\frac{0.24\rho L\Delta T_{\mathrm{a}}}{860\dfrac{LP}{102\eta\times3600}}=123\times\eta\times\left(\frac{\Delta T_{\mathrm{a}}}{P}\right)\tag{5-12}$$

式中　ρ——空气密度（$\mathrm{kg/m^3}$），$\rho=1.2\mathrm{kg/m^3}$；

ΔT_{a}——送风温差（℃）；

L——风量（$\mathrm{m^3/h}$）；

P——风机静压（Pa）；

η——风机电功率综合效率。

选择通风机时，宜保持空气输送系数 ATF≥4（定风量系统）。保持较高的空气输送系数 ATF，可以减少风系统的输送能耗[80]。

5. 水输送系数（Water Transferring Factor, WTF）

水输送系数 WTF 的定义式为

$$\mathrm{WTF}=\frac{\text{冷（热）水的显热交换量}}{\text{循环水泵电动机的额定功率}}\tag{5-13}$$

日本对建筑与设备节能的有关要求指出，对于一个节能的空调开式水系统，WTF>20；闭式系统，WTF>35。

选择水泵时，尽可能保持较高的水输送系数 WTF，可减少水系统输送能耗。

6. 设备能量利用系数 *Y*

Y 值是衡量空调设备全年（或季节）利用程度的一个很重要的技术经济指标。

$$Y=\frac{Q_{\mathrm{T,N}}}{Q_{\mathrm{T}}}\times100\%\tag{5-14}$$

式中　Q_{T}——空调系统全年总耗能量（kJ/a）。

$Q_{\mathrm{T,N}}$——空调系统处理设备的额定负荷（kJ/a）。

$$Q_{\mathrm{T,N}}=q_{\mathrm{T,N}}N\tag{5-15}$$

式中 $q_{T,N}$——空调处理设备的额定小时负荷(kJ/h)；

N——全年(或季节)运行小时数(h)。

7. 空调机组的能效比(Energy Efficiency Ratio,EER)

空调机组的能耗指标可用能效比 EER 来评价，即

$$EER = \frac{机组名义工况下制冷量}{整机的功率消耗} \tag{5-16}$$

机组的名义工况(又称额定工况)制冷量(kW)是指国家标准规定的进风湿球温度、风冷冷凝器进口空气的干球温度等检验工况下测得的制冷量。随着产品质量和性能的提高，目前 EER 值大约在2.6~3.5。使用时，应尽可能选择高能效比的空调器，以减少空调能耗。

8. 制冷机的性能系数(Coefficient of Performance,COP)

制冷机的性能系数 COP 是评价制冷机节能性能优劣的主要指标，它表示制取单位冷量所需消耗的能量。

$$COP = \frac{产冷量}{制冷系统的轴功率} \tag{5-17}$$

COP 值一般以下式表示，即

$$COP = \frac{Q}{\Sigma P} = \frac{cq_m(t_2 - t_1)}{\Sigma P} \tag{5-18}$$

式中 Q——制冷机的产冷量(kW)；

ΣP——制冷系统(制冷主机、辅机、循环水泵、冷却水泵、风冷冷凝器风机等的总和)的轴功率(kW)；

q_m——冷水流量(kg/s)；

c——冷水的比热容[kJ/(kg·K)]；

t_1、t_2——冷水的进、出温度(K)。

制冷机的 COP 值大，说明制取单位冷量所需消耗的能量少，制冷系统运行效率高，经济性高。

9. 制冷机的矿物能源能效比(Mineral Energy Efficiency Ratio,MEER)

在空调系统能耗中，冷热源能耗约占系统总能耗的一半，是空调节能的重要内容。目前国内各种空调建筑中，选用的冷热源设备品种繁多。由于各种机组的耗用能量形式不同，无法根据各自耗用的电能或热能耗量直接进行节能性比较。但是，如果把各自消耗的能量折算成一次能源，则可将各类机组用单位时间内一次能耗量所制取的冷量或热量进行比较。例如，蒸气压缩式和吸收式两种制冷方法耗能的形式是不同的，无法根据各自输入的电能和热能进行比较。但如果把蒸气压缩式输入的电能和吸收式输入的热能均按一次能源(如煤、石油、天然气等)进行折算，则两类机组就能用单位时间内矿物能源燃烧发热量所能够制取的冷量进行比较，称之为“矿物能源能效比”MEER。

$$MEER = \frac{Q_0}{MQ_b} \tag{5-19}$$

式中 Q_0——两类机组在相同外在参数工况下的制冷量(kW)；

M——每秒钟矿物燃烧值(kg/s)；

Q_b——每千克矿物能源的热量(kJ/kg)。

表 5-1 所示为各类冷水机组的性能参数及其矿物能源能效比(MEER)值[81]。

表 5-1　冷水机组的性能参数及其 MEER 值

制冷方式	冷媒水/℃		冷却水/℃		制冷量/kW	输入能量/kW		能耗指标		MEER
	进	出	进	出		电能	热能	EER	ξ(效率)	
活塞式冷水机组	12	7	32	36	1163	292		3.93		1.24
螺杆式冷水机组	12	7	32	36	1163	223		5.09		1.59
离心式冷水机组	12	7	32	36	1163	232		5.26		1.64
外燃单效 LiBr 冷水机组	12	7	32	41	1163	7.0	1882①		0.62	0.39
外燃双效 LiBr 冷水机组	12	7	32	36	1163	7.0	898②		1.29	0.81
直燃双效 LiBr 冷水机组	12	7	32	38	1163	8.0	1064③			1.10

注：1. 采用大容量冷水机组进行比较，主要性能参数摘自国外有关生产厂的样本资料，有代表性。

2. 表中的值可作参考，不是定值。

① 0.1MPa 蒸汽，2700kg/h。

② 0.6MPa 蒸汽，1550kg/h。

③ 轻油，92kg/h。

5.2　空调系统耗能的特点与节能途径

空气调节的能耗在建筑能耗中占有十分重要的地位，它不但与空调冷热源、空调系统、空调设备能量的合理利用有关，而且与围护结构的形状、朝向、保温隔热性能等许多因素有关。它们直接影响着空气调节的能耗。因此，空气调节的节能是一项综合性的工作，具有十分重要的意义。

5.2.1　建筑空调负荷的概念

空气调节系统的目的在于创造和维持所要求的室内环境，计算空调负荷的目的在于合理设计和运行空调系统，因此空调负荷的大小对于空调系统的节能运行具有决定性作用。影响空调负荷大小的因素主要是各种来自室内外的热、湿传递。

1. 建筑空调负荷

建筑的空调负荷是指单位时间内为了维持室内空气温、湿度的稳定向室内提供的冷(热)量和湿量。也就是说，空调负荷包括空调冷(热)负荷和湿负荷两部分。可见，只有散发到室内空气中的得热量和得湿量，才可能成为空调负荷。

图 5-4 说明了得热、得湿与空调负荷的关系。建筑的潜热得热、建筑得热中的对流成分直接构成了空调的冷(热)负荷，建筑的得湿直接构成了空调的湿负荷。

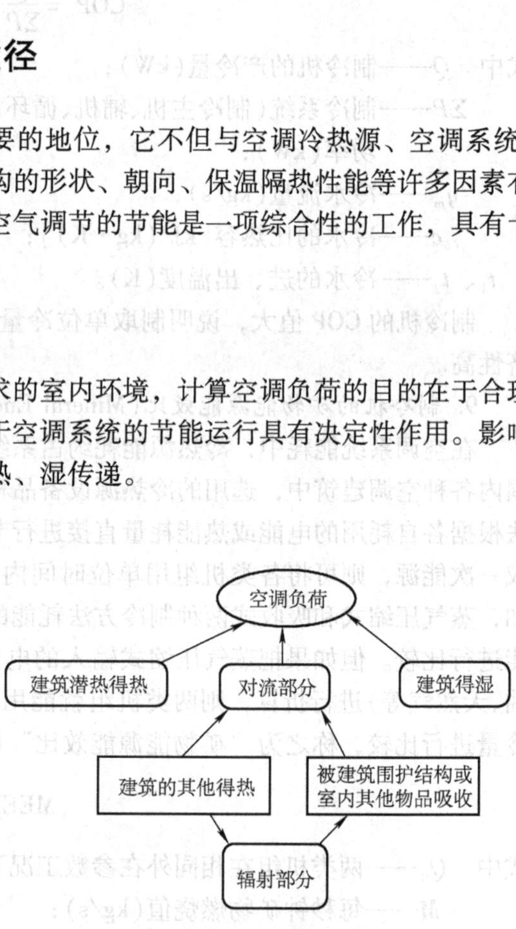

图 5-4　空调负荷的构成

2. 建筑的得热

单位时间内散发到建筑室内的热(冷)量称为建筑的得热。当建筑得热为负时，说明建筑中发生的热过程是热损失，需要向建筑中补充热量，即提供热负荷；相反，需向建筑中补充冷量，即提供冷负荷。按照建筑得热的来源不同，建筑得热可以分为室内部分和室外部分，如图5-5所示。

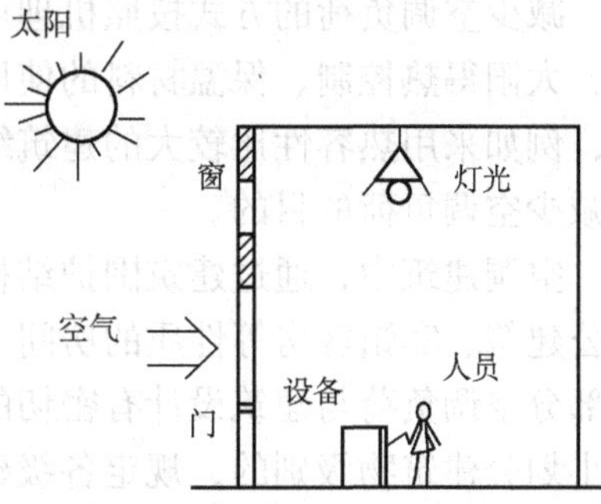

图5-5 建筑得热的途径

(1) 来自室外的建筑得热 这部分建筑得热，主要是室外空气通过围护结构的传热量和太阳辐射得热。由于室外空气和室内空气之间存在温度差异，在温差的作用下，通过建筑外围护结构的传导作用，室外空气将向室内传递热量，成为一种建筑得热。另外，通过某种渠道渗透或送入室内的空气也会将热量带入室内，成为部分建筑得热。

太阳辐射对建筑得热的影响包括以下两个方面：

1) 太阳辐射可以通过建筑围护结构中的透明部分，以辐射传热的方式直接将热量散发到室内。

2) 太阳辐射可以加热建筑围护结构的外表面，使围护结构的内外表面之间产生温差，促使热量从外部向内部传递。

(2) 来自室内的得热 来自室内的得热主要包括室内使用的设备、照明灯具、食品等散热量，以及室内人员散热、伴随某种散湿过程产生的潜热散发。

需要注意的是，设备、照明灯具的散热量与设备、灯具的安装功率是不相等的，它们之间的关系取决于设备、灯具的种类和安装方式。具体的散热量数据可以通过大量的实验或现场调查获得。

人员的散热量主要与人员的性别、年龄、活动状态及室内空气状态有关，具体的散热量数据可参考《实用供热空调设计手册》[82]、《简明空调设计手册》[83]。

3. 建筑的得湿

建筑的得湿是指单位时间内散发到室内的水蒸气的量。建筑得湿的途径与得热一样可以分为来自室外和来自室内两种。

来自室外的得湿主要包括两方面：一是由于建筑围护结构的传导作用散发到室内的，这部分的得湿量很小，空调负荷计算中常将其忽略；二是由渗透或送入室内的空气带入的水蒸气的量，在比较潮湿的地区或季节，这部分的建筑得湿是空调负荷计算中的重要成分。

来自室内的得湿主要包括以下几个方面：①人体在新陈代谢过程中通过汗液蒸发或呼吸散发到室内的水蒸气；②室内各种潮湿表面、液面等散发到室内的水蒸气；③室内设备、食品的散湿量。

5.2.2 减少空调负荷的原理

空调负荷是由建筑得热和得湿引起的。因此，从理论上说，避免建筑得热和得湿是降低空调负荷的根本方法。但是，建筑在实际的使用过程中，是无法避免得热和得湿过程的，因此减少空调负荷的有效途径只能是通过降低建筑的得热和得湿量，或者切断、阻碍通过流通途径向室内空气的传热、传湿过程。

减少空调负荷的方式按照机理可分为以下两类：第一类是减少得热，例如建筑的合理选址，太阳得热控制、保温材料的使用及内部得热控制等；第二类是结合蓄能技术调节得热模式，例如采用热容性比较大的建筑结构，在白天蓄热，夜晚通过自然通风等手段放热，以达到减少空调负荷的目的。

空调建筑中，通过建筑围护结构传热产生的冷负荷在空调负荷中占有很大的比重。对于办公建筑、宾馆客房等性质的房间，建筑围护结构的空调冷负荷大约占空调总负荷的50%。这部分空调负荷与建筑设计有密切的关系。许多国家对此都规定了标准。例如德国是按体形大小划分建筑物级别的，规定各级建筑物的单位体积冷(热)负荷损失不能超过一定的标准；而美国、加拿大等国家，则是根据室外温度，直接限定建筑物各部位的最大传热系数。

我国在2003年颁布的《采暖通风与空气调节设计规范》中规定：空气调节房间围护结构的传热系数，应根据建筑物的用途和空气调节的类别，通过技术经济比较确定。对于工艺性空调，最大传热系数不应大于表5-2所规定的数值；对于舒适性空调，应符合国家现行有关节能设计标准的规定。

表5-2 围护结构的传热系数 K 值 [单位：W/(m²·℃)]

围护结构名称	室温允许波动范围/℃			围护结构名称	室温允许波动范围/℃		
	±0.1~0.2	±0.5	≥±1.0		±0.1~0.2	±0.5	≥±1.0
屋顶	—	—	0.8	外墙	—	0.8	1.0
顶棚	0.5	0.8	0.9	内墙和楼板	0.7	0.9	1.2

此外，对建筑物选址及建筑物本身应注意：

1）建筑物应选在绿化条件好、噪声小、空气洁净的环境。

2）建筑物外形以立方体为好，其在相同的空间条件下外表面积最小。建筑的外形和内部空间的设计决定了建筑的得热情况，通过减少或增加建筑体形系数(单位建筑容积所需要的建筑外表面积)可以适当调整建筑外形，达到控制建筑的热损失和得热的目的。

3）建筑物的主立面以南北向为好。利于自然通风的形成，并减少白天太阳对室内负荷的影响。

4）建筑物的颜色。采暖负荷大的取深色，制冷负荷大的取浅色。

5）重视门窗构造，如采用双层玻璃窗或吸热玻璃以及适当的遮阳措施等。据统计，夏季通过玻璃窗的照射得热占制冷机最大负荷的20%~30%，冬季单层玻璃的热损失约占锅炉负荷的10%~20%[83]。因此，对玻璃窗采取一些措施，是节能的有效方法之一。

6）采用蓄能结构或蓄热系数大的建筑材料改造房屋。建筑蓄能结构的工作周期一般为24h，即白天充分蓄存太阳辐射或(和)室外空气热量，在晚上将蓄存的热量缓慢释放出来。采用蓄能结构前后建筑负荷变化曲线的对比如图5-6所示。研究表明，将该技术与被动供冷技术配合后，用在

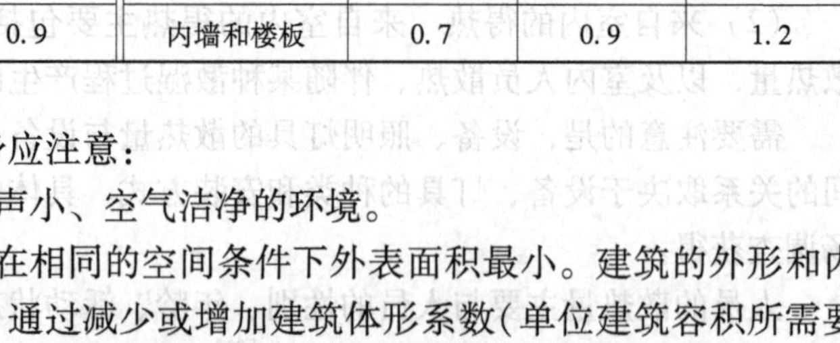

图5-6 建筑负荷变化曲线的对比

商业建筑上，可以节约高达20%的建筑能耗[84]。蓄能结构在建筑中的应用，对降低夏季和冬季空调负荷都具有积极的意义。

7）辐射制冷屋顶的应用。辐射制冷屋顶利用"任何温度高于绝对零度的物体都有对外辐射热量的能力"的原理，通过辐射换热过程，将屋顶吸收的热量散失到周围环境中，降低屋顶及其辅助结构的温度，从而达到降低通过屋顶传向室内的热量，并最终降低空调负荷的目的。通过屋顶传热形成的冷负荷在外围护结构形成的冷负荷中占有相当大的比例。因此，辐射制冷屋顶在实际应用中具有较大的节能价值。

5.2.3　空调系统耗能的主要影响因素

一个既定空间内的空气环境一般要经受来自空间内部产生的热、湿和其他有害物的干扰及来自空间外部气候的变化、太阳辐射和外界有害物的干扰。清除上述干扰的技术手段是通过空气和水等介质，经热、质交换将多余的热、湿和有害物转移、置换或冲淡。一个空调系统一般由图5-7所示的各部分组成，其中最关键的部分是空气处理设备。

对以上空调系统，其耗能主要有两个方面：一方面是为了供给空气处理设备冷量和热量的冷(热)源耗能；另一方面是为了输送空气和水，风机和水泵克服流动阻力需耗电，称为动力耗能。

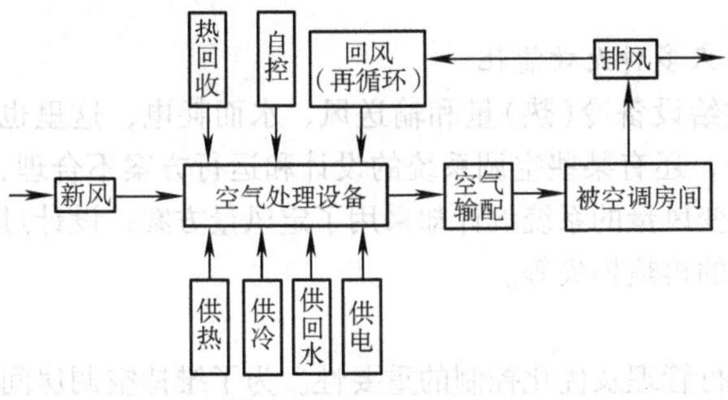

图5-7　空调系统原理图

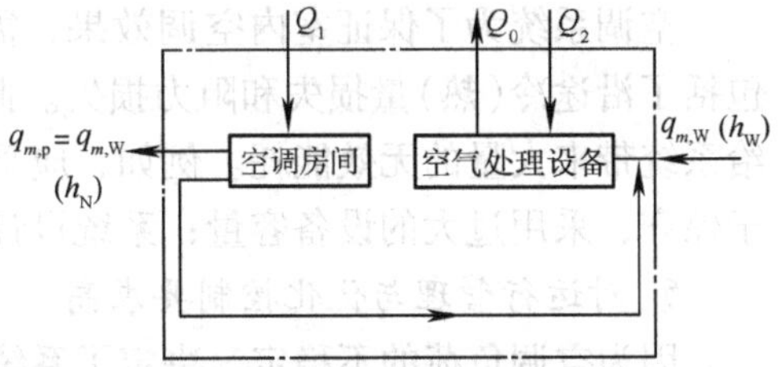

图5-8　热力系统

现将包括空调房间、空气处理设备在内的空调系统看做一个热力系统(图5-8)。以夏季为例，系统的热平衡式为

$$Q_0 = Q_1 + Q_w + Q_2 \tag{5-20}$$

式中　Q_0——空调系统的冷负荷；

Q_1——空调房间的冷负荷，当室内热源形成的冷负荷一定，室外气象参数不变时，Q_1随围护结构热特性及室内空气参数的改变而改变；

Q_w——新风冷负荷，$Q_w = q_{m,W}(h_W - h_N)$，当室外空气比焓值h_W一定时，Q_w随新风量$q_{m,W}$的增多和室内空气比焓h_N的降低而增高；

Q_2——包括风机温升、再热以及风道系统冷(热)量损失引起冷负荷的增量。

由上分析可见，空调系统耗能量的影响因素有室外气象参数(包括气温和太阳辐射强度)，室内设计标准，围护结构特性，室内人、设备、照明等的热、湿负荷以及新回风比等。另外，系统风机、水泵的耗电直接受所输送空气量、水量的大小和风系统、水系统阻力损失的影响，而风、水系统的流量和阻力又受系统形式、温差、流速和设备效率的影响。

应当指出，空调房间冷负荷和新风冷负荷以及风机、水泵的耗电是空调系统必须消耗的能量。

5.2.4 空调系统耗能的特点

1. 空调系统用能的周期性与季节性

由于一天中室外温湿度的周期性变化，以及气候的季节性变化，导致室内空调负荷的周期性变化及季节性变化。为保持室内空调参数的稳定，必须对空调系统进行调节。包括空调系统的日常运转调节和全年性运行调节。

2. 空调系统所需能源品位低

空调系统所用冷源为4～10℃的冷水，甚至高达13～14℃的冷水；所需热源为0.2～0.3MPa(表压)的蒸汽，或70～80℃的热水，如太阳能、地热水等，工业生产的废热也可作为空调热源。冷源也可以用天然冷源，如地道风降温，过渡季和冬季用较低温度的室外空气作冷源，季节性利用地下含水层蓄冷(热)等。

3. 系统同时存在需要冷(热、湿)量和放出冷(热、湿)量的过程

夏季室外空气需经过冷却干燥处理，而排风正是低温较干燥的空气。冬季室外空气需加热、加湿处理，而排风是温湿度较高的空气。这样，夏季可以用排风对新风进行冷却干燥，冬季可用排风对新风或露点空气进行加热加湿。利用这一特点，整个空调系统可以就地进行热回收，有效地利用能源。

4. 设计和运行方案的不合理会给系统带来多种无效能耗

空调系统为了保证室内空调效果，需供给设备冷(热)量和输送风、水而耗电，这里也包括了沿途冷(热)量损失和阻力损失。此外，还有某些空调系统的设计和运行方案不合理，给系统带来大量的无效能耗。例如，应采用变风量的系统设计却采用了定风量方案；设计过于保守，采用过大的设备容量；系统设计中的再热损失等。

5. 对运行管理与优化控制要求高

因为空调负荷的不稳定，决定了系统运行管理及优化控制的重要性。为了维持空调房间的空调参数要求，减少空调系统能耗，必须重视对空调系统的运行管理与优化控制。否则，即使有好的系统设计，也必将前功尽弃，增大无效能耗。

5.2.5 空气调节的节能途径

空气调节的节能应从建筑的节能设计和空调系统节能两方面来考虑。

1. 建筑节能设计的主要途径和内容

1）改善建筑环境。

2）建筑体形、平面布置、遮阳与朝向。

3）外窗和玻璃。

4）外墙和屋顶。

2. 空调系统节能的主要途径和内容

1）室内空调参数的设定。

2）室外新风量的确定。

3）空调方式的选择。

4）可再生能源的利用。

5）防止过冷、过热。

6）合理起停和控制空调设备及空调系统运行时间。

7）维护、保养和管理。

关于以上内容的节能方法，见附录C。

5.3 空调系统的节能分析

5.3.1 合理确定设计与运行参数

室内外设计计算参数是空调系统设计最基本的依据之一。法定设计计算参数分室内计算参数和室外计算参数，它以“规范”和“标准”的形式由政府职能部门通过行政手段强制执行。这些设计计算参数包括气温、湿度、风速。这些参数的取值范围在我国的《采暖通风与空气调节设计规范》(以下简称设计规范)及有关的设计手册中都作了明确的规定。此外，还有其他针对于系统设计和运行的参数，如最小新风标准、送风(供回水)温度、送风(供回水)温差、气(水)流速度等。这些参数的大小直接影响着空调系统负荷的大小和设备的容量，影响着工程的造价、系统的效率和运行费用。因此合理确定设计及运行参数，对空调系统的节能具有根本的意义。

在设计规范中，上述室内计算参数的取值既不是实际值的最大值，也不是最小值，而是综合考虑了系统的保证率、技术经济性和国家能源经济政策的基础上制定的。计算参数标准定得过低，系统达不到所需的保证率；定得过高，则会出现“大马拉小车”的现象，不但投资增加，而且设备可能长期处于低效率状态运行。因此，在实际确定空调工程的设计和运行参数时，首先要严格执行有关设计规范和标准，并遵照可用、可行、经济的原则。从节能角度出发，不要片面地追求高标准，要在能够保证需要的前提下尽量降低参数标准。

1. *热环境参数的确定与节能分析*

（1）干球温度对冷热负荷的影响　对于舒适性空调，人的舒适感有一个较宽的范围，这样在运行过程中，室内空气的参数标准就不必定得过高。一般地，室内设定温度变化1℃，可以节约能量5%左右。因而，夏季适当提高室内设定温度，冬季适当降低室内设定温度，可以获得良好的节能效果。

根据传热基本公式 $Q=KA(t_w-t_n)$，室内外温差(t_w-t_n)越大，从围护结构传入的冷(热)负荷也越大。有资料表明[85]，对已使用的舒适性空调房间(如办公大楼原室内夏季空调温度25℃)的室内温度作了改动，其节能效果见表5-3。

表5-3　室内空调温度改动时的节能率

项目 \ 温度 t/℃	23.1	25	27	28	28.4
空调年耗电量 Q/MW·h	2497	2281	2092	2010	1948
耗能比例(%)	109.5	100	91.7	88.1	85.4
节能率(%)	-9.5	—	8.3	11.9	14.6

由表5-3可见，对给定条件下的建筑物，夏季室温从25℃改为28℃，空调年耗电量减少11.9%左右。

（2）夏季湿球温度(空气湿度)对系统冷负荷的影响 设室内外空气的焓值分别为h_n和h_w，新风量为q_V，则夏季新风负荷为

$$Q_w = q_V\rho(h_w - h_n) \tag{5-21}$$

若要求的室内空调湿度越低，h_n越小，Q_w越大。即室内空气湿度越低，系统用于去湿的冷负荷越大。

（3）风速对系统冷(热)负荷的影响 空调环境下，风速带给人以冷感。因此，在许可的范围内，冬季供暖房间取较低风速，可使供暖设定温度降低；而夏季供冷房间取较高风速，可使空调设定温度提高，以此降低供热(冷)负荷，对空调节能有利。

设计规范指出，空气调节室内计算参数应符合下列规定：

1）工艺性空调室内温湿度基数及其允许波动范围，应根据工艺需要和卫生要求确定。活动区的风速：冬季不宜大于0.3m/s，夏季宜采用0.2~0.5m/s；当室内温度高于30℃时，可大于0.5m/s。当工艺无特殊要求时，工业建筑夏季工作地点WBGT指数应根据GB/T 4200—2008《高温作业分级》的规定进行分级、评价。

2）对舒适性空调，室内设计参数见表5-4。

表5-4 舒适性空调室内设计参数

参 数	冬 季	夏 季	参 数	冬 季	夏 季
温度/℃	18~24	22~28	相对湿度(%)	30~60	40~65
风速/(m/s)	≤0.2	≤0.3			

标准中给出的数值是概括性的。对于具体的民用建筑而言，由于各空调房间的使用功能不同，室内计算参数会有差异。GB 50189—2005《公共建筑节能设计标准》给出了室内设计计算参数的建议值。

舒适性空调的目的是为人们提供生活和工作的热舒适环境，采暖与空气调节室内热舒适性应按照GB/T 18049—2000《中等热环境PMV和PPD指数的测定及热舒适条件的规定》，采用预计的平均热感觉指数和预计不满意者的百分数(PPD)评价。其值宜为：$-1 \leqslant PMV \leqslant +1$；$PPD \leqslant 26\%$。

随着热湿环境研究工作的不断深入，人们发现传统单一的以空气参数为控制目标的空调方式已经越来越不能适应发展的需要了。实际上，对于舒适性空调系统，其服务的对象是人，而不是空气，因而应该以人为作用主体。影响人体冷热感、舒适感的主要有：空气温度、空气湿度、风速、平均辐射温度、着衣热阻和人体代谢量六大因素。它们共同作用于人体，对人体的作用程度可以用热环境评价指标(如SET^*、PMV等)来描述。对于空气调节，须综合考虑此影响因素，使舒适值达到人体要求。因此，为达到相同的热舒适值，就同时存在多种因素的组合；针对建筑的不同功能，综合调控多种热舒适影响因素，比单一以温湿度为调控目标的空调具有更大的节能空间。

2. *新风量确定与节能分析*

空调工程中为处理新风所需能耗大致要占到总能耗的25%~30%，对于高级宾馆和办公室建筑可能高达40%。所以，研究如何降低新风能耗具有重要实际意义。

（1）新风量对冷热负荷的影响 室内夏季新风负荷的计算见式(5-21)，冬季新风负荷

的计算式为

$$Q_W = q_V \rho c (t_n - t_w) \tag{5-22}$$

式中 t_n、t_w——室内外设计计算温度。

从式(5-21)、式(5-22)可知，控制新风量，可以有效地降低新风负荷。因此，为了节能，在人员密度相对较大且变化较大的房间，宜采用新风需求控制。

（2）合理确定新风量　合理确定新风量包括两个方面：新风量的确定方法和新风量确定标准。当然，后者以前者为基础。

根据设计规范规定，一般空调系统(图5-9)的新风量，应满足：①不小于建筑室内人员所需新风量要求；②补偿排风和保持室内的正压要求两项中的较大值。

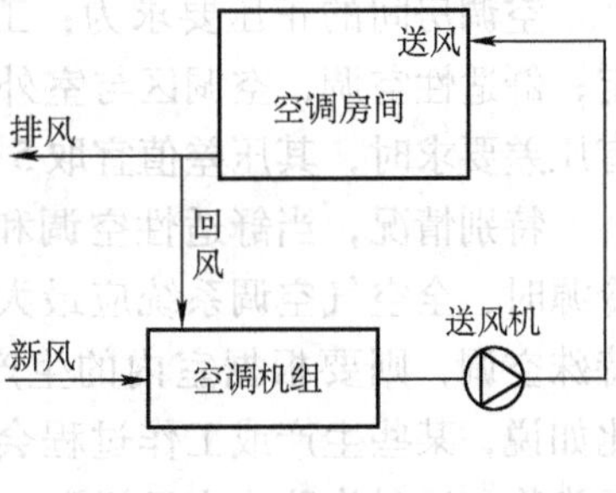

图5-9　新风+回风系统

室内人员所需最小新风量：公共建筑，按国家现行有关标准确定(表5-5)；工业建筑应保证每人不小于30m^3/h的新风量，同时兼顾考虑人员的活动和工作性质以及在室内停留的时间等因素。为了保证人们的身体健康，卫生标准一般是以稀释室内产生的CO_2，使室内CO_2体积分数不超过1×10^{-6}为基准，由此确定常态下的每人新风量为30m^3/h。

表5-5　公共建筑主要空间人员所需的最小新风量　[单位：m^3/(h·p)]

建筑类型			新风量
旅游旅馆	客房	5星级	50
		4星级	40
		3星级	30
	餐厅 宴会厅 多功能厅	5星级	30
		4星级	25
		3星级	20
		2星级	15
	商业、服务	4~5星级	20
		2~3星级	10
	大堂、四季厅	4~5星级	10
	美容理发室、康乐设施		30
旅店	客房	一~三级	30
		四级	20
文化娱乐场所	影剧院、音乐厅、录像厅(室)		20
	游艺厅、舞厅(包括卡拉OK歌厅)		30
	酒吧、茶座、咖啡厅		10
体育馆			20
商场(店)、书店			20
饭馆(餐厅)			20
办公			30
住宅			30

（续）

建筑类型			新风量
学校	教室	小学	11
		初中	14
		高中	17

注：本表摘自 GB 50189—2005《公共建筑节能设计标准》。

空调房间的正压要求为：工艺性空调，按工艺要求确定；舒适性空调，空调区与室外压力差或空调区相互之间有压差要求时，其压差值宜取 5 ~ 10Pa，但不应大于 50Pa。

特别情况，当舒适性空调和条件允许的工艺性空调作冷源时，全空气空调系统应最大限度地使用新风。对某些特殊空调，则要根据室内的生产工艺要求来确定新风量。比如说，某些生产或工作过程会散发出有害气体、细菌等污染物，这时为防止交叉污染，空调送风中不能含有回风，这时新风量等于总送风量，即采用如图 5-10 所示的全新风系统。

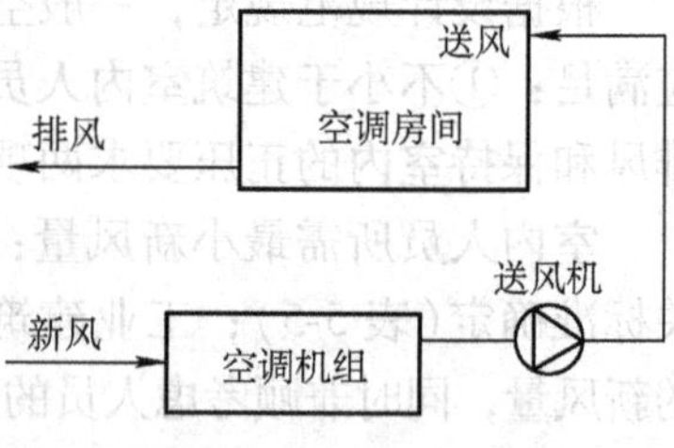

图 5-10 全新风系统

GB 50189—2005《公共建筑节能设计标准》从 2005 年 7 月 1 日开始实施，该标准规定了公共建筑主要空间的设计新风量。

关于新风量的确定，各国制定有不同的标准。在使用时，要注意各国对室内空气品质的研究进展，注意世界各国标准中提出的确定新风量的新方法和推荐值。

3. 合理确定供、回水温度及送风温差

1）当夏季室外气温不是太高时，房间的空调冷负荷减小，空调末端装置的负荷也减小，为此在满足室内舒适性要求的基础上，可以适当提高供水温度。这样将降低空调末端设备的除湿能力，使系统能耗降低。另外，提高供水温度，也就是可以提高冷水机组的蒸发温度，这样可提高制冷机的 COP 值，减少制冷机能耗。同时，如果降低冷却水的水温，也可以提高制冷机的 COP 值，达到节能的效果。

2）设计规范规定，空气调节冷热水参数，应通过技术经济比较后确定。宜采用以下数值：

a. 空气调节冷水供水温度：5 ~ 9℃，一般为 7℃；供回水温差：5 ~ 10℃，一般为 5℃。

b. 空气调节热水供水温度：40 ~ 65℃，一般为 60℃；供回水温差：4.2 ~ 15℃，一般为 10℃。

3）空调系统上送风方式的夏季送风温差，应根据送风口类型、安装高度、气流射程长度以及是否贴附等因素确定。在满足舒适和工艺要求的前提下，宜加大送风温差。但舒适性空调的送风温差，当送风口高度小于或等于 5m 时，不宜大于 10℃；当送风口高度大于 5m 时，不宜大于 15℃。工艺性空调的送风温差宜按表 5-6 采用。

表 5-6 工艺性空调的送风温差 （单位:℃）

室温允许波动范围	送风温差	室温允许波动范围	送风温差
> ±1.0	≤15	±0.5	3 ~ 6
±1.0	6 ~ 9	±0.1 ~ 0.2	2 ~ 3

5.3.2　空气处理设备的节能

空调系统常用的空气处理设备有两大类型：表面式换热器和喷水室。表面式换热器对空气的处理方式为：冬季在换热器盘管内通入热媒(蒸汽或热水)，夏季通入冷媒(冷冻水或制冷剂)，将盘管外的空气加热、干燥或降温、减湿。喷水室对空气的处理方式为：采用对空气直接喷淋冷水或热水，实现对空气的降温、减湿或加热、加湿处理。

空气处理设备的节能是空调节能工作的一个不容忽视的环节。以下主要分析以表面式换热器来处理空气的风机盘管机组，和表面式与直接喷淋式兼而有之的组合式空调机组的节能途径与方法。前者是空气-水空调系统的主要空气处理设备，而后者则是全空气空调系统进行空气处理的“心脏”。

1. 风机盘管机组(FCU)

(1) FCU的节能运行调节　为了适应空调房间冷(热)负荷的变化，需要对FCU进行调节。FCU的节能运行调节方式主要有风量调节和水量调节两种形式。

1) 风量调节。机组内风机用的电动机为单相电容调速低噪声电动机。通过风量调节开关(一般为三速开关)调节输入电动机的电压，以改变风机的转速，从而使机组变换成高、中、低三挡风量。每一挡风量下部有相对应的供冷量和供热量。所以，调节风机转速就可达到调节机组供冷(热)量的目的。

2) 水量调节。通过温度敏感元件、室温调节器和装在风机盘管机组回水支管上的小型电动二通阀或三通阀，来自动调节进入机组的水量或水温，从而达到调节机组供冷(热)量的目的(图5-11)。就负荷侧空调水系统而言，定流量系统，即系统中的循环水量保持定值，是在机组回水支管上装电动三通阀，当空调冷(热)负荷发生变化时，通过改变供、回水温度来匹配；变流量系统，是在机组回水支管上装电动二通阀，负荷变化时，使系统中供、回水温度保持定值，通过供水量的变化来适应。

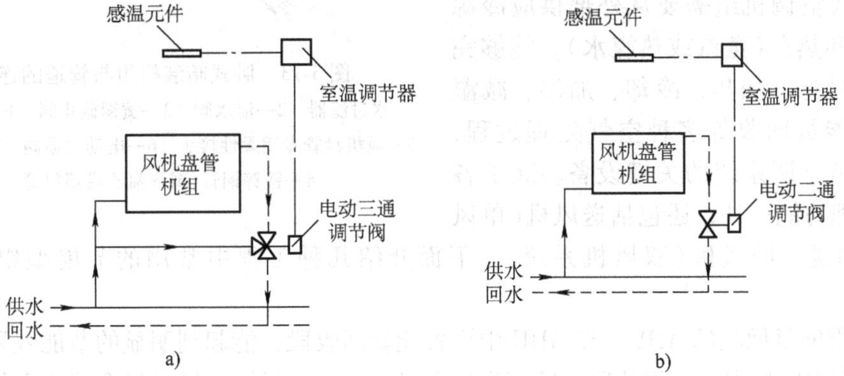

图5-11　FCU水量调节原理

a) 电动三通阀进行机组能量调节　b) 电动二通阀进行机组能量调节

从节省电能消耗观点出发，采用电动二通阀的变流量调节要优于电动三通阀的定流量调节。因为采用变流量系统，可以停开若干台循环水泵或采用变频调速降低水泵的转速，从而达到节能的目的。所以，在工程实践中，需要利用水量调节方法来调整风机盘管机组的供冷(热)量时，通常采用电动二通阀。

(2) FCU 的安装　为了能使 FCU 有良好的工作状态，在安装时应注意下列问题：

1) 卧式机组上平面保持水平或使凝水盘接管侧稍低于另一侧，以利冷凝水排除。

2) 在卧式暗装机组安装时，与机组连接的风管和水管的重量不得由机组来承受。风管、回风箱及送风口与机组的连接处应严密、牢固。从机组接出的出风管与风口连接处最好用柔性风管，以减少振动(图 5-12)。

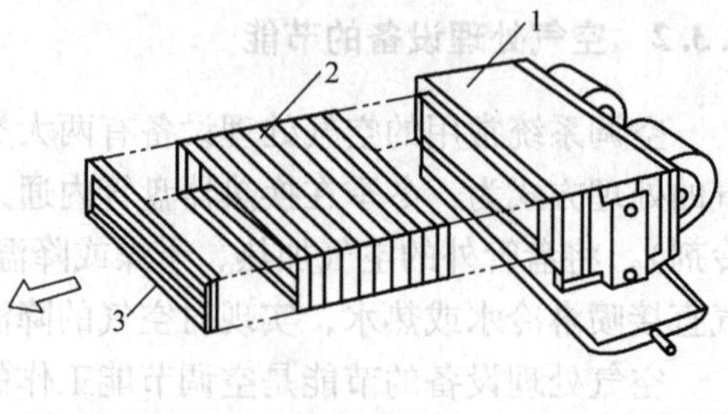

图 5-12　卧式暗装机组出风口采用柔性连接
1—卧式暗装风机盘管机组　2—柔性风管接头　3—送风口

3) 如图 5-13 所示，供、回水管与卧式暗装机组应采用柔性连接，在供水支管上最好设水过滤器和泄水阀，以便在清洗管道时不会将脏东西带入盘管。如盘管未设放空气阀，应在回水支管上加上，以便通水时放空气用。冷凝水排放管为塑料管(或镀锌钢管)。安装塑料管时，注意不要将它压扁、折弯，并保证有足够的坡度。供、回水管道和阀门应有保温措施，以防结露。

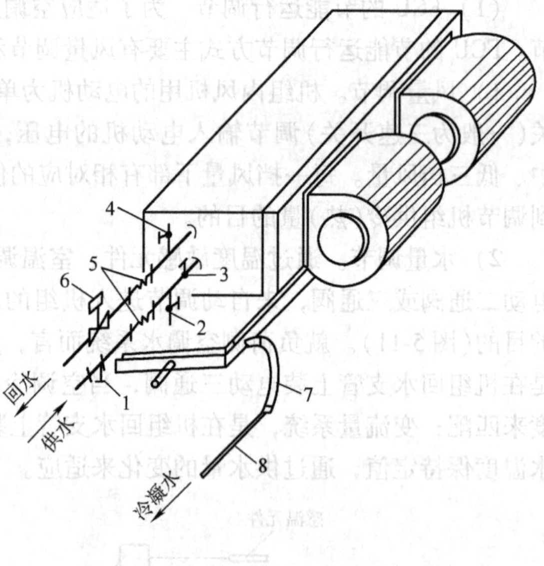

图 5-13　卧式暗装机组与管道的连接
1—水过滤器　2—泄水阀　3—黄铜截止阀　4—放空气阀
5—风机盘管专用柔性接头　6—电动二通阀　7—橡胶管
8—镀锌钢管(或聚氯乙烯塑料管)

2. 组合式空调机组(AHU)

在集中式全空气空调系统中，根据全年或夏、冬季空气处理过程的需要，选择若干个具有不同空气处理功能的预制单元组装而成的空调设备，称为组合式空调机组(也称装配式空调机组)。

组合式空调机组需要从外部供应冷源(冷媒水)和热源(蒸汽或热媒水)，能够完成混合、过滤、加热、冷却、加湿、减湿及消声和能量回收等多种空气处理过程，所以，它是空调系统的关键设备。除了各个空气处理功能段外，还包括送风机(单风机系统)和送、回风机(双风机系统)。下面介绍几种工程中常用的节能型组合式空调机组[86]。

(1) 带能量回收的 AHU　在 AHU 中设置能量回收段，能起到明显的节能效果。图 5-14 所示为具有表冷挡水段、再热段、喷蒸汽加湿段并具有能量回收段的组合式空调机组。该机组在回风段与回风机段之间设回风消声段；在送风机段之后设送风消声段和中效过滤段。特别是该机组的能量回收段，将排风与回风的分流、新风的进入与回风相混合有机地结合在一起。

(2) 带二次回风的 AHU　图 5-15 所示为二次回风组合式空调机组，其充分利用二次回风，减少再热量，实现节能。它主要适用于南方地区的工艺性空调。

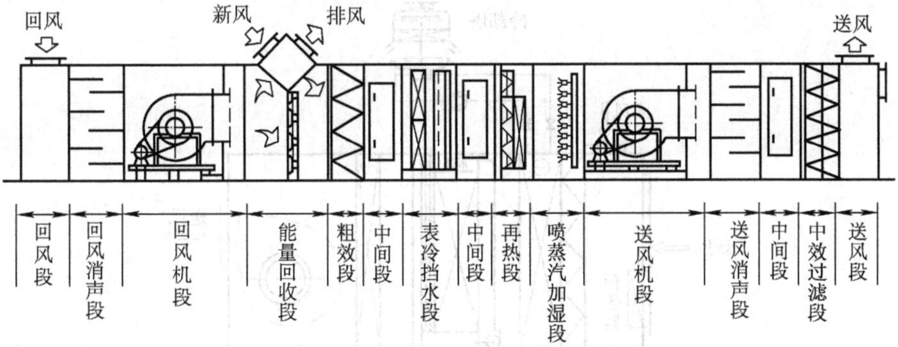

图 5-14　能量回收组合式空调机组

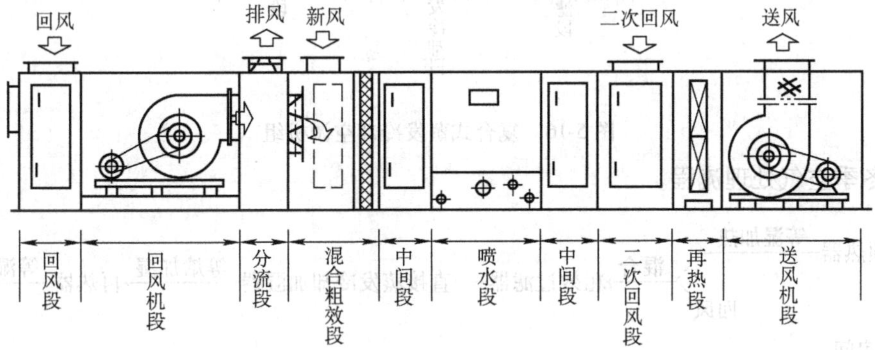

图 5-15　二次回风组合式空调机组

1）夏季空气处理流程。

新风、一次回风 —混合→ 粗效过滤器 → 喷水室 —冷却减湿→ 与二次回风 —混合→ 送至空调房间

2）冬季空气处理流程。

新风、一次回风 —混合→ 粗效过滤器 → 喷水室 —喷循环水等焓加湿→ 与二次回风 —混合→ 再热器 —等湿加热→ 送至空调房间

（3）带预冷器的复合式蒸发冷却 AHU　对气候干燥的低湿地区，也可以将冷却塔（特别是闭式冷却塔）制备的循环冷却水送入表冷器内，作为空气的预冷器，节省能耗。图 5-16 所示为复合式蒸发冷却空调机组，该机组利用冷却塔供冷的空气预冷器来取代间接蒸发冷却器。

1）夏季空气处理流程。

新风 → 粗效过滤器 → 冷却塔供冷预冷器 —等湿冷却→ 间接蒸发冷却器 —等湿冷却→ 直接蒸发冷却加湿器 —等焓加湿→ 送至空调房间

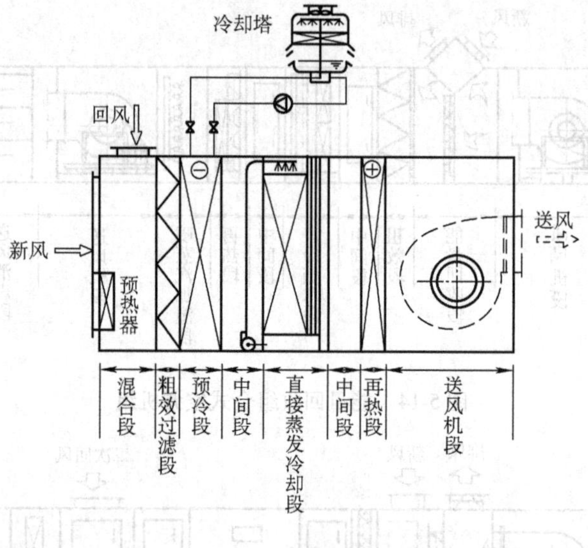

图 5-16 复合式蒸发冷却空调机组

2）冬季空气处理流程。

新风⟶预热器⟶(等湿加热)⟶混合(回风)⟶粗效过滤器⟶直接蒸发冷却加湿器⟶(等焓加湿)⟶再热器⟶(等湿加热)⟶送至空调房间

5.3.3 输配系统的节能

从空调系统能耗分配情况来看，输送动力能耗约占整个空调系统能耗的50%以上。参考文献[87]中对北京市一些运行中的旅馆类建筑的调查显示，输配系统(空调箱、水泵、风机盘管)用电量之和所占比例竟占到了空调系统总用电量的70%左右，特别是空调箱用电量更是在35%左右，这远远大于制冷机制冷所需的耗电量。而设计人员往往忽视输配系统方面的设计，造成输配系统设计上的不合理和浪费能源的隐患。例如，A旅馆的冷冻水系统在设计时没有对整个管路阻力进行详细的计算，导致一条管路上的加压泵没有起到任何作用，其产生的压头均消耗在加压泵两侧的阀门上。同时，管理效率的低下也是造成能源消耗的重要因素，A旅馆的空调箱缺乏管理而每天24h运行，最终使空调箱的电耗远大于制冷机的电耗。因此，从节能角度上讲，重视输配系统的设计和管理是提高能源利用效率的最佳途径之一。

空气调节输配系统的节能应从管道的保温(保冷)、减少漏风、泵与风机的节能以及采用变流量系统等方面来考虑。

1. 管道的保温(保冷)

为减少输配系统的冷(热)损失，必须进行管道的保温(保冷)。其保温(保冷)厚度须经过技术经济分析和比较来确定，或参考规范来取值。

2. 空调系统的漏风

对空调系统的漏风问题，某些情况下没有特殊要求，而一些情况下则应当控制。对此，设计规范有以下规定：风管漏风量应根据管道长短及其气密程度，按系统风量的百分率计算。对一般送排风系统，风管漏风率宜采用10%。这里分两种情况：①安装在所服务房间以内的全面送排风系统，其风管漏风量不予考虑；②当送风系统的正压管段或排风系统的负压管段总长大于50m时，其漏风率可适当增加；采用全部焊接的风管时，可适当减少。

3. 泵与风机的节能

空调输配系统常用的能量调节方式是设置大量的水阀和风阀对系统中的水量和风量进行调节。这些调节阀的调节原理是增加系统的阻力，用以消耗风机或水泵的富余压头，以达到减少流量的目的。这种调节管道系统阻力曲线的方法是以消耗风机或水泵运行能耗为代价的，由于此时除阀门外的管路其他部分的阻力特性没有改变，因此大量的水泵与风机能量消耗在调节阀上；同时，水泵或风机的工作点偏移造成系统的不稳定、阀门关小后节流和压降引起的噪声等都会对空调系统产生不良影响。此外，为了实现自动控制的要求，这些风阀和水阀要求用电动机构来控制，电动阀的价格昂贵，其费用通常可占到总控制系统费用的40%左右。

调节转速可以改变泵与风机的性能曲线，而不影响管道系统的阻力特性。根据相似定律，风机或水泵的流量、压头(扬程)和功率分别与其转速的一次方、二次方和三次方成正比。由于设备的功率是与流量成三次方的关系，而流量与转速成一次方关系，故转速降低可以大幅度减小能耗。据理论分析，当流量减小1/3时，能耗可以减少70.4%；当流量减小1/2，能耗可以减少87.5%。并且由于系统的阻力特性不变，水泵或风机的工作点虽变，但效率不变，水泵与风机可以高效、稳定地工作。因此调节水泵与风机的转速来调整流量是流量调整的最理想方法。

动力设备的转速调节有很多途径，通过变频来进行调速可以减少电动机的热损耗，各种变频调速型异步电动机正得到越来越广泛的应用。变速调节没有节流损失，而存在着功耗减小是流量减小倍数的立方关系，节能效果显著。国家有关法规中规定要逐步实现电动机、风机、泵类设备和系统的经济运行，发展电动机调速节电技术。

4. VAV和VWV空调系统

系统形式的选择，直接影响冷、热源耗能和动力耗能。选择节能的变流量系统，可有效减少输送能耗。

(1) 变风量系统(VAV) 通过改变送风量而不是送风温度来控制和调节某一空调区域的温度，从而与室内空调负荷的变化相适应的系统是变风量系统。变风量空调系统属于全空气系统。它能根据实际所需的送风量，自动地调节送风机的转速，最大限度地减少风机的动力消耗，节约能量。变风量空调系统比定风量空调系统的全年空气输送能耗节约1/3，设备容量减少20%~30%。

完整的变风量系统是由空气处理设备、送风系统、末端装置和自动控制元件四部分组成的。变风量末端装置又称变风量箱(VAV Box)，是变风量系统的关键设备，主要用来调节送风量并实现流量分配，以此补偿变化着的室内负荷，维持所要求的室温。变风量末端有三种类型：节流型、旁通型和诱导型[88]。

1) 旁通型变风量系统。当房间负荷发生变化时，空调机组送入房间的空气通过风管或变风量箱，或送风口，将部分处理过的空气在进入房间之前旁通到回风中，以改变送入房间的风量，达到变风量和控制室内温度的目的。空调总送风量没有变化，风机能耗未节省，因此从严格意义上讲，它不是真正的变风量系统。

2）诱导型变风量系统。其变风量末端实际是一个可变风量的诱导器。工作时，由变风量系统送来的一次风诱导吊顶内的空气作为二次风，一次风与二次风混合后再送入室内。由于一次风温很低，所以一次风道断面缩小；由于可直接利用室内热量（照明热量），所以运行费用低。

3）节流型变风量系统。它是通过改变流通空气的通道截面积而改变风量的。与之相配合，需要在风道内设静压控制器，根据静压变化来控制系统的总风量。与风机控制技术相结合的节流型变风量系统不但能节省再热量，还能节省风机能耗，系统运行经济性高。使用节流型变风量风口后，系统的管道特性线将产生变化，风机的工作点也将移动。如图 5-17a 所示，工作点自 A 移到 B；相应地，风管内静压的变化如图 5-17b 所示，即整个送风管道内静压增加了。这样，虽然风量是减少了，然而由于风压增大，使动力没有得到很大节约（参见图 5-17a 所示的功率曲线），特别是在过量的节流后，会引起噪声的增加，风机甚至可能进入不稳定区工作。此外，如果管内压力超过了末端装置的容许静压（如 750Pa），则调节失灵。再者，当管内静压过高还将引起大量的漏风。为了防止这一系列缺点，必须在风管内设静压控制器，根据风管内静压的变化来控制送风机的总风量。比较经济和合理的措施是调节风机的转速或风机的进口导叶装置，才能从实际上达到节约动力的效果。对于未采用专门设计制造的节流型风口的空调系统，为了节约动力消耗而采用变风量运行时，同样也应该从调节风机本身的风量着手。图 5-18 所示为节流型变风量系统的控制。

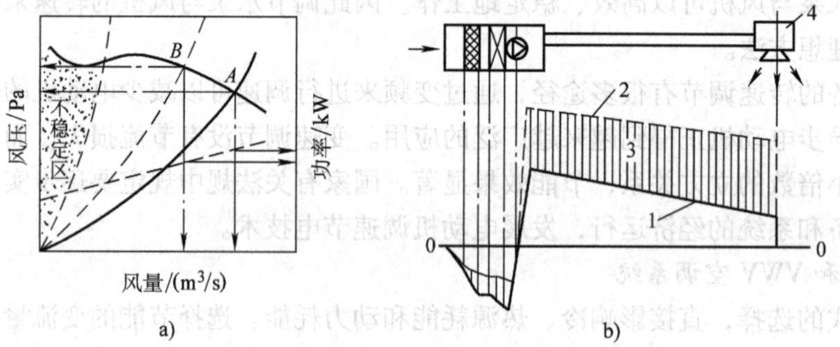

图 5-17　风口节流后对系统压力的影响

a）工作点的变化　b）管路压力分布变化情况

1—风口节流前的工作点和压力分布　2—风口节流后的工作点和压力分布

3—节流前后风管内压力的增加　4—节流型风口

与定风量（CAV）系统相比，变风量系统有以下优点：

1）用改变送风量的方法来适应空调负荷的变化，能实现空调房间或局部区域的灵活控制。不用再热方式（避免冷热抵消）就能适应多种室内舒适要求或工艺设计要求，室内无过冷过热现象，节省能耗。

2）考虑同时使用率，空调设备的容量和风管尺寸可以减少。

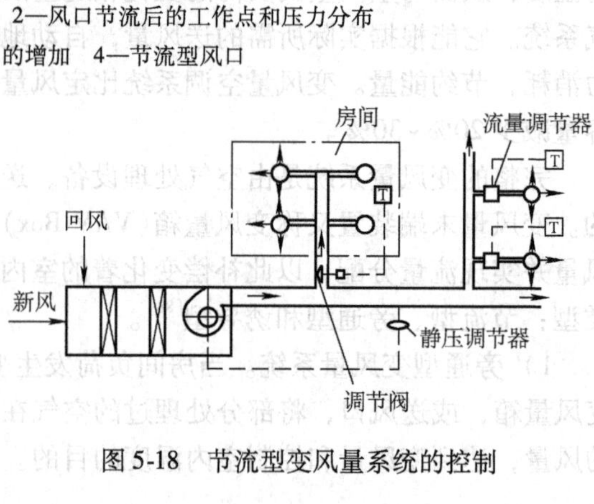

图 5-18　节流型变风量系统的控制

3）在部分负荷运转时，风机在低速下运行，可减少送风动力消耗。若采用全年变风量运行，因系统在大部分时间内都在部分负荷下工作，其节能效果尤其显著。

4）当被调试间重新分隔或者房间分隔尚未确定及负荷在一定范围内增加时，易于处理，无须进行重大变动。系统的灵活性好，易于改建或扩建，特别适用于用途多变的建筑物。

5）变风量末端装置有自平衡功能，配置有变风量装置，不需要进行详细的风管压力平衡，大大减少系统测试的工作量。

变风量系统的缺点是：室内送风量减少时，室内气流分布受到一定的影响，新风量不易得到保证；对室内相对湿度的控制质量较差，特别是室内散湿量较大的房间；末端装置价格高；控制系统较为复杂。

现行变风量系统的一次投资明显高于带独立新风的风机盘管空调系统，因此在一定程度上影响了它在工程中的应用。然而，变风量系统具有较大的节能效益，其所增加的投资，完全可以从节能的收益中得到回收，值得大力推广。对运行期间负荷变化大，部分负荷时间多的空调分区应采用变风量空调系统。例如，现代高层办公大楼、图书馆、电视台、影剧院，需要分隔可能性较大的商贸城、购物中心等公用建筑及某些工业建筑。

（2）变水量系统（VWV）空调水系统主要包括冷冻水系统和冷却水系统。水系统的能耗一般约占空调系统总能耗量的15%~20%，在实际工程中，有的建筑空调水系统能耗甚至可占空调总能耗的30%。为此，采用变水量系统，使输送能耗随流量的增减而增减，具有显著的节能效益与经济效益。

在空调水系统中，一般是通过冷冻水供、回水总管上的压差旁通装置来实现水量控制的，从而进一步控制制冷机的运行台数，以达到确保系统正常运行和节能的目的。

与定水量变水温的调节方式比较，采用变水量系统的水泵台数控制和转速控制，或两者同时控制的水系统方式是节能的。定水量运行是当负荷减少时，水量不变，用向部分冷水中混入热水的方法来提高水温，从而适应负荷减少的需要。变水量的运行是负荷减少时减少供水量，冷水温度不变。后者可避免冷、热抵消的能量损失，还可以减小水路输送的能耗。表5-7显示出不同变水量方式时的节能效果[89]。

表5-7 变水量的节能效果

阻力损失/(Pa/m)	全年耗功/10^5kW·h			
	定水量	变水量		
		台数控制	转速控制	台数与转速控制
30	3.46	1.7	1.36	0.95
50	4.28	2.14	1.53	1.07
100	6.39	3.14	2.03	1.48

空调系统的冷媒水循环环路可分为冷源侧环路和负荷侧管路两部分。冷源侧环路是指从集水器（回水集管）经过冷水机组分水器（供水集管），再由分水器经旁通管路（定流量系统可不设旁通管）进入集水器，该环路负责冷媒水的制备。负荷侧管路是指从分水器空调末端设备（冷媒水在那里释放冷量）返回集水器这段管路，该管路负责冷媒水的输送。

在空调水系统运行中，冷源侧应保持定流量，也就是说，冷水机组不能按变流量运行。

其理由是：①保证冷水机组蒸发器的传热效率；②避免蒸发器因缺水而冻裂；③保持冷水机组工作稳定。因此，空调水系统按定流量或变流量运行，均指负荷侧管路而言。

在冷源侧和负荷侧合用一组循环水泵的称为单式泵系统；在冷源侧和负荷侧分别配备循环水泵的为复式泵系统。

图 5-19 所示为单式泵变流量水系统，在负荷侧空调末端设备的回水支管上安装电动二通阀，按变水量运行[86]。当负荷减小时，部分电动二通阀相继关闭，停止向末端设备供水。这样，通过集水器返回冷水机组的水量大幅减少，给冷水机组的正常工作带来危害。为了不让冷源侧水量减少，仍按定水量运行，必须在冷源侧供、回水总管之间，或者在分水器和集水器之间设旁通管路，在该管路上设置由压差控制器控制的电动二通阀(旁通调节阀)。

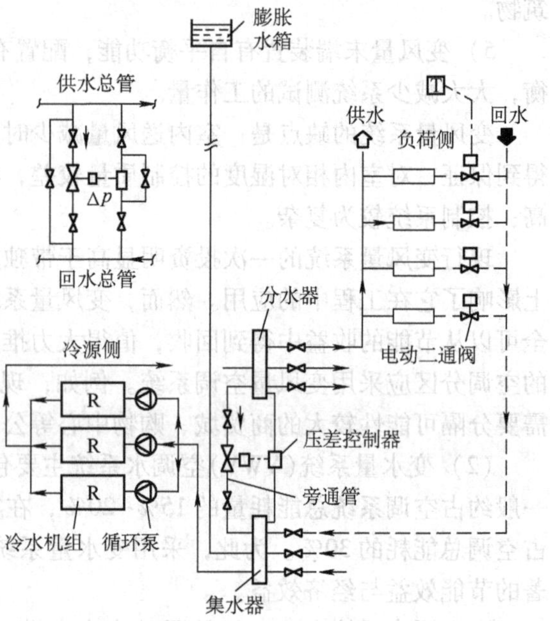

图 5-19 单式泵变流量水系统

随着负荷侧电动二通阀的陆续关闭，供、回水总管之间(或者分水器与集水器之间)的压差超过预先的设定值。此时，压差控制器让旁通管路的电动二通阀打开，使一部分冷媒水从旁通管路流过，供、回水的压差逐渐降低，直至系统达到稳定。从旁通管流入的水与系统回水合并后进入水泵，从而使送入冷水机组的水量保持不变。当负荷增大时，原先关闭的那些二通阀重新打开，继续向末端设备供水，于是供、回水总管之间的压差恢复到设定值，旁通管路上的电动二通阀也随之关闭。

从图 5-19 可以看出，冷水机组与水泵一一对应布置，并将冷水机组设在水泵的压出口，使得冷水机组和水泵的工作较为稳定。只要建筑高度不太高，这样布置是可行的，也是目前用得较多的一种方式。

如前所述，当空调负荷减小到相当程度，通过旁通管路的水量基本达到一台水泵的流量时，就可停止一台冷水机组和水泵的工作。旁通管上电动二通阀的最大设计水流量应是一台水泵的流量。

单式泵变流量水系统的优点是：系统简单、自控装置少，初投资省，管理方便，因而目前应用较广。其缺点是不能调节水泵的流量，难以节省输送能耗。特别是当各供水分区彼此间的压力损失相差较为悬殊时，这种系统就无法适应。因为循环泵的扬程是按照克服负荷侧最不利环路的阻力来确定的，而对于分区中压力损失较小的环路，显然供水压头有较大富余。只好借助于分水器上该支路的调节阀节流掉，造成能量的浪费，同时也给系统的水力平衡带来一定的难度。所以，单式泵变流量系统适用于冷媒水系统的规模和总压力损失都不太大的工程。

复式泵变流量水系统的冷媒水系统分为冷水制备和冷水输送两部分，形成一次环路和二次环路。一次环路由冷水机组、一次泵(也称初级泵)、供回水总管和旁通管组成，而二次环路由二次泵(也称次级泵)、空调末端设备、供回水管路和旁通管组成。设置旁通管的作用是使一次环路按照定流量运行。旁通管上应设水流开关和流量计，前者用来检查水流方向和控制冷水机组、水泵的起停；后者用来检测管内的流量。旁通管将一次环路和二次环路连接在一起。

一次泵的扬程用来克服冷水机组蒸发器的阻力、一次环路及各种部件阻力之和，并应乘上1.1~1.2的安全系数，它的流量应是冷水机组生产厂家所规定的蒸发器循环水量。一次泵的配置宜与冷水机组对应，采取“一泵对一机”的方式。

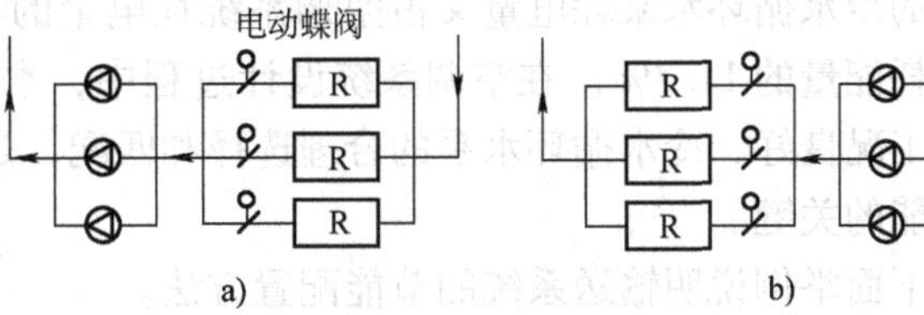

图5-20　水泵互相备用与机组的连接
a）冷水机组在水泵吸入侧　b）冷水机组在水泵压出侧

通常一次泵可不设置备用泵，也可将数台水泵并联起来，再与冷水机组相接，做到水泵之间互相备用(图5-20)。需要注意的是，应在冷水机组的进口(或出口)的管道上设置电动蝶阀。对于不运行的机组，应将电动蝶阀关闭，避免冷媒水进入该机组。

二次环路按变流量运行。二次泵的配置不必与一次泵的配备相对应。它的台数可多于冷水机组数，有利于适应负荷的变化。二次泵可以并联运行，向分区各用户供冷媒水；也可以根据各分区不同的压力损失，设计成独立环路的分区供水系统(图5-21)。二次泵的台数必须大于或等于设计所划分的二次供水的环路数。二次泵的扬程为空调末端设备(风机盘管机组、新风机组和表冷器等)的阻力和二次水管路及各种部件阻力之和再乘以1.1~1.2的安全系数。它的流量是按末端设备的总计算循环水量取值的[86]。

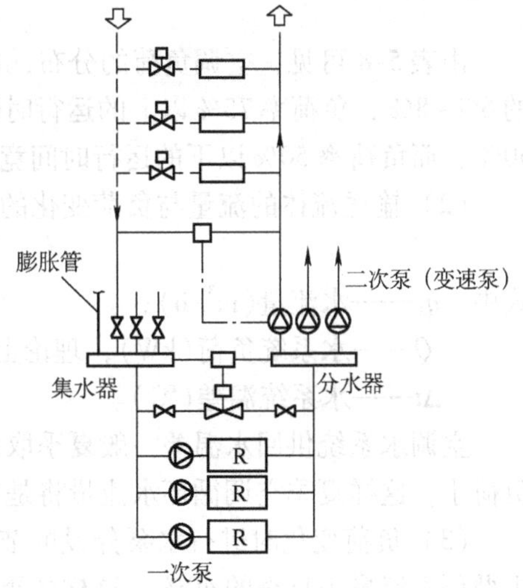

图5-21　二次泵的分区供水系统

二次环路的变流量可采取以下两种方式来实现：①多台并联水泵分别投入的运行方式，即台数调节；②变速(变频调速)水泵调节转速方式。变速水泵的节能效果最好，但价格昂贵，维修比较复杂。

目前，复式泵变流量水系统的控制方法有许多种，工程上比较常见的方式有：①二次泵采用压差控制；②二次泵采用流量控制，一次泵采用负荷控制；③对于多区供水独立环路的二次泵，可采用改变水泵转速的调速控制，其节能效果显著，但一次性投资较大；④负荷侧的二次泵，宜采用台数调节与变速调节相结合的方式，有利于节能。有条件时，应采用变频调速。

在实际的使用过程中，当空调水系统进行调节时，由于各末段用户将自身的调节阀关小，也使得水泵的能耗被调节阀所消耗。因此，对于空调水系统变频技术的考虑不能简单化，必须与整个空调系统结合起来。在不影响空调效果的前提下，应尽量选用比较简单、实用的水系统控制方法。因为复杂的控制系统除增加自控设备的投资外，还要求具体参加安装、调试和管理的人员必须具有相当丰富的空调、自控和流体力学方面的专业知识才行。否则，虽有良好的节能愿望，但是由于管理人员的专业学习和培训工作跟不上，也达不到理想的效果。

5. 输送系统的节能配置

民用建筑中暖通空调系统耗能占建筑总耗能的65%左右，而给整个冷水循环系统提供动力的冷水循环水泵耗电量又占空调系统耗电量的18%左右，即循环水泵耗电约占整个建筑总耗能量的11.7%。在空调系统设计过程中，水系统管路的正确合理设计、制冷设备的运行工况良好、冷水循环水泵的合理选择和匹配，是空调水系统正常运行调节、实现系统运行节能的关键。

下面举例说明输送系统的节能配置方法。

（1）空调负荷特征分析　空调负荷季节性变化很大，在计算额定负荷状况下运行的时间极短，绝大多数时间空调设备是在远低于额定值情况下运行的。表5-8表示了某建筑空调负荷全年分布的不均衡性。

表5-8　某建筑空调负荷全年分布的不均衡性

冷负荷率(%)	75~100	50~75	25~50	<25
占总运行时间的百分率(%)	10	50	30	10

由表5-8可见，空调负荷的分布，在一年之内是极不均衡的，设计负荷约占总运行时间的6%~8%，负荷率75%以上的运行时间仅占10%，负荷率50%~75%的运行时间也不过占50%，而负荷率50%以下的运行时间竟高达40%。

（2）输送流体的流量与负荷变化的关系　空调水系统的循环流量为

$$q_V = 0.86Q\Delta t \tag{5-23}$$

式中　q_V——水流量(m^3/h)；

Q——水系统负荷(kW)，理论上Q等于建筑物冷(夏)、热(冬)负荷；

Δt——水系统温差(℃)。

空调水系统供回水温差一般夏季取5℃，冬季取10℃，而一般冬季建筑热负荷比夏季冷负荷小，这样夏季空调循环水流量将是冬季的2~3倍。

（3）负荷变化时进行水泵分设的节能分析　取夏季循环水量是冬季的2.5倍，即取冬季循环水流量为夏季的40%，这样冬季水泵的扬程约为夏季的16%，功率相应减小。制冷站内的主机与水泵的匹配一般是一机对一泵，以保证制冷主机的冷水流量及正常运行。空调系统在绝大多数时间里处于部分负荷工况，如夏天夜晚仅有部分房间使用，只需运行多台冷水机组中的一台；或当室外气温降低，空调器冷负荷减小，整个水系统的流量比满负荷时额定流量小。如有一台较低扬程的泵与上述工况匹配，将会节省泵的能耗。如果设计中冬季用泵和夏季用泵并联配置，冬季工况运行的低扬程泵在夏季部分负荷工况时，也能通过阀门切换运行。那么不必在部分负荷时另配水泵，投资更节省。这样比整个运行工况都用一种高扬程泵有显著的节能效果。

例如，上海某商厦，建筑面积30000m^2，夏季计算冷负荷为4100kW(1166RT)，考虑管道冷量损失和同时使用系数及部分负荷运行等因素，选用两台300RT和一台600RT的离心式机组，冬季计算热负荷为1744kW，采用燃油锅炉配汽—水和水—水换热器。

夏季运行时间为2880h，当量满负荷运行时间为1300h；冬季运行时间为3600h，当量满负荷运行时间为1050h。现采用两种设计方案，见表5-9。A方案中所选用的水泵，冬、夏及部分负荷时共用；B方案所选用的水泵，冬、夏及部分负荷时，分设不同的水泵并联，采用阀门切换[90]。

表5-9 采用不同方案时循环水泵的型号及参数

项目	名称	水泵型号	台数	流量/(m^3/h)	扬程/m	电动机功率/kW	电动机总功率/kW
相同配置部分	额定负荷冷水泵	IS150-125-315	两用一备	200	32	30	115
		IS200-150-315	一用一备	400	32	55	
A方案	部分负荷热水泵	IS150-125-315	两用一备	200	32	30	60
B方案	部分负荷热水泵	IR125-120-250	两用一备	120	25	11	22

采用满负荷当量时间法进行计算。通过对两种方案节能情况及经济性进行比较可知，方案B比方案A初投资增加2.7万元(增加热水泵投资)，加上方案B中增加了三台泵的占地面积费用，但方案B比方案A每年可节省运行费6.82万元，运行一年，初投资和占地面积费即可回收。而水泵一般可运行10年，故冬夏及部分负荷时分设循环泵运行，经济可行，节能效果明显。

5.3.4 空调系统的运行调节与节能控制

由于空调系统的设计是在考虑一定不保证率的基础上，基本按最不利情况确定的。而实际上，空调房间的冷负荷随季节和每天中气温的变化，以及房间人员、设备、照明等情况的变化而不同。表5-8显示了空调年负荷分布的不均匀性。空调系统的绝大部分时间是在部分负荷下运行的，因此对空调系统进行相应的调节和控制，使空调系统能够在部分负荷条件下高效地运行，是空调节能工作的重要课题。

空调设备调节的控制方法分手动控制和自动控制两类，自动控制方式对空调系统的调节品质、空调使用质量以及合理的使用能源都具有十分明显的优点。在空调工程中，自动控制已得到广泛的应用。下面对半集中式空调系统和集中式空调系统的运行调节与控制进行节能分析。

1. 半集中式空调系统的运行调节与节能控制

与风机盘管系统配合使用的空调房间新风供给方式，有室内排风造成的负压渗入新风、风机盘管自接管引入新风、独立新风系统供给新风等多种，其中以独立新风系统使用最多，它与风机盘管系统配合，组成如图5-22所示的风机盘管加独立新风系统[91]。

一般可把室内冷热负荷分为瞬变负荷和渐变负荷两部分。瞬变负荷主要是室内灯具、设备、人员散热和太阳辐射热所形成的负荷。这部分负荷由于受房间的朝向、外窗情况以及室内灯具、设备的使用情况和人员多少等因素影响，各个房间都不相同，而且变化无规律。再者，各房间的使用者都有自己喜欢的舒适温度范围。因此，要消除瞬变负荷，而且要满足房间使用者对室温的要求，采用风机盘管的个别调节与控制既方便又适用。风机盘管常用的控制方式有以下几种[92]：

1）表冷器供水量依靠阀门手动调节，阀门一次性调节后固定不变，水常流通，为定水量系统。室内温度的高、低由手动选择风机的三挡变速开关来实现，如图5-23所示。这种控制方式，供水量不变，当风量改变时，送风参数也随之变化，从而达到调节的目的。

2）表冷器供水量依靠阀门手动调节，阀门一次性调节后固定不变，水常流通，室内温度控制器控制风机的起停。手动三挡变速开关通过调节风机的转速来调节风量，冬、夏采用手动转换。室内设置的温度控制器控制温度，当夏季室内空气温度低于整定值时，风机自动停开，如图 5-24 所示。

3）手动三挡开关控制风机转速，回水管上设电动二通阀，风机与电动二通阀联锁。风机停止工作时，二通阀关闭。室内温度控制器根据室内温度控制电动二通阀的启闭。当电动阀断电后，自动关闭切断水路。室内温度可以自动控制，如图 5-25 所示。

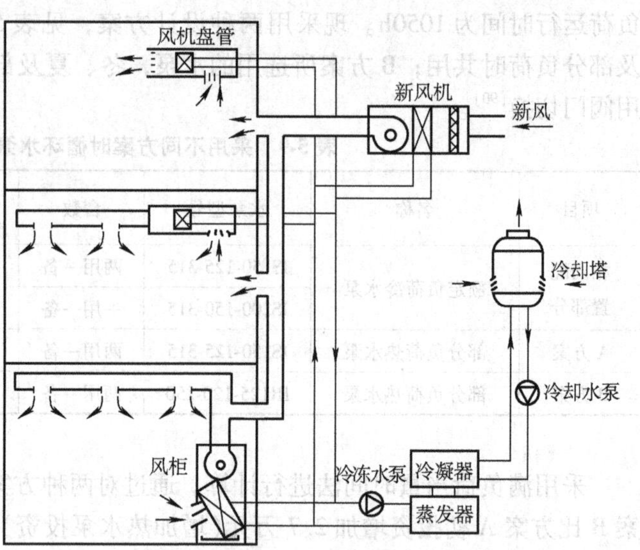

图 5-22 风机盘管加独立新风系统示意图

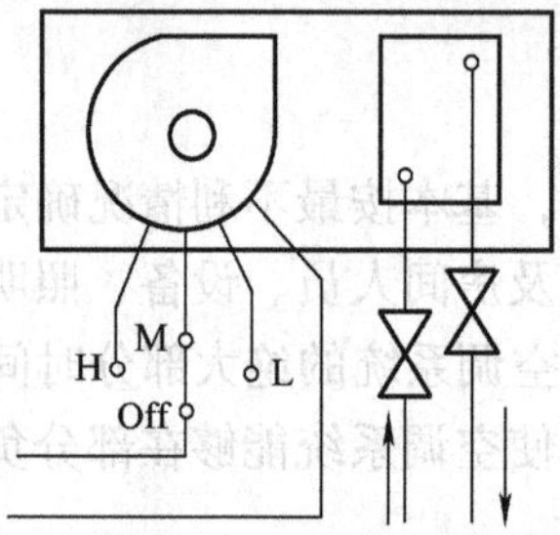

图 5-23 手动选择风机三挡变速开关

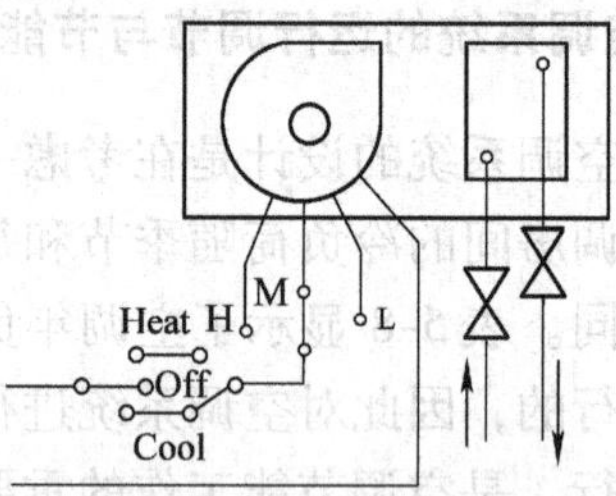

图 5-24 温度控制器控制风机起停，三挡变速开关控制风机转速

新风机组由过滤器、风机和盘管组成，要求将新风处理到一定参数送到房间，盘管的供水可以采用电动三通阀或电动二通阀对供水量进行无级调节。温度传感器控制电动阀的开度，冬季和夏季的送风温度可以分别进行设定，空气过滤器前、后设置压差控制器。当过滤器经过一段时间的运行后，阻力会增大。当空气过滤器前、后压差达到设定值时，压差控制器便会报警，如图 5-26 所示。

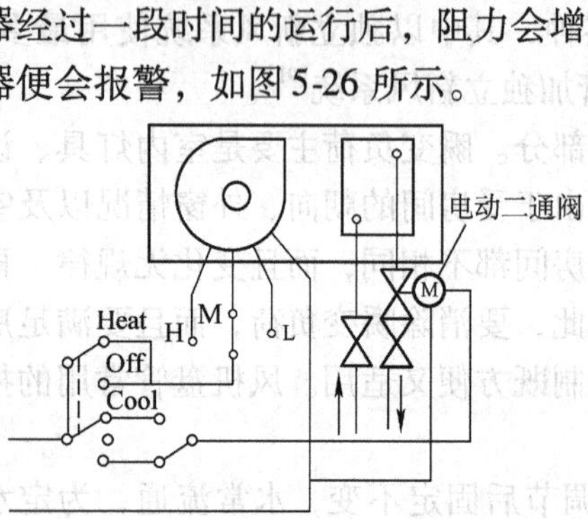

图 5-25 手动三挡开关，温控器，风机和电动二通阀联锁

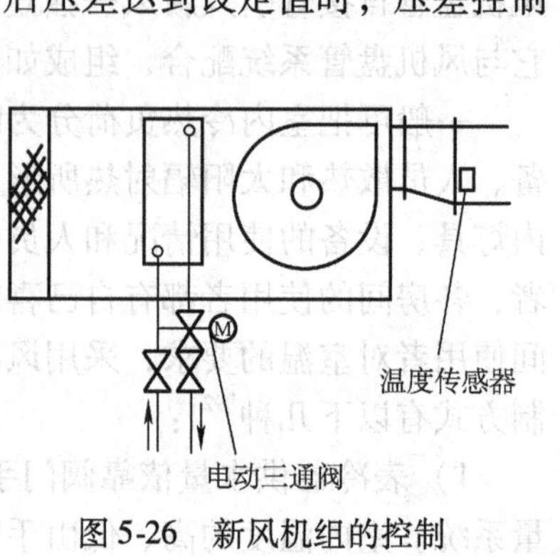

图 5-26 新风机组的控制

渐变负荷主要是在室内外温差作用下，通过房间围护结构(外墙、外窗、屋顶等)传递的热量所形成的负荷，显然，这部分负荷的变化只与室内外温度有关，由此可以认为这部分负荷变化的影响，对所有房间都是基本一样的。因此，可以通过集中调节新风系统的送风温度来消除由于室外温度变化而对房间控制温度产生的影响，也就是说，由新风系统来承担渐变负荷。那么该负荷就必须由运行管理人员根据其变化情况通过调节新风机来适应。

如果新风系统不承担室内负荷，则风机盘管就不仅要承担日常变化性质的瞬变负荷，还要承担季节变化性质的渐变负荷。由于目前风机盘管系统绝大多数采用的双水管(一供一回)，使得系统中的所有风机盘管在同一时间从供水管获得的几乎都是同一温度的冷水或热水，因此也可以通过统一调节风机盘管的供水温度来消除室外气象条件季节性变化对所有房间造成的影响。供水温度的调节可以由运行管理人员根据室外气象条件的变化情况在冷热源处集中进行。

2. 集中式空调系统的运行调节与节能控制

以一次回风空调系统的全年运行调节为例，分析空调运行时的节能控制方法。在室内要求较精确控制温湿度的条件下，一般需要采用定露点和再热的调节方法，以适应房间显热负荷的变化。如果房间的湿负荷变化较大，则需要采用变露点和再热调节的方法。

为简便起见，假定室内状态常年维持不变，且湿负荷变化较小，则一次回风空调系统在室外空气状态由冬至夏全年变化时的运行工况如图5-27所示。

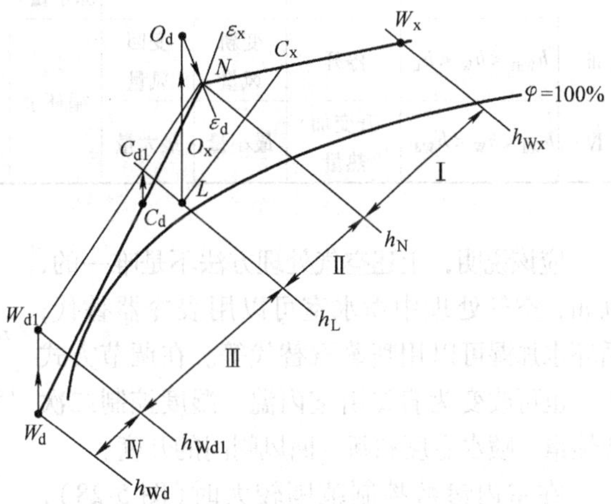

图5-27 一次回风系统的全年运行调节

C_d—冬季室外空气预热前，室内、外空气混合状态点

C_{d1}—冬季室外空气预热后，室内、外空气混合状态点

C_x—夏季室内、外空气混合状态点

L—喷水室处理之后的空气状态点，即“机器露点”

N—夏季室内空气状态点 O_d—冬季空调送风状态点

O_x—夏季空调送风状态点 W_d—冬季室外空气状态点

W_{d1}—冬季室外空气预热后状态点 W_x—夏季室外空气状态点

ε_d—冬季热湿比 ε_x—夏季热湿比

该系统的夏季处理过程为

$$\left.\begin{matrix}N\\W_x\end{matrix}\right\rangle C_x\xrightarrow{\text{冷却干燥}}L\xrightarrow{\text{再热}}O_x\xrightarrow{\varepsilon_x}N$$

冬季处理过程采用绝热喷雾加湿，因此，当冬季室外空气状态 W_d 按最小新风比与室内空气混合后，其混合状态的焓值若低于 h_L 线，则需采用一次加热对新风或新回风混合后的空气进行加热，使其混合状态处于 h_L 线上。因此，冬季处理过程为

$$\left.\begin{matrix}W_d\xrightarrow{\text{加热}}W_{d1}\\N\end{matrix}\right\rangle\longrightarrow C_{d1}\xrightarrow{\text{绝热加湿}}L\xrightarrow{\text{再热}}O_d\xrightarrow{\varepsilon_d}N$$

或

$$\left.\begin{matrix}W_d\\N\end{matrix}\right\rangle C_d\xrightarrow{\text{再热}}C_{d1}\xrightarrow{\text{绝热加湿}}L\xrightarrow{\text{再热}}O_d\xrightarrow{\varepsilon_d}N$$

上述两种处理过程是等价的，不论是先对室外空气加热，还是在与室内空气混合后再加热，其加热量是相同的。

分析室外空气状态变化时空调系统的运行调节方式，要考虑在保证室内温湿度要求的前提下，使系统运行经济可靠。

具有一次回风空调系统的全年运行工况可由四个典型工况区组成，划分工况区的代表性空气参数可用室外空气的焓值。表 5-10 所示为四个工况区的范围、调节方法，室内参数调节及工况区之间的转换条件。

表 5-10 一次回风空调系统的运行调节方法

工况分区	室外空气参数范围	空气处理调节					室内参数调节		转换条件
		一次加热	新风	回风	喷水室	二次加热	温度	相对湿度	
Ⅰ	$h_N < h_W < h_{Wx}$	停开	最小量	最大量	调节喷水温度（控制冷冻水量）	开变加热量	控制二次加热量	控制露点	$h_W \leqslant h_N$ 时转Ⅱ区
Ⅱ	$h_L < h_W < h_N$	停开	全新风	全关					冷冻水全关后转Ⅲ区；$h_W > h_N$ 时转Ⅰ区
Ⅲ	$h_{Wd1} < h_W < h_L$	停开	变新风量	变回风量	循环水				新风量达最小量时转Ⅳ区；$h_W \geqslant h_L$ 时转Ⅱ区
Ⅳ	$h_{Wd} < h_W < h_{Wd1}$	开变加热量	最小量	最大量					一次加热全关时转Ⅲ区

应该说明，上述空气处理方法不是唯一的，例如，空气处理中喷水室可以用表冷器替代；循环水加湿可以用喷蒸汽替代等。在调节方式上，也可改变为直接由室内温、湿度控制二次加热量、喷水温度和新、回风阀门的开度。

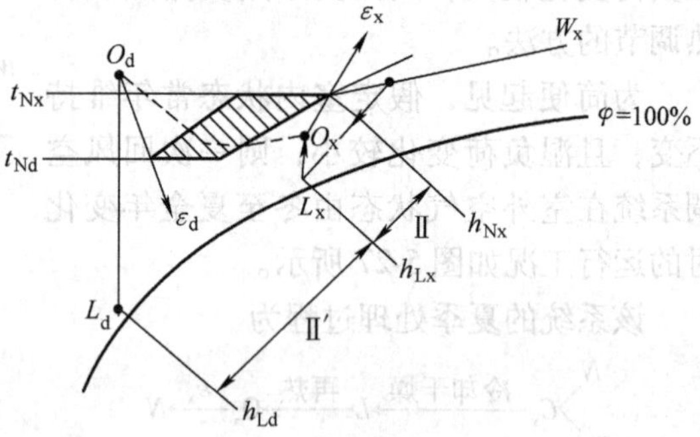

图 5-28 室内参数允许波动区较大时的运行调节

在室内参数控制范围较大时（图 5-28），则可扩大第Ⅱ区，并且采用全新风。为减小冷冻水的使用时间，这一阶段可分两个区间运行，即当 $h_{Lx} < h_W \leqslant h_N$ 时，仍按前述第Ⅱ区方式运行调节；而当 $h_{Ld} < h_W \leqslant h_{Lx}$ 时，则使用全新风加循环水喷雾运行调节，机器露点不需控制，并可将此区定为Ⅱ′区。

空调对象的条件多变，室外空气状态的变化是连续不断的，因而调节过程是一个动态过程。虽然理论上只要室外状态处于各区的分界线上，即具备了工况转换的条件，但在实际运行时，尚应考虑具备工况转换的持续时间，不然，引起频繁的工况转换，对自动控制系统是不利的。

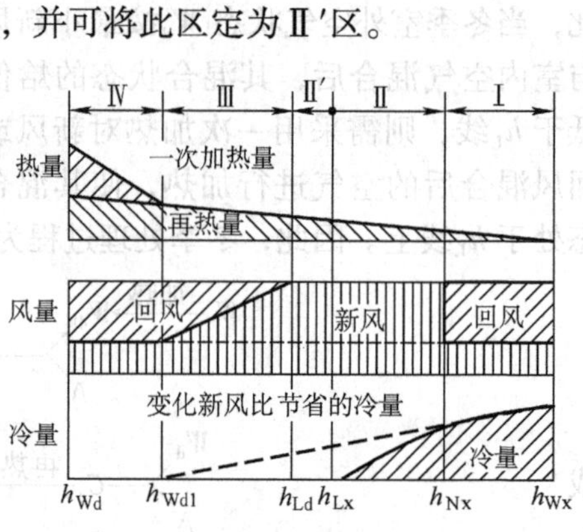

图 5-29 一次回风空调系统的全年运行调节图

为了尽可能地减少空调系统的能量消耗，主要在以下两方面采取措施：①用二次回风，空调箱设旁通，尽量减少二次加热（或再热）的消耗；②增加新风量，最大限度地利用自然冷却作用、排风热回收及推迟使用冷冻机等。由图 5-29 可看出各工况区加热量、风量调节及相应冷量变化。

图5-30所示为集中式全年运行的空调自动控制系统。该系统设有温湿度感应元件T、H，室外新风温度补偿感应元件T_1，送风温度感应元件T_2及室外空气焓或湿球感应元件T_3，风机联锁装置M_1～M_6，以及总控制台。

空调系统全年运行控制方案如下：

1）第一阶段(第Ⅳ区)。新风阀门处于最小开度，保持最小新风量，而一次风阀门在最大开度，总风量保持不变，排风阀处在最小开度。室温控制由感应元件T和T_2发信号，通过调节器M_1的动作，调节再热器的再热量；湿度控制由湿度感应元件H发信号，通过调节器M_4的动作，调节加湿量，直接控制室内相对湿度值。

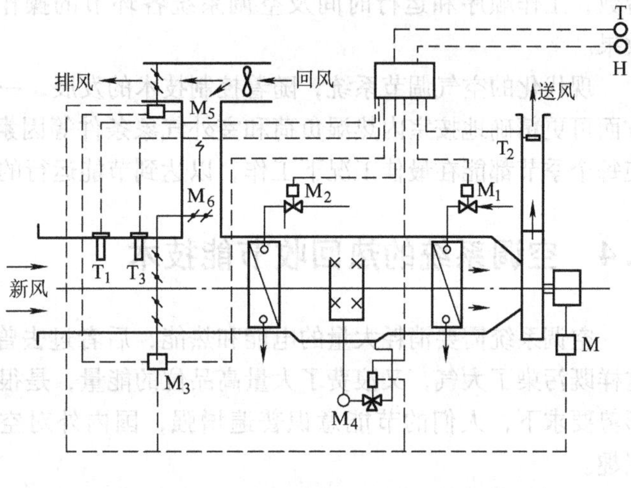

图5-30 集中式全年运行的空调自动控制系统

2）第二阶段(第Ⅲ区)。室内温度仍由感应元件T和T_2通过调节再热器的再热量来控制。在此阶段，湿度感应元件H将湿度调节过程从加湿量调节自动转换为新风和回风量比例的调节。即通过调节器使M_3动作，开大新风阀门，关小回风阀门(总风量不变)，同时相应开大排风阀门，直接控制室内相对湿度。

3）第三阶段(第Ⅱ区)。随着外界气温逐渐升高，新风阀逐步开大，提高了新风量。直至新风阀全开，回风阀全关，则调节过程进入第三阶段。这时，湿度感应元件自动地从调节新回风混合阀门转换到调节喷水室三通阀门，开始启用制冷装置来对空气进行冷却减湿或冷却加湿处理。进而，通过调节器使M_4动作，自动调节冷水和循环水的混合比，以改变喷水温度来满足室内空气相对湿度的要求。此时，室温控制仍由敏感元件T和T_2通过调节再热器的再热量来完成。

4）第四阶段(第Ⅰ区)。当室外空气焓值远大于室内空气焓值时，通过调节器使M_3动作，使新风阀再回到最小开度，保持最小新风量，提高运行经济性。而湿度感应元件H仍通过M_4动作，控制喷水室三通阀门，调节喷水温度，控制室内空气相对湿度。室温控制仍由感应元件T和T_2通过调节再热器的再热量来实现。

在上述一次回风的全年运行空调自动控制方案中，增加一组一、二次回风联动阀门，即可以在第四阶段利用两次回风来调节室温。这样可以保持最小新风比，由室温控制感应元件，通过调节器调节一、二次回风的联动阀门，保持室温的稳定，以此节省再热量，提高装置运行的经济性。

建筑设备自动化系统BAS(Building Automation System)可将建筑物的空调、电气、卫生、防火报警等进行集中管理和最佳控制。包括空调系统冷(热)源的能量控制、焓值控制、新风量控制、设备的起停时间和运行方式控制、温湿度设定控制、送风温度控制、自动显示、记忆和记录等内容，可通过预测室内外空气状态参数以维持室内热舒适环境为约束条件，把最小耗能量作为评价函数，判断和确定系统所需冷量、冷热源和空调机、风机、水泵的运行台数，工作顺序和运行时间及空调系统各环节的操作和运行方式，以达到最佳节能运行效果。

现代化的空气调节系统，随着控制技术的发展，一方面实现了全自动的季节转换，另一方面可更精确地按室内热湿负荷和室外气象条件等因素的变化，利用电子计算机进行控制，使每个季节都能在最佳工况下工作，以达到节能运行的目的。

5.4 空调系统的热回收节能技术

空调系统需要消耗大量的电能和热能，后者过去曾用石油、煤等当做燃料燃烧而取得，这样既污染了大气，又浪费了大量高品位的能量，是很不合理的。在近年的节能政策与节能形势要求下，人们的节能意识普遍增强，国内外对空气调节热回收节能技术引起了广泛兴趣。

5.4.1 空调系统中的能量循环利用

首先，需要了解“空调系统的经济循环”与“免费供冷”。

“空调系统的经济循环”是指在过渡季节当室外空气参数达到一定条件时，空调系统中可以采用全新风送风方式，以达到降温换气的目的，这就是经济循环(Economizer Cycle)。为此，空调设备上应该装有使新风量从最少必要值向最大值切换的构件，同时，回风和排风也将作相应切换。

“免费供冷”就是在室外气象参数满足某些条件时，空调系统只需消耗少量的电力就可以直接从自然界获取冷能的一种技术措施。它涉及两方面：空气侧的免费供冷和水侧的免费供冷。空气侧的免费供冷有三种形式：①直接用室外风向室内供冷，即经济循环；②夏季夜间通风蓄冷降低白天室内温度；③水循环蒸发供冷技术。而水侧的免费供冷主要是利用冷却塔在过渡季或冬季获得低温水向空调系统供冷的技术。

从自然冷能及空调系统本身的“废能”中回收能量，进行能量的再循环利用，以节约空调负荷，可节省空调设备初投资和运行费，是空调系统节能的一项有力措施。

5.4.2 热回收换热装置

在空调系统运行过程中，使状态不同的两种流体，通过某种热交换设备进行全热(或显热)传递，不消耗或少消耗冷(热)源的能量，完成系统需要的热、湿变化过程叫热回收；相应的回收热能的热交换设备叫热回收换热装置。

状态不同的两种流体指状态参数不同的水、空气和制冷剂。热量转移方式，可以仅通过介质之间温度差、水蒸气压力差引起的热质交换来进行，也可以伴随有工质状态改变(蒸发吸热、冷凝放热)来进行。回收热源可以取自排风、大气、天然水、土壤和冷凝放热等。回收数量可以等于处理过程需要量，也可以大于需要量(留存一部分)或小于需要量(再补充一部分)。

热回收装置的性能一般用热效率表示。当进、排气量相等时，热回收效率是用进气参数的变化量与进、排气入口的参数差之比来表示，如图 5-31 所示。

效率表达式为 $$\eta = \frac{x_1 - x_2}{x_1 - x_3} \tag{5-24}$$

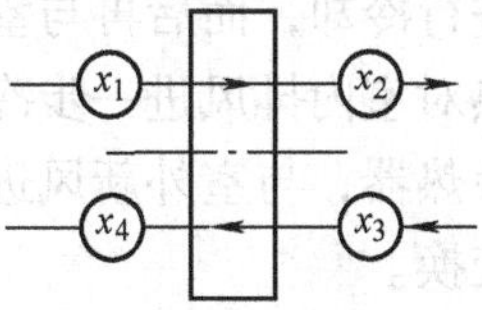

图5-31 换热器参数示意图

这里的 x 可以是空气的温度 t、湿度 d 或比焓 h。

按热交换的性质，空气调节中常采用的余热回收装置(换热器)，可分为显热换热器和全热换热器两种类型。

研究表明，空气全热换热器应用于冬季回收热量时的全热交换效率大于夏季，所以冬季的热量回收效益比夏季更加明显。冬季回收的总热量中，显热回收占主要部分。夏季供冷期回收冷量时，能量回收效益随房间空调设定温度值的降低而提高；回收空调排风的能量中包括显冷和潜冷两个部分，各部分所占的比例因空调工程所在地室外气象条件、空调运行时段和室内空调设定值而异，但潜冷占较大比例。当空调房间的温度设定值越高，相对湿度设定值越低，潜冷量所占的比例就越大。所以，夏季供冷期，潜冷量的回收不可忽视。

热回收的方式很多，如转轮换热器、中间热媒式换热器、板式显热换热器等。不同方式热回收设备的效率、设备费用以及维护保养要求有所不同，表5-11所示是各种热回收方式的概略比较。

表5-11 各种热回收方式的概略比较

热回收方式	效率	设备费用	维护保养	热回收方式	效率	设备费用	维护保养
转轮换热器	A	B	B	板翅式全热换热器	A	B	A
中间热媒式换热器	C	A	A	热管换热器	B	B	A
板式显热换热器	B	B	A				

注：表中A、B、C的排列顺序比较由好至差。

5.4.3 喷淋式全热新风换气机

近年来，结合喷淋式蒸发制冷技术，一些生产厂研制出了喷淋式全热交换新风换气机。该产品以其更高的能效受到人们的重视，并得到了越来越广泛的工程应用。这里以厦门××有限公司生产的ERV系列产品为例，说明它在排风能量回收系统中的应用。

(1) 组成与工作原理 喷淋式全热新风换气机由热回收换热装置、喷淋装置、排凝水装置、箱体外壳、送风机和排风机等组成。机组的结构和工作流程如图5-32所示。

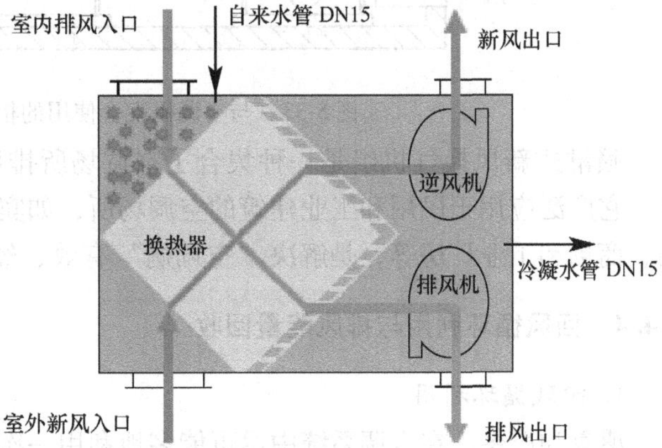

图5-32 喷淋式全热新风换气机的结构与工作流程

注：1. 进出风量比：1:1。
2. 标准制冷工况：室内干球温度27℃，湿球温度19.5℃；室外干球温度35℃，湿球温度28℃。
3. 加湿工作压力：进水工作压力为0.15MPa(自来水水质)，当自来水系统工作压力不足0.15MPa时，需另外购买加压泵。

喷淋式全热新风换气机的原理是让室内空气在未经过热回收换热芯体之前，利用水的蒸发吸热对室内排风进行冷却，而后再与室外新风进行热交换，使其达到更高的热交换效率。即利用水的蒸发吸热对室内排风进一步冷却，使其温度低于室外新风的露点温度，然后再以正交叉流经气-气换热器，与室外新风进行热交换，室外新风在热交换过程中完成降温去湿的过程，实现全热交换。

（2）喷淋式新风换气机的特点　喷淋式新风换气机具有以下特点：

1）节能。充分利用室内排风的冷量，将室外新风预冷，进行能量回收和再循环利用，达到节能目的。

2）环保。采用水蒸发冷却技术，避免了传统制冷剂工质对环境造成的影响和破坏；同时换气机将清新而凉爽的空气（经预冷后的新风）不断地补给到室内，并将室内废气（排风）及时排出，有效地改善室内空气品质，清洁环保。

3）高效。喷淋式新风换气机采用水蒸发冷却技术和高效换热芯体相结合，夏天焓效率（全热效率）可达79.11%，显热效率可达119.7%，较理想地实现了能量的回收利用，具有明显的节能效果。

（3）喷淋式新风换气机在空调工程中的应用　喷淋式新风换气机的风量范围广，从1200～16000m³/h，图5-33所示为换气机与空调机组配合使用时的机房布置。

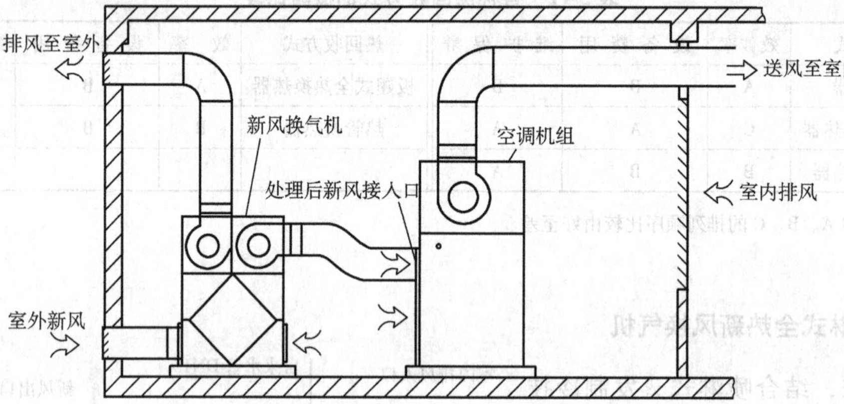

图5-33　与空调机配合使用的柜式机机房布置图

喷淋式新风换气机组是一种集合了空调场所排风、新风及能量回收的新型环保节能设备。它广泛应用于民用和工业建筑的空调场所，如宾馆、饭店、影剧院、体育馆、医院、机场、商场和工业厂房等，是解决“空调病”有效、经济、节能的选择。

5.4.4　回风循环利用与排风能量回收

1. 回风循环利用

盛夏和严冬，在空调系统中尽可能多地利用一次回风，可减小室内外空气的焓差，从而减少空调系统的能耗。对需要设置再热处理段的空调系统，使用二次回风来代替再热器的作用，可节省再热负荷，避免空气处理过程中的冷、热相消，达到节能目的。

2. 排风能量回收

在空调系统中，特别是集中式全空气系统中，空调排风量较大，由此引起的能量损失也比较大。如果能及时回收排风中的能量，并将这部分能运用于冬季预热新风、夏季预冷新风，则对减少新风负荷、节省空调系统的能量消耗具有重要意义。

图 5-34 所示为全热换热器在排风系统中的布置。当利用它回收排风中的“冷”能时，只有在室内排风的焓值低于室外空气的焓值时才有效；当利用它回收“热”能时，只有在室内排风的焓值高于室外空气的焓值时才有效。因此，该装置只有在空调系统取用最小新风量时才启用，而不是全年运行。当室外空气焓值介于冬、夏季室内空气设计焓值之间时，应使新风旁通，直接导入系统。所以，旁通风道应该具备在必要时，使送风空气全部使用新风的可能性。当然，这时室内回风将不通过全热交换器，而直接排向室外。旁通阀可以手动操作，也可以通过新风道和室内回风道上的温湿度传感器进行自动切换控制。

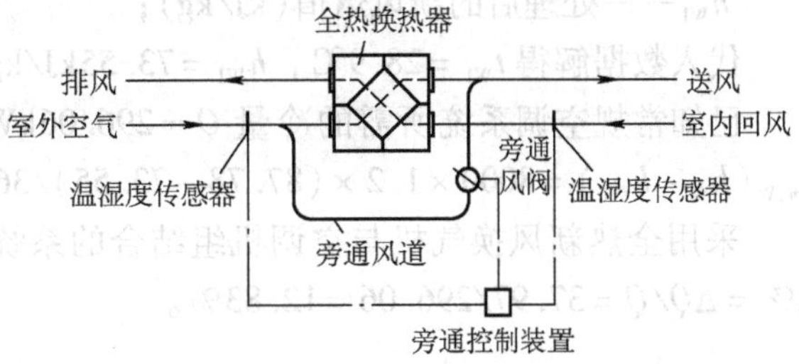

图 5-34 全热换热器在排风系统中的布置

工程中是选用全热换热器还是显热换热器，应核算实际回收效益。夏季室外空气比较潮湿，使用显热换热器回收空调排风能量，效益不佳，经济上核算可能得不偿失。此时，应用全热换热器较合理，一般全热效率可达50%~70%。如果一个空调工程的新风冷负荷占总空调负荷的40%，使用该装置后，可使总空调负荷减少25%左右，冷(热)源容量减小，而且大大节省运行能耗。尤其在夏季，对削减峰值负荷，平衡电网负载也有重要作用。

3. 节能分析

以厦门某商场为例，讨论常用的一次回风空调系统利用全热回收式新风预处理设备在设计工况时的能效情况。设空调系统总送风量 $q_m = 31877.88\text{m}^3/\text{h}$，新风量 $q_{m,\text{W}}$ 为 $8000\text{m}^3/\text{h}$，则回风量 $q_{m,\text{N}}$ 为 $(31877.88-8000)\text{m}^3/\text{h} = 23877.88\text{m}^3/\text{h}$。厦门地区夏季室内外空调计算参数见表 5-12。

表 5-12 厦门地区夏季室内外空调计算参数

室内空气状态 N			室外空气状态 W		
干球温度/℃	湿球温度/℃	相对湿度(%)	干球温度/℃	湿球温度/℃	相对湿度(%)
27.0	21.2	60.0	33.6	30.7	81.0

将 N、W 点及空气热湿处理过程在 h-d 图上表示如图 5-35 所示。

经过全热热交换新风换气机的空气既有显热的变化，还有焓的变化。若显热交换效率 η_x 是 71%，全热交换效率 η_q 是 54%，可计算新风经过新风换气机后的工况点，即

$$\eta_x = \frac{t_W - t_{W1}}{t_W - t_N} \times 100\% \qquad (5\text{-}25)$$

$$\eta_q = \frac{h_W - h_{W1}}{h_W - h_N} \times 100\% \qquad (5\text{-}26)$$

式中 t_N——排风进风口的干球温度，27℃；

t_W——处理前的新风干球温度，33.6℃；

t_{W1}——处理后的新风干球温度(℃)；

h_N——排风进风口的焓值，61.42kJ/kg；

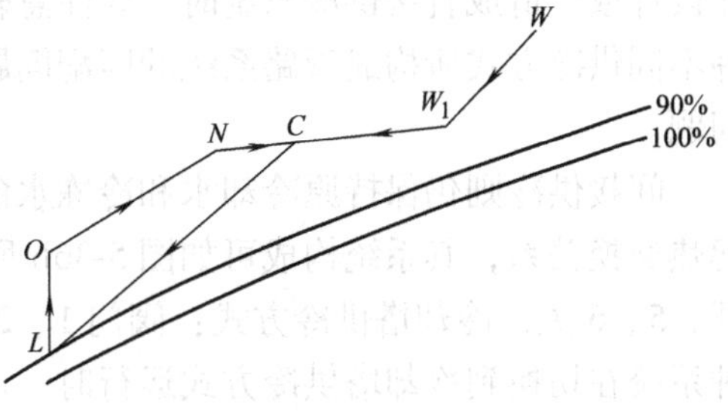

图 5-35 附设热回收新风预处理的一次回风系统

h_W——处理前的新风焓值，87.78kJ/kg；

h_{W1}——处理后的新风焓值(kJ/kg)；

代入数据解得 $t_{W1}=28.9$℃，$h_{W1}=73.55$kJ/kg。

已知常规空调系统所需的冷量 $Q=296.06$kW，热回收新风预处理系统节省冷量 $\Delta Q=q_{m,W}(h_W-h_{W1})=8000\times1.2\times(87.78-73.55)/3600\text{kW}=37.97\text{kW}$(空气密度为 1.2kg/m^3)。

采用全热新风换气机与空调机组结合的系统，设计工况时比常规空调系统节能百分比 $\Delta\%=\Delta Q/Q=37.97/296.06=12.83\%$。

5.4.5 冷却塔的冷能利用

冷却塔的冷能利用是在常规空调水系统的基础上，增设部分管道和管件(或设备)，当室外湿球温度低到某个值以下时，停止冷水机组的运行，用经冷却塔降温了的循环冷却水直接或间接地向风机盘管供冷，以减少制冷机的运行能耗，降低运行费用。

冷却塔冷能利用系统的构成形式主要分为直接供冷和间接供冷两种[91]，如图 5-36 所示。

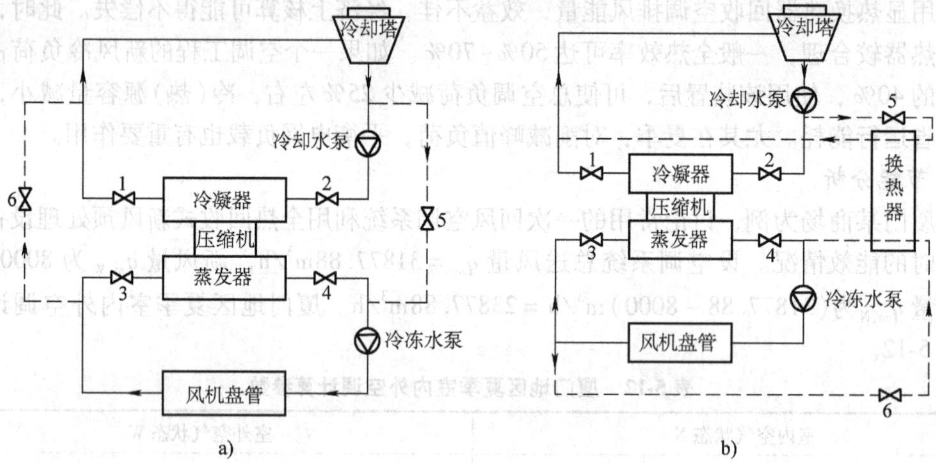

图 5-36 冷却塔供冷系统

a) 直接供冷系统 b) 间接供冷系统

直接供冷系统是将通过冷却塔降温的循环水直接提供给风机盘管去吸收所处理空气的热量，然后再返回到冷却塔降温，其系统构成如图 5-36a 所示。此时，冷水机组供冷方式：阀门 1、2、3、4 开，5、6 关；冷却塔供冷方式：阀门 1、2、3、4 关，5、6 开，冷却水泵关。在设计或改造成直接供冷系统时，要注意转换供冷方式后，水泵的使用及其流量、压头与两种不同供冷方式所构成管路系统的匹配问题。若是使用开式冷却塔，还要考虑水质及其处理问题。

间接供冷则仍保持原冷却水和冷冻水的各自循环，但需增加换热器，使两个水环路建立起热交换关系，其系统构成可如图 5-36b 所示。此时，冷水机组供冷方式：阀门 1、2、3、4 开，5、6 关；冷却塔供冷方式：阀门 1、2、3、4 关，5、6 开。从图 5-26b 中可以看出，这种系统在切换到冷却塔供冷方式运行时，水泵的工作条件不会有大的变化，也不用担心水质问题，而且在多台冷水机组加冷却塔的配置情况下，还可以进行冷水机组和冷却塔供冷两种方式的混合工作，使中央空调系统的运行管理在既满足用户要求，又节能降耗的情况下多一种选择方式和调控手段。

冷却塔供冷技术的使用是有一定局限性的，主要受到空调系统的形式和过渡季节或冬季是否要供冷的限制。从技术经济的角度考虑，还有系统选哪种形式、投资(或改造)费用的回收期、供冷时数是否够长等问题，需要慎重对待。

另一种空调系统热回收方式是采用水冷、风冷式热回收冷水机组。这类机组充分利用制冷压缩机排出的过热气体的高温显热，部分利用制冷剂在冷凝过程中放出的低温潜热，做到冷凝热部分或全部加以利用，从而以一定温度的热水形式提供使用，取得节能效果(详见第8章的8.11)。

5.5 空调系统总耗能量计算

评价建筑物耗能和空调系统节能效果的好坏时，单从设计工况考虑是不够的，需要计算空调全年或季节(期间)的总耗能量。计算方法有当量满负荷运行时间法[83]、负荷频率表法、度日法及计算机模拟计算法。

5.5.1 当量满负荷运行时间法

1. 当量满负荷运行时间 τ_E

全年空调冷负荷(或热负荷)的总和 q_c(或 q_h)，与制冷机(或锅炉)最大出力 q_R(或 q_B)的比值，称为当量满负荷运行时间，即

$$\tau_{E,R}=\frac{q_c}{q_R} \tag{5-27}$$

或

$$\tau_{E,B}=\frac{q_h}{q_B} \tag{5-28}$$

式中 $\tau_{E,R}$、$\tau_{E,B}$——夏、冬季当量满负荷运行时间(h)；

q_c、q_h——全年空调冷、热负荷(kJ/a)；

q_R、q_B——制冷机、锅炉的最大出力(kJ/h)。

2. 负荷率 Σ

全年空调冷负荷(或热负荷)与制冷机(或锅炉)在累计运行时间内总的最大出力之和的比例，称为负荷率 Σ，即

$$\Sigma_R=\frac{q_c}{q_R T_R} \tag{5-29}$$

或

$$\Sigma_B=\frac{q_h}{q_B T_B} \tag{5-30}$$

式中 T_R、T_B——夏、冬季设备累计运行时间(h)。

将式(5-27)代入式(5-29)，将式(5-28)代入式(5-30)，得

$$\Sigma_R=\frac{\tau_{E,R}}{T_R} \tag{5-31}$$

$$\Sigma_B=\frac{\tau_{E,B}}{T_B} \tag{5-32}$$

故
$$\tau_{E,R}=\Sigma_R T_R \quad (5\text{-}33)$$
$$\tau_{E,B}=\Sigma_B T_B \quad (5\text{-}34)$$

上述累计运行时间，是控制制冷机或锅炉从早晨起动至晚上停止运行的时间总和。例如，早晨8时起动，下午5时停止运行，6～9月的四个月制冷机累计运行时间(不包括星期日和节假日)为

$$T_R=9\times25\times4\text{h}=900\text{h}$$

当量满负荷运行时间 τ_E，与建筑物的功能、性质、空调系统采用的节能方式等有关，表5-13所示可供计算时参考。

表5-13 当量满负荷运行时间

序号	建筑类型	最大负荷/(W/m²)		当量满负荷运行时间/h	
		供冷	供热	供冷	供热
1	独立住宅	93	151	860	950
2	共同住宅	69.8	81.4	860	950
3	办公楼	93	105	560	480
4	百货楼	140	81.4	800	340
5	饮食店	128	168.8	1000	1300
6	剧场	128	168.8	950	850
7	旅馆	93	151	1300	1050
8	学校	0	105	0	700
9	医院	93	174	860	1260

3. 空调全年总耗能量

1）设备耗电量按表5-14所示计算。

2）燃料消耗量按表5-15所示计算。

3）耗水(补给水)量按表5-16所示计算。

4）一次能源热量换算。以上计算出的耗电量和燃料消耗量，可换算为一次能源的热能，其换算见表5-17。

表5-14 设备耗电量计算表

序号	设备		耗电量 P 计算式
1	制冷机		$P_R=(\Sigma P_{R,N})T_R\Sigma_R=(\Sigma P_{R,N})\tau_{E,R}$
2	冷冻水泵和冷却水泵	定流量	$P_P=(\Sigma P_{P,N})T_P$
		变流量	$P_P=(\Sigma P_{P,N})T_P(\Sigma_R+\alpha_R)$ $\alpha_R=\dfrac{(1-\Sigma_R)}{n}$
3	冷却塔	全部运行	$P_{CT}=(\Sigma P_{CT,N})T_{CT}$
		台数控制	$P_{CT}=(\Sigma P_{CT,N})T_{CT}(\Sigma_R+\alpha_R)$

（续）

序号	设备		耗电量 P 计算式
4	通风机	定风量	$P_F=(\Sigma P_{F,N})T_F$
		变风量	$P_F=(\Sigma P_{F,N})T_F(\Sigma'+\alpha')$ $\Sigma'=\dfrac{\Sigma_R T_R+\Sigma_B T_B}{T_R+T_B}$ $\alpha'=\dfrac{1-\Sigma'}{n}$
5	锅炉附属设备	一台	$P_B=(\Sigma P_{B,N})T_B\Sigma_B=(\Sigma P_{B,N})\tau_{E,B}$
		两台以上	$P_B=(\Sigma P_{B,N})T_B(\Sigma_B+\alpha_B)$ $\alpha_B=\dfrac{1-\Sigma_B}{n}$
6	锅炉给水泵		$P_{BP}=\dfrac{(\Sigma P_{BP,N})v_{B,N}T_B(\Sigma_B+\alpha_B)}{q_{BP,N}}$

注：$P_{R,N}$——制冷机额定功率(kW)；$P_{P,N}$——冷冻水泵和冷却水泵额定功率(kW)；$P_{CT,N}$——冷却塔额定功率(kW)；$P_{F,N}$——通风机额定功率(kW)；$P_{B,N}$——锅炉附属设备额定功率(kW)；$P_{BP,N}$——锅炉给水泵额定功率(kW)；T_R——制冷机累计运行时间(h)；T_P——冷冻水泵或冷却水泵累计运行时间(h)；T_{CT}——冷却塔累计运行时间(h)；T_F——通风机累计运行时间(h)；T_B——锅炉累计运行时间(h)；n——设备台数；$v_{B,N}$——锅炉额定蒸发量(m^3/h)；$q_{BP,N}$——锅炉给水泵额定流量(m^3/h)。

表 5-15 燃料消耗量计算表

锅炉台数	燃料消耗量计算式
一台	$Q_{fB}=q_{fB,N}T_B\Sigma_B=q_{fB,N}\tau_{E,B}$
两台以上	$Q_{fB}=\Sigma q_{fB,N}T_B\left(\Sigma_B+\dfrac{1-\Sigma_B}{n}\right)$

注：1. $q_{fB,N}$为锅炉额定出力时的燃料消耗量，单位为m^3/h或t/h。

2. 燃料消耗量Q的单位为m^3/a或t/a。

表 5-16 耗水(补给水)量计算表

序号	内容	耗水(补给水)量
1	冷却塔全年总循环水量	$W_{CT,a}=W_{CT,N}T_R n\left(\Sigma_R+\dfrac{1-\Sigma_R}{n}\right)$
2	冷却塔补水量	$W_{W,CT}=0.02W_{CT,a}$
3	锅炉补水量	$W_{W,B}=0.01v_{B,N}T_B\left(\Sigma_B+\dfrac{1-\Sigma_B}{n}\right)$

注：$W_{CT,N}$——冷却塔的额定循环水量(m^3/h)。

表 5-17 一次能源热能换算

标准煤/(kJ/kg)	重油/(kJ/L)	煤油/(kJ/L)	石油液化气/(kJ/kg)	电能/[kJ/(kW·h)]
29307.6	41449.3	37262.5	50241.6	10256.4

注：1kW·h(3600kJ)电能换算为一次能量$\dfrac{3600kJ}{0.9\times0.39}=10256.4kJ$(式中,0.9为输变电效率,0.39为电厂效率)。

5.5.2 负荷频率表法

负荷频率表法是根据计算地点室外空气焓、含湿量、干湿球温度出现的年频率数(用于全年运行的空调系统)，或季节频率数(用于季节性空调系统)，以及空调系统的全年或季节运行工况，计算出不同室外空气状态参数下的加热量、冷却量和加湿量，然后累计计算出全年耗能量或季节耗能量。

1. 频率数

一般根据当地10~15年气象站观测记录值统计求出。由于气象参数具有很大的随机性，为了使统计出来的计算频率数更符合当地的实际，故以标准年(平均年)的实测气象参数统计频率数。

2. 空调耗能量的计算

全年(或季节)空调耗能量(耗冷或耗热)、耗湿量计算公式如下(以1kg风量为准)，即

全热量 q_T[kJ/(kg·a)]

$$q_T = \sum_x [(h_{W,x} - h_N)f_x N] \tag{5-35}$$

显热量 q_x[kJ/(kg·a)]

$$q_x = \sum_x [(t_{W,x} - t_N)f_x N] \tag{5-36}$$

加湿量 W_S[g/(kg·a)]

$$W_s = \sum_x [(d_{W,x} - d_N)f_x N] \tag{5-37}$$

式中 $h_{W,x}$——某一时刻室外空气的比焓(kJ/kg)；

h_N——室内设计状态时的比焓(kJ/kg)；

$t_{W,x}$——某一时刻室外空气的干球温度(℃)；

t_N——室内设计状态的干球温度(℃)；

$d_{W,x}$——某一时刻室外空气的含湿量(g/kg)；

d_N——室内设计状态的含湿量(g/kg)；

f_x——某一室外空气焓值(或干球温度、含湿量值)时的年(或季节)小时频率值，以百分数表示；

N——全年(或季节)运行时间(h)。

空调系统的全年总耗能量 Q(kJ/a)和耗湿量 W(g/a)为

$$Q_T = Gq_T \tag{5-38}$$

$$Q_x = Gq_x \tag{5-39}$$

$$W = GW_S \tag{5-40}$$

式中 G——被处理空气量(kg)。

如果室外空气先与室内空气混合以后，再经加热器、冷却器或加湿器处理，则上述公式中的 $h_{W,x}$，$t_{W,x}$，$d_{W,x}$ 值用混合以后的状态点代入。例如，夏季当室外空气焓值高于室内空气焓值时，则混合空气焓值(kJ/kg)为

$$h_C = h_N + m\%(h_{W,x} - h_N) \tag{5-41}$$

式中 $m\%$——新风比。

5.5.3 度日法

度日法常用来计算采暖期总的累计采暖耗能量。

1. 度日(Degree Days)数

度日的定义是每日的平均温度与规定的基准温度1℃的离差。因此，某一天的度日数，就是基准温度与该天的日平均温度的差值，即

$$D = t_j - t_{pj} \tag{5-42}$$

式中 D——度日数(℃·d)；

t_j——基准温度(℃)；

t_{pj}——日平均温度(℃)。

当 $t_{pj} > t_j$时，取 $D = 0$。

对于一个月
$$D_y = \sum_{i=1}^{m} (t_j - t_{pj}) \tag{5-43}$$

对于全年
$$D_n = \sum_{i=1}^{365} (t_j - t_{pj}) \tag{5-44}$$

式中 D_y——月度日数(℃·d)；

D_n——年度日数(℃·d)；

m——计算天数(d)。

根据式(5-42)、式(5-43)和式(5-44)，可以统计出相应的度日数。

2. 建筑采暖耗热量

建筑采暖耗热量是建筑物围护结构传热耗热、冷风渗透耗热及建筑物内部得热三者的代数和，即

$$Q = Q_c + Q_s - Q_d \tag{5-45}$$

式中 Q——建筑采暖耗热量(kW·h/a)；

Q_c——围护结构传热耗热量(kW·h/a)；

Q_s——冷风渗透耗热量(kW·h/a)；

Q_d——建筑物内部得热量(kW·h/a)。

(1) 围护结构传热耗热量

$$Q_c = 0.024 \sum_{i=1}^{m} \varepsilon_i K_i A_i (D_{18} + \Delta t \cdot Z) \tag{5-46}$$

或
$$Q_c = 0.024 \sum_{i=1}^{m} K_{yi} A_i (D_{18} + \Delta t \cdot Z) \tag{5-47}$$

式中 ε_i——太阳辐射和天空辐射影响的修正系数，按《供暖通风设计手册》表25-9取值；

K_i——围护结构传热系数[W/(m²·K)]；

A_i——围护结构面积(m²)；

D_{18}——以室温18℃为基准的采暖期度日数(℃·d)，按《供暖通风设计手册》表25-10取值；

Δt——全部房间的平均计算温度减18℃后的度数(℃)，居住建筑可取 $\Delta t = -2$℃；

Z——采暖期天数(d/a)；

K_{yi}——有效传热系数[W/(m^2·K)]。

（2）冷风渗透耗热量

$$Q_s = 0.024 c_p \rho n V (D_{18} + \Delta t \cdot Z) \tag{5-48}$$

式中 c_p——空气的比定压热容[kJ/(kg·K)]；

ρ——空气的密度(kg/m^3)；

n——建筑物的平均换气次数(h^{-1})；

V——建筑体积(m^3)。

（3）建筑物内部得热量

$$Q_d = 0.024 qAZ \tag{5-49}$$

式中 q——单位建筑面积的得热量(W/m^2)，一般住宅可取 $q = 3.8\text{W/m}^2$；

A——建筑面积(m^2)。

耗热量指标

$$Q_B \frac{Q}{24ZA} = \frac{Q_c + Q_s - Q_d}{24ZA} \tag{5-50}$$

式中 Q_B——采暖耗热量指标(kW/m^2)。

5.5.4 计算机模拟计算法

计算机模拟计算法是建立在动态负荷计算基础上的一种较精确的计算方法。首先，建立精确的数学模型进行建筑热过程的计算机模拟，计算出任意变动的气象条件下的逐时负荷。该逐时负荷值的计算，需提供平均年中 8760h 的逐时标准气象数据。然后，将逐时计算后全年叠加，得到全年耗能量。目前各国已有标准计算程序可供用户使用。例如，我国清华大学的 DeST 实验室，美国国家标准局的 NBSLD，美国国家能源局的 DOE-2，日本空气调节和卫生工学会的 HASP/ACLD8501、8502 等。

思考题

1. 空调系统中的节能评价指数有哪些？它们分别从哪些方面来评价空调系统的能耗？
2. 说明空调系统耗能的特点。
3. 简述空调系统的节能途径及其节能技术措施。
4. 空调系统的运行能耗包括哪些内容？与哪些因素有关？如何减小运行能耗？
5. 什么是 VWV 系统？什么是 VAV 系统？为什么说对风阀节流调节是不节能的，而只有对风机的变风量调节才是节能调节？
6. 简述半集中式和集中式空调系统的节能调节与控制方法。
7. 什么是空调系统的经济循环？什么是免费供冷？
8. 谈谈你所了解的空调系统的热回收节能技术。
9. 空调系统总耗能量计算方法有哪些？
10. 谈谈你对空调节能的认识。

6

第 6 章

蓄冷空调、蒸发冷却空调和温湿度独立控制空调

6.1 蓄冷空调的发展背景与特点

由于工业发展和人民物质文化生活水平的提高，空调的普及率逐年增长，电力消耗增长迅速，高峰电力紧张，而用电低谷时的电力又得不到充分应用。因此，如何转移高峰电力需求，“移峰填谷”（Peak Load Shifting），平衡电力供应，提高电能的有效利用，就成为当前许多国家重视解决的问题。采用“分时电价”政策以及某些鼓励性政策以推动使用低谷电力的积极性，这就使在用电低谷时进行蓄冷的技术得到重视和发展。

6.1.1 蓄冷空调的发展背景

在夏季，普遍使用的空调已成为高峰用电的主要大户，特别是对商场、办公楼、体育馆、影剧院，负荷的峰谷特点更加突出。许多城市高峰负荷的20%~40%是由商业建筑空调所造成的。由于空调耗电主要集中在温度最高的中午时间区段内，这就使得波浪形电力负荷的高峰更加升高，高峰与低谷间的负荷差拉大。大多数城市电网均面临高峰期电力不够用、低谷期电力用不了的局面。一般气候条件下的负荷变化和夏季电力负荷变化情况如图 6-1 所示。逐年增加的峰谷差给电站的调峰运行带来困难，要满足高负荷必须投入大机组进行调峰。所以，仅靠电站进行调峰已不能满足要求。故通过用户侧（特别是商业）的调荷，来实现“移峰填谷”、均衡负荷，已成为当务之急。

蓄冷空调就是针对这种局面而提出并得以应用的。蓄冷空调将建筑物空调时所需冷量的部分或全部在非空调时间制备好，并以某种形式储存起来供空调时使用。这样，就可将电网高峰时的空调用电量转移至电网低谷时使用，达到“移峰填谷”节约电费的目的。

常用的昼夜蓄冷调荷技术，是让制冷机组在夜间电力负荷低谷期运行，并将产生的冷量储存起来，在次日需要时再将冷量释放出来，满足生产和生活用冷负荷的需求；运用将冷量的生产和冷量的使用在时间上相分离的方法进行调荷，以实现用户侧冷负荷用电的“移峰填谷”，达到均衡电网负荷

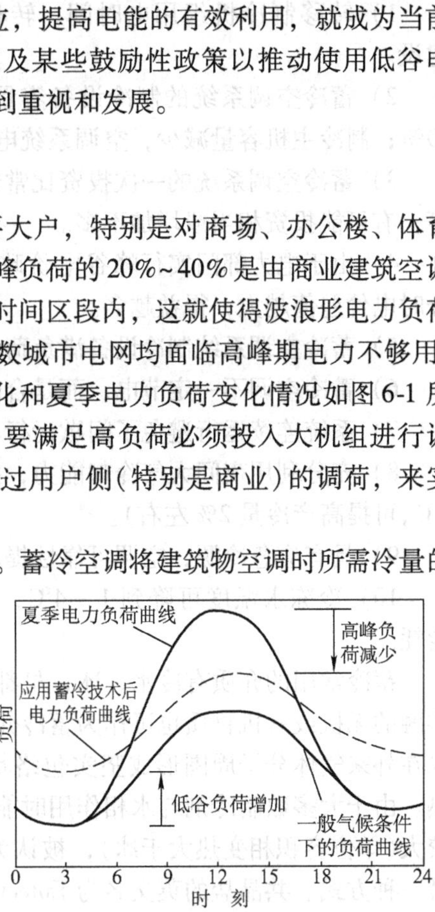

图 6-1 负荷变化的基本特征和应用蓄冷调荷技术的效果

的目的。按常规的空调方式，若某一电网有 100kW 的高峰空调负荷，则同期电力公司必须有 100kW 的装机容量来满足这个负荷要求，但大部分时间用户达不到这个负荷；如果使用分量蓄冷策略，将 50kW 的高峰负荷移至低谷使用，则高峰期用电要求也只有 50kW，电力公司只需有 50kW 的发电容量就可以满足用户的用电需求，节约 50kW 的装机容量。从图 6-1 可看出蓄冷技术“移峰填谷”、均衡负荷的作用。

通过对大量蓄冷工程的实践总结，移 1kW 的低谷电至高峰时段，耗资 2300 元左右。而造 1kW 的电厂，供电至用户变压器耗资 9000 元[84]。高峰时段的缺电可能只有几天，而且可能只是一天中的一个或几个小时，所以发电装机容量的发展和蓄能技术同步发展，是最终解决用电供需矛盾的合理方法。因此，蓄能技术是解决电网用电峰谷差的主要手段之一。

从目前国内外制冷空调设备的发展趋势来看，尽管用热能的吸收式制冷技术得到了较快的发展，但用电动压缩机的制冷在空调和其他应用场合上仍占主导地位。中央空调将是蓄冷调荷技术应用的主要领域，蓄冷空调技术在我国具有良好的应用环境和发展潜力[93-95]。

6.1.2 蓄冷空调的特点

蓄冷空调的特点可归纳如下[93-95]：

1）转移制冷机组用电时间，转移电力高峰期用电负荷，减缓电厂和输变电设施的建设。

2）蓄冷空调系统的制冷设备容量和装设功率小于常规空调系统，一般可减少 30%～50%；制冷主机容量减少，空调系统电力增容费和供配电设施费减少。

3）蓄冷空调系统的一次投资比常规空调系统要高。如果计入供电增容费及用电集资费等，有可能投资相当或增加不多。

4）由于电力部门实行峰谷电价政策，蓄冷空调系统的运行费用比常规空调系统要低；分时电价差值越大，得益越多。

5）蓄冷空调系统制冷设备满负荷、高效运行比例增大，状态稳定，提高设备利用率。

6）蓄冷空调不一定节电，而是合理使用峰谷段的电能。

7）系统连续运行避免了间歇运行不必要的能量浪费。

8）充分利用夜间大气冷却能力，提高制冷机产冷量和性能系数 COP 值(冷凝温度降低 1℃,可提高产冷量 2% 左右)。

9）具有应急冷源，空调可靠性提高。

10）冷冻水温度可降到 1～4℃，可实现大温差低温送风，节省风、水系统的投资和能耗。

蓄冷常用的介质有冷水、冰，虽都是用水，但前者不发生相变，温度在 0℃以上。低温共融的无机或有机物质也可作为蓄冷介质，同样可产生相变。例如，在特定温度和压力下，水在外来气体分子周围形成坚实包络状结晶体，在水和结晶时释放出相当于水结冰的相变热。由于大多数制冷剂与水相作用时能在 5～12℃条件下形成气体水合物，而且结晶相变热较大(单位容积相变热大于冰)，被认为是理想的空调蓄冷介质。共晶盐蓄冷是潜热蓄冷的另一种方式。共晶盐的英文名为 Eutectic Salt，也有人将其音译为“优态盐”，共晶盐蓄冷介质是由无机盐、水、成核剂、稳定剂组成的混合物。在空调蓄冷工程中较常用的是相变温度约为 8～9℃的共晶盐蓄冷材料。其相变潜热约为 95kJ/kg。将此蓄冷材料装在球形或长方形的密封体里，并堆积在有载冷剂(或冷冻水)循环通过的贮槽内组成蓄冷装置。蓄冷介质特性的比较见表6-1。

表6-1　蓄冷介质特性的比较

蓄冷特性 \ 介质类型	冷　水	冰	低温共融体	
			气体水合物	共　晶　盐
蓄冷方式	显热	显热+潜热	潜热	潜热
相变温度/℃	—	0	5~12	8~9
蓄冷量/(kJ/kg)	20.9(12~7℃)	384(12~0℃)	270~465	95

注：表中的部分数据来自于参考文献[83]。

由表6-1可见，用水作介质进行蓄冷的单位质量或体积的蓄冷量小，而冰则由于有相变，约为水的17倍，低温共融性介质(目前价格较高)则介于水和冰之间。由于冰的相变潜热大，其所需占据的蓄冷空间(或容积)与蓄冷水相比约为1/5~1/8，这是考虑到冰体结构、流通通路及结冰率等实际因素后的结果。

另一重要特点是冰蓄冷方式可以提供较低温度的冷冻水(1~5℃,一般2℃左右)，从而可加大处理空气的焓差，为采用低温-大温差送风提供了条件。

6.2　蓄冷空调技术原理与应用

6.2.1　蓄冷系统工作原理

图6-2、图6-3所示分别为常规空调系统和蓄冷空调系统原理图。图6-3所示在常规空调系统的供冷循环系统中增添了一个既与蒸发器并联，又与空调换热器并联的蓄冷槽，并增添了一个水泵2和两个阀门。这样，原供冷循环回路就出现了以下几种新的工作方式：

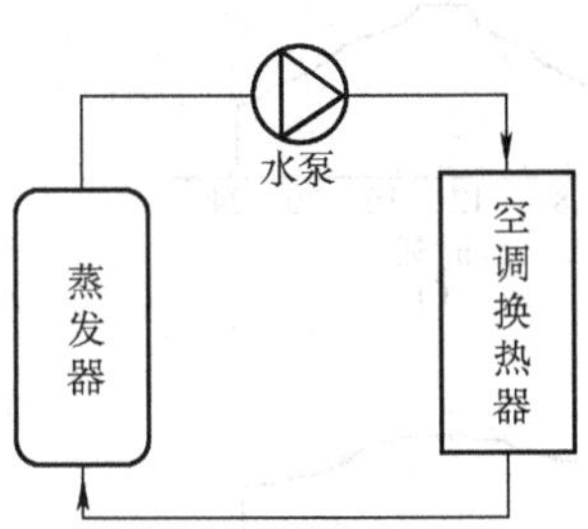

图6-2　常规空调系统原理图

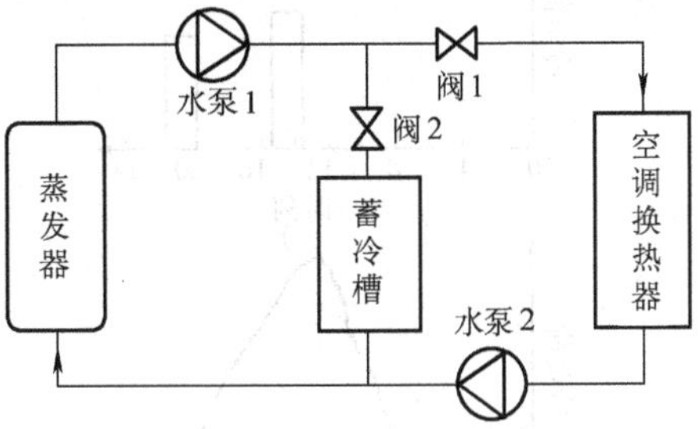

图6-3　蓄冷空调系统原理图

1）常规空调供冷循环。此时蓄冷槽不工作，阀1开，阀2关，水泵1、2开，制冷机直接供冷。

2）蓄冷循环。此时空调换热器不工作，阀1关，阀2开，水泵1开，水泵2关，制冷机向蓄冷槽充冷。

3）联合供冷循环。此时蒸发器和蓄冷槽联合向空调换热器供冷，阀1、阀2开，水泵1、水泵2开。此循环也称部分蓄冷空调循环，因为执行此循环时，蓄冷只是补充制冷机供冷不足部分的空调负荷。这种供冷方式是蓄冷空调遇到的大部分情况。

4）单蓄冷供冷循环。此时制冷机停止运行，水泵1停，阀1、阀2开，水泵2开，空调负荷全部由蓄冷槽的冷量来提供，此循环也称为全量蓄冷空调循环。

目前，国内外用于空调工程的蓄冷方式种类较多，按储存冷能的方式可分显热蓄冷和潜热蓄冷两大类；按蓄冷介质可分为水蓄冷、冰蓄冷、气体水合物蓄冷和共晶盐蓄冷四种方式。以下主要介绍水蓄冷和冰蓄冷的技术原理和工作模式。

6.2.2 冷负荷分布与蓄冷空调的适应性

有资料表明，不同功能建筑物的逐时冷负荷的典型分布如图6-4所示。其中，图6-4a ~ e和g的建筑物，在用电低谷时不用空调或少用（与高峰负荷相比）空调，适合于采用蓄冷空调；而图6-4f和图6-4h为24h均使用空调且负荷变化不大的建筑物，则不适合于采用蓄冷空调。

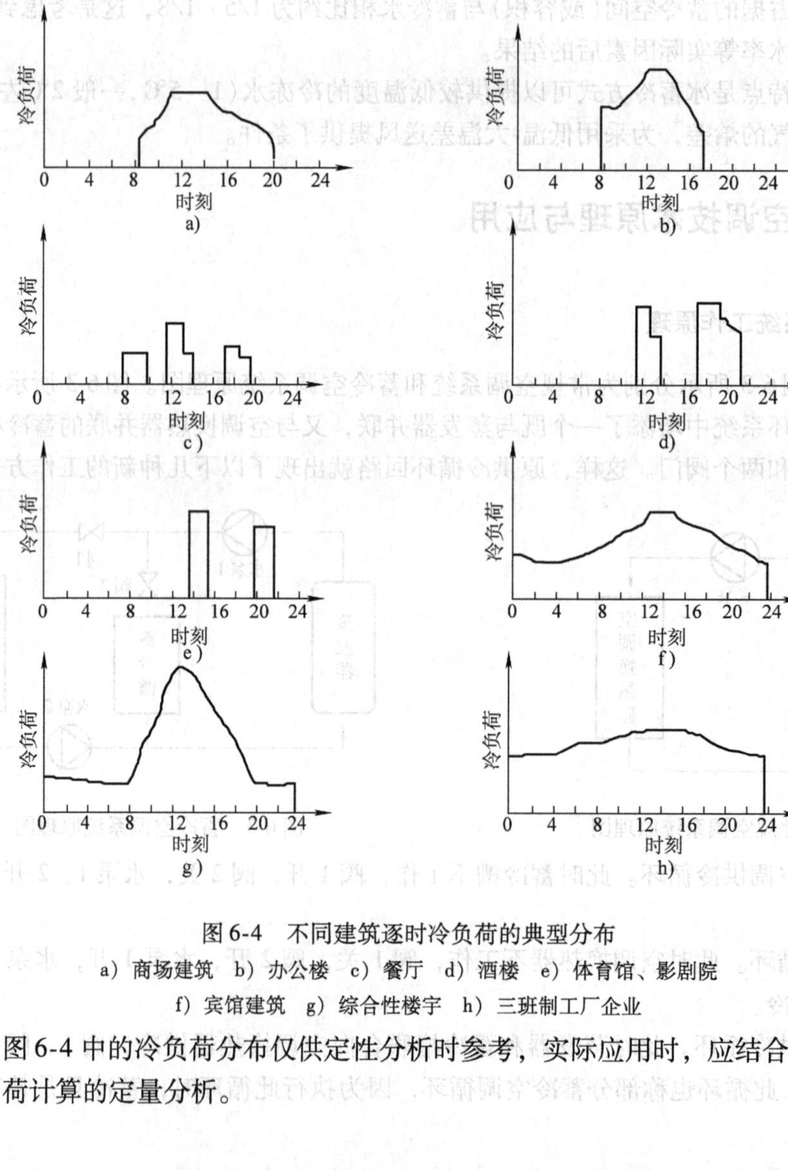

图6-4 不同建筑逐时冷负荷的典型分布

a）商场建筑 b）办公楼 c）餐厅 d）酒楼 e）体育馆、影剧院

f）宾馆建筑 g）综合性楼宇 h）三班制工厂企业

注意：图6-4中的冷负荷分布仅供定性分析时参考，实际应用时，应结合空调工程情况进行逐时负荷计算的定量分析。

6.2.3　水蓄冷空调系统

1. 水蓄冷原理

水蓄冷是利用水的显热进行冷量储存。它是利用4~7℃的低温水进行蓄冷的，该温度与大多数非蓄冷的制冷机组相匹配。水蓄冷的优点是系统简单，投资少，维修方便。可以使用常规空调制冷机组，而且冬季可以用于蓄热。适宜于既可蓄冷又可蓄热的空调热泵机组。另外，制冷机在蓄冷阶段基本上为满负荷运行，制冷效率大大提高，能耗降低。但由于水蓄冷密度小，水的比热容为4.2kJ/(kg·℃)，使蓄冷容积增大，冷损耗大，不易防水保温。

我国曾在一些体育馆建筑(如首都体育馆和上海体育馆等)内采用水蓄冷空调系统。由于受常规空调进水温度7℃和出水温度为12℃的束缚，载冷剂工作温升受到一定限制。因此使蓄水槽体积庞大，其占地面积、造价和蓄冷过程中冷损失都相应增大，给水蓄冷空调系统的普及带来了困难。如果加大载冷剂工作温升，可使蓄冷槽容积减小，工程造价、传热损失及载冷剂输送功率也随之减少。蓄冷温差在6~11℃间的水蓄冷系统，其单位体积的蓄冷容量约为5.9~11.3kW·h/m^3；如果蓄冷温差维持在17℃，其蓄冷容量可达17.7kW·h/m^3。同样的蓄冷容量，水蓄冷系统的空间要求约为冰蓄冷的3~7倍，是共晶盐系统的2~3倍。如果空间条件许可，水蓄冷系统是一种较为经济的储存大量冷量的方式[96]。蓄冷罐体积越大，单位蓄冷量的投资越低，当蓄冷量大于7000kW·h，或蓄冷容积大于760m^3时，水蓄冷是最为经济的。

水蓄冷空调的设计和运行主要应考虑两个方面：

1）提高泵和冷水机组的工作效率。应尽可能增加主机在满负荷的运行时间，同时充分利用低谷电价。

2）减少蓄冷环节能量损失。主要指蓄水槽表面的能量损失和内部传热损失。

蓄水槽表面能量损失主要是指蓄水槽四周的空气和土壤传给冷冻水的热量。对此，应加强蓄水槽外表面的保温。在一定的容积下，应尽可能减少蓄水槽的外表面积和冷冻水蓄存的时间。对埋入地下的蓄水槽，为减少其对周围土壤的传热，特别是当土壤中的水分增加时，散热加强。所以，应隔离蓄水槽和周围的土壤或使周围土壤干燥；同时尽量减少蓄存水的蓄存时间，即采用部分蓄冷模式，只蓄存次日所需冷量即可，可靠的方法是避免蓄水满槽的操作。

蓄水槽内部的传热损失，是指热量由蓄水槽中较高温度的冷冻水传给较低温度的冷冻水。虽然对系统而言没有热损失，但却使槽中部分冷冻水的温度上升并达到空调不可用的温度，使系统的蓄冷量损失掉。同时这部分回水在槽中被冷却，使主机在蓄冷过程中的制冷量也有所损失，且增加了泵的工作量。为了维持尽可能大的蓄冷温差，并防止蓄存冷水和回水的混合，人们采用了多种行之有效的水蓄冷模式：自然分层式、蓄冷槽组式、空槽式及隔膜式等。

2. 水蓄冷系统模式

（1）自然分层式　自然分层水蓄冷是一种结构简单、蓄冷效率较高、经济效益较好的蓄冷方法，目前应用得较为广泛。

水的密度与其温度密切相关，在水温大于4℃时，温度升高，密度减小。而在0~4℃范围内，温度升高，密度增大，见表6-2。自然分层蓄冷就是依靠密度大的水会自然集聚在蓄冷槽的下部，形成高密度水层的趋势进行的。在分层蓄冷中使温度为4～6℃的冷水聚集在蓄冷槽的下部，而10～18℃的热水自然地聚集在蓄冷槽的上部，来实现冷、热水的自然分层。

表6-2 水的密度ρ

t/℃	0	3.98	5	10	15	20	25
$\rho/(10^3 kg/m^3)$	0.99987	1.00000	0.99999	0.99973	0.99913	0.99823	0.99707

图6-5所示为自然分层水蓄冷系统。在蓄水槽中，上、下部设置了两个均匀分配水流的均流器。为了达到自然分层的要求，必须在蓄冷和释冷过程中，温度较高的空调回水（热水）始终是从上部均流器流入或流出，而空调供水（冷水）是从下部均流器流入或流出，以尽可能形成上、下分层水的各自平移动；同时，应使水流以较小的流速均匀流入或流出蓄水槽，减少水的扰动，避免供、回水的混合。

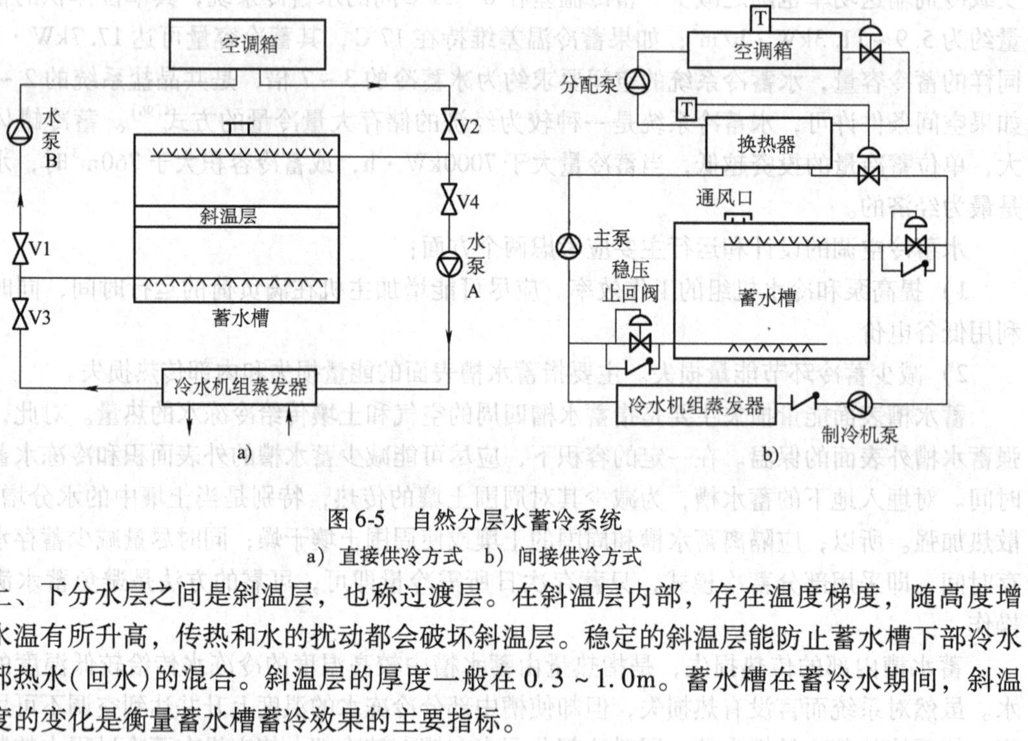

图6-5 自然分层水蓄冷系统

a）直接供冷方式 b）间接供冷方式

上、下分水层之间是斜温层，也称过渡层。在斜温层内部，存在温度梯度，随高度增加，水温有所升高，传热和水的扰动都会破坏斜温层。稳定的斜温层能防止蓄水槽下部冷水和上部热水（回水）的混合。斜温层的厚度一般在0.3～1.0m。蓄水槽在蓄冷水期间，斜温层厚度的变化是衡量蓄水槽蓄冷效果的主要指标。

自然分层水蓄冷系统的工作有两种工况：

1）蓄冷工况。此时阀门V1和V2关闭，V3和V4打开，水泵A和冷水机组运行，水泵B停。从冷水机组来的冷水通过阀门V3，由下部均流器缓慢地进入蓄水槽，而温水则从上部均流器缓慢地流出，通过阀门V4和水泵A进入冷水机组，再降温。随着冷水量的增加，热水量的减少，槽中总水量不变，斜温层将向上移动，直至槽中全是冷水为止，蓄冷过程完成。

2）释冷工况。阀门V1和V2打开，V3和V4关闭，水泵A和冷水机组停，水泵B运行。空调回水通过阀门V2进入上部均流器，缓慢流入蓄水槽，而冷水由下部均流器缓慢流出经阀门 V1 和水泵 B 进入空调箱，与空气进行热湿交换后，温度升高，再进入蓄水槽，直至蓄水槽中充满热水为止，释冷过程结束。

（2）蓄冷槽组式　蓄冷槽组实际上是以垂直的间隔方式，将一个大的蓄水槽分成多个小槽，如图 6-6 所示。这种水蓄冷空调系统在美国和日本都有很多实例。大多将建筑物地下室用作蓄水槽。将一个大的蓄水槽用隔板分隔成多个相互串联的小槽，形成多个蓄水槽的串联形式。

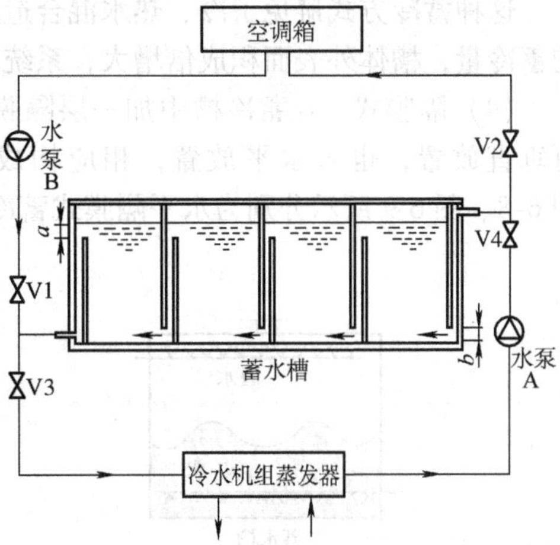

图 6-6　蓄冷槽组水蓄冷系统

1）蓄冷工况。水泵 A 起动，阀门 V3 和 V4 打开，水泵 B 关闭，阀门 V1 和 V2 关闭；冷水从右边第一个蓄水槽的底部进入蓄水槽中，上部的热水溢流至第二个蓄水槽底部进口；以此类推，直至最后蓄水槽中全是冷水，完成蓄冷，图 6-6 中蓄水槽中的箭头表示蓄冷时的水流方向。

2）释冷工况。此时水泵和阀门的动作与蓄冷时相反。空调回水由左边的蓄水槽下部进入，由隔板导流从上部进入蓄水槽，冷水则从第二个蓄水槽下部由隔板导流至上部，这样一直进行下去，冷水从最右边蓄水槽上部流出为空调供冷。

隔板与槽底的间距 b 及隔板与上部水面的间距 a，均起到均流器的作用。在隔板的作用下，无论蓄冷还是释冷，所有槽中均为温水在上、冷水在下，因而可利用水温不同产生的密度差来防止冷热水混合。为了减少“死水区”，a 和 b 的位置应尽可能靠近底部或顶部。隔板可用橡胶制成可移动式悬吊结构的薄片，可随时移动，改变间隔位置，安装和使用方便，价格便宜。

（3）空槽式　这种方式是在蓄冷和释冷结束时，即在蓄冷和释冷转换时，总留有一个空槽，因而称为空槽式水蓄冷系统，如图 6-7 所示。该系统有多个蓄水槽，槽的数量和容量可根据当地用电情况和空调负荷大小决定。

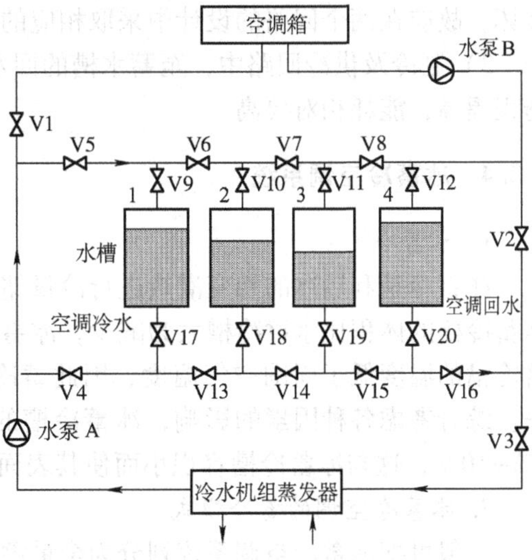

图 6-7　空槽式水蓄冷系统

1）蓄冷工况。开始蓄冷时，槽 1 是空的，热水从槽 2 中抽出，通过阀门 V18、V14、V15、V16、V3、冷水机组、水泵 A、阀门 V5 和 V9 进入槽 1。当槽 1 被冷水充满时，槽 2 中的热水正好被抽光。接着通过阀门的开关控制，槽 3 中的热水按上述的流程降温后，再进入槽 2。依次类推，直到槽 4 中回水抽光为止，蓄冷结束。

2）释冷工况。释冷开始时，槽 4 中无水，从槽 3 抽出的冷水流经阀门 V19、V14、V13、V4、V1，空调箱、水泵 B、V12，进入槽 4。当槽 3 中冷水被抽光，槽 4 中正好充满温度较高的空调回水。接着通过阀门开关控制，槽 2

中的冷水流经空调箱升温后，进入槽 3，这样依次类推，直至槽 1 中的冷水全部被用光为止，释冷结束。

这种蓄冷方式避免了冷、热水混合造成的冷量损失，可以达到较高的蓄冷效率。但同样的蓄冷量，槽体外表面积成倍增大，系统复杂，初投资高。

（4）隔膜式　在蓄冷槽中加一层隔膜，将蓄水槽中的回水与存储的冷冻水隔开。隔膜可垂直放置，也可水平放置，相应构成了垂直隔膜式和水平隔膜式水蓄冷空调系统。图 6-8、图 6-9 所示分别为水平隔膜式蓄冷槽和垂直隔膜式蓄冷槽。

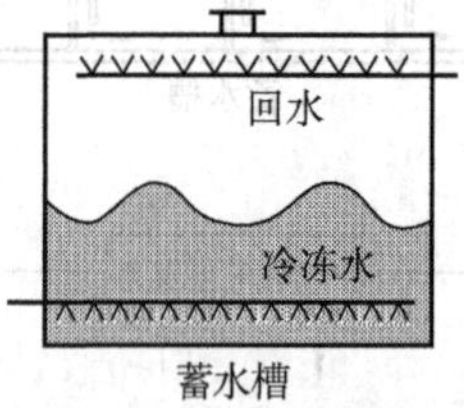

图 6-8　水平隔膜式蓄冷槽

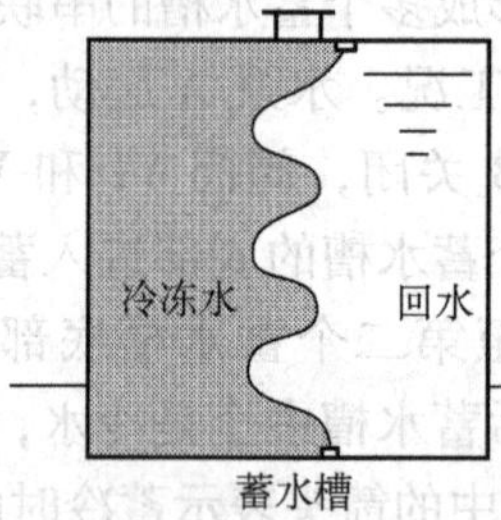

图 6-9　垂直隔膜式蓄冷槽

隔膜一般都是用橡胶布制成的，也可做成一个可左右移动或上下移动的刚性隔板。因垂直隔膜易发生破裂或附着于吸入口而穿孔，因而使用逐渐减少。水平隔膜以上下波动方式分隔回水和冷冻水，可利用水的密度差，将回水存储于冷水上面。这样可有效避免上、下方水的混合，减少蓄冷损失，但应重视隔膜的隔热性能。水平隔膜能维持较高的蓄冷效率，已成功用于许多水蓄冷工程。

空调水蓄冷系统多用开式流程。其主要特点是直接向用户供冷，具有系统简单、一次投资低、温度梯度损失小、确蓄冷效率高等优点。但应注意以下问题：

1）蓄水槽与大气相通，水质易受环境污染，水中含氧量高，且易生长菌藻类植物。为防止系统管路、设备的腐蚀及有机物的繁殖，故需设置相应的水处理装置。

2）整个蓄水槽为常压运行，其制冷及供冷回路应考虑防止虹吸、倒空而引起运行工况破坏，故应在两个回路的设计中采取相应的必要措施。

3）制冷及供冷回路中，至蓄水槽的回水管均处于泄压状态，无法利用静压，致使水泵扬程提高，能耗相对要高。

6.2.4　冰蓄冷空调系统

1. 冰蓄冷

冰蓄冷是利用冰的相变潜热进行冷量储存的。由于 0℃ 冰的蓄冷密度达 334kJ/kg，使得冰蓄冷槽的体积比水蓄冷槽大为减少，冰蓄冷槽的冷损失也比水蓄冷槽小。冷损失的原因是蓄冷槽的温度低于周围空气温度，因此蓄冷槽的蓄冷量会散失到周围空气中去，产生冷损失。综合考虑各种因素的影响，冰蓄冷槽的跑冷量为其蓄冷量的 1%～3%，而水蓄冷槽为 5%～10%，这与冰蓄冷槽容积小而使其表面积减少有关。

2. 冰蓄冷空调的蓄冷模式

一般可把冰蓄冷空调系统划分为全量蓄冰和分量蓄冰两种蓄冰模式。

（1）全量蓄冰　制冷主机只负责在夜间电网低谷期制冰蓄冷，空调所需的所有负荷全部由冰的融化来提供。图6-10所示为全量蓄冰模式下制冰、融冰冷负荷的时段分布示意图。

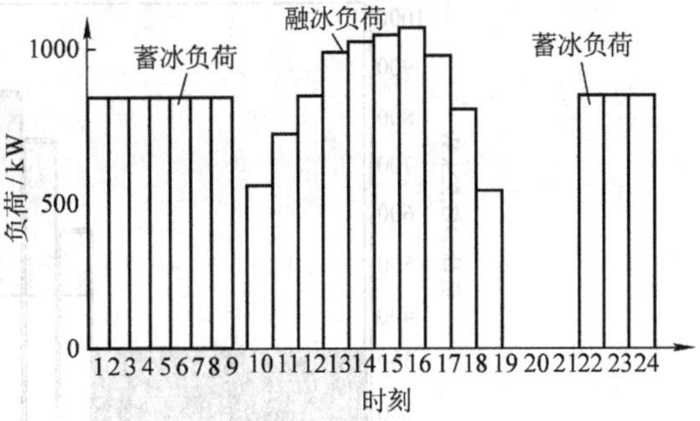

图6-10　全量蓄冰模式空调负荷时段分布

该方案配置由于所有冷负荷都在低谷电价时段制取，所以其运行电费最省，但由于设备的使用效率低(主机高峰期不运行)，所需的主机和储冰器的容量较大。与主机配套的冷却水塔和电力设备也大，一次投资费用最多。因此，全量蓄冰空调系统只适用于负荷集中、使用时间短的建筑，在一般工程中较少采用。

全量蓄冰设备容量计算方法如下：

1）主机容量

$$q_c = \frac{\sum q_i}{n_1 c_f} \tag{6-1}$$

式中　q_c——制冷主机容量(空调工况时的标定制冷量,kW)；

q_i——建筑物逐时冷负荷(kW)，$i=1, 2, 3, \cdots, 24$；

n_1——夜间制冷主机在制冰工况下运行的小时数(h)；

c_f——制冷机制冰时制冷能力的变化率，即制冰工况时的制冷量与空调工况制冷量之比。对螺杆式制冷机，$c_f=0.64 \sim 0.70$，活塞式制冷机，$c_f=0.60 \sim 0.65$，中压离心式制冷机，$c_f=0.62 \sim 0.66$，三级离心式制冷机，$c_f=0.72 \sim 0.80$。

2）蓄冰装置的容量

$$Q_{so} = \varepsilon Q_s = q_c n_1 c_f \tag{6-2}$$

式中　Q_s——蓄冰装置有效容量(kW·h)；

Q_{so}——蓄冰装置名义容量(kW·h)；

ε——蓄冰装置实际放大系数(量纲为一)。

(2) 分量蓄冰　制冷主机在夜间低谷段制取部分冷量，以冰的形式储存。在日间电力高峰期，由储冰器和制冷主机联合供冷，以满足空调负荷的需要。蓄冰负荷占总负荷的比例，可由技术经济分析的评估结果来决定，一般为30%~50%。由于制冷主机日间和夜间都在运行，设备的使用效率高，相对于全量蓄冰模式，主机和蓄冰器的容量最多可减少至近一半。由此可以实现最少的初期投资和最短的投资回收期，其运行电费比全量蓄冰高。在空调负荷需求量锐减的季节(过渡季节)，为减少运行电费，可把分量蓄冰转化为全量蓄冰运行模式。分量蓄冰分主机优先和融冰优先两种运行策略。图6-11和图6-12所示分别是两种运行策略下制冷负荷的时段分布图。

采用主机优先的运行策略所需主机及蓄冰槽容量最小。采用融冰优先的运行策略能更充分地利用低谷电力，运行费用最省。在通常情况下，系统按主机优先设计。实际运行过程中，由于多数时间内建筑物冷负荷都小于设计冷负荷，因此可根据实际所需冷负荷，逐步向蓄冰槽优先直至全量储冰运行策略转化。

按主机优先设计时，设备容量的确定方法如下：

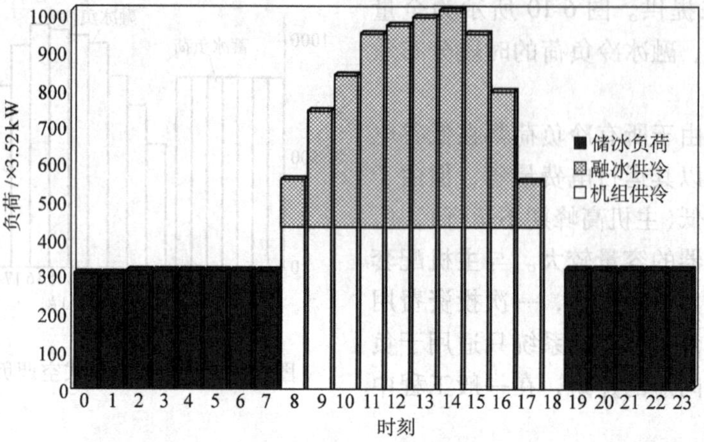

图 6-11　主机优先运行模式空调负荷图

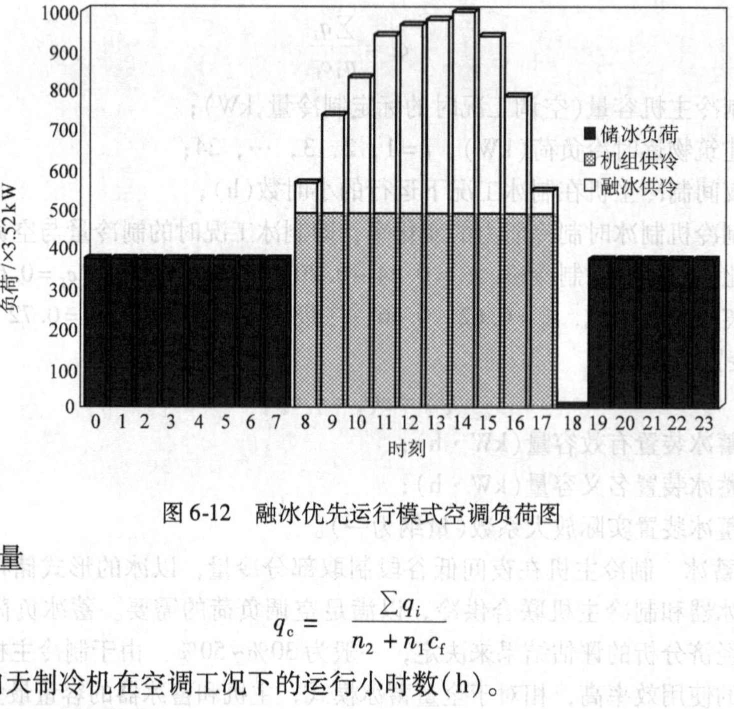

图 6-12　融冰优先运行模式空调负荷图

1）主机容量

$$q_c = \frac{\sum q_i}{n_2 + n_1 c_f} \tag{6-3}$$

式中　n_2——白天制冷机在空调工况下的运行小时数(h)。

2）蓄冰装置的容量

蓄冰装置容量的计算同式(6-2)。

若当地电力部门有其他限电政策时，所选蓄冰量的最大小时取冷量，应满足限电时段的最大小时冷负荷的要求。

3. *冰蓄冷空调系统流程及运行模式*[97]

根据各种运行策略设计的冰蓄冷空调系统种类繁多。按制冷主机和蓄冰设备连接的情况可分为并联流程和串联流程两大类。

1）并联流程。图 6-13 所示为制冷机与蓄冰设备并联流程，其可能的运行模式见表 6-3。

表6-3　并联回路的运行方式及设备、阀门状态

运行方式	制冷机	初级乙二醇泵	次级乙二醇泵	V1	V2	V3	V4
制冰	开	开	关	b-a	a-c	开	关
融冰供冷	关	开	开	调节	a-b	关	开
制冰同时供冷	开	开	开	b-a	调节	开	关
制冷机供冷	开	开	开	b-c	a-b	开	关
制冷机和融冰同时供冷	开	开	开	调节	a-b	开	关

2）串联流程。相对于并联系统，串联配置的冰蓄冷系统主机无论是满负荷还是部分负荷，运行都比较稳定，主机出口温度较高，从而运行效率也高，且较易实现对系统运行的自动控制。此外，串联流程的供、回液温差大，其溶液泵的电功率相应减少，可较经济地实行大温差低温送风空调。因此，实际工程中更多使用的是串联流程。串联又有制冷机置于上游与置于下游两类。与置于下游比较，制冷机置于上游的串联流程由于首先接受换热器温度较高的回流，主机运行时的蒸发温度较高，从而提高了制冷量和制冷系统的COP值。

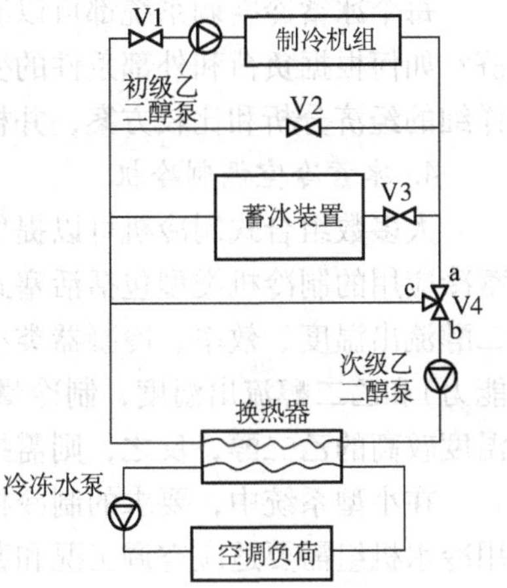

图6-13　制冷机与蓄冰设备并联流程

图6-14和图6-15都是制冷机置上游的串联流程图。图6-14是单泵流程，其运行模式见表6-4；图6-15是双泵流程，运行模式见表6-5。它们是目前工程上较为常用的冰蓄冷系统形式。

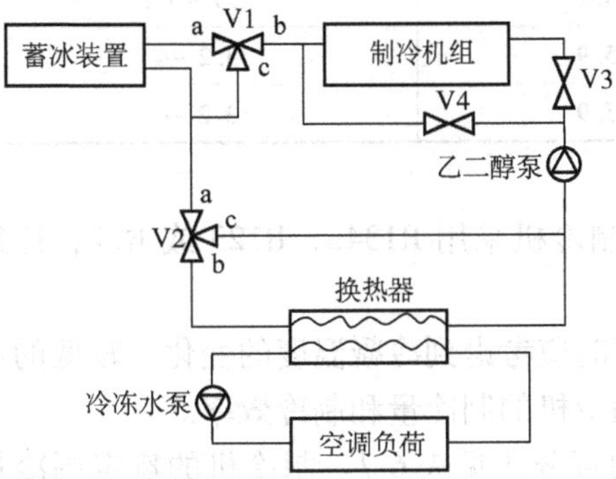

图6-14　制冷机上游串联单泵循环回路流程

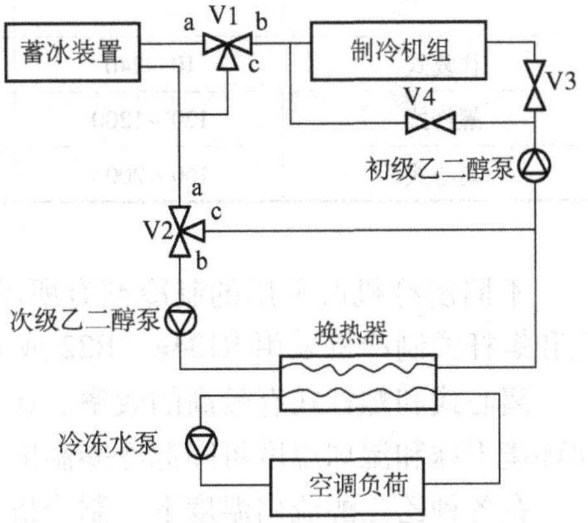

图6-15　制冷机上游串联双泵循环回路流程

表6-4　串联单泵循环回路的运行方式及设备、阀门状态

运行方式	制冷机	乙二醇泵	V1	V2	V3	V4
制冰	开	开	b-a	a-c	开	关
融冰供冷	关	开	调节	a-b	关	开
制冷机供冷	开	开	b-c	开	开	关
制冷机和融冰同时供冷	开	开	调节	a-b	开	关

表 6-5 串联双泵循环回路的运行方式及设备、阀门状态

运行方式	制冷机	初级乙二醇泵	次级乙二醇泵	V1	V2	V3	V4
制冰	开	开	关	b-a	a-c	开	关
融冰供冷	关	开	开	调节	a-b	关	开
制冰同时供冷	开	开	开	b-a	调节	开	关
制冷机供冷	开	开	开	b-c	a-b	开	关
制冷机和融冰同时供冷	开	开	开	调节	a-b	开	关

每个冰蓄冷空调系统都可以有多种供冷运行模式。实际运行中主要采用何种模式较为经济？如何根据负荷和外部条件的变化来改变和调配运行方式？设计人员在工程设计中都应有详细的经济分析和比较方案，并根据分析结果编制运行模式控制程序。

4. 冰蓄冷空调制冷机

大多数组合式制冷机可以提供一个较宽的乙二醇的流出温度范围并适合蓄冷应用。适合蓄冷应用的制冷机类型包括活塞式、螺杆式和离心式。制冷机类型的采用取决于其容量、乙二醇流出温度、效率、冷凝器类型和制冷剂。设计蓄冷系统时，必须估算制冷机容量(制冷能力)和乙二醇流出温度，制冷量随蒸发温度的降低而降低。若蓄冰时间较长，则可以提供温度较高的乙二醇，反之，则需提供温度更低的乙二醇。

在小型系统中，要求的制冷机制冷量将限制某种特殊类型制冷机的使用。空调蓄冰系统用冷水机组需要适应空调工况和蓄冰工况，故常称之为双工况冷机，不同制冷机的额定制冷量范围和制冷系数见表 6-6。

表 6-6 制冷机单机额定制冷量范围和制冷系数

制冷机类型	额定制冷量/3.52kW	制冷系数(制冷量/功耗)	
		空调工况(6.7℃)	蓄冰工况(-5.6℃)
往复式	10～240	3.2～4.1	2.7～3.2
螺杆式	120～1200	4.5～5.9	3.2～4
离心式	160～2000	4.5～5.9	3.2～4

不同制冷机所采用的制冷剂有所不同。离心式制冷机采用 R134a、R123 或 R22；往复式和螺杆式制冷机采用 R134a、R22 或 R717(氨)。

离心式和螺杆式有较高的效率。在评价制冷性能时应考虑到冷凝温度的变化。较低的夜间环境干球和湿球温度可降低冷凝温度，从而提高制冷机的制冷量和制冷效率。

在各种乙二醇流出温度下，制冷机额定制冷量的百分比见表 6-7。制冷机的额定制冷量以将水冷却至 6.7℃为基础。

表 6-7 乙二醇出口温度不同时制冷机额定制冷量的百分比

乙二醇出口温度/℃	6.7	2.2	-5.6
额定制冷量的百分比(%)	97	85	66

额定制冷量依据以下内容来评定：用于供冷工况的 29.4℃冷凝水或 46.1℃冷凝温度；用于制冰工作的 26.7℃冷凝水或 40.6℃冷凝温度。

5. 冰蓄冷空调的系统控制

由于冰蓄冷空调系统中存在运行工况间的转换，因而比一般空调系统复杂。为使空调蓄冰系统既给用户带来较大的经济性，又能保证更灵活的供冷需求，以及更高的可靠性，应配置较完善的参数检测与控制系统，增设必要的自动控制。

冰蓄冷空调的电控系统由电气控制柜、受控设备和系统信息采集用检测仪表三部分组成。根据需要还可配置上位机系统，实现对系统的自动控制，对运行方式的优化控制，无人值守和节假日设定功能。

（1）自动控制功能　控制系统按每天预先编排的时间顺序来控制所有设备的起停及监视各设备的工作状况，主要功能(含选择功能)如下：①控制制冷主机起停、制冷主机故障报警；②控制乙二醇泵、冷却水泵和冷冻水泵起停，乙二醇泵、冷却水泵和冷冻水泵故障报警；③控制冷却塔风机起停、冷却塔风机故障报警；④冷却水和冷冻水泵供水温度监测，乙二醇供/回水温度监测，蓄冰槽进出口温度监测；⑤末端乙二醇流量；⑥室外温、湿度监测；⑦空调冷负荷；⑧各时段用电量及峰谷电量；⑨各种数据统计表格、曲线，存冰量记录显示，各时段用电量及电费自动记录；⑩可实现无人值守运行。

系统可在监控计算机上操作，系统状态由计算机显示，各统计数据可用打印机打印保存。监控计算机脱机下，系统可由控制柜触摸屏手动或自动控制。

（2）优化控制功能　根据室外温度、天气走势、历史记录，自动选择主机优先或冰优先运行方式。自控系统能根据以往的空调负荷曲线和预报的环境温度，选择当天应采用的运行模式，即选择：①主机优先运行；②融冰优先运行；③全量融冰运行模式。

6. 冰蓄冷空调实例分析

某综合大楼空调区域占地面积约40000m^2，包括商场20000m^2、餐厅3000m^2、办公室17000m^{2}等。其中，商场营业时间为8：00～21：00，餐厅开放时间为5：00～21：00，办公室上班时间为8：00～18：00，低谷用电时间为10h。

（1）动态负荷计算　冰蓄冷空调系统的动态负荷计算与常规空调系统一致。计算得该大楼的逐时冷负荷分布见表6-8和图6-16。

表6-8　冷负荷逐时分布

空调时间	空调负荷/kW
8：00～9：00	2710
9：00～10：00	3669
10：00～11：00	5190
11：00～12：00	5550
12：00～13：00	5947
13：00～14：00	6268
14：00～15：00	6386
15：00～16：00	6644
16：00～17：00	6358
17：00～18：00	5641
18：00～19：00	3749
19：00～20：00	3145
20：00～21：00	2621
总计13h	63878

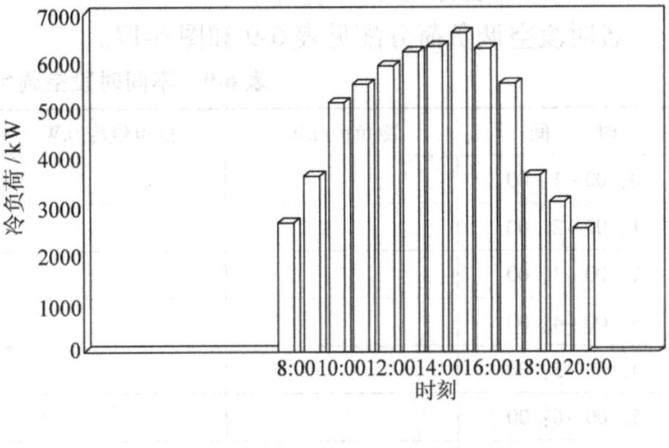

图6-16　冷负荷逐时分布图

（2）选择蓄冰模式　常用的蓄冰模式有两种：全量蓄冰和分量蓄冰。全量蓄冰模式转移尖峰电力最多，运行最节省，特别适合于空调负荷大、使用时间短的场合。但由于其压缩机和蓄冰槽的容量大，初投资大，一般舒适性空调不太合适。分量蓄冰运行时间长，压缩机容量和蓄冰量均明显减少，投资费用大幅度降低，一般舒适性空调均可采用，尤其适合于全天空调时间长、负荷变化大的场合。经综合分析，本大楼采用分量蓄冰模式。

(3) 选择系统流程　在系统流程的安排上，分量蓄冰模式分为主机与蓄冰槽串联或者并联两种。串联方式中，根据主机与蓄冰槽的相对位置的不同又分主机上游和蓄冰槽上游。主机上游回水先流经主机，使主机在较高的温度下运行，提高了压缩机的容量与效率，使能耗降低，这种方式常用于舒适性空调。本系统采用主机上游串联流程。

(4) 选择运行模式　分量蓄冰分冷水机组优先和冰槽优先两种运行模式。冷水机组优先模式机组一直满负荷运行，机组利用率高，机组和蓄冰槽的容量最小，投资最节省。因此，本大楼采用机组优先的运行模式。

(5) 确定设备容量　选择主机优先的蓄冰模式，根据式(6-2)、式(6-3)得设备容量为：

$$制冷机容量\ q_c = \frac{\sum q_i}{n_2 + n_1 c_f} = \frac{63878}{13 + 10 \times 0.68}\text{kW} = 3226.2\text{kW}$$

蓄冰装置的有效容量，即蓄冰量为

$$Q_s = q_c n_1 c_f = 3226.2 \times 10 \times 0.68\text{kW} \cdot \text{h} = 21938.2\text{kW} \cdot \text{h}$$

根据该计算方法得出的制冷机容量需与制冷机组逐时负荷核对，该计算方法的前提是制冷机组蓄冰和供冷都是满负荷运行的。若出现某一小时制冷机组的冷负荷小于制冷机组容量时，则此一小时的制冷机组未满负荷运行，必然造成全天的制冷机组容量不足以满足负荷的要求。本例中有三个小时的制冷机组冷负荷 q_1、q_{12}、q_{13} 小于 q_c，可通过修正 n_2 的方法对制冷机容量重新进行计算。

具体修正计算如下

$$n_2' = (n_2 - 3) + \frac{q_1 + q_{12} + q_{13}}{q_c} = \left[(13 - 3) + \frac{2710 + 3145 + 2621}{3226.2}\right]\text{h} = 12.6\text{h}$$

$$q_c' = \frac{\sum q_i}{n_2' + n_1 c_f} = \frac{63878}{12.6 + 10 \times 0.68}\text{kW} = 3292.7\text{kW}$$

$$蓄冰量\ Q_s' = q_c' n_1 c_f = 3292.7 \times 10 \times 0.68\text{kW} \cdot \text{h} = 22390.6\text{kW} \cdot \text{h}$$

各时段空调负荷分配见表6-9 和图6-17。

表6-9　不同时段空调负荷分配表

时　间	冷负荷/kW	机组供冷/kW	融冰供冷/kW	蓄冰负荷/kW
0：00～1：00				2239
1：00～2：00				2239
2：00～3：00				2239
3：00～4：00				2239
4：00～5：00				2239
5：00～6：00				2239
6：00～7：00				2239
7：00～8：00				2239
8：00～9：00	2710	2710		

（续）

时间	冷负荷/kW	机组供冷/kW	融冰供冷/kW	蓄冰负荷/kW
9：00~10：00	3669	3292.7	376	
10：00~11：00	5190	3292.7	1898	
11：00~12：00	5550	3292.7	2257	
12：00~13：00	5947	3292.7	2655	
13：00~14：00	6268	3292.7	2976	
14：00~15：00	6386	3292.7	3049	
15：00~16：00	6644	3292.7	3351	
16：00~17：00	6358	3292.7	3065	
17：00~18：00	5641	3292.7	2348	
18：00~19：00	3749	3292.7	456	
19：00~20：00	3145	3145		
20：00~21：00	2621	2621		
21：00~22：00				
22：00~23：00				2239
23：00~24：00				2239
总计	63878	41403	22431	22390

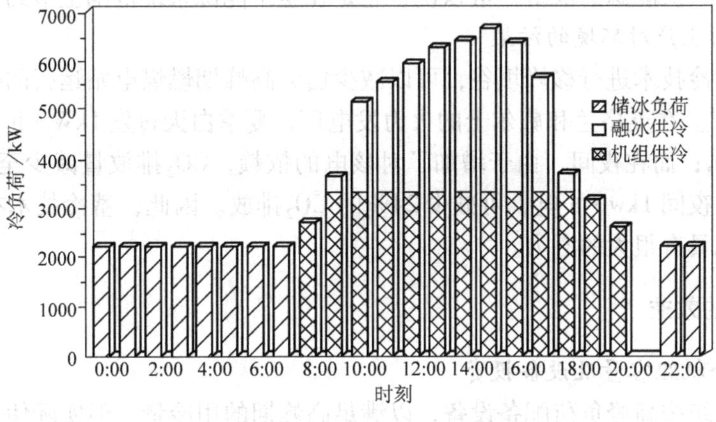

图6-17 空调负荷分配图

6.3 蓄冷空调的效益

随着我国经济的快速发展与人们生活水平的提高，供电与需求的矛盾更为突出。很多工业与民用建筑都要求有空调环境，加剧了用电峰谷矛盾。因此，改变传统的制冷空调方式，寻找新型的较优越的制冷空调方式，便成为目前研究的焦点课题。

采用蓄冷空调，在尖峰时段不制冷或少制冷，可均衡用电负荷，改善电网负载；可把约40%的空调用电转移到低谷时段，明显提高现有发电设备与输配电网的利用效率，提高能源利用率；减少新建电厂和输变电设施的投资，改善电力建设的投资效益。据统计，新建电站每 kW 投资需 3375～10000 元，按 6000 元计，以电网峰谷差中 15% 的高峰负荷转移到低谷，转移 450 万 kW 将为国家节约 270 亿元。同时，少建电厂可以减少环境污染，符合环保政策。充分利用有限的能源资源，符合国家节能和可持续发展战略。

蓄冷技术的应用对于电力生产部门和用户都会产生良好的经济效益和社会效益，并可以实现整个能源系统的节能，产生较好的环保作用[81,93-95]。

6.3.1 电力部门的效益

1. 节约国家电力建设资源

要满足用户的负荷需求、确保电力的供应，按照常规方法，必须不断进行新电站的建设，这需要充足的物力和财力。蓄冷技术的应用是建设新电站的一种替代方法，其投资比建设新电站的投资额要少很多，且建设周期短、见效快。通过有效地移峰填谷，可以缓解对电力建设需求的压力，充分利用现有机组装机容量来满足用户的需求。

2. 提高现有供、配电设备的效率

应用蓄冷技术来实现用户侧的“移峰填谷”，既可以降低电力生产高峰期的电力需求，又可以提高低谷期的负荷水平。这样既缓解白天用电高峰期发电机组调峰运行的紧张状况，又达到稳定电厂机组负荷水平、改善机组运行状况的目的。发电机组在稳定、高效、耗能少的经济负荷下运行，能够降低那些运行不稳定、耗能高、效益差的调峰机组的容量或缩短它们的运行时间，达到全面节能的目的。因此，应用蓄冷技术可以减少用电高峰期调峰机组投入的数量，减少一次能源的浪费。可以说，它是在整个能源系统范围上节约能源的。

3. 降低电力生产对环境的污染

通过应用蓄冷技术进行移峰填谷，可以减少白天高峰期燃煤电站运行的数量，减少烟尘和 CO_2 的排放[96]。在英格兰和威尔士的火力发电厂，夏季白天每发 1kW·h 电就要向大气释放 0.72kg 的 CO_2；而在夜间，由于增加了对核电的依赖，CO_2 排放量减少至 0.55kg。所以，若从白天每转入夜间 1kw·h 电，可减少 24% 的 CO_2 排放。因此，蓄冷技术在减轻气体排放温室效应方面也具有很大的潜力。

6.3.2 用户侧的效益

1. 减少制冷机组容量及设备投资

常规空调系统按高峰负荷配备设备，以满足高峰期的用冷量。但实际使用时，高峰运行时间很短，多数时间在 20%～40% 的容量范围内工作，因此能源利用效率低。采用蓄冷技术可以在空调负荷高峰时，把蓄存的能量释放出来供冷，因此主机的装机制冷量一般可以减少 30%～50%。

2. 提高设备的利用率和运行效率

空调蓄冷系统中制冷设备满负荷运行的比例增大，状态稳定，提高了设备的利用率和制冷机组的运行效率。

3. 减少空调运行费用，增加用户经济效益

为了减少用户负荷快速增长对电力生产的压力，电力部门普遍制定了征收增容费用的措施，故用户制冷机组容量的减少可降低相应的增容费用。同时，电力部门也制定了具有较大

峰谷电价差的分时电价制度(峰期电价:谷期电价=2:1~5:1)。用户制冷机组在夜间用电低谷期运行，可以减少可观的运行费用，获取较大的经济效益。在峰谷电价3:1的情况下，同样的用电负荷，在低谷时运行可节约2/3的电费。

4. 增加空调系统工作的可靠性

蓄冷系统适合应急设备所处的环境，如医院、计算机房、军事设施和电话机房等。空调蓄冷系统在这些场所可作为应急冷源，停电时可利用自备电力起动水泵并且融冰供给空调，避免了事故停电及高峰限电的影响，提高制冷系统供冷的可靠性。从运行控制角度来看，常规供冷系统制冷机组的运行负荷必须随冷负荷的变化而变化，而蓄冷系统实现了制冷和用冷的分离，制冷机组能在最佳设计工况下稳定运行。这样不仅效率高，而且运行可靠。

5. 提高工作空间的环境质量

蓄冷系统制冷机容量的减少也降低了其运行噪声，减少了对隔声设备的要求和所需要的投资。研究表明，对于应用冰蓄冷和低温送风的空调系统，可以通过降低使用区域内的相对湿度，而改善高干球温度环境的舒适程度。美国电力研究所(Electric Power Research Institute,EPRI)根据人的热舒适评价指标对各类人就两种系统的室内环境感受进行了大量实测，证明常规空调和低温送风空调两种环境的舒适效果等同。而且对于办公室等类轻度活动人员而言，低温送风系统的室内环境热舒适感要优于常规送风系统。而且，低温送风系统较小的空气处理设备也减少了空调区域内的噪声释放。

6. 实现制冷空调系统的节能

1）蓄冷系统可使制冷机组在稳定、高效的经济负荷下运行。而且，夜间环境温度的降低会使制冷设备的制冷系数有所提高。常规“即制即用”的制冷系统在负荷经常变化的工况下频繁起停，运行的效率较低。所以，在总冷负荷相同的情况下，蓄冷系统与常规制冷系统相比，运行效率要高。

2）蓄冷系统也为用户制冷设备的运行提供了良好的灵活性。过渡季节不开或少开制冷主机，节能效果明显。

3）用户可以通过运行经验的积累，将计算机控制结合到蓄冷空调系统中。通过负荷预测、控制和运行模式的优化，进一步实现空调系统的节能。

在同样冷负荷下，将两种系统在用户侧的应用效果进行对比，见表6-10。

表6-10　两种系统的比较

项　目	常规制冷系统	带蓄冷的制冷系统	项　目	常规制冷系统	带蓄冷的制冷系统
机组容量	大	小	运行费用	高	低
运行特点	即制即用	夜制昼用	可靠性	低	高
运行负荷	随负荷变化	不变经济负荷	环境质量	较差	得到改善
制冷系数	小	大(结合低温送风)			

6.4　冰蓄冷与低温送风结合的经济性与能耗

国际上首次推出冰蓄冷低温送风空调技术是在1947~1950年期间，美国最先应用于住宅和小型商业建筑的改造工程上。我国近几年来也开始了发展，虽然已进入实用化阶段，但仍然有很多问题需进一步深入研究和解决。需要在消化吸收国内外冰蓄冷低温送风系统设计经验的基础上，以节能降耗和提高室内空气品质为目的，探讨冰蓄冷低温送风空调的特殊变化规律。

6.4.1 冰蓄冷与低温送风的结合形式

如图 6-18 所示，冰蓄冷与低温送风空调有三种典型的结合形式：①一次冷源 + 低温送风散流器；②一次冷源 + 二次冷源 + 串联式混合箱；③一次冷源 + 二次冷源 + 诱导式风机盘管。图 6-18a 中末端为低温送风散流器；低温冷源采用冰蓄冷系统或部分冰蓄冷系统，以低温制冷机为辅助冷源，所用冷源均是一次冷源。图 6-18b 中空调系统为串联式混合箱(也可用低温送风散流器)。冰蓄冷冷源供冷时，融冰水(一次冷源)供低温盘管，部分冰水与回水混合(二次冷源)后供高温盘管。白天以常规空调工况运行，夜晚用盘管制冰。也可采用双工况制冷机组，或采用两个冷源，即一个低温冷源，一个常规冷源。图 6-18c 中，空调系统末端送风装置为诱导式风机盘管机组，在保证新风要求的前提下，一次风可以采用适当比例

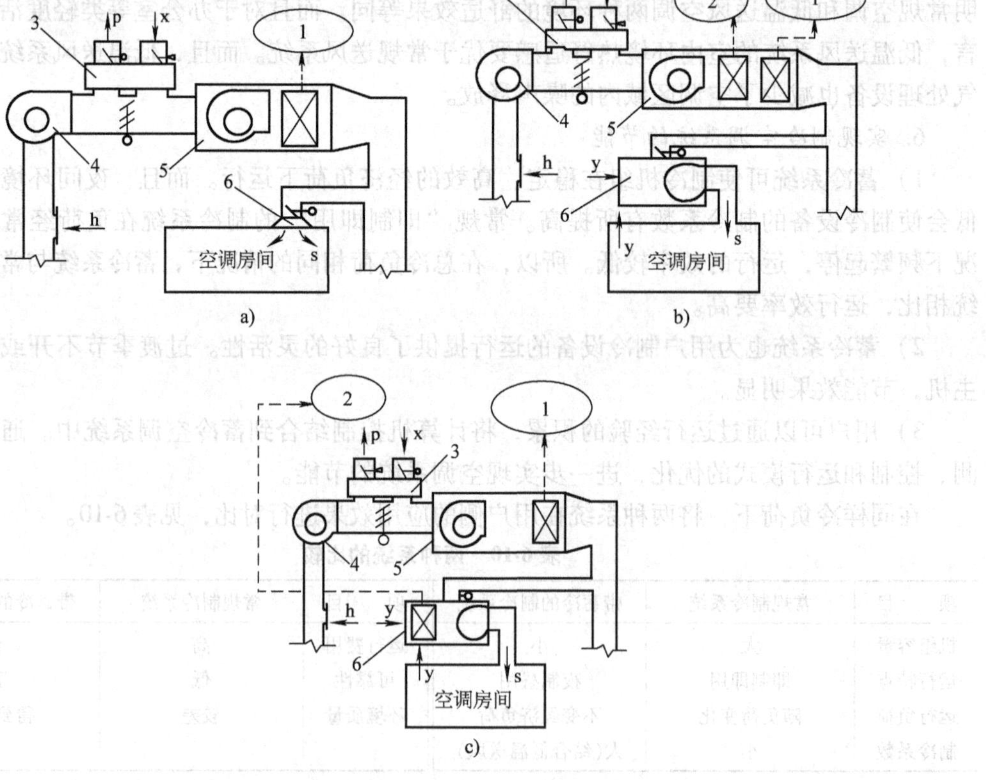

图 6-18　冰蓄冷冷源与低温送风空调系统的结合形式

a）一次冷源 + 低温送风散流器　b）一次冷源 + 二次冷源 + 串联式混合箱

c）一次冷源 + 二次冷源 + 诱导式风机盘管

1—一次冷源　2—二次冷源　3—热回收装置　4—回风机　5—一次风处理装置　6—末端送风装置

s—空调房间送风　y—末端送风装置诱导的空调房间的空气　h—回风　p—排向室外的空气　x—室外新风

的新、回风混合。冰蓄冷冷源供冷时，融冰水作为一次冷源供空调箱中的低温盘管，部分冰水与回水混合后的二次冷源供室内诱导器，以充分利用冷源的冷量。

在常规空调中，送风温差一般控制在8～10℃，送风温度在15～18℃之间。如果系统有再热，则盘管出风温度为12℃左右。而冰蓄冷盘管出风温度可降至6～8℃，送风温差可达20℃左右。上述运行方式中，送到空调器的大都是0～4℃的低温水，只要充分利用低温水的优势，便可弥补因设置冰蓄冷而增加的初投资，进而提高整个空调系统的COP值。所以推广低温送风系统是发展冰蓄冷空调的关键，而冰蓄冷又促进了低温送风空调的发展[94]。

6.4.2　低温送风系统的组成及特点

1. 低温送风系统的组成及工作原理

低温送风空调系统主要由供冷能源中心、变风量末端装置、变风量空调机组、风道系统、自动控制系统等组成。

图6-19所示为低温送风系统组成及原理。由供冷能源中心3将1～4℃的低温流体送入变风量空调机组2的表冷器，使空调机组的出风温度达4～10℃，并向空调区域各变风量末端装置4输送一次冷风。变风量末端装置4根据负荷变化，调节该区域的一次冷风送风量，使房间维持在设定温度。自动控制系统1根据风道系统5的静压信号，变频调节空调机组送风量，同时根据来自送风温度传感器的温度信号，调节表冷器的水量调节阀，以维持某个设定的送风温度稳定不变。

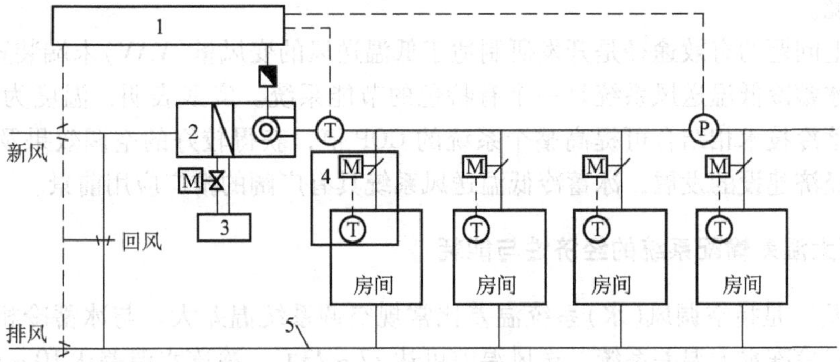

图6-19　低温送风系统组成及原理图

1—自动控制系统　2—变风量空调机组　3—供冷能源中心　4—变风量末端装置　5—风道系统

2. 低温送风空调的特点

许多文献[95,98-99]分析了低温送风空调，其主要特点可归纳如下：

（1）舒适性　低温送风带来室内较低的相对湿度。在相对湿度为35.6%～45.6%的情况下，干球温度可比一般室内舒适性设定温度提高1～2℃，而居住者同样会感觉舒适。这种效果可使制冷耗能量减少5.6%～10.6%。同时较小的空气处理设备也减少了空调区内的噪声，由此也增加了舒适度。

（2）保温及凝露　低温送风系统易于凝露，其系统及管路的保温非常重要。取保温层内表面传热系数$h=9.3\text{W}/(\text{m}^2\cdot\text{K})$，保温层外表面传热系数$h=34.9\text{W}/(\text{m}^2\cdot\text{K})$，保温材料用50mm厚玻璃棉复合铝箔，热导率$\lambda=0.044\text{W}/(\text{m}\cdot\text{K})$。由计算可知，当空调器盘管出口空气干球温度等于5℃时，周围环境空气干球温度等于33℃，相对湿度在73%以下，风道不会凝露。在一般室内条件(27℃,50%)下，低温送风温度为8℃时，风口也不会凝露。在低温送风系统中，保温是很重要的环节，必须确保保温层无渗漏，无冷桥反应，以免出现凝露现象。

（3）低温送风的输配系统　由于低温送风空调的“低温”与“大温差”，使得水系统和风系统管路的管道截面积大大缩小，节约了建筑空间。同时，动力设备的功耗减少，节约电能。

（4）监管系统运行的DDC控制　低温送风系统除常规的手动装置外，当前自动控制多采用DDC(直接数字控制)带中央程序控制的计算机控制系统。根据回风露点温度，自动确定每个可保证舒适的室内干球温度设定值，根据回风露点控制启动时的送风温度，实行软启动，以避免末端装置上出现凝露。同时DDC系统可根据回风中CO_2的含量来保证室内实际所需的新风量，满足卫生条件和节能要求，充分发挥低温送风的节能效益。

但低温送风系统运行时也同时存在以下几个问题：

1）低温送风因低温而减小了送风量，会使空调区域空气流速过低及气流循环量较低，一定程度上影响到空调区域的舒适性。

2）由于低温送风远低于常规空调送风温度，若直接进入空调区域，会产生局部温度过低，室内温度不均匀而影响舒适感。

3）低温送风系统的送风温度若不采取特别措施，会低于空调区域空气的露点温度，引起气流的“白雾”。在系统刚启动时，尤为明显，还会在送风口产生“凝露”和滴水现象，影响室内环境。

解决以上问题的有效途径是开发研制适于低温送风的变风量(VAV)末端装置。

总之，冰蓄冷低温送风系统是一个有特色的节能系统。实践表明，温度为6~8℃的低温送风与冰蓄冷技术相结合可提高整个系统的COP值，获得较好的空调效果及较好的经济效益。随着经济建设的发展，冰蓄冷低温送风系统具有广阔的推广应用前景。

6.4.3 低温大温差输配系统的经济性与能耗

“大温差”是指空调风(水)系统温差比常规空调系统温差大。与冰蓄冷相结合的低温送风大温差和冷冻水大温差系统，送风温差可达17~23℃，冷冻水温差达10~15℃[100]。

通过水力计算，可以分析冰蓄冷低温大温差空调与常规空调输配系统在管径尺寸、管路阻力及电耗方面的差异。一些文献[101-103]对26℃空调房间进行了实例分析，研究结果表明：

1）低温大温差系统(送风温度6℃,送风温差20℃)的送风量比常规空调系统(送风温度16℃,送风温差10℃)减少约50%，风管断面积减少约50%，风机轴功率减少约48%。

2）低温大温差系统(冷冻水温度2.5℃,供回水温差12.5℃)的供水量比常规空调系统(冷冻水温度7℃,供回水温差5℃)减少约60%，水管断面积减少约60%，水泵理论轴功率减少约55%。

因此，与常规系统相比，低温大温差输配系统的电力消耗显著降低，是一种经济和节能的供冷方式。将此优点与冰蓄冷系统转移电力负荷的特点相结合，是一种非常具有竞争力和吸引力的空调方式。

6.5　蒸发冷却空调

6.5.1　蒸发冷却技术及其设备

1. 蒸发冷却技术

蒸发冷却是利用水蒸发吸热，在没有别的热源的条件下，周围空气将显热传递给水，空气温度下降；同时水蒸发到空气中，使空气含湿量增加，而且还增加了水蒸气带入的汽化热。当这两种热量相等时，水温达到湿球温度。只要空气未饱和，利用循环水直接(或通过填料层)喷淋空气就可获得降温效果。在允许条件下，可以利用该空气作为送风以降低室温，这种处理空气的方法称为蒸发冷却。

蒸发冷却技术设备成本低，节电节能，可减少温室气体和CFC_S排放。近年来广泛用于民用建筑的舒适性冷却，同时还用于纺织厂、铸造车间等工业建筑中，以提高车间舒适度。

2. 蒸发冷却器类别

蒸发冷却器有直接蒸发冷却器、间接蒸发冷却器和复合蒸发冷却器三种形式。图6-20所示为一种单元式直接蒸发冷却器[104]。

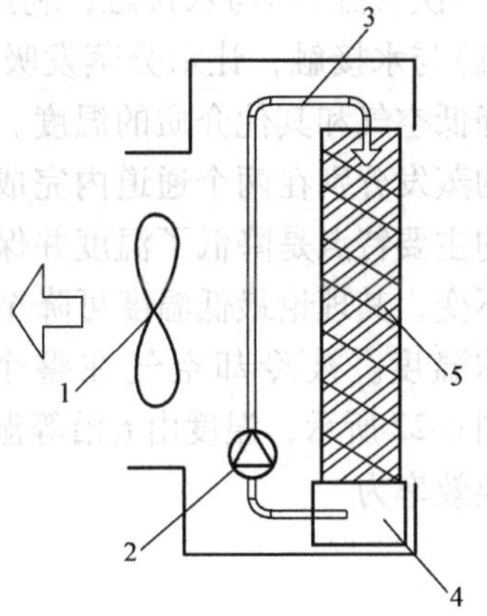

图6-20　单元式直接蒸发冷却器
1—轴流风机　2—水泵　3—喷水管路
4—水盘　5—填料层

直接蒸发冷却器通过与水直接接触冷却空气，或通过湿表面材料冷却空气。在降低空气温度时，空气被加湿，实现对空气的绝热降温加湿过程，因而适于干燥地区。

间接蒸发冷却技术是先利用辅助气流经喷淋水(循环水)直接蒸发冷却后，再通过空气—空气换热器实现对被处理空气的减焓等湿冷却，降低送风温度。这种方式避免了将过多湿量带入室内，因而除干燥地区外，还适于中等湿度地区应用。

复合蒸发冷却器则是将直接蒸发冷却和间接蒸发冷却组合起来应用的多级蒸发冷却器。

6.5.2　蒸发冷却器的空气处理过程及能效

1. 直接蒸发冷却

直接蒸发冷却器是空气直接通过湿表面接触使水分子蒸发而达到冷却的目的的，其主要特点是空气在降温的同时湿度增加，而比焓值不变，其理论最低温度可达到被冷却空气的湿球温度。被冷却空气在整个过程的焓湿变化如图6-21所示，温度由t_1沿等焓线降到t_2，其热湿交换效率(饱和效率)为

$$H_{DEC}=\frac{t_1-t_2}{t_1-t_{s1}} \tag{6-4}$$

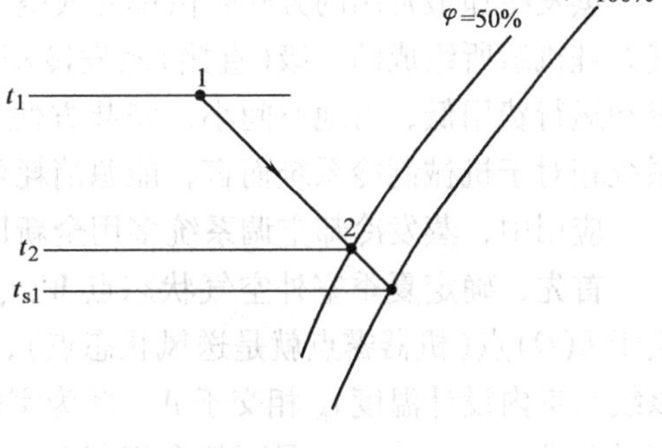

图6-21　直接蒸发冷却过程h-d图

式中 t_1——进风干球温度(℃)；

t_2——出风干球温度(℃)；

t_{s1}——进风湿球温度(℃)。

直接蒸发冷却空调的经济性能评价指标 EER_{DEC}，可表述为

$$EER_{DEC} = EER\frac{\Delta t_{des}}{\Delta t_{avr}} \tag{6-5}$$

式中 EER——按常规制冷模式计算的直接蒸发冷却空调的能效比；

Δt_{avr}——供冷期平均干湿球温度差(℃)；

Δt_{des}——当地设计干湿球温度差(℃)。

2. *间接蒸发冷却*

间接蒸发冷却器是通过换热器使被冷却空气(一次气流)不与水接触，利用另一股气流(二次气流)与水接触，让水分蒸发吸收周围环境的热量而降低空气和其他介质的温度。一次气流的冷却和水的蒸发分别在两个通道内完成，因此间接蒸发冷却的主要特点是降低了温度并保持了一次气流的湿度不变，其理论最低温度可降至蒸发侧二次气流的湿球温度。被冷却空气在整个过程的焓湿变化如图6-22所示，温度由 t_1 沿等湿线降到 t_2，其热湿交换效率为

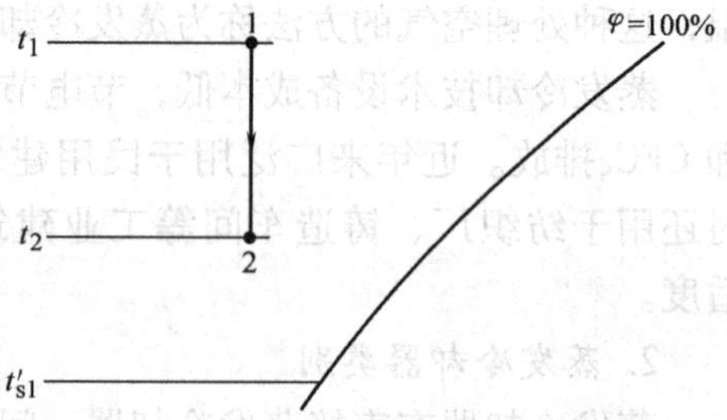

图6-22 间接蒸发冷却过程 *h-d* 图

$$\eta_{IEC} = \frac{t_1 - t_2}{t_1 - t'_{s1}} \tag{6-6}$$

式中 t_1——一次气流进风干球温度(℃)；

t_2——一次气流出风干球温度(℃)；

t'_{s1}——二次气流进风湿球温度(℃)。

6.5.3 蒸发冷却空调系统及应用

《公共建筑节能设计标准》(GB 50189—2005)5.3.24 规定：在满足使用要求的前提下，对于夏季空气调节室外计算湿球温度较低，温度日较差大的地区，空气的冷却过程宜采用直接蒸发冷却、间接蒸发冷却或直接蒸发冷却与间接蒸发冷却相结合的二级或三级冷却方式。

蒸发冷却最常用的方式是由单元式空气蒸发冷却器，或只有直接蒸发冷却段的组合式空气处理机组所组成的一级(直接)蒸发冷却系统。该系统制造技术和工艺都相对成熟，初投资和运行费用低，占地空间小，安装方便。在低湿球温度地区，一级(直接)蒸发冷却空调系统相对于机械制冷系统而言，能源消耗可节约60%~80%[104]。

应用中，蒸发冷却空调系统多用全新风系统。

首先，确定夏季室外空气状态点 $W(t_w, t_{Ws})$，然后从 W 作等焓线与 $\varphi=90\%\sim95\%$ 线相交于 $L(O)$ 点(机器露点就是送风状态点)，通过 L 点作空调房间的热湿比线($\varepsilon=\sum Q/\sum W$)，该线与室内设计温度 t_N 相交于 N，此为室内空气状态点。检查室内空气的相对温度 φ_N 是否满足要求，$\Delta t_O = t_N - t_L$ 是否符合规范要求，如图6-23所示。

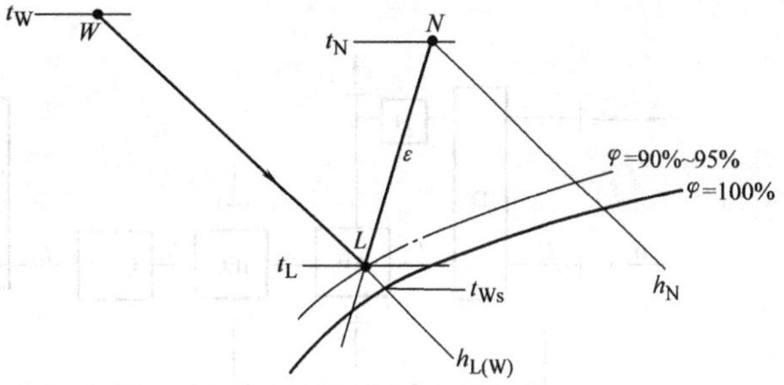

图6-23 一级直接蒸发冷却系统夏季空气处理过程

空气处理过程为

$$W \xrightarrow[\text{直接蒸发冷却器}]{\text{绝热加湿}} L \xrightarrow{\varepsilon} N \longrightarrow \text{排至室外}$$

空调房间的送风量 G(kg/s)为

$$G = \frac{\sum Q}{h_N - h_L} \qquad (6\text{-}7)$$

直接蒸发冷却器处理空气所需显热冷量 Q_0(kW)为

$$Q_0 = Gc_p(t_W - t_L) \qquad (6\text{-}8)$$

式中 c_p——比定压热容，取1.01kJ/(kg·K)；

t_W、t_L——夏季室外干球温度、夏季机器露点温度(℃)。

直接蒸发冷却器的加湿量 W(kg/s)为

$$W = G(d_L - d_W)$$

【例6-1】 某办公楼，室内设计状态参数为：$t_N = 25℃$，$\varphi_N = 60\%$，夏季室外空气设计状态参数为：$t_W = 26℃$，$t_{Ws} = 14.8℃$。室内余热量为$\sum Q = 100\text{kW}$，室内余湿量为$\sum W = 36\text{kg/h}(0.01\text{kg/s})$。现采用一级直接蒸发冷却空调系统，求蒸发冷却的冷却效率、送风量与显热冷量。

【解】 如图6-23所示，确定 W 点，过 W 点作等焓线与 $\varphi = 90\% \sim 95\%$ 线相交于 L 点，该点为机器露点，也是送风状态点。从 L 点作 $\varepsilon = \frac{\sum Q}{\sum W} = \frac{100}{0.01}\text{kJ/kg} = 10000\text{kJ/kg}$ 线与室内设计温度 $t_N = 25℃$ 交于 N 点。查大气压力为68133Pa的 h-d 图得知：$t_L = 15.2℃$，$d_L = 15.72\text{g/kg}$(干空气)。

直接蒸发冷却空调的冷却效率为

$$\eta_{DEC} = \frac{t_W - t_L}{t_W - t_{Ws}} = \frac{26 - 15.2}{26 - 14.8} = 0.96$$

送风量

$$G = \frac{\sum Q}{h_N - h_L} \approx \frac{\sum Q_{\text{显}}}{c_p(t_N - t_L)} = \frac{100}{1.01 \times (25 - 15.2)}\text{kg/s} = 10.1\text{kg/s}$$

显热冷量

$$Q = Gc_p(t_W - t_L) = 10.1 \times 1.01 \times (26 - 15.2)\text{kW} = 110.2\text{kW}$$

6.5.4 除湿与蒸发冷却联合空调系统

对于潮湿地区,可以采用除湿与蒸发冷却联合系统,如图6-24[104]所示。室外空气与部分回风混合到 C 点，经转轮式除湿机除湿，即增焓减湿过程 C-1。然后，利用室外空气经空气—空气换热器(板翅式换热器)将状态1的空气冷却到2。这部分室外空气在空气加热器加热，继续用作转轮式除湿机的再生空气，回收了一部分热量。状态2的空气在两级蒸发冷却器冷却，即2—3—L。间接蒸发冷却器的二次空气可直接应用室内的排风。排风的含湿量与比焓均小于室外空气的含湿量与比焓，可获得比较低的IEC出口空气(即3点)温度。这个系统除了泵、风机等消耗电能外，还需要消耗再生空气的加热量(可采用废热和太阳能等可再生能源)。

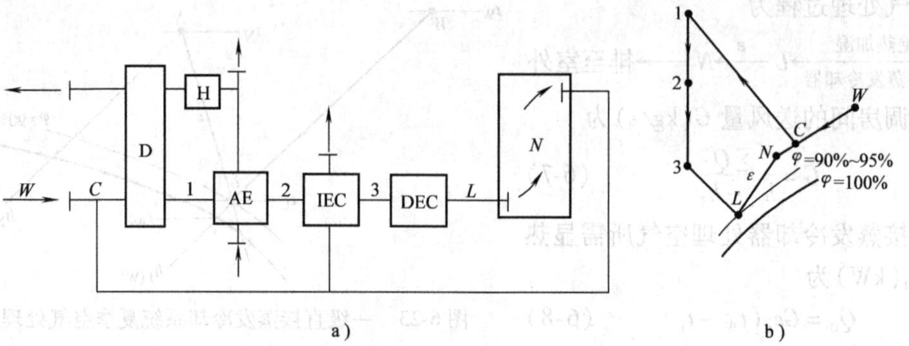

图 6-24　除湿与蒸发冷却联合空调系统

a）系统流程图　b）空气处理过程 *h-d* 图

D—转轮式除湿机　AE—空气—空气换热器　IEC—间接蒸发冷却器　DEC—直接蒸发冷却器　H—空气加热器

6.6　温湿度独立控制空调

温湿度独立控制空调系统有时也称为“除湿法供冷”[84]，是一种新型的空调系统。所谓“新型”，是因为它脱离了传统的空调模式，而从更广的视角去看“空气调节”。本节主要从节能的角度去理解和分析这种系统，而对系统形式更深入的探究可参阅文献[105]。

6.6.1　温湿度独立控制空调的工作原理

空调系统承担着排除室内余热、余湿、CO_2与异味的任务。温湿度独立控制空调系统中，采用温度与湿度两套独立的空调控制系统，分别控制、调节室内的温度与湿度（图 6-25），避免常规空调系统中热湿联合处理所带来的损失以及温度与湿度控制耦合的问题。空气的除湿过程由除湿设备承担，进行的是近似等焓（或等温）减湿过程；降温过程由冷却设备承担，进行的是显热交换。除湿与降温处理过程相互独立，可以满足不同房间热湿比不断变化的要求。克服了常规空调系统中难以同时满足温、湿度参数的要求，避免了室内湿度过高或过低的现象[105]。

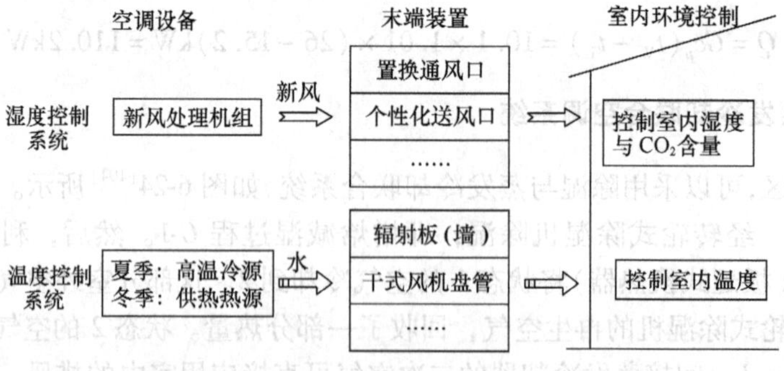

图 6-25　温湿度独立控制空调的工作原理图

（1）温度处理系统　即处理显热的系统，排除室内余热，包括高温冷源、余热消除末端装置、输送介质。由于无须承担除湿的任务，因而用较高温度的冷源即可实现排除余热的控制任务。系统中用于冷却被处理空气的介质可以是冷却塔处理后的水、地下水、冷冻水、制冷剂或空气。

(2) 湿度处理系统　即新风系统，排余湿，同时去除室内CO_2与异味。它由新风处理机组、送风末端装置组成，采用新风作为能量输送的媒介，并通过改变送风量来实现对湿度和CO_2的调节。在处理余湿系统中，由于不需要处理温度，因而湿度的处理得以采用新的节能高效方法。由于仅是为了满足新风和湿度的要求，温湿度独立控制系统的风量，远小于变风量系统的风量。

温湿度独立控制空调系统中，需要新风处理机组提供干燥的室外新风，以满足排湿、排CO_2、排味和提供新鲜空气的需求。其中，对新风的处理主要有以下两种方式：

1) 转轮除湿。转轮除湿的吸湿过程接近等焓过程，减湿加热后的空气可进一步通过高温冷源(18℃)冷却降温，从而实现温度与湿度的独立控制。但由于转轮除湿机的热能利用效率低(低于冷凝除湿方式。即使采用多级热回收方式,热能利用效率仍难以提高到与吸收制冷机抗衡)，固体转轮的除湿空气与再生空气间的渗透等问题，限制了这种除湿方式的应用。

2) 溶液式除湿。空气直接与具有吸湿的盐溶液(如溴化锂溶液、氯化锂溶液等)接触，空气中的水蒸气被盐溶液吸收，从而实现空气的除湿，吸湿后的盐溶液需要浓缩再生才能重新使用。而用于再生目的的加热介质可以是蒸汽、热水、燃油、燃气冷凝器的排热或其他废热等。

与转轮相比，这一方式有两个优点：

a. 采用溶液吸湿，可以使空气溶液接触表面同时作为换热表面，在表面的另一侧接入冷水或热水，达到吸收或补充相变热的目的，从而实现接近等温的吸湿和再生过程。变等焓过程为等温过程，从而减少这一过程的不可逆损失。还可以采用带有中间换热器的溶液空气热湿交换单元，使不可逆损失大大减少。

b. 由于可以改变溶液的浓度、温度和气液比，因此还可实现对空气的加热、加湿、降温、除湿等各种处理过程。

6.6.2　温湿度独立控制空调的能效分析

1. 避免热湿联合处理的能源浪费

夏季人体舒适温度为25℃，相对湿度为60%，此时露点温度为16.6℃。空调排热排湿可以看成是从25℃环境中向外界排出热量，在16.6℃露点温度的环境下向外界排出水分。由于采用冷凝除湿方法排除室内余湿，冷源的温度需要低于室内空气的露点温度。实现16.6℃的露点温度需要约7℃的冷源温度，这是常规空调系统采用5~7℃的冷冻水、房间空调器中直接蒸发器的冷媒蒸发温度也多在5℃的原因。

在空调系统中，占总负荷一半以上的显热负荷部分，本可以采用高温冷源排走的热量却与除湿一起共用5~7℃的低温冷源进行处理，造成能量利用品位上的浪费。而且，经过冷凝除湿后的空气虽然湿度(含湿量)满足要求，但温度过低，有时还需要再热，造成了能源的进一步浪费与损失。

温湿度独立控制空调，由于除湿的任务由除湿系统承担，因而显热系统的冷水供水温度不再是常规冷凝除湿空调系统中的7℃，而可以提高到18℃左右。水温的提高，有以下两个好处：

1）为天然冷源的使用提供了条件。如深井水、通过土壤源换热器获取冷水等，深井回灌与土壤源换热器的冷水出水温度与使用地的年平均温度密切相关，我国很多地区可以直接利用该方式提供18℃冷水。在某些干燥地区（如新疆等）通过直接蒸发或间接蒸发的方法获取18℃冷水。

2）若仍采用机械制冷方式，由于要求的压缩比很小，根据制冷逆卡诺循环可以得到，制冷机的理想COP将有大幅度提高。如果将蒸发温度从常规冷水机组的2～3℃提高到14～16℃，当冷凝温度恒为40℃时，制冷循环的理想COP将从7.2～7.5提高到11.0～12.0[105]。

2. 适应热湿比的变化，降低空气处理过程能耗

常规空调通过冷凝方式对空气进行冷却和除湿，一般是牺牲对湿度的控制，通过仅满足室内温度的要求来妥协，造成室内相对湿度过高或过低的现象。过高的结果是不舒适，进而降低室温设定值，通过降低室温来改善热舒适，造成能耗不必要的增加；相对湿度过低也将导致由于与室外的焓差增加使处理室外新风的能耗增加。

温湿度独立控制空调，除湿与降温处理过程相互独立，可以满足不同房间热湿比不断变化的要求，克服了常规空调系统中难以同时满足温、湿度参数的要求，避免了室内湿度过高或过低的现象。由于室内相对湿度可一直维持在60%以下，较高的室温（26℃）就可以达到热舒适要求。这就避免了由于相对湿度太高，只得把室温降低，以维持舒适要求的问题。既降低了运行能耗，还减少了由于室内外温差过大造成的热冲击对健康的危害。

3. 利用热回收方式，减少新风能耗

由于室内空气品质问题的日益严重，新的通风标准都大大增加了室内新风量，这同时也增加了空调系统的负荷，这种情况促使人们考虑如何以最小的代价来处理这一问题。温湿度独立控制空调在加大室外新风量时，能够通过有效的热回收方式，解决由于新风量增加带来的能耗增大问题。

4. 有效改善室内空气品质

1）常规空调中，表冷器的冷表面潮湿甚至积水，空调停机后这样的潮湿表面就成为霉菌繁殖的最好场所。温湿度独立控制空调的余热消除末端装置可以采用辐射板、干式风机盘管等多种形式。由于供水的温度高于室内空气的露点温度，因而不存在结露的危险，免去了凝水排除系统。不存在潮湿表面，根除了滋生霉菌的温床，改善室内空气品质。

2）温湿度独立控制空调对空气的去湿处理使用性能很好的吸附物质，这些吸附物质在吸湿的同时对空气中的微小尘粒，附着在尘粒上的微生物、细菌、病毒等具有很好的捕集作用；除湿过程中空气的高温、低湿工况对一些细菌和病毒也有很好的抑制作用；有些吸湿材料（如氯化锂等）自身具有良好的杀菌性能。因此，对于改善室内空气品质非常有利。

5. 空调末端经济、美观

由于不存在凝水问题，干式风机盘管可采用灵活、多样的结构和安装方式，风机盘管成本和安装费大幅度降低，且不再占用吊顶空间，也使空间环境更加美观。

6. 除湿剂再生过程中能源的高效利用

温湿度独立控制空调的主要能耗是在除湿剂的再生过程中。它不但可以利用天然气直接驱动的发动机尾气的废热、冷凝器排出的热量、天然气热电联产后的废热等作为再生能源，提高能源的综合利用效率，而且可以利用太阳能等自然能源，从而减小对大气环境的影响。

思　考　题

1. 什么是蓄冷空调？简述蓄冷空调的作用与效益。
2. 简述水蓄冷空调的原理与系统模式。
3. 试通过设计计算，举例说明冰蓄冷空调的运行策略(包括蓄冰模式、系统流程、运行模式等)。
4. 简述冰蓄冷低温送风空调的节能特点。
5. 为什么采用大温差技术可以降低空调输配系统的能耗？
6. 什么是蒸发冷却空调？蒸发冷却空调与常规空调比较有何特点？
7. 什么是温湿度独立控制空调系统？与常规空调相比，温湿度独立控制空调是怎样实现空调节能的？

第7章 热泵节能技术与可再生能源利用

7

7.1 热泵节能技术

制冷系统以消耗少量的功从低温热源取热，向需热对象供应更多的热量，这种装置称为“热泵”。采用热泵既可在夏季制冷，又可在冬季供暖；既可提高效率，节约能量，又可实现一机多用。

在实际使用中，热泵的性能系数COP(热泵的供热量与输入功能的比值)可达到2.5～4，即用热泵得到的热能是消耗电能热当量的2.5～4倍[89]。热泵取热的低温热源可以是室外空气、室内排气、土壤或地下水，以及废弃不用的其他余热。

据估计，全世界在100℃左右低温用热的耗能量占总耗能量的一半左右。一方面，把石油、煤炭、天然气等高品位的一次能源和电能等高品位的二次能源，无效降级而获得100℃左右的低位能，有效损失太大。另一方面，接近环境温度的大量低温位能和余热没被利用。因为低位的余热用一般换热器回收，其效率是很低的。热泵可将不能直接利用的低位能余热，提高热位后变为有用能，是有效利用低位能的一种节能技术手段。从这个角度看，有人称热泵为“特殊能源”。

7.1.1 空气热源热泵

空气热源热泵是以室外空气为热源，加热室内空气的热泵机组，如小型热泵式空调器(窗式、立柜式等)。这种小型热泵空调机组可以有不同的组装方法，适用于住宅建筑和一般小型公共、商业性设施。它的优点是安装方便，使用简单，并可以冬夏两用(通过四通换向阀使冷凝器和蒸发器相互转换)，热泵型分体式空调器的工作原理如图7-1所示。其主要缺点是室外空气温度越低时，室内热的需求量越大，而机组的供热量反而减少，效率越低。因此，使用空气热源热泵必须精确地计算热负荷，并在此基础上选择合适的辅助热源加以配合。此外，当室外空气温度低于0℃时，在一定的温度下蒸发器上还会结霜，这将对传热不利，必要时需采用除霜循环(实际是制冷循环)加以消除。

7.1.2 水源热泵系统

水源热泵是以低温热水为热源的热泵机组。水源热泵空调系统所用的低温水热源一般指建筑内回收的余热水、工厂废热水、污水、地热水、河水及海水等，具有经济、节能和环保

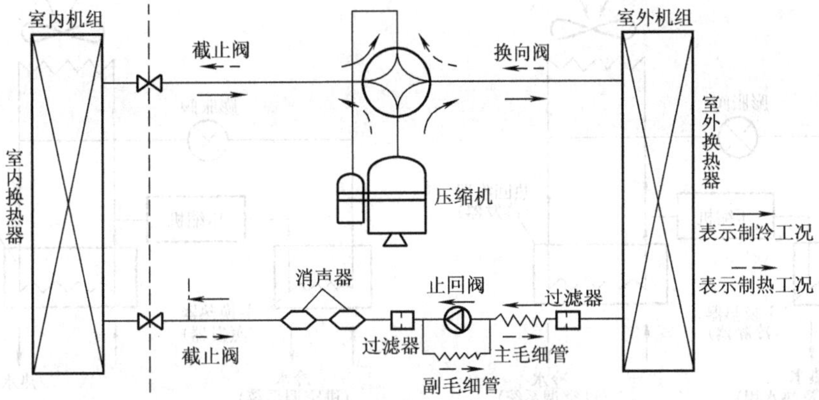

图7-1 热泵型分体式空调器原理图

优势。图7-2所示为海水源热泵与太阳能联合工作的空调系统原理图，主要由太阳能集热器、蓄热水箱、海水换热器、热泵机组及其附属设备和末端空调用户组成。系统运行方式包括两种低位热源交替供暖或供冷和同时供暖。运行中使太阳能与海水能各自发挥优势，弥补单一热源热泵的不足。与采用单一热源热泵方式相比，系统的设备容量相应减少，COP值提高，实现两种热泵系统的最优化组合，以最大限度实现节能目的[106]。

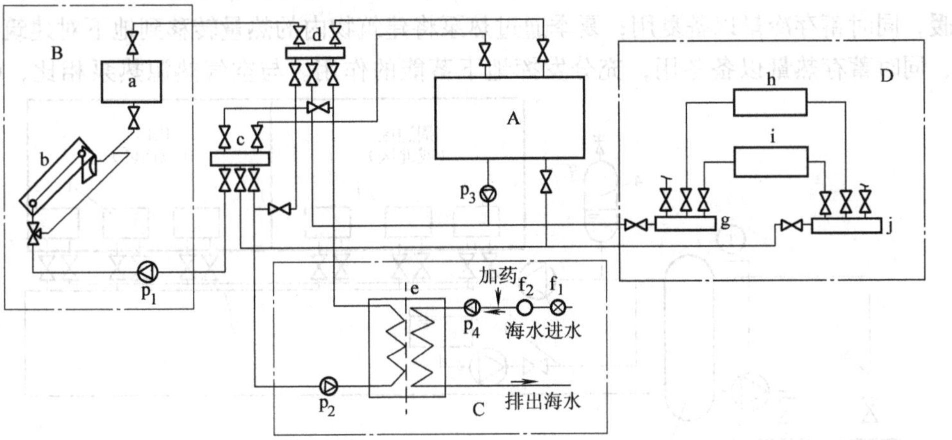

图7-2 海水源热泵与太阳能联合工作的空调系统原理图

A—热泵机组 B—太阳能集热系统 C—水源热泵系统 D—空调系统 a—蓄热水箱 b—太阳能集热器 c/d—系统分/集水器 e—海水换热器 f_1/f_2—粗过滤器/精过滤器 g/j—空调系统分/集水器 h/i—空气处理单元 p_1，p_2，p_3，p_4—循环水泵

7.1.3 空气和水热源组合的热泵系统

冬季热泵的热源可以由回收室内余热和从室外空气中吸热这两部分组成，这样可提供更多的供暖热量。夏季改变制冷剂流向，相当于系统中有两个冷凝器，一个水冷，一个空气冷却，如图7-3所示。

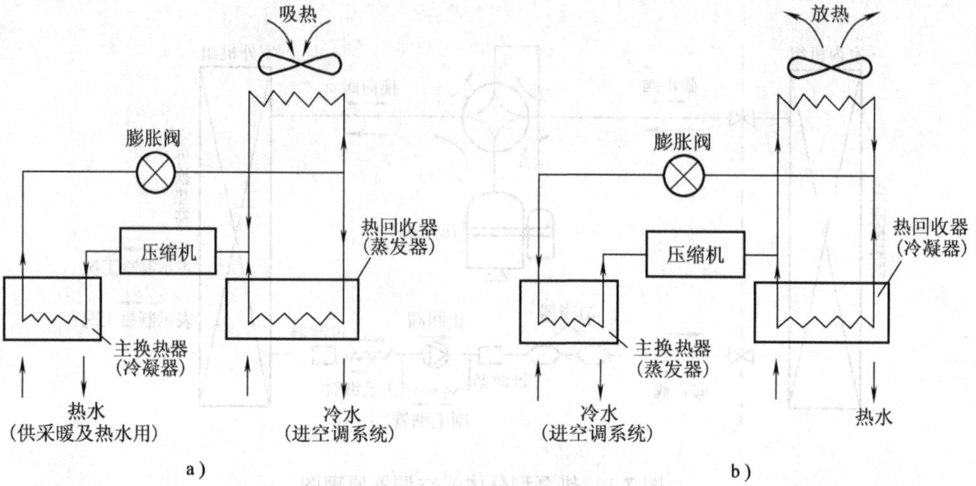

图 7-3 空气和水热源组合的热泵系统

a) 冬季 b) 夏季

7.1.4 地热源热泵

地热源热泵也称土壤源热泵，它是以大地为热源对建筑物进行空调的技术。图 7-4 所示为土壤源水环热泵空调系统示意图[107]。冬季通过热泵，将大地中的低位热能提高后对建筑物供暖，同时蓄存冷量以备夏用；夏季通过热泵将建筑物内的热量转移到地下对建筑物进行降温，同时蓄存热量以备冬用，充分发挥地下蓄能的作用。与空气热源热泵相比，COP 值

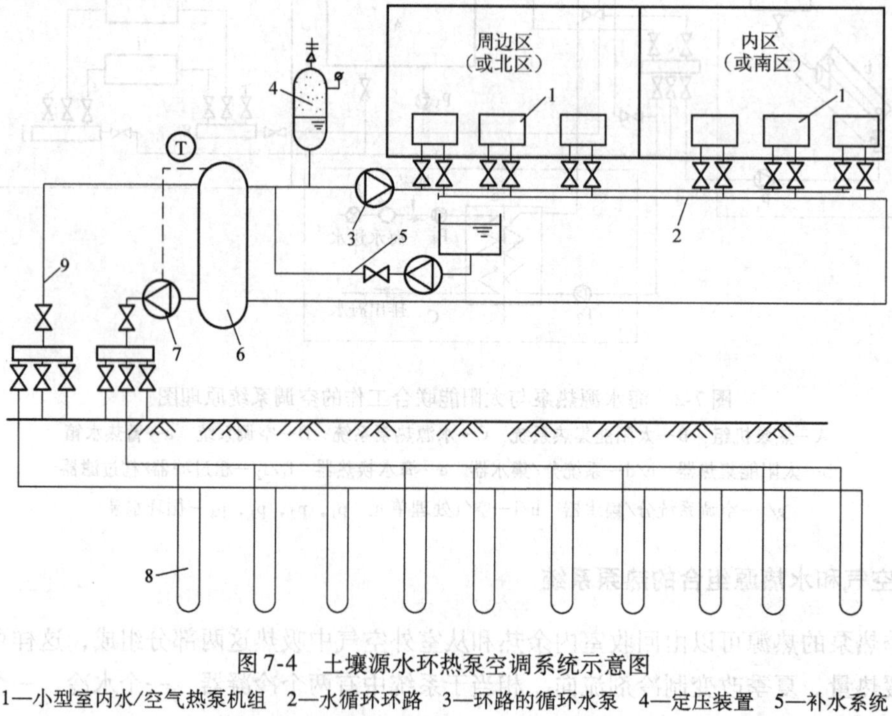

图 7-4 土壤源水环热泵空调系统示意图

1—小型室内水/空气热泵机组 2—水循环环路 3—环路的循环水泵 4—定压装置 5—补水系统 6—蓄水罐 7—地下埋管环路循环泵(一次泵) 8—地下埋管换热器 9—地下埋管环路

高，制冷(热)效率稳定，是一种节能、对环境无害的空调系统。美、欧已有较多应用，欧洲偏重于冬季供暖，美国、加拿大则冷暖联供。我国在技术研究方面已取得较大进展，处于应用推广期间。

7.2　可再生能源利用

可再生能源是清洁能源，是指在自然界中可以不断再生、永久利用、取之不尽、用之不竭的资源，主要包括太阳能、风能、水能、生物质能、地热能和海洋能等。它们对环境无害或危害极小，而且资源分布广泛，适宜就地开发利用。北京市“十二五”时期建筑节能工作重点之一是，2015 年前全市使用可再生能源的民用建筑面积达到8%。其中，2011 年完成30 万 m^2 集热器面积的太阳能热水建筑应用，完成400 万建筑 m^2 浅层地能或污水源热泵采暖建筑应用，完成4 万 m^2 太阳能光热采暖建筑应用，完成18.9MW 装机容量的光电建筑应用：实现300 万 m^2 绿色建筑和100 万 m^2 产业化施工的住宅项目落地和开工建设等。下面重点介绍可以直接用于空调的太阳能、风能、地热能和地下含水层蓄能。

7.2.1　太阳能空调

1. *被动式太阳房*

如图7-5 所示，太阳射线通过一玻璃表面透射到重质墙体6 涂黑的吸热表面上，使墙表面温度升高，同时墙体蓄热。在冬季室内需要供热时，玻璃3 与墙体6 之间的热空气利用自然对流送入房间。室内冷空气经下通风口5 进入空气层，又被加热形成自然循环。在太阳能停止照射后，则利用重质墙体6 所储存的热，继续加热房间。在夏季，关闭热空气入口7，打开风门1 和8，热空气从风门1 排出室外，冷的新鲜空气从风门8 进入室内，从而加强室内的通风作用。因此，被动式太阳房可在冬季为室内供暖，在夏季加强室内空气对流和通风，提高房间的舒适性，实现建筑节能。但这种工作方式完全取决于太阳照射的状况，无法将室内温度保持在一个比较稳定的值。

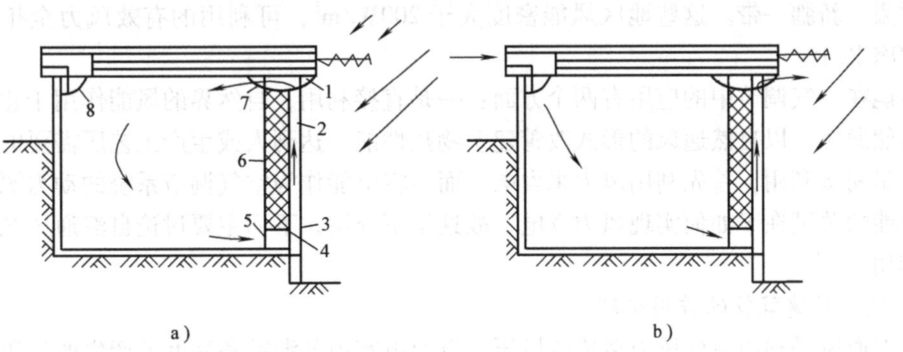

图7-5　被动式太阳房

a) 加热房间时　b) 加强通风时

1、8—风门　2—空气层　3—玻璃　4—辐射接受面　5—下通风口　6—重质墙体　7—热空气入口

2. *太阳能吸收式制冷空调*

在夏季利用太阳能对房间进行空调，一般采用吸收式和吸附式制冷技术。吸收式制冷技

术是利用吸收剂(溶液)对制冷剂的吸收特性进行制冷的技术，可分为氨-水吸收式制冷和溴化锂-水吸收式制冷。吸附式制冷技术是利用固体吸附剂对制冷剂的吸附作用来制冷，常用的有分子筛-水吸附式制冷和活性炭-甲醇吸附式制冷。这两种制冷技术均不采用对臭氧层有破坏作用的氟利昂，并且都采用较低等级的热源，在节能与环保方面有着光明的前景。太阳能制冷机由于要照顾到集热器的效率，不得不采用较低的热源温度，造成太阳能驱动的制冷机效率较低。另外，为了弥补太阳能的不可靠性和间断性，必须解决好蓄热技术，建立一个良好的蓄热系统。

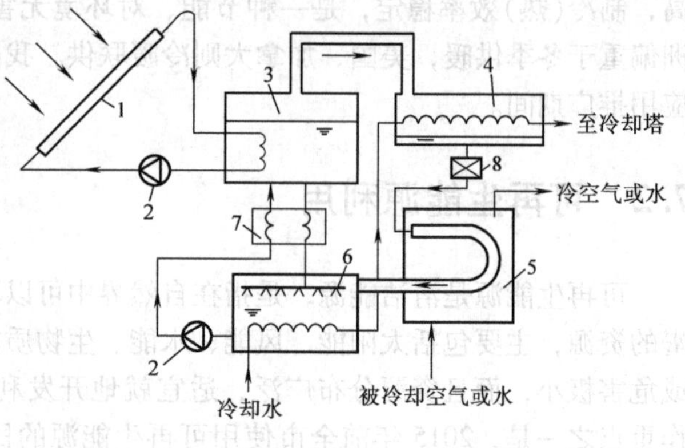

图 7-6 用太阳能吸收式制冷的空调方案
1—集热器 2—泵 3—发生器 4—冷凝器 5—蒸发器 6—吸收器 7—换热器 8—节流阀

图 7-6 所示为用太阳能吸收式制冷的空调方案。利用太阳能作为能源的空调系统，当太阳辐射越强烈、室外空气温度越高时，空调制冷能力越强。太阳能空调系统对减轻城市热岛效应、节约能源、保护环境具有明显的作用。

7.2.2 风能在空气调节中的作用

风能是太阳能在地球上大气中的一种能量转换形式。它广泛存在于自然界中，是取之不尽、用之不竭的可再生能源；它不会污染环境，不会改变自然生态平衡。据资料介绍，全球风能一年可达 2.2×10^5MW。当今世界各国因“地球温暖化”和能源短缺，对风能的利用引起了广泛的重视，制定了明确的开发计划，加快了风能的开发利用。欧洲各国成立了 EWEA (欧洲风力能量协会)联合体，计划到2030 年，风力发电占供电总量的10%，使 CO_2 的排出量减少 60% 以上。我国可开发利用的风能资源为 2.5 亿 kW，主要分布在东南沿海及内蒙古、甘肃、新疆一带。这些地区风能密度大于 200W/m^3，可利用的有效风力全年出现时间均在 70% 以上。

风能在空气调节中的应用有两个方面：一是直接利用，自然界的风能作用于建筑物，形成了自然通风，以自然通风的形式改善建筑物热性能，达到人或生产工艺所需要的热环境要求；二是间接利用，首先利用风力来发电，而后将电能作为空气调节系统的动力源。因间接利用风能的关键在于如何实现风力发电，故这里不介绍，下面主要讨论自然通风在空气调节中的作用[108-110]。

1. 风能对建筑物的作用机理

自然通风是利用室外风力造成的风压，以及由室内外温差和高度差产生的热压，使空气流动的通风方式，特点是不需要消耗能量和复杂的装置，是一种经济的通风方式。

实现自然通风的条件是窗孔两侧必须存在压差，它是影响自然通风的主要因素。当建筑物受到风压和热压的共同作用时，在建筑物外围护结构的窗孔上作用的内外压差，等于其所受到的风压和热压之和，即

$$\Delta p_z = \Delta p_y + \Delta p_f \tag{7-1}$$

如果建筑物的进、排风窗孔布置成如图7-7所示的形式，就可利用热压和风压的共同作用，增大建筑物的自然通风量。但由于室外风速、风向经常变化，不是一个稳定可靠的作用因素，为了保证自然通风的效果，在实际的自然通风设计中，通常只考虑热压的作用，但要定性地考虑风压对自然通风效果的影响。

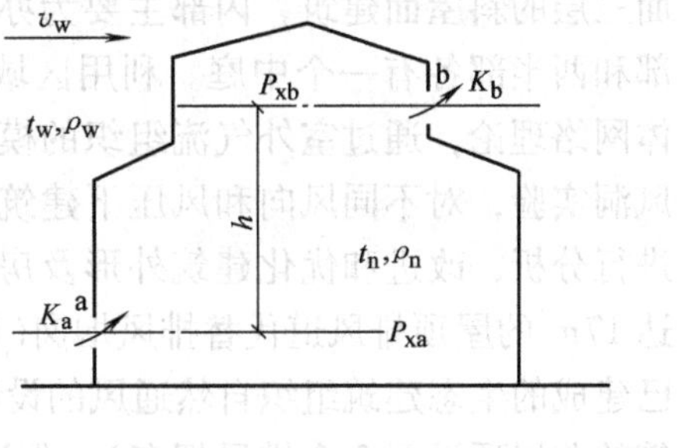

图7-7 风压、热压共同作用下的自然通风
a、b—在建筑物外墙的不同高度上所开的窗孔 h—两窗孔之间的高度差(m) p_{xa}、p_{xb}—开始时两窗孔外面的静压(Pa) t_n、t_w—室内、外空气温度(℃) ρ_n、ρ_w—室内、外空气密度(kg/m^3) K_a、K_b—a、b处空气动力系数，一般由实验确定 v_w—室外空气流速(m/s)

尽管如此，即使是一个简单的自然通风设计，都涉及很多的因素。建筑房间的分布，特别是入口与出口的位置，在建筑通风强度上起着重要的作用。空气由一个通道流向另一个通道，是由于风力引起的压差造成的。入口布置在建筑的高压表面，出口布置在低压区域，这样可以产生更高的流动速率。这就表明，压力系数差值($k' = k_{max} - k_{min}$)越大，气流流动的速率就越大。压力分布取决于迎面风速及其风向、建筑的大小与形状、建筑内部通道的大小与位置等。此外，在高密度的城市，建筑物上游的障碍物也是影响自然通风建筑内部压力系数分布的重要因素。

2. 空气流动对热环境与热舒适的影响

室内自然通风的作用如下：

1）造成室内气流流动，通过直接加强对流及人体蒸发散热，来达到人体降温的目的。

2）带走建筑物构件及家具的蓄热。

3）适当条件下，用室外冷空气代替室内热空气，降低室内温度。

4）通过换气增加空气的新鲜度，使人有“清新、凉爽”的感觉，改善室内空气品质。

经实测研究，间歇自然通风时室内外气温差见表7-1：当室外日平均气温差较大时，间歇通风降温效果较好，室内温度比室外气温可低2.5℃。

表7-1 间歇自然通风时室内外气温差 （单位：℃）

日平均气温差	日最高气温差	日最低气温差
-1.0	-2.5	-0.2

气温低于皮肤表面温度时，增大流速，加强散热效果，使人体凉爽。研究表明，流速增加1m/s，会使人感到气温降低2～3℃。在夏季提高风速，可以抵消高温带给人的热感[91]。提高风速比降低温度所需的能耗和费用少得多。间歇自然通风不但有利于提高环境的热舒适，还可提高室内的空气品质。因此，对风能充足的地区，可作为夏季改善建筑热环境、降低空调能耗的基本措施。

3. 风能在建筑中的利用

虽然一些发达国家在自然通风的研究、设计和应用中有些成功的经验，但是对于中国来说，照搬他们的经验是不切实际的。发达国家建筑的自然通风，通常涉及低建筑密度与低层系统的建筑群，而且这些国家的气候条件跟中国也大不一样。

以上海的生态建筑示范楼为例，示范楼总建筑面积约2000m^2，为一座南面二层半、北面三层的斜屋面建筑，内部主要为办公房间，其中建筑东半部和西半部各有一个中庭。利用区域模型(Zone Model)和流体网络理论，通过室外气流组织的模拟计算及建筑物外形的风洞实验，对不同风向和风压下建筑各部分的自然通风效果进行分析，改进和优化建筑外形及房间功能。同时利用面积达 $17m^2$ 的屋顶排风道代替排风烟囱(设计之初,参考国外一些已建成的生态建筑组织自然通风的设计方法,在将建的生态建筑的北屋顶设置5个排风烟囱)，保证良好的自然通风效果。最后在排风道内设置7组加热器，利用太阳能热水加热流道内空气，产生热压，提供自然通风所必需的动力，强化自然通风(图7-8)；实现舒适的室内风环境并减少夏季空调运行的时间，节约空调能耗。

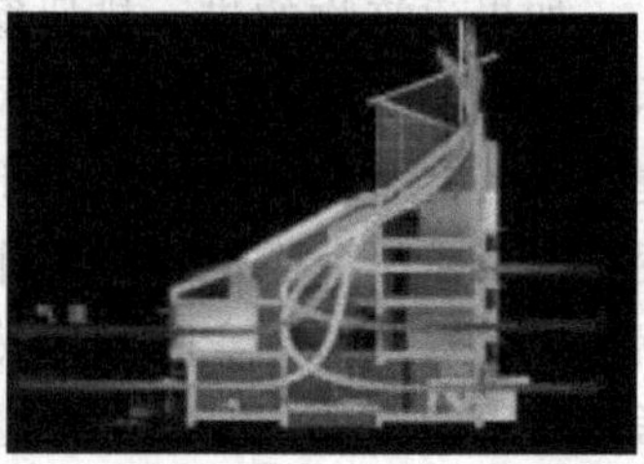

图7-8 室内热压拔风效果图

4. 风能利用的节能评估

提高风速可以改善夏季室内热环境。实验研究表明，自然通风条件下，取0.8m/s作为气流速度的上限，当相对湿度在60%~70%，SET值在25~26℃时，空气温度可达30℃，比设计手册推荐的设计值26℃要高出3~4℃。这样，可节省空调设备容量，减少设备运行时间，达到节能目的。

一配有空调的 $5000m^2$ 普通旅馆，每年夏季开机约为90天，每天少开机1h，则每年夏季可节约资金约1万元(空调动力部分用电量约 $40W/m^2$ 空调面积,非工业电价按1kW·h为0.57元计)。由此预计，一个城市数百万平方米空调建筑，一年将可节省数百万元资金，并节约大量能源，取得可观的社会、经济及环保效益。

7.2.3 地热能在空气调节中的应用

地热能是储存于地球内部的一种巨大的、很有前景的能源。据统计，地球表面以下5km内，15℃以上岩石和地下水总含热量达 $1.05\times10^{25}J$，相当于 $9.5\times10^{15}t$ 标准煤。按世界年耗100亿t标准煤计算，可满足人类9.5万年的能源需要。利用地热水可作空调系统的热源，下面介绍几种基本方案。

1. 地热水直接作空调热源

将地热水直接供入建筑物空调系统，其系统形式与一般空调供热系统没有什么区别，只是由地热井代替锅炉房或热电站，如图7-9a所示。

2. 地热水间接供热

为避免地热水对供热系统与设备的腐蚀，可利用换热器和地热水来加热空调系统的热水。这样，尽管供热效率有所降低，但延长了管道和设备的使用寿命，经济上仍然是有利的。

3. 地热热源+调峰锅炉

如图7-9b所示，为了提高地热利用率，可以把空调热负荷分成两部分：稳定负荷和高峰负荷，地热只负担稳定负荷。为了合理地划分两种负荷，应按锅炉房投资和地热利用效率进行技术经济比较。

4. 地热+热泵供热

若地热水温度较低，直接利用其供热必然造成散热器或加热器面积过大，金属消耗增加。如图7-9c所示，可将地热水作为热泵的热源，通过蒸发器降温后排掉，而从冷凝器出来的较高温度的二次热水供空调用。空调用地热能可以节约常规燃料，避免环境污染。我国蕴藏有丰富的地热资源，目前不少城市已利用地热向一些建筑物提供空调和生活或生产用热水。

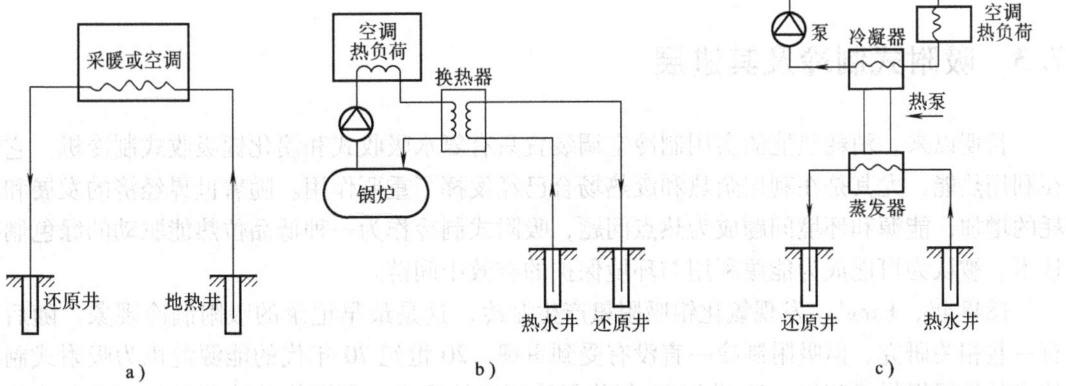

图7-9 地热能用作空调系统热源的基本方式

a）地热水直接供热 b）地热供热+调峰锅炉 c）地热+热泵供热

7.2.4 地下含水层蓄能

地下含水层蓄能又叫深井回灌(图7-10)。通过井孔，将低于含水层原有水温的冷水，或高于含水层原有水温的热水灌入地下含水层；利用含水层作为蓄热介质蓄存冷、热量，待需要用水时，用泵吸取使用。由于该技术充分利用了自然界取之不尽的能量，以及地层的良好保温性能，所以它是很好的季节性蓄能措施之一。由于空调系统耗能也有季节性，所以地下含水层蓄能对空气调节有很大经济意义。因此，它和其他新能源的开发和利用一样，也受到了重视和发展。

该系统夏季运行工况为起动冷井泵2，并打开阀门a、d，由冷井泵2向空调装置供冷水，同时其回水直接或经太阳能集热器5(或经大气喷淋)由回灌泵3灌入热井内。冬季则起动热井泵1，打开阀门b、c，由热井泵1向空调装置供温水，预热空气后的回水直接(或经大气喷淋)经回灌泵3灌入冷井内。

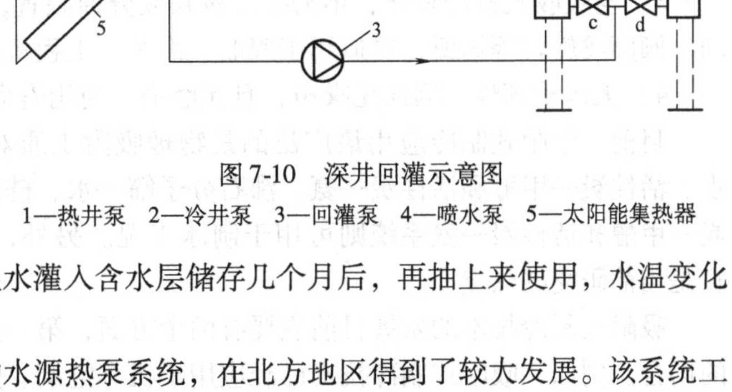

图7-10 深井回灌示意图

1—热井泵 2—冷井泵 3—回灌泵 4—喷水泵 5—太阳能集热器

由于地下水流动速度很慢，灌入含水层中的水流失也很缓慢，地下土层的传热系数较小，以致把低温水灌入含水层储存几个月后，再抽上来使用，水温变化很小。

目前，我国采用深井回灌方式的水源热泵系统，在北方地区得到了较大发展。该系统工作原理与地热源热泵系统相同，但由于换热效率高，所以节能性更好，初投资与运行费用较少。利用深井回灌技术，应防止出现只从深井取水而忽视回灌的弊病，以免造成部分地区地下水位下降。

当代空调技术以促进人类居住的舒适、健康，保护地球环境，对能源有效利用等基于可持续发展的原则取得进展，并且将继续这方面的开发研究。

7.3 吸附式制冷及其进展

长期以来，消耗热能的实用制冷空调装置只有氨水吸收式和溴化锂吸收式制冷机。它们在利用热能，尤其是在利用余热和废热场合已经发挥了重要作用。随着世界经济的发展和能耗的增加，能源和环境问题成为热点问题，吸附式制冷作为一种低品位热能驱动的绿色制冷技术，被认为可能成为能源利用与环境保护的有效中间链。

1848 年，Faraday 发现氯化银吸附氨产生制冷，这是最早记录的吸附制冷现象。随后也有一些相关研究，但吸附制冷一直没有受到重视。20 世纪 70 年代的能源危机为吸附式制冷技术的发展提供了契机。20 世纪 90 年代保护环境的呼声，和困扰传统蒸气压缩式制冷技术的 CFC_s 问题，再次为其提供了良好的发展机会。但世界范围的研究还比较分散，研究进展也不是很快。1992 年巴黎首届国际固体吸附式制冷大会以后，吸附式制冷的研究受到国际制冷界的普遍关注，研究进展迅速加快。2005 年在美国丹佛召开的国际吸附/吸收热泵大会上，吸附式制冷的工业化应用已经出现，会上上海交通大学研究组展示了近年吸附式制冷的创新研究和开发成果。

吸附式制冷原理为：①冷却吸附→制冷：通过水、空气等带走吸附剂显热与吸附热，完成吸附剂对制冷剂的吸附，利用制冷剂的蒸发过程实现制冷；②加热解析→冷凝：吸附式制冷完成后，再利用热能(如太阳能、废热等)提供吸附剂的解吸热，完成吸附剂的再生，解吸出的制冷剂蒸气在冷凝器凝结成液体。吸附式制冷的驱动热源为 50℃ 以上的工业废热和太阳能等低品位热能。另外，吸附式制冷采用的制冷剂一般都是天然制冷剂，如水、氨、甲醇和氢等，其 ODP 和 GWP 值均为零[7]。

吸附式制冷有如下优点[111]：

1）充分利用低品位热源，如发动机的高温废气、电厂的废热等，而且在利用太阳能低温热源方面(80 ~ 120℃)比吸收式制冷机更为有效。

2）几乎不用电，可满足电力不足地区的制冷需求。

3）与吸收式制冷相比，不需要溶液泵或分馏装置，结构简单，安全性好，可适用于振动、倾颠或旋转等场所，更适用于舰船、汽车、工程机械的空调方面。

4）无运动部件，因而无噪声，且无磨损，使用寿命长。

目前，吸附式制冷应用最广泛的是物理吸附工质对，主要有沸石分子筛—水、硅胶—水、活性炭—甲醇和活性炭—氨。沸石分子筛—水、硅胶—水系统只能用于空调工况，活性炭—甲醇和活性炭—氨系统则可用于制冰工况。另外，还有化学及混合/复合吸附工质对，它是当前研究的热点。

吸附式制冷技术的发展目前主要有两个方面，第一是要求系统简单，但对效率要求不高的场合。例如，吸附式制冷技术已经应用于机车空调、太阳能吸附式制冰等。湖南大学研制的DY型吸附制冷装置已经被应用于渔船柴油机尾气制冰机和汽车尾气冰箱。上海交通大学开发的低温热源驱动吸附式制冷机组，标志着我国吸附式制冷开始走入商品化。它只需要65～90℃的驱动热源，因而完全可以与太阳能热水系统复合，形成太阳能空调。目前这种太阳能空调系统已经在上海市生态建筑项目（太阳能空调）、国家粮库粮食冷却等工程中获得示范应用。

吸附式制冷技术发展的第二个方面是向高效制冷发展。吸附式制冷理论目前还有一些不完善的地方。从技术方面看，目前吸附式制冷系统的主要问题突出表现在传热强化和运行过程方面。

总之，吸附式制冷是一种能利用工业废热或太阳能等低品位热能驱动的绿色制冷技术。与压缩式制冷相比，吸附式制冷具有节能、环保、控制简单、运行费用低等优点；与液体吸收式制冷系统比，固体吸附式制冷适用的热源温区范围大，不需要溶液泵或精馏装置，也不存在制冷剂的污染、结晶或腐蚀等问题。所以相对于吸收式制冷，吸附式制冷具有更为广阔的应用空间。对于许多原来不能利用的低品位热能（包括废热余热），借助吸附式制冷就可以加以利用。吸附式制冷可用于空间低温、机车空调、渔船制冰、太阳能空调或热泵等。随着研究开发工作的进展，吸附式制冷将为制冷空调的节能减排发挥重要作用。

思考题

1. 为什么会将热泵称为“特殊能源”？热泵有哪些类型？分别简述其应用特点。
2. 什么是可再生能源？简述可再生能源的利用形式。
3. 与其他制冷技术相比，吸附式制冷有什么突出优点？

第8章

制冷空调装置的节能技术改造

8

对于已经投入使用的中央空调或者工业制冷装置，其节能可分为管理节能和技术进步节能。技术进步节能又可以分为工艺节能和设备节能两大类。

能源利用率低、能耗大，或者单位产品能耗高的根本原因之一，是设备陈旧、生产工艺落后。如果不对这些设备和落后的工艺进行改造，就无法提高能源利用率，耗能也难以大幅度下降。因此，节能应该抓住工艺和设备技术改造这一重要环节。近年来，国内涌现出许多节能新技术、新设备。节能技术改造要根据用户的具体情况，抓住重点，首先解决节能潜力大的环节，改造那些投资少、节能效果好、见效快的项目。

本章针对现役的制冷空调装置，从设备的技术改造和系统(工艺)的优化，着重介绍国内制冷空调装置在实际工程方面的节能技术。这些节能技术散见于各种书刊，已经过实践验证，不少已经推广应用多年。希望通过归纳汇编，促进这些节能技术的进一步推广应用。

8.1　压缩机所匹配的电动机的更新

自20世纪60年代原机械工业部制定活塞式制冷压缩机标准JB 955—1967以来，我国的活塞式制冷压缩机形成了系列。压缩机配用的电动机基本上是三相异步电动机，其中大部分为笼型，容量范围在180kW以下。20世纪80年代，原商业部曾组织力量对全国进行调查、测定，发现普遍存在两个问题：一是同一型号的压缩机所配的电动机容量不同；二是在不同工况下运行的压缩机所配的电动机容量相同。电动机负荷率普遍偏低，运行效率低、功率因数小。表8-1和表8-2所示为所调查的电动机配备与部分实际运行状况[112]。

表8-1　冷库制冷压缩机实际的电动机配备

机　型	8AS—17	8AS—12.5	6AW—12.5	4AV—12.5
电动机功率/kW	95，130 135，180 245	75 95 115	75 95	55 75 95
备注	多数为180	多数为95，115		

鉴于冷藏企业耗电量的80%左右是制冷系统，而制冷系统中压缩机的耗电量占60%左右，故压缩机所匹配电动机的节能意义重大。一般电动机的最高效率点位于额定功率70%~100%，平均负荷在45%~70%时，其效率略低于额定效率。当负荷率低于45%时，电动机

表 8-2　部分制冷压缩机实际运行状况

机　　型	电动机额定功率/kW	实载功率/kW	运行方式	实载功率与额定功率比(%)	两级机组实载功率与额定功率比(%)
8AS—17	180	68	低压级	37.8	41
8AS—12.5	95	45	高压级	47.6	
6AW—17	95	47	低压级	49.4	44.1
4AV—15	75	28	高压级	37.3	
8AS—12.5	95	27.6	低压级	29	37.7
8AS—10	40	23.3	高压级	58.1	
S8—12.5	75	49.2	单机两级	65.6	65.6
8ASJ—17	135	87	单机两级	64	64

的效率大大下降。因此，当压缩机匹配的电动机负荷率长期低于 45% 时，应更换容量适当的电动机或采取其他技术改造措施。

由表 8-2 可见，配组式两级压缩的压缩机实际负荷率仅 40% 左右，最低只有 29%，这些电动机更换后将有明显的节能效果。在 20 世纪 80 年代初，我国设计的 Y 系列三相异步电动机具有高效、节能的优点，在 75%~100% 负荷时有较平坦的效率曲线，平均效率已达到或接近国外同类产品先进水平。对于采用老式电动机且负荷率低于 45% 的情况，换用 Y 系列电动机将有更加明显的节能效果，其投资将很快从节能的电费中收回。当然，不能把所有匹配的老式电动机都简单认定为“大马拉小车”，是否更换容量较小的电动机和更换何种容量的电动机，都应经过认真的测定和计算分析。

通常将轻负荷率的异步电动机换为另一较小容量的电动机时，可以获得两方面的节能效果：一方面电动机的运行效率提高，能耗减少；另一方面，由于电动机的功率因数提高，降低了无功功率损耗。更换容量适当的电动机，其节能改造具有一劳永逸的特点。对于配备了容量太大的老系列电动机的情况，节能效果十分显著。

一般情况下选择容量较小的电动机时，除经济性外，还应考虑满足以下几个条件：

1）运行时不超过电动机的允许温升，详见表 8-3。

表 8-3　当环境温度为 40℃时异步电动机的允许温升　（单位:℃）

电动机部位	A 级绝缘	E 级绝缘	B 级绝缘	F 级绝缘	H 级绝缘
定子绕组	50(60)	65(75)	70(80)	85(100)	105(125)
定子铁心	60	75	80	100	125
滑动轴承	40	40	40	40	40
滚动轴承	55	55	55	55	55

注：表中温度除括号中数值是用电阻法测量外，其余都是用温度计测得的。

2）满足电动机起动转矩的要求。

3）更换后电动机最大旋转力矩与转动机械最大阻力矩的比值，应满足工作稳定性的要求。

近年来，我国电动机产品的技术水平有了很大的提高，Y 系列、Y2 系列、Y3 系列电动机相继开发。与老系列电动机相比，它们起动转矩有明显的提高，并允许比较大的温升。因此，上述条件一般都能够满足。

8.2 电动机的磁性槽泥改造

我国的中央空调和工业用制冷装置广泛采用压缩式制冷，制冷机配备的电动机能耗是系统运行的主要成本。制冷空调系统中制冷主机配用的电动机容量，在系统的装机容量中占很大的比例。例如对于冷库制冷装置，制冷机配用的电动机容量约占全冷库总装机容量的70%~80%。它们使用频繁，运行时间长，其中许多电动机为旧型号 J 或 JO 型异步电动机(1985 年之前投产的冷库尤甚)。这些旧型号电动机设计比较落后、效率低、能耗高，如何进行节能改造，对企业的节能降耗具有非常现实的意义。

对于负荷率低于 45% 的老型号电动机，前面已经指出应更换容量较适当的 Y(或者 Y2、Y3)系列电动机。对于负荷率高于 45% 的老型号电动机，如果也采用更换 Y 系列电动机的方式，相对而言，其投资的回收期较长，更新改造的效益降低。对于这些旧型号电动机，可以采用电动机磁性槽泥改造技术，实现节能降耗。

1. 磁性槽泥改造的节电原理

电动机旋转时，磁场会周而复始地发生振荡，产生脉振铁耗。另外，齿部表面的磁通在齿面扫动时会产生表面铁耗，它的本质是高频涡流损耗和磁滞损耗，使铁心发热，温度升高。这种空载附加损耗约占电动机额定容量的 0.5%~2.3%。

应用磁性槽泥(低压中小功率电动机)和磁性槽楔(高压大功率电动机)对异步电动机进行节能改造，主要是消灭由电动机定子、转子槽齿效应产生的高频涡流损耗和磁滞损耗，从而起到节能的作用[113]。

用磁性槽泥填平电动机定子铁心槽口，以磁性槽泥代替原有的绝缘槽楔，使它减少定子、转子间磁阻的反复变化，即减少磁通密度的脉振，减少齿簇磁通的扫描，以减少其空载附加损耗。磁性槽泥又使定子、转子间有效气隙减小，磁导率增大，从而减小电动机励磁电流，即减小了无功功率和空载铜损耗。

低压异步电动机定子多采用半闭口槽或半开口槽；高压异步电动机多采用开口槽或半开口槽。由于定子开槽，使电动机的气隙磁阻发生变化，从而使主磁场和谐波磁场产生较大的脉振损耗和表面损耗，致使电动机的杂散损耗增加。当采用磁性槽楔或槽泥对定子槽口进行磁封时，可减少气隙中磁场脉动的幅值，使电动机的杂散损耗减少。

2. 磁性槽泥材料

磁性槽泥主要是由 Fe_3O_4磁粉和高分子树脂粘合剂按一定比例混合而成的，在未固化时是一种可塑性泥状物。它的主要特点是电阻率高，而且有良好的导磁性能。

可塑性磁性槽泥(简称 CC 材料)是鞍钢矿山公司动力厂发明的、用于电动机的新型节能材料。它是由高纯度的铁粉和高粘度树脂调和成的泥状混合物。其产品型号为 CC—1、CC—2。20 世纪 90 年代初，上海市虹口区长青电热设备厂在生产磁性槽泥的基础上，研制成功新一代产品——非晶磁性槽楔材料(CC—3、CC—4)。

非晶态合金是现代冶金领域出现的高科技产品。它是在一定的气体保护条件下，超速冷却凝固所形成的材料。非晶态合金的金属原子呈混乱无规则分布，没有结晶，呈各向同性。非晶材料具有高磁导率、高电阻、低铁耗等优异的综合特性。

3. 磁性槽泥改造施工

（1）适用范围　可塑性磁性槽泥(CC材料)适用于大中小型异步电动机(包括绕线转子型)、同步电动机(包括隐极式)，也适用于开口槽直流电动机(抹转子槽)。在起动性能允许的条件下，5kW以上的异步电动机可用磁泥进行节能改造。铝线电动机或电动机定子铁心，用火烧过的磁泥节能改造效果不显著。对重载起动、频繁起动、正反转运行，或对起动时间有特殊要求的电动机，暂不用磁泥进行改造。

（2）磁泥的制配　可塑性磁性槽泥分为磁粉和固化剂两种。使用时在室温条件下，先将磁粉和固化剂按规定比例混合，碾拌调和均匀，至粉剂无颗粒为止。一般可置于塑料薄膜中糅合。如环境温度偏低，磁粉硬结，可适当加温(30℃左右)，再和固化剂调和。调好后的每千克磁泥可改造50kW电动机。在冬天CC—3材料磁粉也不会结硬块，每千克CC—3材料可改造60kW电动机。目前磁泥已不需自己配制，可以向专业定点改造单位购买。

（3）施工工艺

1）电动机拆卸前，应作绝缘试验、空载试验，如果是恒负荷设备，也可作负荷率测试。

2）电动机拆卸后，根据电动机抹磁泥厚度需要，将槽楔刨削或剥离至规定深度，并勾净两侧鸠尾部分。槽楔刨削宜用专用工具。专业厂配套生产手工刨刀和抹刀。

3）根据国内经验，磁泥厚度可参考表8-4[59]。

表8-4　磁泥厚度与型号、槽型关系

磁泥型号	半闭口槽(小型)	半开口槽(中型)	开口槽(高压、大中型)
	磁泥厚度/mm		
CC—1	1.5~3	3~4	
CC—2	1.5~2	2~3	3.0~6
CC—3	1.5~1	2~3	3.0~5.5
CC—4			4~7

4）电动机槽口抹磁泥可用刮刀或抹刀，将磁泥填入槽口，压实、抹平溜光。抹压磁泥，应先抹定子两端，后抹中间；先抹两侧后抹底部；然后将定子翻转180°再抹。高出槽口的磁泥可用弧形薄铜皮铲除，使弧面平整。多余磁泥碎屑用刷子、磁铁、吹风排除后，用少量无水酒精擦净。施工中切忌将磁泥落入电动机两端绕组，一旦落入，应设法排除。对有径向风道的电动机，抹压磁泥之前应将风道堵住，防止磁泥掉进风道。待工艺完成后，再拆除堵物。

5）抹泥工艺完成后，应作绝缘测试。如无异常现象，便可自然固化。一般室温25℃条件下8h便可完成固化；室温偏低或电动机容量较大，可适当延长固化时间。急于装配的电动机，可在室温固化2h后，加热固化，加热温度不大于80℃。

6）磁泥固化后即可进行电动机装配。一般电动机在试运行0.5h后，即可进行改造后测试，以便判别节电效果。

7）凡是重新嵌线大修的电动机，一般应在浸漆烘干后再施工改造。

8）建议采用电能综合分析测试仪。因为它使用方便，不受电网电压波动影响，精度也较高。它能将电动机机械损耗从有功损耗中分离出来，还能够从电动机空载测试效果中推算（近似的），并打印出电动机在不同负荷条件下的节电效果。

施工时应注意：不能随意用增加磁泥厚度的办法来提高节电效果；谨防磁泥脱落，堵塞定子、转子之间气隙，造成电动机毁坏事故。

4. 节电效果和注意事项

实践证明，对于负荷率为50%~80%的旧型号电动机，采用磁性槽泥或磁性槽楔改造后节能效果显著。工业制冷空调装置的主电动机大部分工作在该范围内，适宜采用磁泥改造。由于气隙磁动势波形的改善，从而减少了空载电流，改善了功率因数，降低了铁耗及温升，并减少了电磁噪声、振动，延长了电动机的使用寿命。

表8-5列出JO2系列电动机磁性槽泥改造后的效果对比。

表8-5 JO2系列电动机磁性槽泥改造后的效果对比[63]

型号		JO2—42—2	JO2—61—2	JO2—83—8	JO2—91—2
额定功率/kW		7.5	17	28	55
效果对比（%）	空载电流下降	4.38	10.5	11.59	9.30
	空载损失减少	56.05	50.55	63.49	9.25
	效率提高	1.44	1.92	0.46	0.27
年节电/kW·h		1130	2657	1051	1205

注：年运行小时取7200h。

电动机应用磁性槽泥进行改造的注意事项：

1）对于运行处于满载状态的电动机不宜采用。

2）对于满载（或重载）起动的电动机应慎用，因为改造后起动转矩有一定的下降。

3）绝缘检查必须合格的电动机才能进行节能改造。

4）电动机改造解体之前，在端盖制口处应加以标记，保证组装时正确复原，确保电动机的机械损耗在节能改造前后近似相等。

5）磁泥每次用多少调多少，并在0.5~1h内用完为好。磁泥由甲、乙两剂组成，甲剂为粉末，乙剂为液体。使用时按电动机所需容量配比，将两剂混合并糅合、挤压、调和均匀。气温在10℃以下时，需加热到30~40℃，使其变软，以便进行调和。

6）通常在气温25℃时需固化8h；若加温固化，时间可相应缩短。电动机在组装前，必须检查绕组内是否有磁泥渣，固化是否良好，定子表面是否已清除干净，并检查电动机的绝缘电阻。若发现改造后绝缘电阻值下降，应分析原因进行处理。

经过大量实践，磁性槽泥节能改造技术已经十分成熟，国家明令推广。全国节约用电办公室有专门文件推广并制定了技术条件：节电办［1990］8号《磁性槽泥及其应用技术条件暂行规定》。

8.3 电动机的△-Y转换改造

在20世纪60年代，我国制定了活塞式制冷压缩机系列后，其电动机是按空调工况或者标准工况配套的。在实际生产中，需要大量的两级压缩制冷。由于早期我国没有生产单机两级压缩机，两级压缩就只能采用单级压缩机配组而成。这样实际运行需要的功率，与压缩机出厂时配套的电动机功率差距较大，不可避免地出现了“大马拉小车”的浪费用电情况。

对于现役设备，解决此问题的根本办法是更换电动机。一般企业存在设备投资和安装尺寸等困难。对此，国内有关企业进行了研究试验，提出了将电动机内部接线由△联结改为Y联结的改造方案。这种做法已被证明在一定条件下是可行并且有效的。例如，湘潭冷冻厂一台低压级 8AS170 氨压缩机，根据计算轴功率有 95kW 即够，而原配套的电动机为 190kW（J3-400M1-8 型△联结）。由于配套电动机过大，负荷电流仅 190A，负荷率仅 0.36。该机每运行 1h，平均要多耗有功电能 12.3kW·h，多耗无功电能 55kW·h。经过电动机内部接线改造，将△联结改为Y联结，功率因数由 0.64 升至 0.92，节电效果显著[114]。

必须强调的是，电动机接线方式从△联结改成Y联结后，功率下降为原额定功率的 1/3，转矩 M 是与功率 P 成正比的，故转矩也相应地下降至原额定转矩的 1/3。因此，要进行△联结改成Y联结的前提是电动机必须是长期轻载运行。具体而言，轻载电动机的改接涉及两个问题，即容量是否允许和效率是否提高。表 8-6 列出电动机采用不同接线法的有关参数。

表 8-6　电动机采用不同接线法的有关参数

项　目	参　数	△	Y	Y/△
线电压	U	U	$\frac{U}{\sqrt{3}}$	$\frac{1}{\sqrt{3}}$
线电流	I	$\frac{I}{\sqrt{3}}$	I	$\sqrt{3}$
铁损（每相）	U^2	U^2	$\left(\frac{U}{\sqrt{3}}\right)^2$	1/3
铜损（每相）	I^2	$\left(\frac{I}{\sqrt{3}}\right)^2$	I^2	3

由表 8-6 可见，改接后每相电压降低了 $1/\sqrt{3}$，铁损只有原来的 1/3。但要维持原来的功率，电流却要增加$\sqrt{3}$倍，铜损提高了 3 倍。综合分析，改接后的极限容许负荷大致为铭牌容量的 38%～45%。表 8-7 列出不同负荷率下Y联结与△联结的效率比（$\eta_{Y}/\eta_{\triangle}$）。

表 8-7　不同负荷率下Y联结与△联结的效率比

负荷率	0.1	0.15	0.20	0.25	0.3	0.35	0.4	0.45	0.5
效率比（$\eta_{Y}/\eta_{\triangle}$）	1.27	1.14	1.10	1.06	1.04	1.02	1.01	1.005	1

由表 8-7 可见，当负荷率为 0.5 时，两种接法的效率相等，即改接无效；当负荷率小于 0.3 时，节电的效果明显，负荷率越低，电动机的容量越大，节电意义越大；当电动机的负荷率大于 50% 时，改为Y联结不仅不能省电，反而要多耗电。因此，当电动机的负荷率≥0.5 时，就不应改为Y联结。

必须指出，△联结改成Y联结，对于轻载电动机虽然能省电，但电动机的转矩将下降为原额定转矩的 1/3。因此，如遇负荷增大、电压低等一些不利条件时，对电动机的安全和老化是极为不利的，严重时甚至会烧毁电动机。

由于在实际生产中存在负荷增大的可能性，国内有些地区的电压不够稳定，使人们对电动机的△联结改成Y联结存在疑虑。对此，人们又开发了电动机△-Y运转自动转换的方法。例如徐州市肉联厂，采用电流继电器实现了△-Y联结的自动转换。其原理是当运转电流超过允许值时，电流继电器动作，延时一定时间后转换为△联结运转。当运转电流低于允许值时，延时一定时间，电动机又转换为Y联结运转。徐州肉联厂改装后的实际运行情况良好，没有发生任何技术故障。改造的费用很少，只需花一只电流继电器的钱。

国家节能规定指出，为消除“大马拉小车”的现象，电动机正常使用的负荷率低于40%，应进行调整和更换。更换成较小的电动机，使其处于较高效率和较高功率因数下经济运行。更换成小电动机的方法，在实用中常遇到一些困难，如没有容量合适的电动机，或更换后难于安装等。这时可以采用改变电动机外部接线的方法，由△联结改为Y联结，降低每相绕组运行电压，把一台大电动机变成小电动机，减少了更换电动机的投资。

除了制冷行业外，电动机△-Y变换改造技术，已在各行业中得到广泛应用。综合而言，电动机联结方式△-Y改造，实现降压运行的方法有以下三种[115]，可以根据具体情况选用：

1）固定的联结。这种方法适用于负荷率稳定处于40%以下的电动机，不需要任何投资费用，将电动机原△联结接线直接改成Y联结。

2）△-Y联结手动转换。适用于负荷变化有规律容易掌握的电动机。当负荷率高于40%时，人工转换控制开关，通过接触器使电动机按△接线运行；当负荷率低于40%时，人工操作使电动机按Y联结运行。

3）△-Y联结自动转换。适用于负荷变化规律难以掌握的电动机。根据负荷率大小，通过电气控制线路，自动进行电动机△-Y联结的自动转换。

20世纪80年代，国内开发了电动机星角自动变换器，如沈阳市北市电器厂的DJX—80型。该装置采用电子技术，连续自动检测电动机的负荷，根据负荷大小，改变电动机的电压和电流，使其经济运行。因而在大电动机小负荷或电动机负荷经常变动，负荷率小于40%时使用，可以获得提高效率、提高功率因数、减少无功电耗的节电效果。

在电动机△-Y转换的基础上，人们又进一步开发了内△-外Y转换节能改造技术[116]。内△-外Y接线方法，就是定子绕组连接中既有△联结部分，又有Y联结部分，在△-Y组合上合理分配极相组数目，组成新的内△-外Y混合联结方法。这种接线方法在电动机升压供电改造、电动机降压起动和降压经济运行中得到了较广泛的应用。

内△-外Y转换节能改造技术适用于负荷率为30%～50%的电动机，即当负荷率大于30%而小于50%时，定子绕组换接为内△-外Y联结。这种接法可灵活组合Y、△部分极相组比例，使电动机运行在最佳效率点或接近最佳效率点。采用内△-外Y联结方法，可以降低轻载运行电动机的电压、电动机的气隙密度和空载电流、电动机铁耗、定子铜耗及杂散损耗。因此，电动机的效率和功率因数得到提高，运行经济性提高。

综上所述，在一定条件下，电动机的△联结改为Y联结，是一种经济有效的节能（节电）技术改造，尤其对于负荷率≤30%的情况，节电效果显著。如果进一步采用△-Y联结的自动转换，就能扩大这种技术改造的适用范围，同时能避免负荷增大或电压太低产生的危险或不良后果。采用内△-外Y转换节能改造技术，进一步扩大了适用范围。因此，对于老式轻载电动机，尤其对资金短缺的企业，是一种行之有效的节能技术改造。

8.4　用户电力负荷曲线的改进和变压器节能改造

制冷广泛用于国民经济的各个领域。随着制冷装置服务对象的不同，其用电负荷也随之变化。用电设备的负荷随时间(日、月、年)而变动的状况，可以用负荷曲线表示出来。通常在直角坐标轴上，纵坐标代表负荷，横坐标表示所记录的时间。负荷曲线可绘成日负荷曲线、月负荷曲线及年负荷曲线三种。由此可以分别看出全日(24h)、全月(30天)、全年(12个月)的负荷变化情况。在日、月、年三种负荷曲线中，日负荷曲线是最基本的。对30天的各种日负荷曲线中的最大负荷取值，就可以作出全月代表负荷曲线；对12个月的各个全月代表负荷曲线上的最大负荷取值，就可以作出全年的代表负荷曲线。

负荷曲线可分为有功负荷曲线和无功负荷曲线两种，它们分别代表着有功和无功负荷的变化状况。图8-1所示为某企业的日负荷(有功、无功)曲线。每小时的负荷值是从有功电能表和无功电能表中，每小时正点记录得到的数值(换算为有功千瓦值和无功千瓦值)。

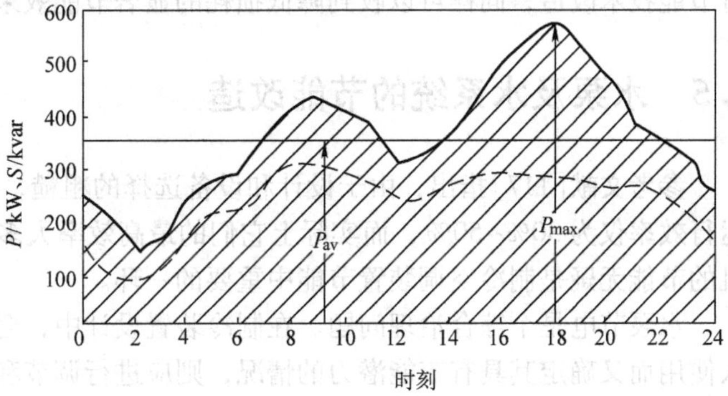

图8-1　日负荷曲线图

——有功负荷曲线　- - -无功负荷曲线

负荷曲线所占有的面积(图8-1中的斜线部分)，就是代表电能(kW·h或kvar·h)的消耗量。对于有功电能，1度电就是1kW负荷在1h内的电能消耗量。

为了衡量在规定时间内负荷变动的情况，以及考核电气设备的利用程度，引用了负荷率的概念。所谓负荷率，就是指在规定时间(日、月、年)内的平均负荷与最大负荷之比。对于日负荷曲线，可用下式计算出它的日负荷率K，即

$$K=\frac{P_{av}}{P_{max}} \tag{8-1}$$

式中　P_{av}——日平均负荷(kW)，它等于全日用电量(kW·h)除以24(h)；

P_{max}——日最大负荷，即全日负荷曲线上负荷最大值。

例如，根据图8-1中的日负荷曲线，计算出日平均负荷为$P_{av}=350\text{kW}$，而最大负荷为$P_{max}=560\text{kW}$。因此，日平均负荷率为

$$K=\frac{P_{av}}{P_{max}}=\frac{350}{560}=0.625$$

很明显，负荷率的数值越大，表明该用户的电气设备利用率越高，用电设备及生产设备的作用发挥得越好。因此，制冷装置电气系统的技术改造(改进)，不仅可以从硬件(设备)上着手，也可以从改进(改变)生产工序(工艺)上着手。

在制冷装置的运行管理方面，可以从生产工序、时间安排上研究改进，即在日平均负荷不变的情况下，减少日最大负荷和提高低谷时间的负荷。由图8-1可见，只要减少日最大负

荷，则日负荷率 K 值就可提高。这样就可以采用较小容量的电气设备，减少电能损耗。对于需要扩容的电气系统，提高了 K 值，就使原电气设备得到增容，减少了新增电气设备的投资。

根据统计分析，对于单班生产的工业用户，国内变压器的年平均负荷率仅为0.3~0.45[58]，调整负荷的节电潜力很大。因此，在生产中通过合理安排调度，实行高峰让电、限电，低谷时段填谷用电，许多情况下可以改进用电负荷曲线，这样就能降低线损和变压器铜损，提高用电设备的利用率。这对制冷空调装置的电力系统安全、节能运行都具有实际意义。

目前我国大力推广节能型变压器。许多用户在更新或者新增加变压器时，已经注意选用节能产品。但从我国的国情和用户的实际情况看，由于财力等条件的限制，要马上全部淘汰高能耗变压器是不现实的。为此，对于目前使用的 SJ1、SL1 等系列高能耗变压器，可以进行节能技术改造，同样可以收到降低损耗的显著节能效果，详见参考文献[59]等。

8.5 水泵及水系统的节能改造

参考文献[117]指出，由于设计和设备选择的粗糙，我国建筑内的风机、水泵绝大多数运行效率仅为30%~50%，而实际上它们的最高效率大多可达75%~85%。因此，水泵和风机的节能无疑是制冷空调装置节能中重要的一环。

水泵节电是个综合治理问题。在制冷装置设计中，合理选型是其节能的基础。对于已投入使用而又确定其具有节能潜力的情况，则应进行调节和技术改造。本节主要从技术改造的角度讨论水泵及水系统的节能问题。

8.5.1 水泵特性、管路特性与工作点

常用的离心水泵主要性能参数有流量 q_V、扬程 H、转速 n、功率 P、效率 η 和许用真空度[H_s]。这些参数之间存在一定关系，可以用如图 8-2 所示曲线表示，这些曲线称为离心泵性能曲线。

由性能曲线图 8-2 可知，当流量 q_V 为某一数值时，效率 η 为最大，与之相应的参数值称为额定参数值（用下标 n 表示）。选择水泵时，应使 q_V 和 H 在额定值附近。通常将正常效率不低于最高效率 85%~90% 的区域，划定为工业利用区。

由图 8-2 可见，离心泵的功率 P 将随流量 q_V 的减少而减少。当 $q_V=0$ 时，P 为最小，故离心泵应关闭闸阀起动。轴流泵则相反，应全开闸阀起动，因此它的 $P-q_V$ 曲线为下降曲线。

离心泵工作于输水系统之中，其工况取决于泵的特性与输水系统的管路特性。所谓管路特性，是指当水流通过管路系统时，所需要的扬程 H_x 与流量 q_V 之间的关系，即

$$H_x = H_g + Rq_{2V} \tag{8-2}$$

式中 H_x——系统所需的扬程（m）；

H_g——地形高度（m）；

R——管路特性常数。

对于一定的供水系统，R 接近于一常数，称为管路特性常数，它仅与管路长度、管径、管道表面状况、管件种类及数量有关。因此管路特性方程式(8-2)为一抛物线方程，其图形

如图 8-3 中曲线 R 所示，称为管路特性曲线。

在水泵工作稳定后，通过水泵的流量等于通过管路系统的流量，水泵产生的扬程也将与管路系统所需的扬程相等。此流量和扬程将由水泵的扬程曲线和管道特性曲线的交点 A 确定（图 8-3）。该点不仅确定了泵装置的流量 q_V、A 及扬程 H_A，还确定了泵的功率 P_A 及效率 η_A，点 A 即为水泵在此系统中的工况点。

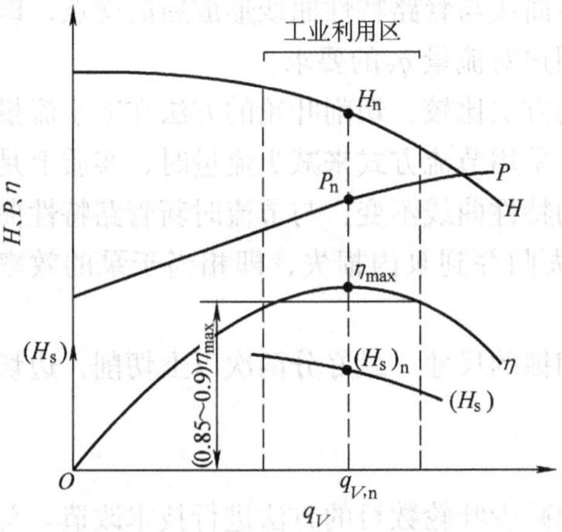

图 8-2 离心泵性能曲线

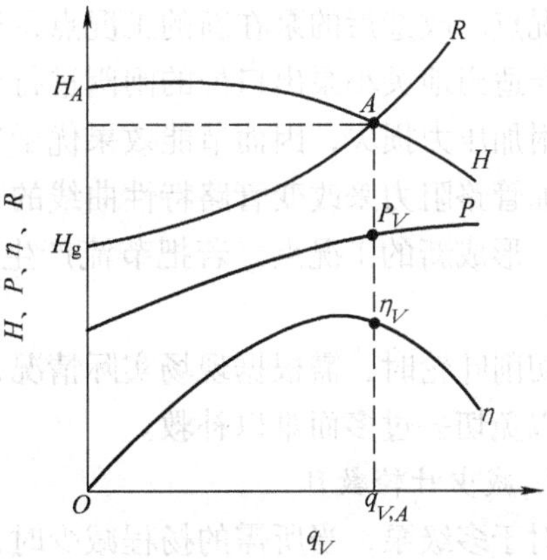

图 8-3 离心泵的工况点

综上所述，水泵在实际运行中的性能，不仅取决于泵本身的性能，还取决于管道系统的特性。当泵的型号、转速、流体密度等一定时，泵的性能曲线就被唯一地确定了。当管路尺寸、阻力系数、流体密度等一定时，管路特性常数 R 也就被唯一地确定了。上述的任一参数变化，例如转速变了，泵的性能曲线就变了；管路闸阀开启度变了，管路特性曲线就变了。此时，工况点也就随之而变化。因此，在泵的选型和运行调节中，要保证运行期间的所有工况点落在稳定工作区及高效率区内。

8.5.2 现役水泵的技术改造

对于新设计的制冷装置，选择高效率的水泵无疑是节能的首选措施。对于大量正在使用中的现役水泵，如何结合实际情况，恰当地进行技术改造，降低其电能消耗，对于制冷装置的节能具有重要意义。对现役水泵进行技术改造，以实现节能的方法主要有以下几种。

1. 全盘更换

全盘更换就是用新型高效水泵取代低效水泵。全盘更换是节能技术中一个极其重要的手段，其经济效益和社会效益都十分可观。例如，上海某冷冻厂利用大修改造，对原有水泵进行了全盘更换的改造，取得了良好的节能效益。表 8-8 列出了该厂水泵的更新改造情况。

表 8-8 上海某冷冻厂水泵更新改造情况

	水泵型号	台数	总流量/(m^3/h)	单台流量/(m^3/h)	扬程/m	实际所需扬程/m	扬程裕度(%)	电动机功率/kW
大修前	8K—12	5	1680	280	29.1	19	50	256
	6K—85	2		140	35		84	
大修后	10sh—13	3	1500	500	23	19	24	135

由表 8-8 可见，更新改造后，水泵的电动机功率由原来的 256kW 降为 135kW，下降了 47.2%，水泵的扬程裕度由原来的 50% 降为 24%，使实际泵效率提高 10% 以上，节能效果显著[37]。

2. 切削叶轮

切削叶轮的技术改造用于现役水泵流量太大的情况。其节能的原理实质上是改变泵的特性曲线。当管路特性曲线保持不变时，新的泵特性曲线与管路特性曲线形成新的交点，即新的工况点。改造后的泵在新的工况点运行，满足用户对流量 q_V 的要求。

与适当地关小泵出口处的闸阀进行节流调节的方法比较，切削叶轮的方法在减小流量时没有附加压力损失，因而节能效果优于节流调节。采用节流方式来减少流量时，实质上是通过增加管路阻力来改变管路特性曲线的；此时泵的特性曲线不变，与节流时新管路特性曲线相交，形成新的工况点。若把节流产生的压力损失归并到泵内损失，即相当于泵的效率下降了。

切削叶轮时，需根据现场实际情况，估算应切掉的尺寸。最好分两次以上切削，边切边试，以免切去过多而难以补救。

3. 减少叶轮数目

对于多级泵，当所需的扬程减少时，可以采用减少叶轮数目的方法进行技术改造。首先根据所需的扬程 H 决定叶轮数目 i，即

$$i = \frac{H}{H_1} \tag{8-3}$$

式中 H——所需扬程(m)；

H_1——平均单级扬程(m)，按所需流量在泵特性曲线图上查出。

确定所需叶轮数目后，便可拆除多余的叶轮。根据实验，拆去最后一级时，性能影响较小。切不可拆除吸水侧的第一个叶轮，否则，会由于增加吸水阻力而过早地发生汽蚀。分段式水泵可以拆去它的中间段叶轮，但必须更换轴和拉紧螺栓。

4. 增加调速装置

在保持管路特性曲线的条件下，通过改变转速，使水泵性能曲线发生变化的技术改造方式，不会产生附加压力损失。因此采用调速装置是一种高效的技术改造，与各种改造相比，其节能效益最佳。

由于调速技术改造具有最佳的节能效益，获得了国内外广泛的重视，开发了各种调速装置。一般而言，各种调速方式各有其优缺点。通常在选择调速方式时，着重考虑的是初投资与回收期，以及调速装置的可靠性和易维修性。近年来，变频调速技术得到迅速的发展，并且随着电子技术的发展，变频调速的优势更加突出，已经成为调速的主流。在大多数情况下，水泵系统采用变频调速能够获得优良的节能效果(详见 4.4)。

一般情况下，2～3 年内能收回初投资，就可以认为节能改造方案是高效合理的。对于具体工程，在节能技术改造前，必须进行全面的分析比较。

8.5.3 水系统的管路改造

由于水泵的实际运行特性与输水系统管路特性有关，如果能够减小水流阻力，降低扬水高度，使管路特性变得更加有利，就能使水泵运行点(工况点)向有利方向移动，达到节能

(节电)的效果。因此，管路改造的目的是减小水流阻力，降低扬水高度。为此必须做到：

1）管路要短而直，管件尽可能少，尽可能选用阻力小的管件。

2）降低扬水高度，尽可能以低水头供水。

3）管径不宜过细，可参考如下流速确定管径：排水管中水的流速为1.3～1.8m/s；吸水管中水的流速为1.0～1.3m/s。

若原来水系统的管路直径偏大，一般情况下不再改小；若原来管路流通截面不够，则应通过经济比较或核算，来确定管路改造方案。采用得较多的方案是另铺设一套管路和原来的并联使用。

降低扬水高度的实例很多。例如将图8-4a中的出水口加接一段密封管段，变成如图8-4b所示；或者将排水管改为向水池侧面进水，均可降低水泵的扬水高度。

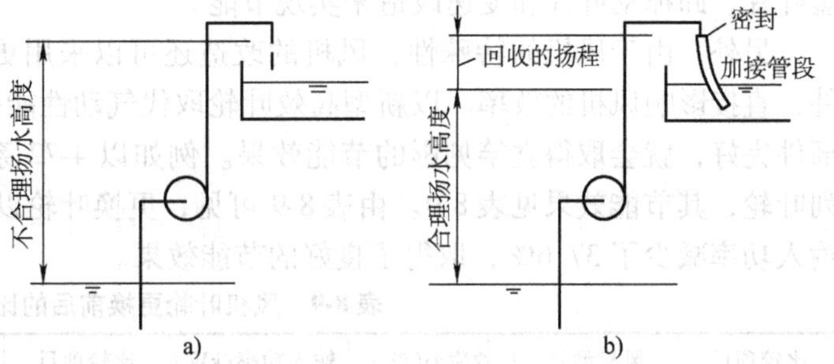

图8-4 降低扬水高度实例

a）浪费扬程的接法 b）降低扬程的接法

对于具有蓄水能力的水泵系统，由于水塔、水仓或高位水池的蓄水作用，使输水设备(水泵和管路)的工作容量可以大大地小于短时的最大用水量，甚至接近于它们的平均值，这无疑是有利于节能的。

由于设计者往往考虑到远期的发展和过大地提高了可靠性，许多情况下，选择的设备容量远大于实际需要。对于这样的泵系统，为了节能，则应少开动一些并联工作的泵，或将大泵更换为小泵、采用切削叶轮、减少叶轮数目，也可降低转速。其最终目的便是充分利用系统的蓄水能力，使设备以小流量长时间工作，代替大流量短时间工作。

对于同一管路系统，其阻力损失与流量的平方成正比。当改用小流量时，管路阻力将明显降低，电耗将明显降低。因此，管路系统的阻力越大，改造为小流量后其节能效果越显著。

8.6 风机与风机系统的节能改造

风机是一种量大面广、耗电量较大的动力机械，是十二类通用耗电设备之一。据统计，我国风机拥有量大于4000万台。工业与民用建筑中运行的风机效率，比发达国家的平均水平低10%～30%，节电潜力为300亿kW·h[58]。在制冷空调系统中，风机也获得了广泛应用。对于制冷装置，据国内统计，一般冷库制冷装置中风机的耗电量可达总耗电量的25%左右，空调系统占的比例更高。因此，风机系统的节能无疑具有重大意义。

风机在制冷装置中应用的一个特殊性，是许多风机在低温下运行，例如，在冷却物冷藏间和冷却间，库温一般为0～5℃；在冻结物冷藏间和冻结间，库温一般为-18～-23℃，甚至更低。风机本身消耗的功率，包括循环空气的动能都变成热量，成为制冷装置的热负荷。当风机效率低而造成多耗能时，这部分多耗能的能量又增加了制冷装置的热负荷。因此，制冷装置中低温环境下运行的风机节能，比一般环境下运行的风机节能，具有更大的经济效益。

对于具有风道的风机系统，其工作特性与水泵系统相似，即风机的实际运行特性，取决于风机自身的特性曲线和管道(风道)的特性曲线。对于冷间中采用自由射流没有铺设风道的风机，虽然常因货物的堆垛不同，使气流通道发生变化，但仍可将冷间中的气流通道近似作为风道系统。换言之，风机系统与水泵系统除了流体不同外，工作情况基本相同。因此，上节水泵系统的节能改造方法，也可以用于风机系统，即风机系统也可以采用全盘更换、截短叶片、卸掉动叶片和变速改造来实现节能。

另外，由于风机的特殊性，风机的改造还可以采用更换叶轮法。叶轮是风机的核心部件，直接影响风机的效率。以新型高效叶轮取代气动性能差的旧式落后叶轮，只要原机壳等部件完好，就会取得立竿见影的节能效果。例如以4-72系列风机叶轮，取代旧式9—57系列叶轮，其节能效果见表8-9。由表8-9可见，更换叶轮以后，在满足原流量、风压前提下，输入功率减少了37.6%，取得了良好的节能效果。

表8-9 风机叶轮更换前后的比较

比较项目	风机型号	效率η(%)	输入功率/kW	比较项目	风机型号	效率η(%)	输入功率/kW
更换前	9—57	59	117	更换后	4—72	90	73

由于研究的深入和技术的进步，近年来各种风机产品的效率普遍有较大幅度的提高。对于效率仅60%~70%，甚至更低的风机，更换叶轮以后节能效果十分显著，因为目前高效风机普遍效率可达85%~90%。更换叶轮的技术改造具体可分为三种情况。

1. 不改变设计风量和风压

在这种情况下，只需按原风量、风压更换高效叶轮即可。这时需注意，如原叶片出口角接近90°，或前向式改为后向式叶片时，将会出现叶轮过大、机壳和叶片相比过小的情况，此时需进行性能方面的研究。此外，叶轮直径变大，其飞轮矩GD^2也随之增大，因而有可能出现起动困难的情况。

2. 设计的风量和风压不变，但部分负荷时间较长

在这种场合下，应更换成最高效率点高，在部分负荷下效率良好的叶轮。当然，如实现速度控制则更为理想。

3. 设计风量和风压需要降低

在这种情况下，宜更换成与风量、风压降低相适应的小容量叶轮。如果容量减少的程度过大，就不仅要更换叶轮，机壳等部件的改造往往也是必要的。显然，风机的节能改造是属于补救措施。风机的节能工作应该从选型设计开始，其原则是：

1）在风机选用条件中，效率高的优先考虑。

2）选型中不应过多地保留风量、风压的裕量。

3）在风量、风压时常发生变化的场合，应采用能使风机高效运行的控制方案。

4）尽量减少管路、阀门等处的风量损失。有关保持设备运行经济性的措施，应在设计文件中加以明确。

国务院有关节能的指令规定：凡通风机、鼓风机的效率低于70%的，必须分期分批予以改造或更换。在制冷装置中运行的老系列风机，例如03—11型，大多效率低于70%，新系列风机普遍效率可达80%以上。上海龙华肉联厂对常用的30K4—11和新型LTF系列风机

进行实测，发现在压头和功率相同的条件下，LTF 系列的流量为 30K4—11 的两倍，即同样条件下采用新型风机，电耗仅为原来的 1/2。

综上所述，对老系列风机的更新及改造可以取得良好的节能效益，应引起足够的重视。另外，除提高风机自身的效率外，改造中还要注意提高整个风机系统中的运行效率。

8.7 隔热层的维修改造

制冷离不开隔热工程，只有良好有效的隔热，才能保证被冷却对象的温度维持在要求的范围。因此，各种制冷装置都需要隔热工程的配合，尽量减少传入被冷却对象的热量。在第 3 章中已经对隔热的设计进行了讨论，本节将讨论隔热工程的节能改造问题。

在制冷装置的隔热工程中，典型的例子是冷库。冷库不仅有较大的隔热面积，并且需要长期稳定地工作。世界上许多国家 20 世纪 60 年代甚至 30 年代期间所建的多层冷库，都一直沿用至今。那时所设计的冷库隔热层已不符合现在的实用要求，主要原因有两个方面：一是隔汽防潮层失效，导致隔热层受潮或者结冰，使传热热阻减小，传热量增大；二是以前设计的隔热层厚度不足，与现有工况不相适应。比如，以往的冷库库房温度为 -12 ~ -18℃，而现在一些发达国家的冷库采用 -25 ~ -30℃，因此热负荷明显增大，甚至使库房温度难以维持在要求的低温。无论从节能的角度，还是从保证要求的低温出发，都必须对那些隔热性能明显下降，或隔热性能无法满足需要的隔热层进行维修和改造。

我国冷藏行业的发展历史，大致可分为三个发展阶段：20 世纪 50 年代主要在大、中城市建立一批为数不多的冷库，其中大型冷库屈指可数；20 世纪 70 年代扩建了一批冷库，数量比较多，从大城市到中小城市，库容量多数以 500t、1500t 级为主；20 世纪 80 年代又从中小城市延伸到县级，特别是近十年来发展更快，在县区级和乡镇建设了大批冷库。这些冷库中有很大一部分由于资金短缺、设计施工缺乏经验、技术落后等原因，冷库质量存在许多问题。在投产使用后，质量隐患问题逐步暴露，特别是冷库结构的隔热层损坏严重，甚至危及安全生产，急需大修改造。即使是 20 世纪 70 年代修建质量较好的冷库，现在也已到了大修库龄。

如果照常规方法更新隔汽层和隔热层，施工中必然耗费很长时间，而且只能在冷间停产后进行。停产施工通常需要几个月的时间，所造成的经济损失是巨大的。因此，国内外对冷库的隔热层在不停产条件下的大修改造进行了探讨。在实践中探索的两种方案是：外贴隔热层改造和内贴隔热层改造。

1. 外贴隔热层改造

所谓外贴隔热层，就是在原冷库外侧敷贴隔热层。由于温度的变化、风压变化、大气压力变化，外界大气与隔热层之间将导致空气交换，使水蒸气进入隔热层。因此，要求外贴隔热层应当气密，隔热层应由均匀的发泡材料组成，没有搭接处，隔热层与原墙面之间要紧密、充分连接。这些技术要求，用传统的隔热层设计很难满足。

采用聚氨酯现场发泡，可以满足以上技术要求。因为聚氨酯现场发泡可使隔热层形成一个整体，并且这种形式的隔热层具有良好的吻合特性，它能够与建筑材料表面紧密粘合。在聚氨酯发泡外表面，加上金属蒙皮作为隔汽保护层，能完全避免外部水蒸气的扩散渗透。德国在 20 世纪 70 年代试验了这种方法，即在冷库外侧，进行聚氨酯现场发泡外加金属蒙皮的技术改造，取得了良好的效果[118]。其优点可以归纳如下：

1）根据结构的实际需要，外敷隔热层的厚度各不相同。可以先对原有隔热层进行测试计算，确定需增加外敷的厚度。这样可以满足库房温度更低的要求，同时达到节能的目的。

2）在外部加设隔热层，冷库的内部运行不受影响，维护检修也可照常进行。如果用老方法，更换内部隔热层和隔汽层，即使周密计划，至少也要三个月的停产时间。

3）外贴隔热层方法的纯费用只是老式更换法的50%。与老式方法相比，还省去了另外一些费用，如新加隔热层结构的处理；相应库房腾空所需费用；货物转至其他房间重新堆码的费用；因维修停产造成的损失。

4）原有隔热层得以干燥。因为这种外贴法绝对避免了外部水蒸气的渗透，而原有隔热层的水分将向低温的内侧扩散，原有隔热层将逐步干燥。在德国的冷库改造实践中，发现干燥的速度比预计的快。当原有隔热层为松散材料时，原隔热层中的冰和水的含量三年后即开始下降，这一干燥过程将持续进行。

5）由于外墙隔热效果大大改善，制冷设备的能耗明显降低。同时，库房的温度回升明显减小，使商品质量提高。

6）使用寿命长。德国的实践表明，在稳定性和透汽性方面，外敷隔热层投产十年后没有发现问题。根据对新材料的腐蚀性和围护结构的追踪监测，预计可保证其寿命达30年。

7）采用外敷隔热层后，建筑物外表面为涂漆的金属板，改善了建筑物的外观美感。

2. 内贴隔热层改造

所谓内贴隔热层，就是在冷库内表面（即冷间内的墙面）增加一层隔热层，而原有的隔热结构保持不动。这种维修改造的最大优点是冷库可以不停产，施工的工作量小，因而具有较好的经济效益。

厦门某冷冻厂是采用这种方法的一个实例。该厂1976年投产，规模为冷藏500t/次，冻结16t/次，制冰10.8t/d。随着库龄增长，发现库温难以保持在设计要求。1993年检查发现，冷库外墙采用660mm厚的稻壳隔热保温，有200mm左右的稻壳结霜。因而隔热性能下降，库温难以维持在设计要求，压缩机的运行时间延长，电耗增大。

在这种情况下，隔热保温成为该厂大修必须解决的主要问题之一。如果采用通常的更换稻壳的大修方案，冷库必须全面停产，造成很大的经济损失。经过研究，采用了内贴PEF隔热材料的方案，实现了不停产大修。PEF是聚乙烯化学交联发泡体的英文缩写，具有100%微细的独立气泡结构，吸水率低且耐水性好，抗蒸汽渗透性好，并且具有良好的力学性能，化学性能稳定不易老化，使用寿命长。

在具体施工中，采用粘合剂均匀涂在PEF板上，约待20min半干后，直接贴在涂有强力粘着剂的墙面上，再用水泥钉将第一层PEF板固牢在墙面上。粘贴第二层时，只需用电加热器扫焊，直接与第一层贴合，后续各层做法与第二层相同，但各层板的接缝应错开。该厂采用厚度为35mm的A型PEF板三层，外表面（冷间可见的墙面）采用具有阻燃性的20mm厚B型PEF板。这样，内贴的隔热PEF板共厚110mm。

大修之后，冷库的耗电量明显下降，库温完全达到了设计的要求（$-18\sim-20$℃），保温效果良好。总结这种内贴式维修改造方法，其主要特点如下：

1）可以实现不停产大修。在施工中可采用逐个冷间施工的方式，做完一间后，将货物移入维修好的冷间，再对其他冷间逐间施工。这样既保留了原有客户，又基本不影响生产，获得良好的经济效益。

2）施工工期短。由于原有的隔热结构不动，粘贴 PEF 板又方便快速，施工的周期很短。

3）维修改造的投资合理。据估算，采用内贴 PEF 的维修改造方案，与采用更换补充部分稻壳的方案相比，两者的材料费和施工费相当。如果稻壳的损失量大以及价格较高，有可能采用内贴 PEF 板方案投资更少。如果综合考虑不停产大修创造的收益，显然内贴隔热层的维修改造具有明显的经济效益。

4）不污染环境，安全性好。更换补充稻壳的方案，需将全部旧稻壳清出翻晒处理，易污染环境；稻壳是易燃材料，必须十分注意防火。PEF 材料不污染环境、不易燃、安全性好。

5）占据部分冷间容积，库容量减少。采用内贴式维修改造隔热层，将占据部分冷间容积，使冷间的库容量减少。对于一定规模的冷库，通常分隔有多个冷间，只在冷间的外隔墙一面内贴 100 ~ 120mm PEF，对冷间容积影响不明显。换言之，内贴法对库容的影响，与冷库容量成反比。

综上所述，在一定的条件下，采用内贴法对原有隔热结构进行改造，是一种行之有效的技术改造方法，值得推广采用。

8.8　盐水制冰装置的节能改造

冰保鲜是食品保鲜中最经济、简易的方法，尤其在水产业中广泛用于水产品的保鲜。冰的需要促进了制冰行业的不断发展。截至 2005 年，我国的制冰能力达到 12.95 万 t/d，年制冰量达 809 万 t[119]。但由于技术管理上的不完善，制冰电耗较高。各厂的能耗水平差别很大。20 世纪 90 年代初，全国平均每吨冰耗电为 64.89kW · h/t，最低的仅为 43kW · h/t，而高的耗电竟达 150kW · h/t[120]。能耗存在的明显差异，说明制冰电耗的降低是完全可能的。许多调查表明，管理不善是电耗太高的重要原因；其次是制冰装置的设计不够合理。针对国内广泛使用的盐水制冰装置，本节着重介绍制冰装置的节能技术改造。

1. *增加制冰池的蒸发器面积*

在常用的盐水池桶式制冰中，冰桶中的原料水在盐水池中逐渐冷却降温。其温度下降可近似分为如图 8-5 所示的两个阶段：第一阶段，原料水释放显热，温度下降迅速，此时传热温差大，传热效率较高，使压缩机处在超载边缘；第二阶段，当水温下降至 0 ~ -1℃时，冰水处在两相并存状态，此时水释放大量潜热，温度曲线呈现平坦状，冰晶生成随着往桶中心推进，冰层厚度增加，传热热阻增加，传热效果也越来越差。图 8-6 所示为制冰过程中的热负荷随时间的变化，显然热负荷是随时间不断变化的，析出总热量可用积分面积表示为

$$\sum Q = \int_0^{\tau_0} \frac{\mathrm{d}Q}{\mathrm{d}\tau}\mathrm{d}\tau \tag{8-4}$$

但是在冰池的设计中，一般取平均析热量作为计算依据。即在确定传热系数 K、传热温差 Δt 后，把析热量 $Q = KA\Delta t$ 当做一个常数来选用蒸发器面积。由此得出的蒸发器面积往往偏小，不能满足制冰过程初期的最大负荷需要。因此，在设计中只要初次投资允许，应尽量选用较大蒸发面积的盐水蒸发器。

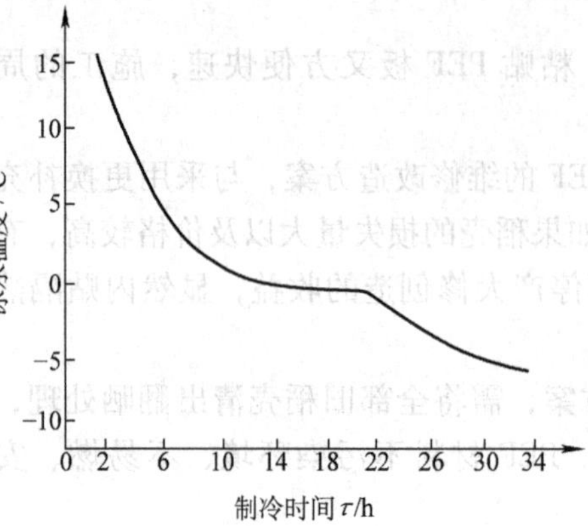

图 8-5 冰冻曲线

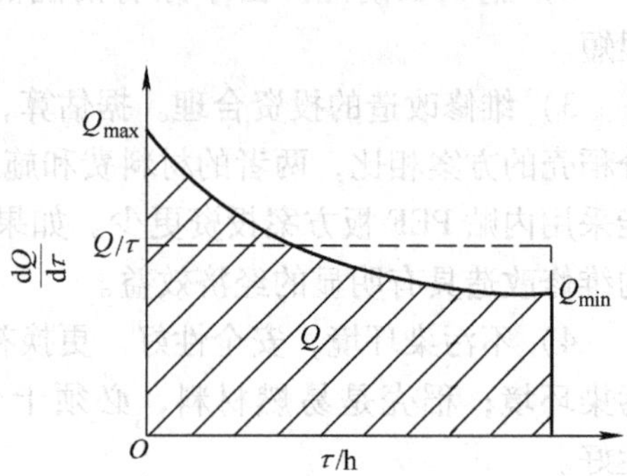

图 8-6 冰冻热负荷图

对于现役的制冰池可以进行技术改造，增加蒸发器面积。在热负荷 Q 相同时，由于传热面积 A 增大，传热温差 Δt 减少，蒸发温度就可提高。随着蒸发温度提高，制冷循环的制冷系数增大，制冰的单耗降低。

长期以来，国内在设计盐水制冰池时，通常按每吨冰(产量)配 $3m^2$ 蒸发器面积。近年来，许多设计和技术改造的实例说明，增加冰池的蒸发器面积，可以降低制冰的单耗，实现节能。表 8-10 列出了某制冰池新旧不同蒸发器面积的制冰单耗对照[120]。

表 8-10 不同蒸发器面积的制冰单耗对照

项目	日制冰量/t	蒸发器面积/m^2	每吨冰配蒸发器面积/m^2	制冰时间/h	单耗/(kW·h/t)
旧冰池	36	162	4.5	26	55.1
新冰池	42	292	7.2	22	50.3

由表 8-10 可见，随着蒸发器面积增大，制冰时间缩短，电耗降低。同时，增大蒸发器面积后，原制冰池的产量提高。这对于沿海渔汛集中，对冰的需求季节性强的情况，具有更加明显的经济效益。许多制冷装置中压缩机的裕量较大，增加盐水蒸发器的面积后，不需增加压缩机的投资，可以充分发挥原富余压缩机的作用。因此，在许多制冷装置中，增加盐水蒸发器面积是一种行之有效的节能改造方案，值得加以推广。

2. *采用氨泵供液和蛇形管蒸发器*

氨泵供液制冰已越来越被广大厂家所采用。这主要是氨泵供液系统的制冷剂循环量数倍于蒸发量，使蒸发器内有充分的润湿表面，蒸发器全部换热面积的换热性能得到充分发挥。同时，制冷剂在蒸发器内呈雾态环流状流动，气体流速远大于液体流速，使液态制冷剂能完全贴附于管壁流动，从而强化了制冷剂和管壁面换热功能。由于大量氨液冲刷，蒸发器内表面不易积油，故传热系数大。

蒸发器的形式不同，对制冰的单耗也有影响。其影响主要有两方面：一是蒸发器形式不同，传热系数不同；二是蒸发器的积油和放油状况不同。冰池蒸发器的放油如果设计不好，将使蒸发器产生严重积油，传热效率大大下降。此时应对冰池蒸发器的放油进行专门技术改造。参考文献[120]介绍了对不同蒸发器形式，不同供液方式的调查情况，表 8-11 列出不同的蒸发器形式和供液方式的制冰单耗。由表8-11可见，采用氨泵供液并采用蛇形管蒸发器，具有较好的节能效果，值得技术改造时参考。

表8-11 不同的蒸发器形式和供液方式的制冰单耗

单位	冰产量/(t/d)	供液方式	蒸发器形式	各年制冰平均单耗/(kW·h/t)				
				1987年	1988年	1989年	1990年	1991年
舟山二渔冷库	240	重力	蛇形管	47.51	50.14	49.23	52.17	45.51
宁波中转冷库	260	氨泵	蛇形管	47.30	46.30	45.3	41.88	43
舟山一渔冷库	300	氨泵	螺旋管	50.90	49.19	48.42	48.4	49

8.9 异步电动机节电器及其应用

异步电动机节电器是异步电动机在空载或轻载运行时的节电装置。它能根据电动机负荷率的变化，自动地改变电动机的端电压。因此，空载(轻载)时，电动机电压低于额定电压，从而降低了电动机的有功、无功损耗，减少了电动机工作电流，提高了功率因数。节电器虽然调节电动机端电压，但电动机的转速几乎没有变化，只是改变电动机的输出功率，这是节电器与异步电动机调压调速装置的不同之处。

1. 节电器的节电原理

1）空载(轻载)运行时，降低异步电动机端电压可以减少损耗。空载时的损耗主要成分是铁损，所以利用节电器降低外施电压，会使磁通减少，从而使铁心损耗和定子铜损耗都减少。对37kW异步电动机安装节电器的效果见表8-12[121]。由表8-12可见，端电压降低后，电动机的输入功耗和电流都大幅下降，节电效益高。因此空载时，电动机端电压大小是衡量节电器性能好坏的重要指标。电压越低，节电越显著。但必须保证电动机稳定运行和承受突加负荷的能力，以免堵转现象的发生。

表8-12 37kW异步电动机安装节电器的效果

空　载	电压/V	电流/A	输入功率/W	空　载	电压/V	电流/A	输入功率/W
无节电器	443	22.4	2540	损耗降低率(%)	48.8	40	40
带节电器	216	9.1	1020				

2）空载时，降低端电压可以提高电动机的功率因数。节电器具有在不同负荷情况下，自适应地改变端电压能力，所以能提高功率因数。

3）节电器具有软起动功能，减少起动电流的冲击和起动瞬时脉冲功率。可以证明，电动机起动过程中能量损耗与起动电压、电流的大小无关。

2. 节电器的适用范围

异步电动机节电器对某些特定的负荷工况具有较好的节电效益，但对另一些工况基本没有效果。因此，明确节电器的适用范围，合理应用节电器非常重要。

1）对于不变负荷连续长期运行，不论是满负荷或低负荷情况，都不宜采用节电器，而应选用高效率电动机或更换功率小的电动机。

2）对于变负荷情况，若负荷率≥30%，采用节电器也不会有明显的节电效益。

3）对于长期空(轻)载(负荷率<30%)运行，短期重载，以及空载率较高或重载持续率较低的场合，采用节电器最适合。例如，福州市某水产冷冻厂在电梯和吊冰机中采用了DTN系列电动机节电器，测试表明，轻载工况时用电量节省了30%。

4）适用于频繁起动的电动机。如果电动机需频繁起动并允许轻载起动，则可以采用具有软起动功能的异步电动机节电器。

5）在电网电压偏高的地方，采用节电器具有良好的效果。

8.10 交流接触器的节能运行技术

交流接触器是现代工业中应用最广泛的一种低压电器。工作原理是利用电磁铁带动动触头与静触头闭合或分离，达到接通和切断电路的目的。它适用于起动及控制三相异步电动机和其他设备，便于实现远距离和自动控制。交流接触器的结构主要由触头系统、电磁系统、灭弧装置、外壳及固定装置等部分组成，其中电磁系统包括线圈和动、静铁心。利用线圈通电或断电，使电磁铁吸合或释放、带动动触头闭合或分离，以接通和断开电路。

交流接触器线圈内通过的是交流电流，电磁铁吸力的大小以100次/s的频率变化(指50Hz电源)。这样不可避免地要产生交流噪声，特别是使用大型交流接触器比较集中的地方，噪声更大，影响工作人员的健康。无声运行技术，就是把交流接触器运行阶段时的线圈电源改为直流，既可消除噪声，又可降低电耗。

在制冷装置中，广泛应用交流接触器，数量甚多。交流接触器线圈中通过的是交流电流，而线圈属于电感性负荷，功率因数往往很低(一般功率因数在0.4以下)，其起动电流比保持电流大得多。采用无声运行技术，即起动后自动换接为直流电源运行，可节约大量电力，消除噪声，降低温度，使线圈寿命延长。直流运行时采用电容器降压，还可以向电网输入电容性电流，提高功率因数。

由于有上述效果，交流接触器无声运行又称为安装无声运行装置，或节电消声器。国家规定100A以上的交流接触器，均需实现无声运行。国内许多冷藏企业对原交流接触器进行改造后，都取得了良好的效益[122]，既可节电，又降低噪声，提高功率因数。

应用无声运行技术的注意事项：

1）交流接触器直流运行并不是任何时候都比交流运行优越，如小型交流接触器本身噪声不大，质量好的近似无声。另外，集中运行的小型交流接触器的控制箱中，很少有足够的地方安装附件。因而在一般情况下，小型节流接触器或控制操作频繁的场合，不一定都要改为直流运行，以免增加费用又带来维修的麻烦，得不偿失。

2）对于电动机操作频繁的场所，改用交流吸合直流保持也不一定适合。频繁吸合产生的振动，将使触头间产生电弧而熔焊在一起，导致接触器不能使用。因此，在改为无声节电运行时，必须充分考虑总的经济效果和运行要求。

3）改装后的交流接触器在投入运行之前，要调整辅助触头，使主触头刚一闭合，常闭触头就能够断开。

4）在大型接触器应用较多、地点集中的场合，可以共用一套整流电源，对接触线圈进行直流供电，这样可减少改装费用。

大、中容量交流接触器采用节电技术，一般有功功率节电率可高达85%以上，有的竟可超过95%。由于交流接触器量大面广，采用节电技术后，每年可节约的电能相当可观。

电子技术的迅速发展和应用，使得交流接触器的节电技术获得新发展，交流接触器节电器新产品增加了许多新功能。为了适应交流接触器节电产品发展的需要，GB 8871—2001《交流接触器节电器》中，除对应用节电器的节电率、节电器寿命，以及电磁兼容性作出规定外，还对温升、保护性能、噪声等性能参数作了硬性要求[123]。

8.11 废热(废冷)的回收利用

制冷空调装置是借助工作介质(制冷剂)，从冷却对象吸取热量排向周围环境的一种耗能装置。通常排热量(冷凝热负荷)约为制冷量的1.2~1.3倍，并且这些热量的温度明显高于环境温度，例如，对于冷库制冷装置，压缩机的排气温度通常高于100℃。这些热量使周围环境温度升高，造成环境热污染。如果将这些热量回收利用，不仅减少了热污染，而且是一种有效的节能措施。另外，有些制冷空调装置运行中将产生一些“废冷”，也可加以利用。因此，制冷空调装置的热(冷)回收利用，也是节能的一环。

8.11.1 压缩机排气显热的回收利用

压缩式制冷机排气显热的回收，主要是回收压缩机排出气体的过热部分的热量。常用的措施是借助于各种换热器，将高温制冷剂的热量传给空气或水，从而利用这些热量。图8-7所示为配备套管式热回收换热器的流程图。

新西兰制造的Zelos热回收装置[124]，是一种水与制冷剂逆流的套管式换热器，内管为铜管，外管为钢管，套管按螺旋形绕成紧凑的形状。内管走水，内外管间走制冷剂。换热器用聚氨酯隔热，用ABS塑料作外壳。

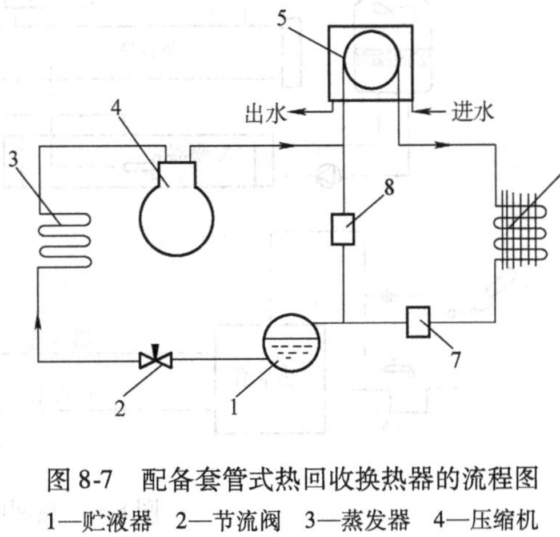

图8-7 配备套管式热回收换热器的流程图

1—贮液器 2—节流阀 3—蒸发器 4—压缩机 5—热回收装置 6—冷凝器 7、8—阀门

图8-7中阀7和阀8在各种环境温度下均能自动调节制冷剂流量，以维持贮液器1所需的压力。当冷凝压力降到阀7所规定的压力时，该阀门节流并控制冷凝器来的制冷剂流量。积聚的冷凝液使冷凝器传热面积减少，提高了冷凝压力，使压缩机的排气温度升高，保证热回收装置有一定的出水温度。阀8和旁通管用来调节贮液器1的压力，保证节流阀2能正常工作。该装置采用R22配风冷式冷凝器，并且阀7全开，水流量为70L/h时，可将15℃的进水加热到49℃。当阀7使排气压力升高时，换热器的出口水温可提高到57℃，但此时制冷系数下降。该装置运行2~3年即可收回投资。

回收的热量可以根据需要利用。在一些国家的冷库地坪防冻中，采用排气余热已经成为典型做法[125]。此时，压缩机排出气体通过一个换热器，将高温制冷剂的热量传给乙二醇溶液，溶液用泵输送到埋入地坪PVC加热管内，通过乙二醇溶液不断循环。长期以来，在工业制冷装置中，这种形式的热回收国内外已陆续有所报道[126-127]，一般形式是通过换热器加热油或不冻液，防止冷库地坪冻臌，或者直接用换热器生产热水，用于职工淋浴或生产工艺用热水。采用螺杆式压缩机时，对油冷却器加以改造，可得到50℃的热水或者加热乙二醇溶液。国内有的企业在油分离器上加装水套利用热水，也有用来烘干衣物等。

自从1996年起，这种形式的热回收开始应用于国内中央空调系统。深圳某酒店在其中央空调系统加装冷凝热回收装置制取热水，获得圆满成功。目前，该项技术已被广大酒店接受。通常，酒店所需热水的热量大约为中央空调排热量的10%~20%。这种形式制取的热水温度，可以达到酒店生活用热水的温度（50~65℃）要求。对于采用活塞式和螺杆式冷水机组，客房为200~300间的中型酒店，该项技术的节能效果尤其显著。通常改造后，使用一年左右就基本收回投资[128]。目前，已有配套热回收装置的空调冷水机组产品，并有多个品种。需要说明的是，当采用离心式压缩机时，由于其排气温度较低，难于应用热回收。

1. 冷水机组配套热回收装置的工作流程

图8-8所示为热回收装置的工作流程图[129]。将一定量的热水（或自来水）送入热回收器，利用压缩机排气的显热和部分冷凝潜热对热水进行加热。随后排气进入冷凝器，排气中剩余热量由冷却水带至冷却塔排入大气。随着热回收器进水温度的升高，冷凝潜热回收量有所减少，随后主要利用冷凝显热将初步加热的热水进一步加热到50℃左右。高温热水储存在蓄热槽内以供使用。如蓄热槽内水已蓄满，并且已达到设定水温，热水泵停止工作，冷凝热全部由冷却水吸收，经冷却塔排入大气。

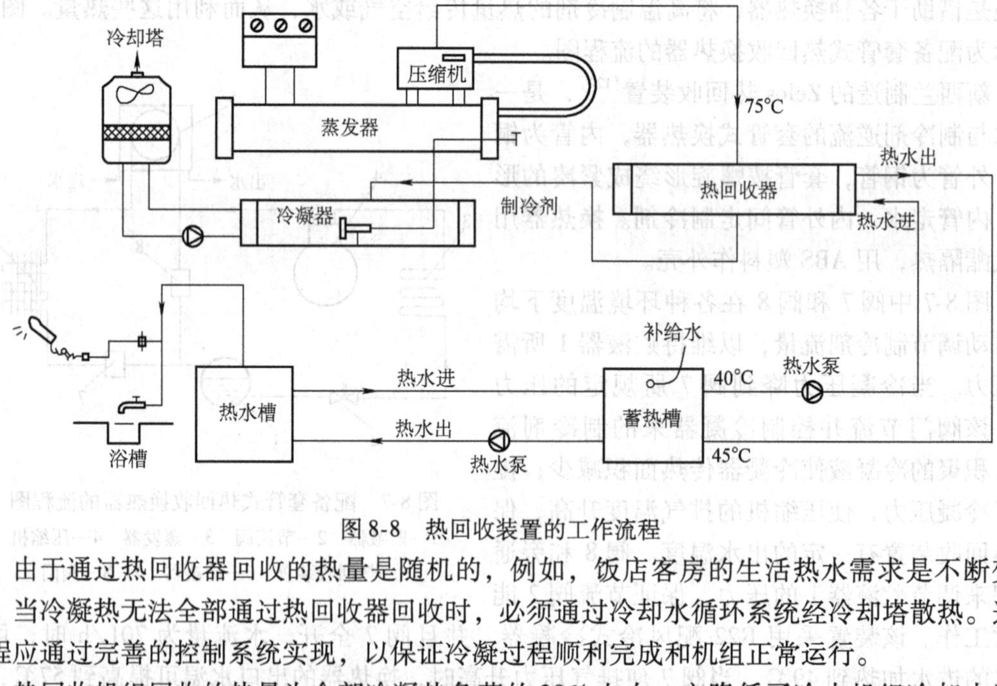

图8-8 热回收装置的工作流程

由于通过热回收器回收的热量是随机的，例如，饭店客房的生活热水需求是不断变化的。当冷凝热无法全部通过热回收器回收时，必须通过冷却水循环系统经冷却塔散热。这个过程应通过完善的控制系统实现，以保证冷凝过程顺利完成和机组正常运行。

热回收机组回收的热量为全部冷凝热负荷的30%左右，它降低了冷水机组冷却水进口水温，有利于冷水机组能效比的提高。对于风冷式冷水机组，同样可设置热回收器。

2. 热回收机组的特点

热回收机组的特点如下：

1）热回收机组将制冷系统中产生的低品位热量加以利用，是一种经济有效的节能技术。它减少了冷凝器的冷凝热负荷，有利于冷水机组能效比的提高。

2）热回收机组减少了排放至大气的废热。同时由于冷却塔的散热负荷减小，可以通过控制冷却塔风机，减少风机噪声对环境的影响，具有一定的环境保护效益。

3）热回收机组利用冷凝废热加热生活热水，节约能源，降低了用户的运行成本。

3. 使用热回收机组应注意的问题

使用热回收机组应注意以下问题：

1）首先必须保证制冷工况的正常运行。冷凝热回收是有条件的，应综合考虑制冷量和热回收量的关系。回收的热水温度一般控制在 45～50℃范围内。回收的热水温度高，冷凝压力要相应提高，冷水机组的能效比会受到影响。

2）热回收器中水温较高，为防止热回收器内结垢，应对自来水采取防垢处理。

3）饮用水不能利用冷凝热。

制冷压缩机排气显热的回收，仅能利用制冷剂全部冷凝热负荷的 15%～20%。但由于压缩机排气温度较高，用氨作为制冷剂时可达 100℃以上，用氟利昂制冷剂时一般也在 65℃以上，可以直接用换热器加以利用，得到温度较高的热量。并且这种热回收无须改变制冷流程，对制冷循环有利无弊。据报道，采用这种热回收时，制冷系统的运行电流平均降低了 4%[128]。因此，制冷压缩机排气显热的回收适用于从家用小型制冷机到工业大型制冷机。对这类换热器可进行标准化、系列化生产，与制冷压缩机配套，供用户选用。由于这种回收方式的投资少，其投资通常可以很快从利用的热能中收回，对于节能无疑是很有意义的一环。

8.11.2　制冷空调装置全部冷凝热的回收利用

目前全部冷凝热的回收利用可以分为两种类型：

1）直接利用。在制冷空调装置中加装热回收系统（热回收过程通常在冷凝器中进行），直接利用制冷空调装置排出的全部热量（冷凝热负荷）。

2）间接利用。在制冷空调冷却水系统中加装高温水源热泵机组（系统），把冷却水作为热源利用。这时冷凝热通过热泵进一步升高温度后再利用，故称间接利用。

1. 冷凝热直接回收利用系统

利用制冷剂在冷凝过程中放出的热量有多种形式。采用空气冷却式冷凝器时，可以直接将经过冷凝器后温度升高的热空气用来采暖。此外，通常的压缩式制冷装置采用不同的系统流程，就可回收冷凝热，得到各种温度的热水。图 8-9 所示就是其中一种典型流程，它可以回收利用制冷剂放出的全部冷凝热负荷。

图 8-9 所示系统的冷凝器具有典型的水冷式冷凝器的特性，但它在较高的冷凝温度下运行，制冷压缩机的冷凝热负荷增大。冷凝器采用闭合回路的水冷却塔，保证供热系统中的水作闭式循环。这种系统有两个水回路：

1）冷凝器和冷却塔为并联形式，当不需要系统供热时，冷凝器的所有冷却水引入闭式冷却塔，制冷压缩机排出的全部热量就通过闭式冷却塔排放到周围大气中。

2）当进行热回收循环时，冷凝器中的冷却水在较高的冷凝温度下，吸收了制冷剂释放出的全部热量，这时的冷凝温度可达 51～57℃。这些水可以直接送到采暖设备，放出热量后再返回冷凝器。必要时也可用辅助热源进一步加热升温。

2. 利用高温水源热泵机组回收冷凝热

在制冷空调冷却水系统中加装热泵系统，将制冷剂传给冷却水的冷凝热作为热泵系统的低温热源，生产高温(65℃以上)的热水。图 8-10 所示为高温水源热泵机组热回收原理图[129]。

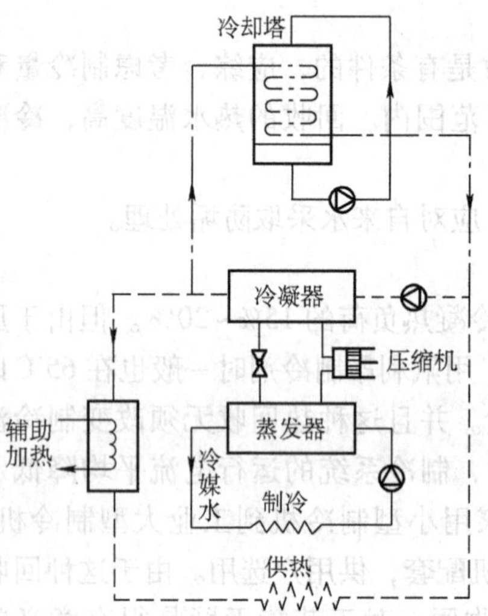

图 8-9 带封闭式冷却塔的热回收系统

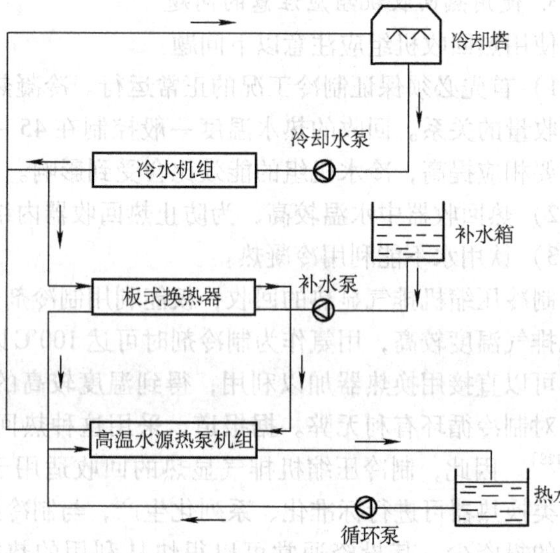

图 8-10 高温水源热泵机组热回收原理图

在标准设计工况下，冷水机组冷却水进口水温 32℃、出口水温 37℃，属低品位热能。在系统中通过高温水源热泵机组回收冷却水的热量。在图 8-10 中，来自冷水机组的部分冷却水经板式换热器把热量传递给自来水，使自来水从 10℃加热到 30℃。然后冷却水进入高温水源热泵机组的蒸发器，进一步放出热量。30℃的自来水进入冷凝器，吸收压缩机排出的高温制冷剂蒸气的热量。被加热后的水进入热水箱。热泵机组蒸发器出来的冷却水再与冷水机组的冷却水混合进入冷却塔，最后返回冷水机组。

热水箱中热水温度低于 55℃时，热泵机组开始运行，热水温度达到 65℃时停止运行。热水箱中的液位开关和补水泵联动，当水箱中水位达到额定水位时，补水泵停止工作。如此时热水箱中水温低于 55℃，起动循环泵，把水箱中水送至热泵机组冷凝器，反复循环，一直到水温达到 65℃停止运行。补水泵和循环泵是不同时工作的。

压缩机排气显热的回收容易实现，但仅能够利用全部冷凝热负荷的 10%~15%。如果要利用全部冷凝热负荷，采用第一类型(直接利用)，则冷凝温度通常要提高，才能达到需要的温度，这样对制冷循环的性能将产生不利影响，制冷的能耗增加。采用第二类型(间接利用)，则需要增加热泵系统，系统更加复杂。因此，全部冷凝热的回收利用适用于既需要制冷，又需要供热的制冷供热系统，尤其是供热负荷较大、较稳定的场合(参见 5.4)。

对于制冷和供热长年同时需要的场合，采用上述任一种回收冷凝热的流程，其经济性是明显的。对于夏季制冷、冬季采暖的大型空调系统，它可以实现供冷和供热设备统一，能源统一。但压缩式制冷机消耗电能，我国的电费较高，冬季仅用它作热泵供热运行时，其经济性需根据具体情况进行分析计算。

8.11.3 “废冷”的回收利用

制冷空调装置中的“废冷”，主要来源有制冰生产中脱冰的融冰水、碎冰，冷风机冲霜水，空调系统的“废能”（参见5.4）。将这些“废冷”回收利用，也能获得节能的效益。

例如上海鱼品厂利用融冰水及收集的碎冰，对循环中的氨液进行过冷，达到了节电的效果。该厂每天有300～400t融冰水，水温在15℃以下，比深井水还冷6℃左右(上海地区深井水水温一般在21～22℃)。另外，在输冰滑道及贮冰库里常积有许多碎冰，估计约占冰产量的3%～5%，也潜藏着大量“废冷”。

该厂在氨制冷装置中增加一套如图8-11所示废冷回收利用装置，取得了较好的节能效果。回收“废冷”的流程如下：自来水14或冷凝器冷却水(冬季用)放入水池15融冰，然后溢流至融冰水池6内，同时，碎冰也由输冰滑道经漏斗进入池内。在池内放置SR—20型螺旋蒸发管8，管内通氨液。这样，碎冰融化，氨液得到了过冷。经热交换后的水溢流至集水池10内，再用水泵11抽至冷凝器12，作为循环冷却水的补充水。因水温仍低于自来水，尚可提高冷凝效果。用过后的冷却水，再作融冰水的补充水。这样，往复循环使用，对节电、节水都起到了良好效果。

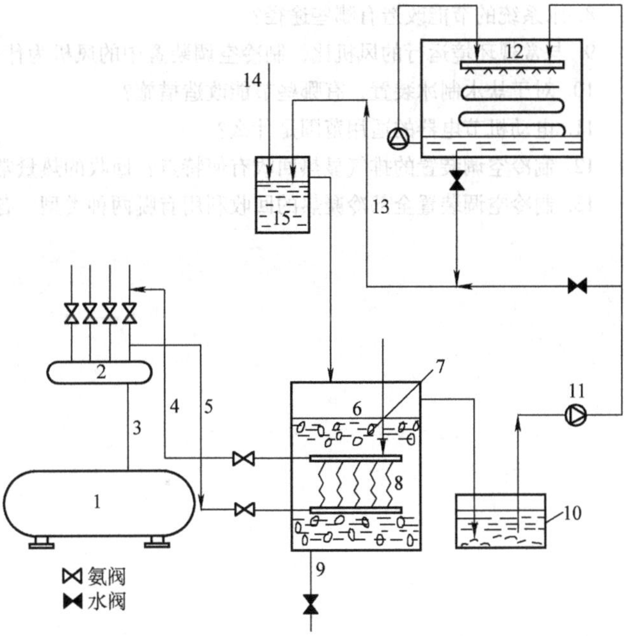

图8-11 废冷回收利用装置原理图

1—氨液储存罐 2—氨液分配罐 3—氨液管道 4—冷氨液 5—热氨液 6—融冰水池 7—碎冰 8—螺旋蒸发管 9—排污管 10—集水池 11—水泵 12—冷凝器 13—冷凝器冷却水 14—自来水 15—水池

经测量，过冷后的氨液温度，一般可下降5～10℃，若碎冰量多时，可下降10～20℃。在夏季温差更为明显，节电效果更好。据该厂实测每吨冰的电耗下降1.5kW·h，全年节约用电16万kW·h以上。每套改造费用约5000元，当年就能全部回收。

冷风机是冻结间中广泛采用的冷却设备，冷风机的融霜国内普遍采用制冷剂热气配合水冲霜。冲霜的上水一般用自来水，水流经霜层时，霜层融化吸取大量热，水温急剧下降。据测定，冲霜下水的水温可达0～1℃。因此，冲霜水是一种温度较低的冷源，可以加以利用。冷风机的冲霜水量按0.04$m^3/(m^2 \cdot h)$[130]计算，若每次冲霜时间为20min，则一台400m^2的冷风机，每次冲霜将产生5.3t低温水。如果将冲霜的低温水回收，用于冷凝器和压缩机气缸套的冷却，可以一举两得，既可以使冷凝温度降低，节约制冷装置的能耗，又节约了用水。尤其对于生产性制冷装置，配备许多冷风机，冻结大量货物，每次冻结之后冷风机都必须冲霜。因此，回收利用冲霜的低温水，对于制冷装置提高效率、节能节水均很有意义。

思　考　题

1. 根据国家节能规定，什么情况下电动机应该更新(更换)？为什么？
2. 电动机磁泥改造适用于什么情况？什么情况不适合采用？
3. 电动机的△-Y转换改造中，要特别注意什么？
4. 与电动机的△-Y转换改造比较，内△-外Y转换节能改造技术有何不同？
5. 如何改进用户的用电负荷曲线，它对用户电力系统和节能有何意义？
6. 对于现役的电力系统，如何提高负荷率？
7. 为什么说水泵和风机的节能是制冷空调装置节能中重要的一环？
8. 水系统的节能改造有哪些途径？
9. 与常规环境运行的风机比，制冷空调装置中的风机为什么有更大的节能效益？
10. 对于盐水制冰装置，有哪些节能改造措施？
11. 电动机节电器的适用范围是什么？
12. 制冷空调装置的排气显热回收有何特点？回收的热量常用于哪些场合？
13. 制冷空调装置全部冷凝热的回收利用有哪两种类型？各有何特点？

第9章 制冷空调装置运行调节中的节能技术

9

根据热力学第二定律，制冷必须消耗能量。要使制冷过程提高效率、减少能耗，一方面要对制冷空调装置进行合理的设计。尤其是工业制冷装置，往往容量大，用冷的情况复杂，难以简单地采用一套现成的装置(机组)。因此，工业制冷装置大多需要现场设计，各部分必须合理匹配，形成一个有机的高效率系统。另一方面，制冷空调系统的节能有赖于精心的、正确的操作调节。因为制冷空调系统的设计只能依据一定的条件进行，而实际运行中，工作条件是不断变化的。因此，必须进行及时并准确的调节，才能使制冷空调系统始终处在最合理的工作状态，达到高效节能的效果。制冷空调系统的操作调节，包括对主要运行参数的调节控制，对系统各设备的调整及不正常现象的排除。

9.1 制冷空调系统主要运行参数及其控制

制冷系统是一个封闭系统，制冷剂在其中不断循环流动，其运行状况通过运行参数反映出来。这些参数包括温度、压力、流量、液位等。

制冷系统的运行参数是进行操作调节的重要依据，对系统运行的经济性和安全性影响很大。其中重要的运行参数有：蒸发压力和温度、冷凝压力和温度、过冷温度、压缩机的吸排气温度、中间压力与温度等。蒸发压力(温度)和冷凝压力(温度)是最主要的参数。

上述运行参数在设计制冷装置时，正确地选择和规定十分重要。在实际运行中，决定主要参数的因素是不断变化的，因此各个参数也将相应发生变化。例如，环境气温的变化，机器和设备能力的变化，被冷却对象温度的变化，冷却水量及温度的变化等，都会引起各参数值的变化。因此，操作调整的目的，就是控制各个参数，使其处于最经济合理的范围，以求达到耗能最少、制取冷量最大及保证安全运行。

9.1.1 蒸发温度和蒸发压力

蒸发器内制冷剂在一定的压力下沸腾的温度称蒸发温度。制冷剂的饱和温度是压力的函数，即可以通过压力表读数，查制冷剂热力性质表，便可得蒸发温度。例如氨的蒸发压力为0.43MPa时，其蒸发温度为0℃；当氨的蒸发压力为0.093MPa时，其蒸发温度为-35℃。

蒸发温度的高低是根据空调温度要求、食品加工工艺或用冷场合所需要的温度来确定的。例如在冷库制冷系统的设计中，冷却和制冰常用蒸发温度-15℃；冷藏-28℃或-30℃；冻结-33℃或-40℃。

在实际运行中，蒸发温度的变化与被冷却对象的热负荷、蒸发器的传热面积和压缩机的输气量有关。当这三个条件中某一个发生变动时，蒸发压力和温度必然发生变化。所以，只要改变这些条件，就可以控制和调节制冷系统的蒸发温度。

1. 热负荷的变化

现役的制冷装置，其蒸发器和压缩机的标准制冷能力是固定的。但被冷却对象的热负荷与设计条件可能不一致，有时甚至有很大的差别。另外，被冷却对象需要与环境隔热，隔热围护结构的传热量随环境的气温升降而变化。仅以昼夜温差而言，不同地区的昼夜温差可达6～15℃。对于0℃以下的低温制冷装置，仅昼夜温度变化就对热负荷有较明显的影响。

2. 传热面积发生变化

当被冷却对象的热负荷及压缩机容量不变，蒸发器的传热面积减少，则制冷剂的蒸发量将随之减少，即蒸发压力和蒸发温度降低。反之，如传热面积增大，则蒸发温度升高。对于现役制冷装置，其蒸发器的传热面积表面上看似乎是固定不变的，但实际上只有与液态或气液混合状态的制冷剂接触的面积，才是有效的传热面积。换言之，当蒸发器中没有制冷剂或只有气态制冷剂时，其传热面积等于零。

通过调节蒸发器的制冷剂供液量，就可以调节实际有效的蒸发面积，进而调节蒸发压力。例如，供液量小于需要量(供液不足)，有效的蒸发面积将减少，蒸发器中的蒸发量小于压缩机的吸气量，这时蒸发压力和温度就下降；相反，如供液量大于需要量(供液过剩)，蒸发器中的蒸发量大于压缩机的吸气量，这时蒸发压力和温度便相应升高。必须说明的是，这种情况下很容易形成“倒霜”，即压缩机吸入液态制冷剂。

3. 压缩机容量(输气量)的变化

制冷压缩机的容量(输气量)应该与被冷却对象的热负荷相适应。如果热负荷不变，压缩机的容量增大时，就会使系统蒸发压力（温度）降低。反之，如果热负荷不变，压缩机的容量减少，由于压缩机不能及时吸走蒸发器内形成的制冷剂蒸气，就会使蒸发压力(温度)升高。

在制冷装置的设计中，蒸发温度是根据制冷工艺的要求，通过技术经济分析，综合考虑后确定的。如上所述，实际运行的蒸发温度是变化的。蒸发温度偏离设计要求过高或过低都是不利的。蒸发温度过高，满足不了系统的降温要求，被冷却对象达不到要求的低温，或降温速度达不到要求。蒸发温度过低，运行的效率下降，能耗增加，运行的经济性差。

蒸发温度降低，运行经济性差的主要原因是：蒸发压力降低时，气体的比体积增大，单位容积制冷量减少，单位压缩功增加。例如，一台8AS—12.5氨压缩机，在冷凝温度30℃，蒸发温度－15℃工况下运行，当蒸发温度降为－30℃时，对压缩机运行参数的影响见表9-1。根据表9-1的参数变化计算可得，蒸发温度降低后，制冷剂的质量循环量减少了62.38%，吸气比体积增大了89.39%，单位容积制冷量降低了48.3%，单位压缩功增加了51.4%，压缩机的制冷量减少了64.4%，制冷系数由4.79降至3.11。由此可见，蒸发温度过低，对制冷装置的工作效率影响很大。随着蒸发温度降低，压缩机的制冷量减少，能耗增大。因此，在制冷装置的操作调节中，应避免蒸发温度不必要地过低。造成蒸发温度过低的原因如下：

1）压缩机的输气量大于蒸发器在同一时间内的蒸发量。

2）被冷却对象的热负荷减少。

3）蒸发器内油污增加，或表面霜层太厚，使蒸发器制冷能力降低。

4）蒸发器中制冷剂不足，使有效传热面积减少。

在操作中，应针对蒸发温度过低的具体原因，采取相应的措施。如除霜，适当增大供液量，对蒸发器进行放油清理，减少运转压缩机的缸数或台数等，使蒸发温度处于正常。

表9-1 8AS—12.5氨压缩机在蒸发温度-15℃和-30℃运行的参数变化

参数＼蒸发温度/℃	-15	-30	参数＼蒸发温度/℃	-15	-30
理论输气量 $q_{V,h}/(m^3/s)$	0.1572	0.1572	单位质量制冷量/(kJ/kg)	1102.4	1082.7
压力比 p_c/p_e	4.94	9.76	单位容积制冷量/(kJ/m³)	2166.7	1123.7
输气系数 λ	0.73	0.52	压缩机的制冷量/kW	248.7	91.9
实际输气量 $q_{V,s}/(m^3/s)$	0.1148	0.0817	单位压缩功/(kJ/kg)	229.8	347.9
吸气比体积/(m³/kg)	0.5088	0.9635			

根据上面分析，蒸发温度升高对节能是有利的。因此，在满足制冷工艺要求的前提下，提高蒸发温度是合理并有利于降低能耗的。当然，蒸发温度过高也有不利的一面，它会使压缩机轴功率接近最大值，严重时可能使电动机过载。在实际运行调节中，最主要的限制是制冷工艺的要求，蒸发温度过高将无法满足被冷却对象的低温要求。

9.1.2 冷凝温度和冷凝压力

冷凝器中制冷剂由气体冷凝成饱和液体时的温度称冷凝温度。它与冷凝压力是相对应的，冷凝压力越高，冷凝温度也越高。

冷凝温度与许多因素有关。在设计制冷装置时，冷凝温度是通过技术经济分析，综合考虑确定的。冷凝温度过高，将引起压缩机排气温度升高，这对压缩机的安全运行十分不利，容易造成事故。另外，将使制冷装置效率降低、能耗增加。从操作调节的角度，应控制制冷装置在尽可能低的冷凝温度下运行，以提高制冷效率，降低运行费。

对于水冷式冷凝器，冷凝温度取决于冷却水的水温、水量、水的流速、冷凝面积、压缩机的排气量，以及不凝性气体、油污、水垢等影响冷凝器传热效率的各种因素。一般情况下，水冷式冷凝器的冷凝温度比冷却水出口温度高4～6℃。

风冷式冷凝器的冷凝温度主要取决于空气温度、空气流速、冷凝面积、压缩机排气量，以及影响传热效率的其他因素。风冷式冷凝器的冷凝温度一般比空气温度高8～12℃。

蒸发式冷凝器和淋激式冷凝器的冷凝温度，除了以上各种影响因素外，还与空气的相对湿度等影响水蒸发效率的因素有关。一般蒸发式冷凝器的冷凝温度，控制在比夏季室外空气湿球温度高5～10℃。

综上所述，冷凝温度受到许多因素的影响。从操作调节的角度，要使冷凝温度尽量低，主要从两方面入手：一是保持换热表面的清洁，即及时除垢、放油、排除不凝性气体，消除影响热交换的因素；二是控制冷却介质的流量，保证它均匀地流过换热表面。因为冷却介质的温度受环境温度的影响，通常难以调节。当冷却介质为水时，除了保证流量和流速外，特别要注意水在冷凝器中分配的均匀性。例如，立式冷凝器的配水器如果堵塞，虽然总的水流量、流速不变，但被堵塞的传热管将完全没有水流过，失去了换热的作用。所以在操作调节中，要随时排除上述影响传热的各种因素，使制冷系统在尽可能低的冷凝温度下运行。

上述对冷凝温度的调节控制方式，已列入了操作调节规程中。但据调查和各种资料的介绍，实际贯彻执行水平参差不齐。总的来说对操作调整的重要性认识不足，管理尚不到位，实际执行情况普遍不理想。据笔者对各地的一些调查[131-132]，在国有企业中普遍技术力量较强，但管理体制与实际情况不相适应，因此各种技术规程难以落实到位。近年来大量兴建的乡镇小型冷藏加工企业，则普遍存在技术力量薄弱的问题，缺乏相应的技术人员。因此，许多乡镇小型冷藏加工企业只注重生产经营管理，对制冷装置技术管理的观念十分淡薄。

综上所述，在对冷凝温度的调节控制中，应保证冷却介质有足够的流量和流速，并且分布均匀；应保证冷凝器换热表面洁净，排除影响传热的各种因素，使制冷装置在尽可能低的冷凝温度下运行。对于集中式制冷系统，在部分负荷时，应特别注意调节冷却介质系统的水泵或风机，避免无效的功耗。

9.1.3 压缩机的吸气温度

压缩机的吸气温度又称“回气温度”。它是指压缩机吸入口处的气体温度，通常由压缩机吸气端的温度计测得。在氨制冷装置中，吸气过热将使制冷系数下降，即能耗增大。另外，吸气过热将使压缩机排气温度升高，直接影响压缩机的正常运行。

对于 R134a 及 R22，由于过热后制冷系数将增加或不变，故允许有较大的回气过热度。在 GB/T 10874—1989《中型活塞式单级制冷压缩机—型式与基本参数》(已作废)中，对采用 R12、R502 及 R22 的中型压缩机，考核工况的吸气温度采用 15℃。对低温范围的名义工况，这三种氟利昂的吸气温度规定为 5℃，中温和高温范围的吸气温度则为 18℃。在 GB/T 10079—2001《活塞式单级制冷压缩机》中，规定了有机制冷剂压缩机名义工况的吸气温度为 18.3℃，无机制冷剂压缩机名义工况的吸气温度为 -10℃。

在制冷装置的操作调节中，压缩机的吸气温度是判断系统工作状态的重要标志之一。如果蒸发温度不变，吸气温度过高，说明蒸发器的供液量不足，或系统中缺乏制冷剂，也可能是回气管道的隔热层损坏等。

压缩机的吸气温度过低，说明回气中带有制冷剂液滴，这是湿行程的前兆，应当尽量避免。除了影响制冷系数外，压缩机的最高吸气温度主要受到排气温度的限制。因此，压缩机的吸气温度既是运行效率和能耗水平的标志，又是安全正常运行的标志。在实际操作中应保持密切的监控，及时调节，使之维持在合理的范围内。

9.1.4 压缩机的排气温度

1. 正常排气温度

压缩机的排气温度是指压缩机排气阀处的制冷剂温度，可以通过压缩机排气阀处的温度计进行测量。排气温度的高低取决于吸气压力、排出压力、吸入气体的过热度和干度。在其他参数不变时，压缩机吸、排气压力比越大，排气温度越高；吸气的过热度越大，排气温度越高；吸气的含湿量越大，排气温度越低。

压缩机的正常排气温度，可以根据吸入状态和排气压力，在制冷剂压-焓图上查得，氨单级压缩机正常排气温度见表 9-2[133]。氨压缩机的排气温度可以用下列概算公式计算，即

单级氨压缩机　　排气温度 $= (t_c - t_e) \times 2.4 + \Delta t_{过热}$

两级氨压缩机　　高压级排气温度 $= (t_c - t_{01}) \times 2.4 + \Delta t_{过热}$

$$低压级排气温度 = (t_{01} - t_e) \times 2.4 + \Delta t_{过热}$$

式中 t_e——蒸发温度(℃);

t_{01}——中间温度(℃);

t_c——冷凝温度(℃);

$\Delta t_{过热}$——吸入气体的过热度(℃)。

我国国家标准规定了小型和中型活塞式压缩机的最高排气温度。为了保证压缩机的正常运行,操作调节中不能超出允许的最高排气温度。

对于螺杆式制冷压缩机,由于采用喷油式机型,工作容积中的大量润滑油吸收了被压缩气体的热量,压缩过程不再是近似等熵过程,因此不能用上述公式和表9-2来判断正常排气温度。实际上,喷油式螺杆制冷压缩机由于油的冷却作用,排气温度总是较低的。

表9-2 单级氨压缩机正常排气温度 (单位:℃)

蒸发温度	冷凝温度 20	22.5	25	27.5	30	32.5	35
	排气温度						
±0	45	53	60	65	70	73	80
-2	50	58	64	69	74	77	85
-4	55	63	68	73	78	81	90
-6	62	69	79	82	89	92	95
-8	66	74	80	87	93	96	100
-10	71	79	85	92	98	101	105
-12	75	83	89	96	103	106	110
-14	80	87	93	101	108	111	115
-16	84	92	99	106	113	116	120
-18	89	99	101	111	119	121	125
-20	93	102	109	116	123	126	130
-22	98	107	114	121	128	131	136
-24	103	113	120	126	133	136	140
-26	109	118	125	130	137	140	143
-28	114	123	130	134	140	143	146
-30	120	128	133	138	143	146	150

注:1. 两级压缩机高压级排气温度也适用,但蒸发温度应以中间温度代替。

2. 折线右下方的工况压缩比大于8。

2. 排气温度过高的危害

1)润滑油的粘度降低,润滑性能恶化。随着排气温度升高,润滑油的粘度下降,摩擦表面油膜不易形成,磨损增加,使运动部件寿命缩短,甚至损坏。

2)易使润滑油炭化、结焦,影响压缩机正常运行。当排气温度接近或超过润滑油的闪点温度时,油中的轻质馏分迅速挥发,造成积炭现象。积炭会使排气阀的阀座和升高限制器的通道及排气通道堵塞,流动阻力增加,压力比提高,功率消耗增大;积炭还会使活塞环卡在环槽内,失去密封作用;积炭中含有酸类物质,有腐蚀作用;积炭是一种硬性颗粒,积聚在活塞等零件上,增加气缸和活塞的磨损。

3）使活塞、气缸等零部件的温度升高，压缩机的温度系数减小，效率降低。

4）增加冷凝器的负荷和冷却介质的消耗量。

3. 排气温度过高的原因和相应措施

1）由于冷凝温度升高，相应的冷凝压力升高，引起排气温度升高。此时应检查冷凝器的工作情况，将冷凝温度控制在规定范围内。

2）系统中不凝性气体较多，使冷凝压力升高，排气温度升高。应通过放空气器及时排除。

3）由于蒸发温度(蒸发压力)过低，压缩比增大，引起排气温度升高。应调整控制蒸发温度在规定范围内。

4）吸气管道隔热不好，或吸气管道过长，回气过热度太大。应做好回气管道的隔热，减少回气过热度。

5）节流阀开启度过小或系统中制冷剂过少，引起回气过热度太大。由于操作人员的责任心不强，节流阀开启度过小的情况经常发生。应该加强管理，及时调整节流阀的开启度。对于系统中制冷剂不足的情况，应及时补充制冷剂。

6）压缩机气缸冷却水套冷却不良，引起排温过高。应检查冷却水套的水温、水量，采取相应措施，改善气缸的冷却，降低压缩指数。

7）压缩机零部件故障引起排温过高。排气阀片泄漏或损坏，活塞环失效或气缸拉毛，都会使排气温度升高。这时应停机打开缸盖，进行检查、维修或更换零件。

8）安全阀、起动辅助阀泄漏，引起排气温度过高。这时应检查阀出口侧，如果是热的，即表明泄漏，应停机拆检和调整。

9.1.5 两级压缩循环的中间温度

两级压缩循环的中间温度，是指中间压力相应的饱和温度。中间压力取决于低压级的排气量、中间冷却器的蒸发量和高压级的吸气量。因此，中间温度与蒸发压力、冷凝压力、高压与低压压缩机的容积比，以及影响中间冷却器蒸发量的各因素有关。只要其中一个参数变化，中间温度就会跟着变化。中间温度直接影响两级压缩制冷循环的经济性。

在实际运行调节中，应调节中间压力，尽可能接近最佳中间压力，使运行的制冷系数最大，能耗最少。调整中间压力可采用增减压缩机运转台数或者气缸数等方法。对螺杆压缩机，可以利用滑阀来改变容积配比。此外，中间冷却器供液不足、隔热不良、积油过多，也会引起中间压力及中间温度不正常地升高，应注意排除。

9.2 制冷系统的调整操作

制冷系统的调整是压缩机和制冷设备单元操作的综合。因此，操作人员不仅要遵守各机器与设备的操作规程，做好单元操作，而且还要遵照制冷工艺的要求。例如冷冻加工不同产品的具体要求，调整制冷系统的运行参数。保证要求的低温和降温速度，并维持制冷装置安全正常运行，这是制冷系统操作调整的基本要求。

对调整操作更高层次的要求是高效节能。即通过调整，使制冷装置实现要求的低温和降温速度，保证低温生产的数量和质量，同时使运行实现高效节能。国内的研究发现，通过精心操作调整，制冷装置的节能效果可达40%。这说明运行中的调节对运行节能极其重要，也说明国内许多系统的运行调节还存在很大问题。

制冷系统的运行调节是根据各部位的温度、压力、液位等变化进行的。因此，要使系统调节操作正确，必须保证所有测量仪表和指示仪表正常工作和足够的精度。各种仪表应定期检验，及时更换失灵和损坏的部分。

为了能正确、迅速地调节制冷系统的工况，操作人员除了应熟悉各机器和设备的构造、性能、操作规程以外，还必须熟悉整个系统中机器和设备的相互配合关系、各控制阀门的作用和布置位置、各管道的连接线路、制冷生产中的热负荷概值及其变化（如冷库进出货情况），压缩机制冷能力的变化规律，以及水源、电源供应情况和可能发生的各种非正常情况。

9.2.1　不同制冷系统的调整要点

制冷系统的形式不同，其具体流程及控制方式就不同，调整的方法和部位也各不相同：

1）在重力供液系统中，蒸发器中的液态制冷剂是由气液分离器依靠液位高差的静压供给的。因此，要定时检查液位控制设备的可靠性，随时观察液位指示仪表，防止液位过高引起压缩机液击，防止气液分离器液位不足。

2）对于泵循环供液系统，低压循环桶设有液位控制设备，液泵设有安全保护设备，蒸发器所需的液体由液泵强制供给。因此，泵循环系统的供液量最有保证。泵循环系统供液操作中调整的主要内容是检查液位，检查自控元件和安全保护设备是否正常等。必要时，调整供液阀门的开启程度。

3）对于自动化制冷系统，压缩机的开机台数、能量调节、制冷设备的液位控制、各种单元操作、各种阀门的开启度、开停间歇等都可实现自动控制。这样系统操作的主要任务就是监察各自控设备、指示仪表、电气元件等的工作情况，监察制冷系统的运行工况，调整自控设备不能控制的部分。

4）对于直接膨胀供液系统，当节流装置采用热力膨胀阀时，能根据回气过热度自动调整供液。热力膨胀阀前通常设置电磁阀，当压缩机起动时，电磁阀开启。因此，这种情况下，实际实现了供液自动调节，一般不需要人工调整。

目前，热力膨胀阀、电子膨胀阀等自动节流阀件种类繁多，价格合理，一般不应当采用手动节流阀供液。

9.2.2　配用压缩机要点

根据热负荷的情况，正确地配用压缩机的制冷能力是保证制冷工艺要求、获得节电效果的主要技术措施。配用压缩机时应注意以下要点：

1）根据热负荷大小选择投入运行的压缩机，使运行的压缩机制冷量与热负荷相平衡。为此，操作人员应熟悉每台压缩机的制冷能力随制冷工况的变化情况，压缩机车间应备有每台压缩机的制冷能力图表或制冷性能曲线，供操作时参考。

2）根据被冷却对象的热负荷、蒸发器的制冷能力，选配压缩机投入运行的台数，使压缩机的制冷量与蒸发器的负荷相适应。

3）根据压力比采用单级或者两级压缩。当采用氨作制冷剂，冷凝压力和蒸发压力之比小于8时，采用单级压缩，当压力比大于或等于8时，应采用两级压缩；当采用氟利昂制冷剂，压力比小于10时采用单级压缩，大于或者等于10时采用两级压缩。

4）两级压缩时，尽量选用单机两级压缩机。因为配组式两级压缩时，高压级和低压级均为单级压缩机，配备的电动机功率较大，即此时运行中电动机负荷较轻，效率低，无功损耗大。应注意控制调节，使运行的中间压力尽量接近最佳中间压力。

5）根据不同的蒸发温度单独配用压缩机。为了保证制冷系统工况的稳定，应尽量使不同的蒸发温度由不同的压缩机分别负担。对于同一蒸发温度的系统，例如制冰与冰库，冷却间与冷却物冷藏间，可以合并成一个回气系统。但如果生产负荷变化范围较大，有条件时也应分别配用压缩机。保证各冷间的正常降温，系统能够高效运行。

如果有的系统负荷不大，单独开一台压缩机不经济，或调配有困难时，允许将蒸发温度相近系统的回气合并在一起，由一台压缩机吸入。此时压力较高部分的回气，在混合管道中，将节流降压成低压回气，造成回气压力损失，使压缩机的功耗增加。

6）投入运行的压缩机台数应尽可能少。

9.2.3 系统供液与压缩机的调整

制冷系统在稳定工作时，供液量与蒸发量应该是平衡的。对于设有高压贮液桶的制冷装置，反映在高压桶的液位应该是稳定的，或者只在某一平衡位置上下作少量的波动。因此，供液阀调整合适后，可在相当长时间内不需要重新调整。但对于生产性制冷装置，如食品冷却间和冻结间，情况就有所不同。在需要冷加工的食品进货初期，由于货物放出的热量大于蒸发器的制冷能力，使冷间内空气的温度上升，蒸发器的传热温差增大，制冷剂液体沸腾加剧，常呈强烈泡沫状沸腾。因此，回气中夹带的液体量增加，易使活塞式压缩机发生湿压缩。

对于泵供液系统，供液量为蒸发器蒸发量的数倍。通常循环桶设计的体积较大，蒸发器的负荷变化对供液操作的影响比较小。对于重力供液系统，为了保证压缩机的正常运转，操作人员应在冷却间或冻结间结束前批食品的冷冻加工前，即停止供液（关闭液体分配调节站供液阀，回气阀仍处于开启状态），降低蒸发器内的液面。这样在再次进货时，就可减少有效换热面积，以抵消因传热温差增加而引起的泡沫，减轻压缩机吸入过湿液体的危险。

当被冷却对象的温度降低，热负荷减少时，蒸发器内外的传热温差也相应减少，制冷剂液体沸腾的程度逐渐减少。当传热温差达到设计要求时，为了保证充分发挥设备的制冷能力，应适当加大供液量，使蒸发器内的制冷剂维持足够的量。

在具体操作调节中，蒸发器的供液量是否适当，可根据蒸发器的结霜情况、回气压力、回气的过热度和含湿量来判断。压缩机以吸入干饱和气体为宜，稍带一些液体或少量的过热度也属正常情况。

压缩机要根据热负荷的大小来调整。对于食品冻结装置，在食品冻结的初期，蒸发温度会急剧上升，如果符合单级压缩运行的条件，就应先采用单级压缩降温。食品在0～-5℃，冻结负荷最大，可适当增加压缩机的制冷能力，如多投入压缩机台数或使卸载压缩机增载。如果需要将单级压缩机改为组合式两级运行时，必须先将运行中的压缩机停车，然后调整进、排气管线上的有关阀门，重新起动。严禁在压缩机运转过程中，直接进行单级和两级转换的阀门调整工作，以免造成严重事故。

压缩机的制冷量大于冷间热负荷时，应调换制冷量较小的压缩机，或利用压缩机上的能量调节装置，部分卸载运行。此外，还可以在蒸发温度达到要求后停止工作，待蒸发温度回升后再开机降温。

压缩机在运行中，如需与已停止工作的蒸发器相连时，必须缓慢地开启分调节站的回气阀。同时密切注意回气温度和压力，如吸气过潮或吸气压力很快上升，应迅速调整压缩机的吸气阀，防止湿行程。

9.2.4　压缩机湿行程的操作调整

当制冷系统采用螺杆式压缩机时，由于它对湿压缩不敏感，故少量液体进入压缩机对运行没有影响。对于活塞式压缩机，发生湿行程(又称倒霜)的危害较大，往往造成阀门破裂，甚至造成机器损坏等严重事故。

压缩机发生湿行程是因为液体制冷剂进入气缸所致。当进入气缸的液体数量很少时，由于液体制冷剂吸热蒸发，只使气缸外部结霜；但当进入气缸的液体数量较多时，就产生湿行程，曲轴箱等处也会出现结霜。同时，曲轴箱内的润滑油呈泡沫状态。压缩机曲轴箱内的油冷却器(水管)，还可能发生冻裂。由于液体是不可压缩的，当活塞向上运行时，因排气通道面积小，液体来不及从排气通道内排出，气缸内便产生很高的压力，把安全盖顶起；当活塞向下运行时，气缸内压力降低，安全盖随之落下。这样安全盖便敲击气缸而发出声音，通常称为“敲缸”。严重时会把机器敲坏。

湿行程的发生，尤其是严重的湿行程，往往是由于调节不及时而引起的。只要操作人员具有高度责任心，及时调节就能避免发生湿行程。压缩机在运行中，要注意观察吸气温度，判断压缩机吸入气体是否过湿。正确调整各容器的液面，慎重调节吸气阀。

如果发现机器出现湿行程的征兆，如吸、排气温度下降很快，机体发凉，机器吸气腔结霜，运转声音沉重，阀门启闭声音不清晰等现象时，应立即关小吸气阀，关小有关的供液阀，及时处理。

9.3　制冷系统不正常情况的分析和排除

从广义上看，要使制冷装置的运行获得最大效益，即实现最大限度的节能，必须使制冷装置在最佳状态下运行。换言之，当制冷装置出现不正常运转情况时，必然偏离了最佳运行状况。此时制冷装置的效率必然降低，能耗增大。因此，要在运行调节中节能，就应使制冷装置维持在正常并尽可能在最佳的状态下运行，尽快地排除各种不正常的运行情况。为此，首先需弄清楚正常运转同不正常运转的界限，即明确正常运转的标志。

9.3.1　制冷系统正常运转的标志

1. 制冷压缩机正常运转的标志

(1) 工作参数　压缩机的吸气压力应同蒸发温度相对应(对于大型制冷装置应稍低)，排气压力应同冷凝温度相对应(对于大型装置应稍高)。氨制冷压缩机的吸气温度一般比蒸发温度高5~15℃，氟利昂制冷压缩机最高吸气温度不超过15℃。压缩机的排气温度一般不低于 70℃，对于 R12、R717 不高于 150℃。GB/T 10079—2001《活塞式单级制冷压缩机》中，对活塞式单级制冷压缩机的排气温度没有限定。氨压缩机的排气温度与蒸发温度、冷凝温度之间的变化关系，应大致符合表 9-2 所示的数值。

（2）润滑系统　油泵的排出压力应稳定。系列压缩机的油压应比吸气压力高 0.15～0.3MPa；非系列压缩机高 0.05～0.15MPa。如油压过低，输油量减少，易引起各摩擦部件的严重磨损；如油压过高，机器用油量增大，容易引起敲缸事故。另外，油压过高会使随高压气体进入冷凝器的油量增加，影响冷凝效果。

油温一般保持在 45～60℃，最高不超过 70℃，最低不低于 5℃。润滑油应不起泡沫（氟利昂压缩机除外）。油面应保持在油面视孔的 1/2 处，或最高与最低标线之间。对于轴封的滴油量，在 GB/T 10079—2001 中，规定开启式活塞压缩机轴封处油的渗漏应不超过 0.5mL/h。由油压控制的系列压缩机卸载机构要操作灵活，工作可靠。

（3）压缩机部件温度　压缩机机体不应有局部发热现象。气缸壁不应有局部发热或结霜现象，表面温差不大于 15～20℃。轴封温度不要过高，一般为 35～60℃，不超过 70℃。压缩机各运转摩擦部件的温度不应超过室温 30℃。对于冷冻和冷藏装置，吸气管结霜一般可到压缩机的吸气口。空调装置吸气管结霜为正常。安全阀管道不应发热。气缸冷却水套的温度应稳定，一般出水温度不超过 30～35℃，进出水温差为 3～5℃，但冷却水的进水温度也不应过低。

（4）运转的声音　气缸中应无敲击声。压缩机在运转中，进、排气阀片应发出上、下起落的清晰声音，而气缸、活塞销、连杆轴承以及安全盖等部分，不应有敲击声。曲轴箱中应无敲击声，这表明主轴承与连杆轴承的间隙适中。

2. 制冷设备正常运转的标志

对于 R22 和氨制冷剂，水冷式冷却器的工作压力不超过 1.4MPa，对于 R12 制冷剂，水冷式冷却器的工作压力不超过 1.2MPa（老产品 R12 不超过 1.0MPa）。

壳管式冷凝器冷却水的水压力不低于 0.12MPa，且必须保持一定的进水温度与水量。风冷式冷凝器应保持一定的进风温度与风量。壳管式冷凝器运行中，外壳应是上热、下凉。冷凝器冷却介质的进出口温差：立式为 2～3℃；卧式壳管式为 4～6℃；强迫流动风冷式为 8～12℃；自然对流风冷式为 10～15℃。

贮液器液面指示应不低于筒高的 1/3，且最高液面应不超过筒高的 2/3。

氟油分离器自动回油管应时冷时热，冷热周期为 1h 左右。制冷系统管道上的过滤器、电磁阀，运行中应是温热，其前后不应有明显的温差，更不能出现结露与结霜情况。系统中各阀门、接头与焊接部位及保护装置，不应泄漏制冷剂。氟系统中各处不应有渗油现象。单级运行中，热力膨胀阀出口处应结霜均匀，但在进口处不能结霜。流体经过膨胀阀时，只能听到沉闷的微小声。

盘管式蒸发器表面应均匀结露或结霜（空调工况）。

设备上的安全阀应启闭灵活，其他保护装置，如压力控制器、压差控制器、电流继电器应调到规定值，且动作正常。压力表指针应相对稳定，温度计指示正常。

9.3.2 制冷系统中的不正常现象及排除方法

在实际运行中，制冷系统可能出现各种不正常的现象。绝大部分的不正常现象会在运行参数上反映出来。因此，在制冷装置的操作调节中，应该密切监视各种仪表，及时发现和分析各种不正常情况，并加以排除。氨制冷系统的不正常现象及其产生原因和排除方法见表9-3。

表9-3　氨制冷系统的不正常现象及其产生原因和排除方法

不正常现象		产生原因	排除方法
冷凝压力过高	排气温度高于正常温度，增加冷却水后，冷凝压力仍不显著下降	冷凝面积过小	适当降低冷却水温度或增加冷凝面积
	冷凝温度较高	1）冷却水量不足 2）冷却水分布不均匀 3）冷凝器表面有油垢、水垢	1）增加冷却水 2）调整分水器或配水槽 3）清除油垢和水垢
	冷凝器上部温度较高而下部正常，贮液桶存液已满	系统存液太多，积聚在冷凝器中减少了冷凝面积	排除多余的液体制冷剂
	冷凝温度正常而压力表指针跳动	有不凝性气体存在	放空气
冷凝压力过低		1）系统中制冷剂的数量不足 2）压缩机实际制冷能力减退或排气阀损坏	1）补充制冷剂 2）检修压缩机
蒸发压力过高	气缸结霜，吸气温度下降	1）膨胀阀开启过大，系统中存液过多 2）热负荷突然增加或超过规定容量	1）关小膨胀阀 2）关小膨胀阀，控制热负荷容量
	冷间温度上升	1）压缩机能量小，与冷却设备负荷不符 2）压缩机能力减退 3）库房防汽隔热层损坏	1）增开压缩机 2）检修压缩机 3）检修防汽隔热层
蒸发压力过低	吸气温度过高	1）膨胀阀开启过小 2）管道堵塞 3）系统内制冷剂不足 4）回气管道防汽隔热层损坏	1）开大膨胀阀 2）疏通管道 3）补充制冷剂 4）检修防汽隔热层
	吸气过热，但开大膨胀阀后压缩机反而结霜，吸气温度下降	1）压缩机容量过大或蒸发面积过小 2）蒸发器的内外表面有污垢或结霜 3）盐水含盐量不足或蒸发器的外表面结冰	1）调整压缩机与蒸发器的配合比 2）排油、除污垢、除霜 3）检查盐水含盐量，调整到符合要求
冷却排管不结霜		1）膨胀阀开启过小 2）系统缺少制冷剂 3）管道堵塞 4）管道存油过多 5）供液不均匀	1）开大膨胀阀 2）补充制冷剂 3）检查疏通管道 4）排油 5）调整阀门或修改设计重新安装
中间压力过高		1）高压机阀片损坏 2）高压机容积配比过小 3）中冷器的蛇形管损坏	1）检修高压机 2）根据要求，调整高、低压机配比 3）停用蛇形管，待大修理时修理

（续）

不正常现象	产 生 原 因	排 除 方 法
压缩机湿行程	1）膨胀阀开启过大 2）系统中制冷剂过多 3）冷却设备积油过多 4）循环贮液桶液面过高 5）氨液分离器、低压贮液桶液面过高 6）系统冲霜后，过快打开回气阀 7）压缩机吸气阀开得过快 8）中冷器内制冷剂过多 9）放空气膨胀阀开启过大 10）压缩机能量过大	1）关小或关闭膨胀阀 2）排除多余的制冷剂 3）排油 4）排液或停止供液 5）调整膨胀阀，低压贮液桶排液 6）关闭回气阀，处理后再缓慢打开 7）关小或关闭吸气阀，处理后再缓慢打开 8）检查中冷器液面过高的原因并排除 9）关小放空气膨胀阀 10）调配压缩机容量

9.4 制冷空调系统运行调节中的节能技术

在实际操作调节中，不仅应该把制冷系统调整到合理的运行范围，而且可以将其运行调节到最佳状态，提高节能水平。对此，国内外都进行了有益的探索和实践，提出了制冷装置运行调节中的各种节能技术。

9.4.1 适当调高冷凝压力的节能

在一特定的制冷系统中，冷凝压力升高，压缩比增大，压缩机的压缩功增大，容积效率降低，在相同制冷量下，系统的耗电量增加。反之，冷凝压力降低，系统的耗电量减少。因此，制冷系统在较低的冷凝压力下运行，通常可以获得节能的效果。

对于水冷式冷凝器，冷凝压力的高低取决于环境气温、冷凝热负荷、冷凝器的传热面积、冷凝器的布水状况及冷却水的水量。对于一套现役制冷装置，假定上述各项条件均不变，显然，冷凝压力将与冷却水的水量直接相关。冷却水量减少，冷凝压力将升高；冷却水量增大，冷凝压力将降低。换言之，冷凝压力降低固然可使压缩功减少，但此时冷凝压力的降低是以冷却水量增加，即水泵耗功增加为代价的。

显然，制冷装置的总能耗包括压缩机的能耗和水泵的能耗。在某些情况下，冷却水量的增加对冷凝压力影响不大。例如在冷却水量已经足够的情况下，再增大水量对冷凝压力影响很小或者几乎没有影响。因此，在一定的范围内，可以减少冷却水的水量，使冷凝压力适当升高。由于减少了水泵的能耗，这时制冷系统的总能耗还可降低，获得节能的效果。

参考文献[134]对一个1000t库容，冻结能力为每日15t的冷库进行了试验和分析计算。该厂冷却水系统设有4台11kW的离心水泵，一般使用两台水泵向冷凝器供水。在冬季气温较低的情况下，发现若开一台循环水泵，冷凝压力虽然增加，但增加幅度不大。表9-4列出了不同冷凝压力下的运行参数与总功耗。

表9-4 不同冷凝压力下的运行参数与总功耗

	p_c/MPa	p_e/MPa	$p_{中}$/MPa	$t_{中}$/℃	压缩机功耗/kW	水泵功耗/kW	系统总功耗/kW
两台水泵	0.97	0.134	0.335	-7	48.1	22	70.1
一台水泵	1.04	0.134	0.345	-6.3	51.2	11	62.2

注：系统的蒸发温度为-28℃，两台S6—12.5压缩机投入运行，制冷剂为氨。

表9-4表明，在上述特定工况下，少开一台水泵虽然使冷凝压力升高，压缩机功耗增加；但少开一台水泵减少的功耗，大于压缩机增加的功耗，少开一台水泵每小时可节电近8kW·h。该实例清楚地表明，制冷系统的冷凝压力是一个直接影响能耗的重要技术参数。简单地认为冷凝压力降低能耗就减少，这种想法是不准确的。最近的测试研究发现[135]，冷凝压力过低也会造成能耗增加。对于一个特定的制冷系统以及特定的工况，应通过分析和具体的计算，得出最佳的系统运行冷凝压力，在运行调节中控制在最佳冷凝压力。

据笔者进行的调查和测试，控制合理的冷凝温度达到节能效果，在国内具有普遍的意义。国内制冷系统普遍采用集中式制冷，系统各部分同期运行所占的时间较少。在大部分时间里，冷却水系统具有较大的裕量。尤其对具有冻结生产能力的制冷系统，冻结部分的负荷很大，而冻结部分的利用率通常又较低，在没有冻结任务时，冷却水系统具有很大的裕量。在这种情况下，应及时调节冷却水泵的投入数，避免不必要的运行造成浪费。实际测试表明，在这种情况下，冷却水系统的节能甚至可达60%[136]。

适当升高制冷装置冷凝温度，达到节能的控制方法的提出，标志着人们对冷凝温度的控制有了更深入的认识。这与国外的研究结果是一致的。近年来，国外许多蒸发式冷凝器、冷却塔对配备的风机进行调节控制[125]。在低负荷或者气温低时，降低风机转速或者停止风机运行，得到较好的节能效果。国外许多风冷式冷凝器，也采用了部分负荷调节或调速装置，即在部分负荷时，停止部分风机运行或降低风冷式冷凝器风机的转速，减少空气(冷却介质)的流量。此时冷凝压力虽有所升高，但包括风机在内的总能耗下降，达到节能的效果。

应该指出，这种节能措施具有十分容易落实的优点。制冷装置的技术管理人员可以根据本系统的具体情况，计算出各种冷凝压力范围内应投入的水泵和风机台数，交给操作人员。操作人员只需按规定执行，就可实现节能的效益。因此，这种节能措施不仅具有不需增加投资、不需增加操作调节工作量、容易落实的优点，而且还减少了水泵风机的维修工作量，应该大力推广应用。

9.4.2 采用较高蒸发温度的节能

在一定的冷凝温度下，提高蒸发温度将使制冷系统的压缩比减小、功耗减少，这对节能是十分有利的。问题是蒸发温度取决于被冷却对象，调高蒸发温度往往影响到需冷却对象的工艺要求。因此，调整蒸发温度必须以不影响被冷却对象的工艺要求为前提。

以冷藏库为例，欧洲许多冷库在-30℃的库温下运行。从节能的角度看，适当地提高一些库温是经济合理的。例如，可以根据食品情况，把库温提高到-25℃或-18℃。计算表明，当用-25℃的库温代替-30℃的库温时，由于蒸发温度升高，将节约电能

9.8%。

国际制冷学会提出的《冻结食品加工与储藏推荐条件》(第3版)，对冷库的储藏温度提出了具体的指导意见。当选择储藏温度时，必须考虑冷库的用途。散装储藏的冷藏库和生产性冷库，最好应控制在-25℃或更低的库温，以尽量减少质量变化。分配性冷库因为食品周转快储藏时间较短，所以通常可将库温控制在-18～-20℃的范围。但如要保证产品的质量，推荐使用-25℃的库温。

在我国，冻结物冷藏间的温度一般为-18～-20℃，蒸发温度采用-28℃。在冷藏库的实际营运中，可以根据贮存食品的品种、质量要求和贮存期的长短，采用不同的蒸发温度。在贮存期较短、不影响质量的前提下，可以适当提高蒸发温度，达到节能的效果。

参考文献[137]提出了在冷负荷较小时，采用较高的蒸发温度运行的节能措施。其原理是：一般制冷装置都按满负荷的条件进行设计运行。实际上在满负荷(即设计负荷)运行的时间并不长，大部分时间是在小于设计负荷的条件下运行。在部分负荷，即耗冷量减少时，提高蒸发温度，可以利用减少蒸发器的传热温差，达到同样的降温效果。

例如，当冷凝温度为38℃时，制冷系统的蒸发温度由-33℃提高到-28℃，所用的机器为单机两级8ASJ17氨压缩机。当耗冷量减少为原设计的50%时，原蒸发器传热温差由10℃减少为5℃。因此，被冷却降温的库房，利用已有的制冷设备，仍然使库温维持在-23℃。但此时由于蒸发温度提高，计算表明节能效果可达15%。

在盐水制冰系统中，当制冰池形式、蒸发器、搅拌器、盐水流量都已确定时，盐水蒸发器的传热温差Δt绝对值将基本保持不变。此时盐水温度升高，就直接标志着蒸发温度的升高。不同的盐水温度，意味着制冷系统在不同的制冷系数下运行，制冰过程的能耗也就不同。

参考文献[120]对不同盐水温度时的制冰单耗进行了研究，所得的结果列于表9-5。由表中可知，随着盐水温度升高，制冰单耗逐渐减少，但制冰的时间延长。因此盐水温度不宜过分升高。尤其当盐水温度在-8℃以上时，温度每升高1℃，制冰时间将延长6h以上，而单耗仅减少1.8kW·h，节能效益很小，而制冰池的产量将明显降低。因此，在盐水制冰中存在一个最佳蒸发温度(或盐水温度)。在这一盐水温度(或蒸发温度)下制冰，时间适中，单耗较低，具有最佳的综合经济效益。

表9-5 不同盐水温度下的制冰单耗变化

盐水温度 t_p/℃	-4	-5	-6	-7	-8	-9	-10	-11	-12	-13	-14	-15
制冰时间/h	63.4	50.7	42.3	36.2	31.7	28.2	25.4	23.0	21.1	19.5	18.1	16.9
时间缩短/h	0	12.7	8.4	6.1	4.5	3.5	2.8	2.4	1.9	1.6	0.6	1.2
制冰单耗/(kW·h/t)	37.00	38.62	40.32	42.09	43.94	45.87	47.89	50.00	52.20	54.50	56.90	62.10
单耗递增/(kW·h/t)	0	1.62	1.70	1.77	1.85	1.93	2.02	2.11	2.20	2.30	2.40	2.52

图9-1反映了实际运行中制冰单耗、制冰时间与盐水温度的关系。从图中的两条曲线可以看出，随着盐水温度的降低，制冰时间缩短；随着盐水温度升高，单耗降低。C点为两曲线的交点，即盐水温度控制调节在C点附近，制冰比较经济合理。由图9-1可见，当盐水温度控制在-8～-9.5℃时，制冰的时间和单耗均较适宜。该图是在调查了几十家制冰厂后，根据实际运行情况绘制而成的[120]，值得参考选用。

9.4.3 制冷装置夜间运行的节能

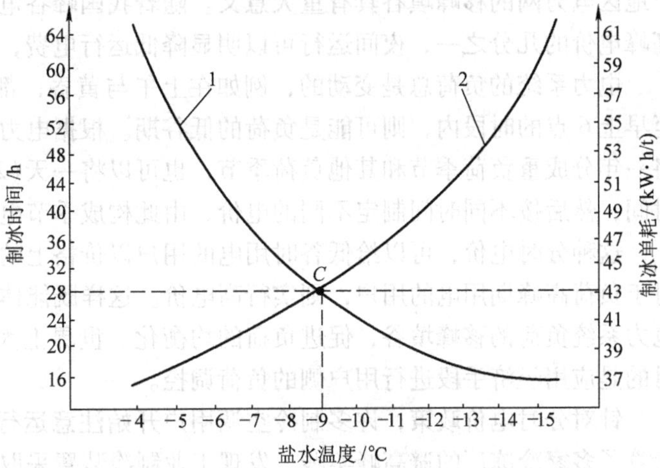

图9-1 最佳盐水温度选择曲线

1—制冷时间与盐水温度关系曲线 2—制冰单耗与盐水温度关系曲线

1. 夜间运行的直接节能效益

在我国的大中型制冷装置中，广泛采用水冷却式冷凝器。冷凝压力取决于冷却水的温度；冷凝压力(温度)直接影响到制冷装置运行的性能。因此，冷却水的温度是影响制冷机性能的一个主要因素，而冷却水的温度是由湿球温度决定的。

湿球温度代表在当地气温条件下，水可能被冷却的最低温度，也就是水冷却设备出水温度的理论极限值。水冷却设备的实际出水温度，一般比湿球温度高3~5℃。湿球温度在白天和夜间是不同的。大气温度的改变影响着土壤温度的变化，土壤温度的变化又直接影响空气湿球温度的变化。在白天，土壤表面温度升高，其表面和底层空气的湿球温度要增加；在夜间，随着温度的降低，湿球温度也相应降低。

参考文献[138]研究了湿球温度的昼夜变化规律。根据山东省气象局实测的济南地区湿球温度值，统计出8月份白天的湿球温度平均值为23.2℃，夜间湿球温度的平均值为21.5℃，夜间空气的湿球温度比白天低1.7℃。也就是说，冷却设备的出水温度、制冷机的冷凝温度均比白天低1.7℃。根据参考文献[139,140]，海洋性气候地区昼夜温差$\Delta t=6\sim10$℃；大陆性气候地区昼夜温差$\Delta t=10\sim15$℃；我国南方地区昼夜温差$\Delta t=8\sim12$℃，夜间运行冷凝温度将比白天低。

在蒸发温度不变时，冷凝温度降低，将使制冷压缩机的压缩比减小，输气系数增大，单位制冷量增大。在图9-2所示的p-h图上，可以清楚地反映冷凝温度对制冷循环性能的影响。图上1—2—3—4—1为白天运行的工况，1—2′—3′—4′—1为夜间运行的工况。

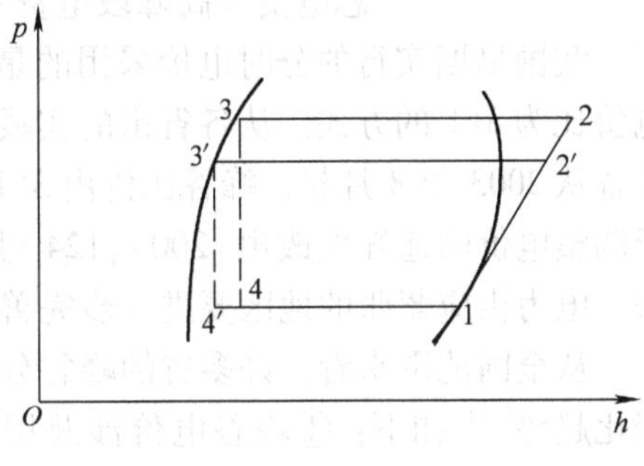

图9-2 冷凝温度对制冷机性能的影响

显然，对于一套确定的制冷装置，尽可能把运行时间调整在夜间，就能利用夜间湿球温度较低的原理，使冷凝温度降低。这样，制冷装置的制冷量增加，耗功率降低，制冷系数增大，达到节能的效果。上述结论，对于风冷式冷凝器也完全适用。因此，在实际操作调节中，应尽可能让制冷装置在夜间运行，以获得节能的效益。

2. 制冷装置夜间运行的经济效益和社会效益

制冷装置的夜间运行，不仅使单位制冷量的电耗降低，具有直接的节能效益，而且，对于地区电力网的移峰填谷具有重大意义。随着我国峰谷电价的推广，夜间谷时电价仅为白天高峰电价的几分之一，夜间运行可以明显降低运行电费，获得显著的经济和社会效益。

电力系统的负荷总是变动的，例如在上午与黄昏，都可能出现峰值负荷，而晚上 10 点至早上 6 点的时段内，则可能是负荷的低谷期。根据电力系统负荷随时间的变化特征，可以将一年分成重负荷季节和其他负荷季节，也可以将一天(24h)分成高峰负荷时间和低谷负荷时间，然后按不同时间制定不同的电价，由此构成季节电价和峰谷分时电价。

这种分时电价，可以给低谷时用电的用户以价格上的优惠，鼓励用户在低谷时用电。而对于负荷高峰期用电的用户，则实行高电价。这样既能体现用户的公平负担原则，又能促进电力系统负荷的移峰填谷，促进负荷的均衡化。世界上大多数国家均实行了峰谷分时电价，目的是应用经济手段进行用户侧的负荷调控。

针对分时电价政策，许多制冷空调用户开始注意运行时段的调节。参考文献[141]调查计算了多家冷冻厂的避高峰实践，发现工业制冷装置采取措施，灵活调整运行时段是完全可行的。只要安排合理，对生产和产品质量没有影响。参考文献[141]的计算结果显示，采用不同运行方案的经济效益(运行电费)差别很大，在实际应用中应认真比较各种方案。

应该强调，注意制冷空调装置运行时段的调节，不仅可以明显降低运行电费，给制冷空调用户带来明显的经济效益，而且有利于当地电网的移峰填谷，具有良好的社会效益。

3. *我国峰谷分时电价的发展情况*

我国从 1984 年开始在部分地区试行峰谷分时电价，取得良好的调峰效果。目前分时电价制度已在全国普遍推行。2004 年全国共有 19 个省市在售电侧实施或者调整了峰谷分时电价政策，扩大了执行峰谷分时电价的用户范围，拉大了峰谷价差，取得了明显的调峰效果。有的省市还从当地实际出发，推出了尖峰电价、季节电价、丰枯电价或阶梯式累进电价，有效地促进了电力用户主动移峰填谷。

执行两部制电价的用户，峰谷分时电价只对电度电价部分实行，基本电价不变。实行分时电价的用户，必须装配带分时装置的电度表，分别计量高峰段电量、低谷段电量和平段电量。电费的计算如下：

$$总电费 = 高峰段电费 + 低谷段电费 + 平段电费 + 基本电费$$

我国早期实行的分时电价采用的是峰段电价比平段高 50%，谷段比平段低 50%，峰谷电价比为 3:1 的方式。从各省市的实践来看，许多省都对这个比例进行了调整[142]。例如江苏省从 2003 年 8 月起，峰谷比价由 3:1 扩大到 5:1。国家发改委在文件《国家发展改革委关于调整电价的通知发改电[2003]124 号》中第六条明确指出：要继续完善峰谷分时电价办法，电力供应紧张的地区要进一步完善峰谷分时电价制度。

从全国范围来看，许多省的峰谷分时电价还将根据情况不断调整。预计峰谷分时电价的变化趋势[142]如下：①峰谷电价涉及用户增多；②峰谷分时电价分不同用户制定不同的标准；③电价变化比例多样化；④分时电价呈现多样化趋势；⑤峰谷电价调整将会变得更为频繁。制冷空调用户是电力使用的大户，必须随时注意相关的调整情况，及时对用电时间等进行相应的调整。

9.4.4 食品冷却过程中的节能

上述的各种节能方法，主要从制冷系统和制冷循环的角度考虑。国际制冷学会的技术专家针对食品冷却工艺过程，提出了如下切实可行的节能措施[51]。

1）除了冷却食品的冷量外，应尽可能减少附加热源，减少冷却过程中“浪费”的冷量。

2）应尽可能减小风机热和水泵热，并保持均匀的风速和缩短冷却时间。在冷却过程完成后，应减小风机的动力。

3）在必须照明的地方才安装照明，用高效率的荧光灯或标准钠灯等取代白炽灯。

4）避免过度频繁的化霜，因为这会增加制冷装置的负荷。应经常检查由时间控制的融霜装置，尽可能减少化霜的次数，特别是在冷却装置处于轻负荷运行时或部分使用时。

5）对于盒装肉类，去掉骨头采用剔骨小包装，可以明显节省冷却过程的能量。因为不需冷却骨头，冷却间的容积减小，基建投资和运行成本都将降低。运行成本降低是由于冷却间小，渗入热量少，冷间的热容量也小，节约了制冷运行时所消耗的能量。

6）调整好温度控制器，避免冷间内温度波动过大。

7）对使用冷水喷淋食品或浸食品的冷却系统，根据卫生标准，需要补充新鲜水。这种情况下，在补充水和出冷却器的冷水间安装一个逆流式换热器，可以获得节能效果。

8）采用多级冷却。多级冷却可以降低制冷剂和载冷剂间的传热温差，所以可以节能。液体食品的冷却过程特别适宜使用多级冷却，例如，牛奶场里牛奶的冷却，就是一个很好的例子。开始可用环境温度18℃的水去预冷牛奶，不需专门制冷就可取走牛奶中62%的热量，余下的热量再采用制冷循环制冷取走，最终可得到7℃的牛奶。

9.4.5 食品冻结过程中的节能

食品的冻结主要有三种方法：吹风冻结、接触式平板冻结、沉浸或喷淋冻结。其中应用最多的是吹风冻结。从能量观点看，冷却过程和冻结过程是有本质差别的。冻结过程中取走的热量大得多，温度也要求更低，因而制冷的热力学效率也低。冻结过程中冷量的损失，要比冷却过程中的损失多得多。因此，食品冻结过程的节能具有更重要的意义。

对于吹风式食品冻结装置，可采取以下节能措施[51,131,143]：

1）设计均匀的气流。采用水平气流还是垂直气流，应由具体情况而定。对冻结箱装食品，使用水平气流效果较好。对于冻结整片肉的情况，则应采用从天花板中压出的从上到下的均匀垂直气流为好。国内的研究表明，气流的均匀性对隧道式吹风冻结的能耗影响很大。实际研究测试表明，仅通过优化冻结间的气流组织，即可达到节能15.8%。因此，在吹风冻结间的冻结过程中，应采取各种措施，保证冻结间内气流的均匀性。

2）注意根据流通的货物量来调节风量。在吹风冻结中，一个很大的热源是由风机消耗的功率转变的。因为所有循环空气的动能也都将变成热量，故选择一个切合实际的风速十分重要。如果选择不当，吹过食品的风速将提高一倍，则风机所消耗的功率将增加约8倍。同时为带走风机增加的运转热量，又需增加制冷装置消耗的能量。因此，在冻结过程中，应当根据热负荷的大小，调节合理的风量，减少能量的损失。

3）在间歇工作的冻结器中，冻结过程完成后应关掉风机。在冻结过程后期，应尽可能降低风量，以达到节能目的。

4）仅在必要时才进行化霜。化霜装置可以使用自动感受器来感受气流流经冷却盘管时的温度梯度或压降。采用压缩机排出的热气融霜，并同时用水喷淋冲掉疏松霜层的方法，比仅用水来冲霜用时更短，并且加入冻结间的热量也少。

5）控制适当的化霜时间。不论采用热气化霜、水冲霜或电热化霜，化霜过程中都要增加冻结间中的附加热量。因此，化霜时间越短，进入冻结间的热量越少，能耗也越少。同时，化霜时间短，还可避免冻结间内温度升高，影响食品质量。在实际运行中，有两种情况会造成化霜时间过长：一是化霜时间采用时间继电器控制而霜层较薄时；二是人工控制化霜，而操作人员缺乏责任心，任意延长冲霜时间。不管是人工控制还是时间继电器控制化霜，都应该对冲霜过程严密监测，及时进行调整。防止不必要地延长冲霜时间，造成能量损失。

6）外界空气渗入冻结间的量应降到最低限度。蒸发器冷却盘管上有严重的结霜，表明外界空气的渗漏量太多。在冻结装置进口段，安装自动风门或风闸，能减少外界空气的渗漏量。因为风机室吸入管段的静压较低，如果管壁损坏或有裂缝，就会增加外界空气的渗漏量。

7）如果冻结过程由于传热性能差而延长时间，就会浪费能量，使冻结过程的能耗增大。为了增强传热，货物要正确堆置，以创造一个良好的空气循环回路。对于阻碍传热的包装物（如瓦楞纸箱等），要尽可能避免使用。

8）采用分段冻结的冻结工艺，即将常规冻结过程分为几个时间段，各时间段采用不同的运行参数。利用连续变温调节时制冷系数大的原理，可不增加投资实现冻结的节能[144]。

9.4.6 系统能量管理技术

系统能量管理就是在满足使用要求的前提下，按照既考虑局部，更着重系统总体的节能原则，使系统在运行效率最高、消耗能量最少的状态下运行，获得最大的节能效益。

自动化和计算机技术的发展，为能量管理技术的发展提供了物质条件。软件技术及数学模型的逐步完善，使系统能量管理技术达到了实用阶段。国外有许多监控装置生产厂家，可以提供标准节能程序用于实际工程，尤其在大型建筑的空调制冷中。目前的系统能量管理技术，主要从几个方面进行控制管理，包括峰值电力负荷控制、照明负荷控制、制冷负荷的能量控制、动力设备起停时间及运行方式控制等[145]。本节简要介绍电力负荷控制、动力设备的起停控制。

1. 电力负荷控制

电力负荷控制也称峰值负荷控制或电力需要控制。其控制方法随着电费计算方法不同而不同。在一些工业发达国家中，电力公司的电费计算包含以下三方面内容：

1）按实际使用电能计算电费，即电能电费。

2）按规定最大计费期内平均需要电力计算电费，即合同范围内电力电费。

3）如果用电最大负荷超过合同，则超过部分按高于合同规定的单价计算电费。

其中第三项是由于没有信守合同的附加电费，因此具有惩罚性质。

所谓电力负荷控制，在工业发达国家，就是用户采取措施，使最大计费期内平均需要电力尽量接近而又不超过合同电力。这时总电费只包括第一项和第二项，既充分发挥了设备作用，又合理地负担了电费。

电力负荷控制的原理是，将系统中的设备按重要程度分为三类，根据系统最大负荷变化，将非重要的设备负荷切除和投入。一类负荷为最重要的基本用电负荷，它不受电力负荷控制的限制。电力负荷控制只对二类和三类负荷进行控制。二类和三类负荷可按优先制、循环制或者优先制与循环制结合的方法切除和投入。

我国目前实行的是两部制电价，即将电价分成基本电价和电度电价两部分。基本电价代表电力企业中的容量成本，当最大负荷超过电业部门核准的最大需求量时，超过部分采用加倍收费，所以实际上与发达国家的计费方法原则是一致的。因此，我国的制冷空调装置也适合采用电力负荷控制。

2. 动力设备的起停控制

在制冷空调系统中，有相当一部分使用对象，如一班制或两班制的生产车间，办公大楼的工作室、饭店中的餐厅等，它们或者是间歇用冷，或者使用时间经常变化。为了满足这些对象的使用要求，为其服务的制冷空调系统，应在其使用时间内保证达到所要求的环境条件。

对较简单的制冷空调系统，可以靠操作人员凭经验起停制冷空调系统来满足各种不同要求。但是，当制冷空调系统复杂，用冷场所对象较多而分散时，靠人工操作调节就很难满足要求。容易出现过早起动，过迟停止制冷空调系统，从而造成延长设备运行时间和增大能量消耗的不合理现象。采用动力设备起停控制的能量管理程序，既可以满足用冷需求，又可以节能。动力设备起停控制有以下三种方法：时间起停控制、间歇循环起停控制及最优起停控制。下面用最优起停控制说明节能原理。

20世纪70年代初，最优起停控制技术随着集中监控和能量管理技术发展起来。它对于间歇运行的空调和制冷系统尤其适用，例如，间歇运行的制冷装置停机之后，在室外气温和围护结构传热等因素影响下，被冷却对象的温度偏离设定值。在第二天开始使用前，必须进行预冷，即需要提前起动制冷装置降温，以保证开始使用时，温度达到要求范围。根据预冷期以及被冷却对象使用时间，合理地提前起动制冷空调系统，这就叫最优起动控制。即用最合理的起动时间，耗最少能量，保证系统所要求的参数。

另一方面，当制冷装置停机时，由于系统存在热惰性，被冷却对象的温度不可能很快发生变化。利用这一特点，就可以在系统停止使用前的某一时间提前停机，并保证在使用期结束前，温度仍保持在要求范围内，这就叫最优停止控制。

最优起停控制不仅可以节省用来预冷的能量，而且由于推迟起动和提前停止风机、水泵等动力设备，缩短运行时间而节省动力耗电。除了制冷空调系统外，最优起停控制技术也适用于间歇运行的采暖系统。

各国对最优起停控制的研究重点，放在预测最优起动时间的数学模型，以及实现预测与控制的手段上。近年来国际市场上已有多种最优起停控制器出现。我国在这方面也进行了一些研究，提出用一元回归分析法预测最优起动期，并且已在工程实践中证明了其数学模型简单，有一定准确性。

目前，工业发达国家的集中监控装置生产厂家，如美国Honeywell公司、Johnson公司，英国Satchwell公司，瑞典Tour&Andersson公司，以及瑞士Landis&Gyr公司等所提供的能量管理系统，都配备有各种节能程序。不同的节能程序适用于不同的空调、制冷等设备。从表9-6中可见，很多程序都具有通用性。

表 9-6 节能程序及其应用

节能程序 / 设备类型	时间程序控制	最优起停控制	照明控制	焓值控制	电力负荷控制	间歇循环控制	最小负荷控制	过程控制
电力驱动制冷机	√	√			√			√
吸收式制冷机	√	√						√
换热器	√	√						√
空调设备	√	√		√	√	√		√
通风设备	√				√	√		√
照明设备	√		√		√			

思 考 题

1. 一套设计合理的制冷空调装置，其节能还依赖于精心调节，为什么？
2. 制冷系统的运行调节中，最主要的控制参数有哪几个？
3. 正常运行中，活塞式制冷压缩机的最高排气温度大约为多少？排气温度过高有何危害？
4. 什么叫“湿行程”？湿行程有何前兆？它对哪种形式的压缩机危害大？
5. 制冷装置的操作上如何避免湿行程？处理湿行程时要注意什么？
6. 制冷装置运行调节的基本原则是什么？
7. 制冷空调装置正常运行的标志有哪些？
8. 制冷装置运行中冷凝压力过高可能的原因有哪些？
9. 一套新投产的制冷空调装置达不到要求的低温，可能有哪几方面的原因？
10. 一套现役制冷空调装置运行中达不到要求的制冷量，哪些故障可能产生该结果？
11. 什么条件下适当调高冷凝压力可以节能？为什么？
12. 为什么采用较高的蒸发压力可以节能？
13. 为什么夜间运行通常可以节能？
14. 为什么要推广分时电价政策？制冷空调用户如何据此采取措施提高经济效益？

第10章 制冷空调装置的维护和保养

10

要使一套制冷装置在最佳状态运行，不仅要设计科学合理，安装正确无误，运行中操作调节及时准确，而且要做好制冷装置在整个使用期(包括运行中和停机期间)的维护和保养工作。制冷装置的维护和保养内容包括日常保养和定期检修，它是保证制冷装置长期正常运行、延长使用寿命、节省制冷能耗的有效措施。

目前广泛应用的压缩式制冷装置，是由压缩机和各种设备组成的一个有机整体。制冷装置的维护，一方面是保证每台设备始终处于良好的运行状态；另一方面是保证整个制冷系统处于良好的状态。另外，与之配套的相应设施和建筑(如冷却水设施、冷藏库等)，也应该进行维护保养，使整个制冷装置(系统)始终处于最佳状态，达到节能和最佳的经济效益。

10.1 制冷系统的维护和保养

制冷装置是一个与外界空气完全隔绝的封闭系统，制冷剂作为一种传热媒介在系统中循环。如果有杂质进入了系统，轻者使运行效率降低、能耗增加，严重时会产生一系列故障，甚至会发生事故。系统中常见的杂质是空气、润滑油、水和机械杂质。本节介绍这四种杂质的危害和排除，这是制冷空调装置操作管理人员必须熟练掌握的，也是设计、安装人员必须掌握的，是保证制冷装置高效率运行，实现节能的重要内容之一。

10.1.1 制冷系统中的不凝性气体

制冷系统中除制冷剂外，往往有一部分其他气体，在冷凝压力和温度下是不凝结的，统称为不凝性气体，在工程上常简称空气。这些不凝性气体的主要成分是空气，此外还可能有制冷剂及冷冻油的分解物。这些不凝性气体是影响制冷装置高效运行的一个重要因素。

1. 制冷系统内空气的主要来源

1）在机器设备或管道安装、检修后投产时，因为抽空不彻底，使空气残留于系统中。

2）充注制冷剂和冷冻油时，因操作不慎而使空气进入系统。

3）系统工作压力低于外界大气压时，外界的空气由阀门、轴封等密封不严处渗入系统。

4）当压缩机的排气温度过高、接近或达到冷冻油的闪点，将引起冷冻油的炭化裂变，产生不凝性气体。焊补作业时的高温，也能使制冷剂分解，产生不凝性气体。

系统中的空气与制冷剂蒸气混合，被压缩机吸入，经压缩后排至冷凝器中。当制冷剂蒸气在冷凝器中冷凝成液体时，空气由于不能凝结处于局部分离状态。同时，由于高压贮液桶的液封作用，使空气无法进入系统的低压部分。所以，制冷系统中的空气主要聚集在冷凝器，少部分聚集于高压贮液桶的上部。

2. 空气在系统中的主要危害

1）冷凝压力升高。根据道尔顿分压定律，系统中的压力等于制冷剂的分压力和空气的分压力之和。所以，系统中的空气越多，则其分压力越大，系统的总压力（冷凝压力）也就越高，从而导致制冷循环的压缩比增大，压缩机的输气量减少，耗功量增加。

2）排气温度升高。由于空气的等熵指数（$\kappa=1.41$）大于制冷剂的等熵指数（$\kappa_{R717}=1.28$；$\kappa_{R22}=1.18$），造成压缩机排气温度升高，压缩机运转条件恶化。

3）冷凝器中传热效率降低。由于循环中制冷剂在冷凝器换热表面上凝结成液态，而不能凝结的空气将聚集在换热表面，使制冷剂蒸气必须穿过不凝性气体才能接触换热表面，即凝结过程产生了附加热阻。这样冷凝器的换热效率降低，冷凝压力和冷凝温度升高。

4）腐蚀性增加。空气进入系统后，空气中的水分和氧气加剧对金属材料的腐蚀，加速了冷冻油的老化或氧化。

鉴于空气在系统中的危害，工作中要尽量防止空气进入系统。例如，停机时若曲轴箱内压力低于大气压，可打开吸气阀，使其压力等于或略高于大气压。若系统内有空气，应及时放出。

3. 系统中有空气的迹象

制冷系统中有不凝性气体时，可出现以下现象：

1）排气温度高于正常的排气温度。

2）冷凝器内压力高于该冷凝温度所对应的饱和压力，或者说，冷凝温度低于该冷凝器内压力所对应的饱和温度。

3）排气压力表指针剧烈抖动。

根据系统中空气越多，压缩机排气压力与冷凝压力（饱和温度下对应的压力）差值越大的原理，可以通过冷凝器上压力表和温度计的读数，估算空气在系统中的含量。例如，氨冷凝器中压力指示值为 11.77×10^5 Pa 绝对压力，出液温度 $t_c=25℃$，对应的冷凝压力 $p_c=10^6$ Pa 绝对压力，这时冷凝器中空气的含量为 $(11.77-10)/11.77=15\%$（体积分数）。

在制冷装置的维护管理中，要根据上述的三种征兆，随时掌握系统中的不凝性气体数量，及时将不凝性气体排除出系统。

4. 制冷系统的放空气操作

制冷系统中的空气和制冷剂混合在一起，直接排放将造成制冷剂的损失并污染环境。因此，放空气应通过空气分离器间接放出。空气分离器又称为放空气器，其工作原理是对混合气体冷却降温，使其中的制冷剂蒸气凝结成液体排出，然后将不凝性气体排出。

放空气器有自动和手动两种形式。自动放空气器的优点是及时放气且效果好。手动放空气器往往放气不及时，直到问题严重时才发现，影响制冷系统的效率。我国在 20 世纪 80 年代就开发了 ZKF 型自动放空气器，但至今许多氨制冷装置仍用手动放空气器，应大力推广采用自动放空气器。

（1）氨制冷系统手动放空气器的操作（图 10-1）　开启阀 3 使混合气体进入放空气器→开启放空气器的降压阀 5→微开供液膨胀阀 1（使制冷剂节流进入放空气器内蒸发吸热，氨气被冷却凝结为液体)→稍开放空气阀6将空气放入盛水容器7的水中。放空气阀口上最好接一根橡胶软管插入水中。

(2) 氟利昂制冷系统的放空气 对于氟利昂制冷系统，由于空气比氟利昂气体密度小，所以中小型氟利昂制冷系统一般不采用放空气器，停机时直接从压缩机排气阀多用通道螺塞，或冷凝器顶部的放空气阀放出。对于大型的氟利昂制冷系统，应当设置放空气器。

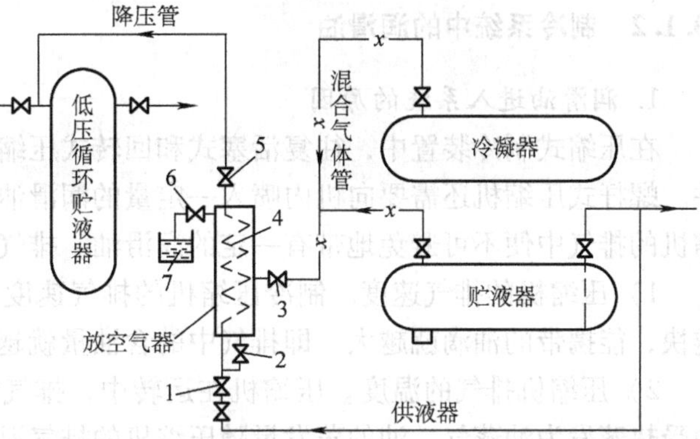

图10-1 放空气系统管路连接图
1、2—膨胀阀 3—进气阀 4—盘管 5—降压阀 6—放空气阀 7—盛水容器

5. 影响放空气效果的因素

排除制冷系统中的不凝性气体可以使制冷装置高效运行，减少能耗。但在实际制冷装置中，空气的排除效果往往并不理想。其原因主要有两方面：

(1) 放空气点的位置 研究表明[146]，最大限度地从制冷系统中放出空气，取决于放空气点位置的合理选择。因为系统中各处聚集的空气量是不同的，放空气点只有选在空气聚集量最多的位置，才能将大部分空气放出。在冷凝器和贮液器中，空气总是聚集在温度最低、气流速度最低的位置。

氨制冷系统的各种冷凝器，一般均设计过热气体自冷凝器较高部位进入，冷凝液体自较低部位排出。空气密度比氨蒸气大(空气相对分子质量为29，而氨蒸气为17)，这就使冷凝器的中下部空气含量较大。因此，对于工作中的冷凝器，从上部排放空气效果极差。对于放空气点的位置设在冷凝器上部的系统，可以在系统停止运行一段时间后，再进行放空气。

对于贮液器，当从冷凝器来的进液管安装于贮液器的一端时，空气最有可能聚集在另一端的顶部，该处是温度和气体速度最低的部位。一般情况下只设一个放空气点即可。当制冷剂进液管接在卧式贮液器的中间时，空气一般聚集在贮液器较冷的两端上部，这时在两端各设置一个放空气点是比较合理的。

当制冷系统中有多个冷凝器、贮液器时，要想确定空气聚集的准确位置是困难的。冷凝器的管路设计、部件布置，以及运行管理都会影响空气的聚集位置，气候的季节性变化对此也有影响。这时应通过放空气操作，逐步摸索出如何取得良好排放效果的规律。

(2) 放空气管路 当制冷系统有多台冷凝器和贮液器时，所有放空气点接出的放空气管可以汇集在一起，再接至放空气器。实际上，不论是手动还是自动放空气，都采用逐台设备进行。对于自动放空气器，可以控制各个放空气点的电磁阀逐个轮流开启。

对于蒸发式冷凝器，应保证放空气点处没有液态制冷剂。放空气点通常设于每一个回路的出口集管上部，此处是温度最低、流速最低之处。

及时放空气是保证制冷装置高效节能运行的重要一环。在较冷的季节里，即使冷凝压力较低，也不应忽视放空气问题。应该把放空气操作纳入制冷装置的全面维护管理中。

10.1.2 制冷系统中的润滑油

1. 润滑油进入系统的原因

在压缩式制冷装置中，往复活塞式和回转式压缩机，都需要用润滑油来润滑摩擦的零部件。螺杆式压缩机还需要向机内喷入一定量的润滑油，起到密封和冷却作用。因此，这些压缩机的排气中便不可避免地带有一定的润滑油。排气中的含油量与以下两个因素有关：

1）压缩机的排气速度。制冷压缩机的排气速度一般为12～30m/s，制冷剂气流的速度越快，能携带的油滴就越大，即排气中的含油量就越多。

2）压缩机排气的温度。压缩机在运转中，排气温度可达70～150℃。这样就使一部分油受热蒸发为油蒸气，油的蒸发量随压缩机的排气温度升高而增加。混合在压缩机排气中的润滑油，经过油分离器，大部分被分离出来，沉积在油分离器的底部。但仍有少量油随制冷剂进入冷凝器和管路系统，并随着温度降低，油以薄膜状态附在传热表面上，或沉积于设备底部。

2. 油对氨制冷系统的危害

1）使冷凝温度升高，对应的冷凝压力也升高。由于油的热导率只有0.14W/(m·K)，金属的热导率约为46.5～58W/(m·K)，故即使很薄的油膜，对传热系数的影响也很大。随着冷凝器传热系数的减小，冷凝时的对数平均温差增大，冷凝温度升高。据文献介绍，当冷凝器换热表面附有0.1mm厚油膜时，氨制冷装置的制冷量将降低16%。

2）使蒸发温度降低，对应的蒸发压力也降低。润滑油进入蒸发器后，与进入冷凝器一样产生油膜，使热阻增大，传热系数减小，传热温差增大。据参考文献[147]介绍，在蒸发器表面附有0.1mm油膜时，将使蒸发温度降低2.5℃，耗电增加11%～12%。

3）使制冷剂流动阻力增加，甚至使管路堵塞。油的粘度大，易与污物和杂质混合形成胶状物质。常积聚在截面较小处，增加流动阻力，严重时甚至造成堵塞，影响正常运行。

总之，润滑油进入制冷系统，将造成冷凝器和蒸发器的热交换效果降低，使制冷装置的制冷量下降，功耗增加。因此，在操作中应采取相应的措施，减少油进入制冷系统，同时要提高油分离器的分油效率；在维护管理中，要及时放出各设备内沉积的润滑油。

3. 油对氟利昂制冷系统的影响

润滑油对制冷装置中热交换设备的影响，实际上是与制冷剂和油的互溶度有关的。液氨在润滑油中的溶解度很小，可以认为几乎完全不溶于油。因此，氨制冷装置中传热表面及管道中会积有油膜，其影响如上所述。

在氟利昂制冷系统中，情况要复杂得多。氟利昂制冷剂同油的溶解关系是随氟利昂的种类及温度而变的。氟利昂中所含的氟原子越多，则在润滑油中的溶解度越小，不同氟利昂制冷剂与油的溶解度差别很大。

如果所使用的氟利昂在设备的工作条件下，与油是互溶的，则油不会在该设备换热表面形成油膜。但分析发现，即使油与制冷剂完全互溶，进入冷凝器和蒸发器中仍有不良影响。因此，在一般大中型氟利昂制冷机中都应设油分离器，以减少油带入系统中。

4. 氨制冷装置的回油和放油

在氨制冷装置中，有些氨压缩机出厂时在机器旁边配有油分离器。这种油分离器通常配备了浮球阀，分离后的润滑油自动流回压缩机曲轴箱。对于进入系统中的油，应该及时放出，尽可能减少其不良影响。如果发现压缩机加油量增多，而放出的油量少于加入的油量，应检查原因，增加放油次数。在平时维护管理中，必须做到有计划地定期从各个设备放油。设备放油最好在停止运行时进行，这样不仅可以提高放油效果，而且安全可靠。

为了减少氨的损失，保证安全，各设备都必须通过集油器（又称放油器），按一定的操作程序放油。其原理是通过降低压力，使油中的制冷剂蒸发分离。设备放油时，集油器必须处于低压工作状态。操作人员应戴上眼镜和橡胶手套，站在放油管出口的侧面工作，放油过程中不得离开操作地点。放油完毕后，应记录放油的时间和放出油的数量。

在用集油器放油时，往往进入集油器的氨液较多。这就使抽气降压的过程相当长，集油器外壳常结满霜。有的厂采用淋水来加快抽气过程，使集油器外壳结了厚厚一层冰壳。抽气时间长的原因在于氨液必须吸热才能蒸发，当外界气温低时，传入集油器的热量不足，因此氨液难以蒸发。

实际上在放油过程中，通过精心操作，可以大大缩短抽气降压的时间，并且可以节能。操作的关键是认真控制各设备放油阀的开启度，避免氨液进入集油器。尤其是洗涤式油分离器和高压贮液桶的放油，操作不认真将使大量氨液进入集油器，而这部分氨液蒸发是完全无效的制冷，增加了压缩机的能耗。当高压设备放油时，压差很大，若将放油阀微开，该阀门实际上起了节流阀作用。氨液产生节流作用，温度大大降低。因此，通过触摸放油阀后管道的温度，可以及时关闭放油阀，大大减少进入集油器的氨量。这种放油操作方法[148]，不仅缩短了放油时间，操作方便，而且具有一定的节能效果，值得推广使用。

5. 氟利昂制冷装置的回油

氟利昂制冷剂易溶于润滑油的特性，决定了系统润滑油必须采取回流循环。运转期间保证润滑油的正常循环和压缩机曲轴箱内保持稳定的油面，是氟利昂制冷系统正常和安全运转的必要条件。要满足这必要的条件，必须使压缩机在排气过程中所带出的油量，在每一时间间隔内，都应与回流入压缩机曲轴箱的油量相等。

系统中回流入压缩机的润滑油，通常来自两个途径：一是从油分离器中分离出的润滑油定时返回压缩机，返回方法通常用浮球阀自动控制；二是在供液中带进蒸发系统的润滑油，必须及时地与吸回的气体一起流回压缩机。润滑油的返回方法，需在回气管道上设有确保润滑油回流的技术措施。

对于供液方式为上进下出的蒸发排管、冷风机等，当采用热力膨胀阀直接供液时，利用较高的回气速度，可以将蒸发器内的油带回压缩机。在氟利昂制冷装置的管道系统设计中，必须根据具体情况，计算回气管的最佳通径，并设计成不同的形式。图 10-2 所示为回气管接法的几个实例。

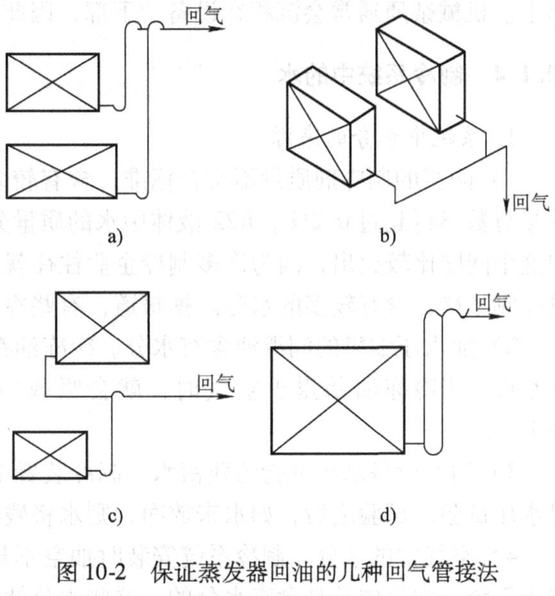

图 10-2　保证蒸发器回油的几种回气管接法
a）蒸发器均低于回气主管时　b）蒸发器均高于回气主管时
c）蒸发器位于回气主管上方和下方时
d）负荷变化大时的双上升立管形式

综上所述，润滑油进入制冷系统，无论对氨制冷装置还是对氟利昂制冷装置都是不利的。一般情况下，这将造成制冷循环中冷凝压力升高，蒸发温度降低，使制冷装置的功耗增加。情况严重时，甚至会造成制冷装置无法正常运行。例如，氟利昂制冷装置如回油措施设计不当，将使润滑油大量沉积在蒸发器中，使蒸发器无法吸热制冷。因此，在制冷装置的设计、操作、维护中，应采取措施，尽可能减少油进入系统。对于进入系统中的润滑油，应该及时排放或采取回流措施，以减少油的不良影响，使制冷装置保持高效节能的运行。

10.1.3 制冷系统中的机械杂质

制冷系统内部产生机械杂质的原因很多。首先，设备在工厂制成后，未能很好地将其内表面的翻砂(铸件)及铁屑、铁锈除净。其次，设备和管道安装时，内表面未进行彻底的清洁。例如，弯管时灌入的砂未除尽，焊接的铁屑未取出等。对设备操作不当，也会促使杂质的产生。例如，灌入系统的制冷剂及油中含有水，油中杂质多。

显然，机械杂质会破坏制冷装置的正常工作。压缩机摩擦部件之间如有机械杂质，会使摩擦能消耗增大，加速设备的磨损，甚至会发生严重的事故。阀门和阀座之间如有脏物，阀门就关不严。对于孔径很小的膨胀阀，杂质将造成堵塞。因此，压缩机中的机械杂质，会缩短机器的使用寿命，降低压缩机的产冷量，增加装置工作的耗电量。

因此，系统安装时，务必将管子和设备内的污物清除干净。为了使装置工作时，制冷剂能保持清洁，系统中装有过滤机械杂质的设备。对杂质最敏感的是压缩机和膨胀阀，所以在它们前面，必须装设过滤器。装在压缩机气体管道上的称气体过滤器，装在液体管道上的称液体过滤器。这些过滤器都应定期清洗，及时清除各种机械杂质。

过滤器的原理很简单，即用金属丝网阻挡过滤污物。氨用过滤器一般是由2~3层网孔为0.4mm的钢丝制成的。氟利昂过滤器由网孔为0.1~0.2mm的铜丝网制成，直接装在管路上。机械杂质通常会沉积在设备的下部，因此，也可以从设备下部集油包等处放出。

10.1.4 制冷系统中的水

1. 系统中水分的来源

1）购买的制冷剂质量不符合标准，含有较多水分。按规定，作为制冷剂的氨，含水的质量分数不得超过0.2%，R22液体中水的质量分数不得超过25×10^{-6}。我国的氨制冷装置中这个问题比较突出，因为许多制冷企业往往就近向化肥厂购买液氨，有些小型化肥厂的质量控制不严，含有较多的水分。据报道，有些冷冻厂发现液氨中含水量高达5%。

2）加入压缩机的润滑油含有水分。冷冻油在生产过程中进行了脱水处理，具有较强的吸水性。当冷冻油暴露于空气时，就会吸收空气中的水分，其吸水量可达油自身重量的1%。

3）制冷设备水压试验的残留水。制冷装置中的一些制冷设备和部件在制成后，必须经过水压试验。试验之后，如水未放净，则水将残留在设备内进入系统。

4）空气中的水分。制冷系统安装时抽空不足，部分空气留在系统内，或者运行中空气渗入系统。空气中总是含有水分的，这些水分就将存留在系统内。

2. 水对制冷装置的影响

1）在氟利昂制冷装置中，水在氟利昂中的溶解度非常小，可以大致认为水与氟利昂是不溶解的。当温度降到0℃以下时，系统中的水结冰，堵塞通道，致使制冷装置无法工作。

2）在氨制冷系统中，氨可以溶解比它本身大许多倍的水，生成的溶液凝固点比水的冰点低。因此，当氨液中含水量不大时，不会发生冰堵现象。但是，当蒸发器中含有水分时，蒸发压力与蒸发温度将升高，使制冷效果下降。这时，为了维持原蒸发温度，蒸发压力就必须降低，压缩机的功耗增大。

一般认为，由于氨与水能很好地溶解，形成氨水溶液，所以氨制冷系统中不会发生冰堵。但参考文献[149]报道若干氨制冷系统中发生冰堵的实例。分析表明，由于购入的液氨含水质量分数高达3%~5%，进入蒸发器后，在低温下水从液氨中析出，使蒸发器部分管路逐渐形成冰堵。某冷冻厂在回气调节站上也发现了冰堵现象，使制冷时间延长，能耗大大增加。

3）水溶解制冷剂后会发生水解作用，生成酸性产物，腐蚀金属材料。例如，纯氨对钢铁不起腐蚀作用，但当含有水分时，将会腐蚀锌、铜、青铜及其他铜合金。只有磷青铜不被腐蚀。

4）在氟利昂制冷装置中，因有不溶解的水存在，还会出现“镀铜”现象，即在钢零件上形成一铜层，对压缩机的运行产生不良影响。

5）水分还会使润滑油粘度降低，油发生乳化，质量下降，影响润滑性能。

综上所述，制冷系统中的水分不仅直接造成运行能耗的增加，还会产生许多不良的后果，影响制冷装置的正常工作。因此，在安装、维修及日常运行维护中，都应该采取措施，避免水分进入系统。

3. 制冷系统中水的排除处理

对于氟利昂制冷系统，通常采用干燥过滤器。利用干燥过滤器中的干燥剂，吸取系统中的水分。常用的干燥剂有无水氯化钙、硅胶和分子筛。若系统内水分较多，可选用无水氯化钙。无水氯化钙的吸水率较大，但它在吸收水分后，易潮解成为粉糊状物质，被带往系统中。因此，仅在水分较多时使用，一般使用时间为6~8h。当水分很多时，2~4h就应更换。当所需工作时间较长时，可选用变色硅胶或者分子筛。

对于氨制冷系统，水分容易聚积在中冷器和蒸发器中。对于中冷器中的水分，可以通过放油放出。尤其在新加氨后，要注意增加从中冷器放油的次数，及时将水排出系统。对于蒸发器中的水分，可以通过热氨冲霜，将水分冲到排液桶，然后从排液桶和油一起放出。

10.2 制冷压缩机的维护和检修

10.2.1 压缩机维护和检修的必要性和计划

1. 制冷压缩机维护和检修的必要性

在广泛应用的压缩式制冷装置中，压缩机是最复杂、最主要的设备。现代压缩机普遍采用高转速运行。要保证机器始终保持良好的技术状态，就必须进行经常的维护保养和定期的检查修理。加强经常性的维护保养工作，主要是要严格遵守操作规程，不使压缩机超负荷运转，保持机器摩擦部件润滑良好，保持运动部件的温度和运转声音正常，以及经常洗擦污垢和灰尘，清除铁屑和杂物等。做好这些工作，使压缩机经常处于良好的技术状态，一方面可防止事故的发生，另一方面可实现高效节能运行。

加强机器设备的维护保养工作，虽然能防止和减少机器设备遭受意外的损坏，但是并不能避免机器设备的正常磨损或损坏。机器设备在运转过程中，由于受到负荷、摩擦的影响，以及介质的腐蚀，一些零部件的形状、尺寸、力学性能、结构性质和化学性质都会逐渐发生变化，以致零部件被磨损或损坏。这种在正常工作条件下发生的磨损，称为“自然磨损”。“自然磨损”会造成零部件配合间隙变大，润滑性能变差，甚至出现干摩擦现象，加剧运动副(配合面)之间的磨损。机器在运行中，某些联接螺钉也会发生松动。

如果压缩机的零部件磨损了，螺钉松动了，而不及时修理，让机器“带病工作”，当磨损超出了机器出厂时规定的尺寸和配合公差后，就会使零件丧失工作能力。严重时会发生弯曲、扭曲，甚至断裂，造成突然故障，不得不进行事故检修。所以为减少故障的突然发生，需要定期对压缩机的零部件进行检查、测量、修复、更换，确保压缩机处于良好的技术状态。因此，要使制冷装置中的压缩机始终保持在良好的技术状态，除了要建立机器使用的责任制，加强日常的维护保养工作外，还必须对机器设备进行合理的定期检查修理。

做好维护保养和定期检修可以带来如下效益：

1）制冷机器设备的可靠性增加，大大减少突然事故的发生。

2）制冷机器设备的使用寿命延长。

3）可有计划地储备检修用材料和备件，缩短检修时间，减少大修次数。

4）保持长期的安全、稳定、高效地运行，带来明显的经济效益。

5）深化对制冷设备的认识，提高维修人员的技术水平，丰富维修人员的实践经验。

2. 维护和检修的制度和计划

维护和检修制度是保持制冷装置固有生产能力的一种组织形式。正确制定和贯彻维护检修制度，是保持制冷装置正常持续生产的一项根本性措施，也是使机器始终高效运行，实现制冷装置节能中的重要一环。

制冷机器设备的维护保养制度，通常与运行操作调节管理规程结合在一起。它要求操作管理人员在机器运行的全过程，按照制冷装置正常运行的各项标志和指标，对制冷装置进行全面的认真监测和检查，使制冷机器设备始终处于良好的状态下运行。

所谓检修制度，就是根据制冷压缩机的性能、质量、使用情况和运转规律，制订出运转多长时间就要进行小修、中修和大修。无论机器设备的运转情况如何，到了规定的检修期限，就要按期、按计划进行检查和修理。这种制度的最大优点是具有科学的预见性，能够及时消除机器设备的隐患，防止意外事故的发生。实行计划检修，可以事先妥善地安排生产和检修时间，准备必要的检修力量和备品备件。比起无计划的临时检修，更能缩短修理施工时间，提高检修质量，增加机器设备的正常安全运转率。

制冷压缩机的检修计划，应根据机器零件的磨损规律和企业的生产情况而定。机器零件磨损越快，其工作效能降低越快，修理就越频繁，即修理的间隔期就越短。机器的工作性能降低越大，修理的工作量就越大。在制订检修计划时，还要考虑尽可能使修理工作均匀地分配到全年进行，以保证修理设备和修理人员有均衡的工作负担。检修工作量大，停机时间长的项目，应尽可能安排在生产淡季进行。

由于不同的机器设备或机器中不同的部件、零件，其结构、尺寸、重量都有所不同，在运转中的作用及受工艺操作因素的影响也不同。因此，其损坏的速度和检修所需花费的劳动量是不一样的。这样就有必要把修理分为小修、中修和大修三个等级进行。

(1) 小修 小修的目的是消除机器内部重要机件的事故磨损和达到极限容许值的自然磨损。在小修时，可以拆卸机器的某些部件(不拆卸主要部分)，更换某些易损零件，清洗和修整某些工作量不大的零件，更换润滑油，调整配合，消除过大的间隙，紧固整台机器等。小修的停机时间一般为4~6h。

(2) 中修 中修的工作量比小修大，拆卸的范围也比小修广泛。在中修时，除需完成小修所需完成的工作外，还可以拆卸、清洗或更换某些重要的部件和零件。中修的停机时间一般为3~4天。

(3) 大修 为了完全恢复机器的工作能力，压缩机在运转一定时间之后，需进行大修。大修需拆卸机器全部零部件，更换磨损的零部件，进行彻底的清洗、重新装配调整。

在每次高一级检修时，也需包括低一级检修的全部工作。在每一级检修间隔时间内，机器的工作能力逐渐降低。但是在大修时，机器的工作能力又大致恢复到标准的水平。两次大修之间实际运转时间称为修理周期。如果小修、中修进行得正确和及时，则可大大延长机器设备的修理周期。

检修计划确定之后，企业就应该认真贯彻执行，并且长期坚持。检修工作必须保证质量，按照一丝不苟的精神，认真检查，彻底修理，不留隐患。为了保证检修质量，应该认真推行检修后的质量验收制度。一切经过检修的机器和设备，在检修工作完成以后，都要经过试验鉴定过程，认真进行验收并做好相应的记录。

10.2.2 制冷压缩机的正常维护保养

制冷压缩机的正常维护保养，指在运行期间按规定应进行的维护保养(故障处理不在此例)。其目的是保证正常运行，满足供冷的需要，协调各附属设备与压缩机的工作配合。

1) 注意压缩机的油位、油压、油温的变化。压缩机正常工作时，应保证油位在视油镜的中线附近，过高、过低都是不对的。新安装的机组试车时，可适当地高一点，但不应该超过视油镜的2/3高度。为保证油位和足够的润滑油流量，试车时适当地多加一点，这对压缩机的润滑是有利的。试车结束后，应将润滑油全部换掉，进行内部清洗，然后加油至标准高度。在运行中，当油位下降至视油镜最低限位以下，经调节而不能使油位升高时，可按不停机情况下的加油程序补充润滑油。若油位继续下降，这时则不能盲目加油，应停机分析漏油原因，进行处理。

油泵的供油压力是否满足要求，与压缩机安全运行至关重要，必须认真调节满足要求。为保证压缩机运行时的正常油压，在日常的保养工作中(特别是在新机组投入运行后的一段时间内)，除必须保持正常的油位以外，还应根据油压的变化，随时对油过滤网和输油管道进行清洗，以及对润滑油进行更换。在换油时，应使用规定牌号的润滑油，不允许两种不同牌号的油混用，或用其他牌号的润滑油代替。

润滑油的工作温度一般要求在35~50℃(个别机型为50~60℃)。这是因为润滑油除了起着润滑作用外，还起着带走摩擦热的作用。为控制油温，在离心式、螺杆式和部分活塞式压缩机的油槽中，装有油加热器，同时在润滑系统中还设有油冷却器，用来调节润滑油的工作温度，保证润滑的需要。保养时应注意油加热器的工作，定期清除油冷却器管道中的杂物或水垢，调整进水温度，以保证对润滑油的温度要求。

2）注意压缩机的振动和异常噪声。压缩机工作时，按技术条件规定允许有一定的振动和噪声级别，但不允许有强烈的振动和异常噪声。在日常的保养工作中，应注意检查机组容易产生振动和噪声的部位。如地脚螺栓的松动、垫铁的位移、开启式压缩机联轴器中减振橡胶套的磨损、压缩机组传动带打滑或断裂等。如果振动和噪声来自机组内部，则应停机判断发生问题的部位并进行检修，不允许机组继续工作，否则将有损坏机组的可能。

3）注意压缩机轴封或其他部位的泄漏。开启式压缩机的轴封是最容易泄漏的部位。泄漏的原因很多，在日常保养工作中应注意对它的检查，同时应保证有足够的油压、清洁的润滑油对轴封供油。如果发生大量泄漏，则应停机进行检修。国内厂家说明书上一般规定开启式压缩机轴封处的泄漏量，以每小时不超过10滴为合格。

压缩机的各密封部位一般都采用螺栓固定，石棉橡胶垫密封。运行时由于振动等，螺栓可能松动，石棉橡胶垫会发生损坏。发现螺栓、螺母松动，应及时紧固，防止制冷剂或润滑油的大量泄漏。在紧固螺母时，不允许施力过猛或任意加长套管，在停机时处理更为安全。

10.2.3 制冷压缩机的定期检修

制冷压缩机的定期检修计划和内容的制订，应根据制造厂家建议检修产品的时间和要求，以及广大制冷工程技术人员的经验总结。机型不同，检修内容不同。具体的检修时间，应视制冷压缩机的工作性质、使用单位的具体情况而定。

对于广泛使用的活塞式压缩机，一般分为大修、中修和小修。制造厂通常会提供（规定）具体的检修时间。一般情况下，活塞式压缩机每运行700h左右需进行小修，3000h左右需进行中修。全年连续运行使用的制冷压缩机和用于空气调节的制冷压缩机，一般可每年进行一次大修。由于使用情况不同，所以制冷装置的操作管理人员应根据压缩机的实际状况，逐渐摸索总结出本厂各台机器大修的周期。

对于离心式和螺杆式制冷压缩机，由于没有易损件，所以它们的检修主要是针对随机的各种辅助设备。通常可以按照厂家说明书的要求进行。

10.3 冷凝器和蒸发器的操作和维护

10.3.1 冷凝器的操作和维护

冷凝器是制冷装置中主要的换热设备之一。冷凝器的工作状况不良，将使冷凝压力（温度）上升，制冷装置的能耗明显增加。理论计算表明，在一般工作范围，冷凝温度上升1℃，制冷装置的理论功耗平均增加约2%。因此，保持冷凝器良好的工作状况，对制冷装置的运行节能十分重要。制冷装置中常用的冷凝器有水冷式、风冷式、蒸发式及淋水式。由于冷却介质不同，其操作调节和维护管理的要点略有差别。

1. 水冷式冷凝器的操作和维护

1）根据压缩机的输气量，合理确定冷凝器的冷凝能力和冷却介质的温度，投入运行的冷凝器台数和冷却水泵台数，以实现经济合理的运行。

2）工作前，冷凝器的进水阀、出水阀、进气阀、均压阀、压力表阀、安全阀前的截止阀均应开启，放油阀和放空气阀应关闭。

3）运行中经常检查冷凝器的供水情况，应保证水分配均匀、水量充足、水路畅通。对于立式壳管式冷凝器，冷却水不应溢出配水槽，并要定期检修分水器；对于淋水式冷凝器，冷却水不应溢出配水槽或匀水板上缘，并要及时清除出水端脏物。

4）根据冷凝器的形式，合理调整进、出水温差。如立式壳管式冷凝器的进出水温差为2～3℃，卧式壳管式冷凝器为3～5℃。若温差过大，应增大水量或检修水路。

5）经常检查冷凝压力，最高一般不超过1.5MPa。若压力偏高，应查明原因，及时排除。若冷凝器内压力高于冷凝温度所对应的饱和压力，则说明冷凝器中混有空气，应及时放空气。

6）根据开机时间和压缩机的耗油量，定期对冷凝器进行放油。一般一个月至少放油一次。

7）根据水质的软硬情况，定期清除水垢。水垢厚度不得超过1.5mm，一般每年清除一次。

8）定期用化学分析法或用酚酞试纸，检查冷凝器的出水中是否含氨，一般每月一次。发现有漏氨现象，应停止冷凝器工作，找出漏点，待修复后方可使用。

9）全部压缩机停机5～10min后，停止向冷凝器供水。当环境温度在0℃以下时，应将冷凝器和配水槽内的积水放尽，以免冻裂设备。

10）冷却水的水质稳定处理和防垢。对于水质硬度高的地区，冷凝器结垢迅速，严重影响冷凝器的正常运行。国内先后开发研制了各种水质稳定剂，取得了较好的效果。另外，国内还开发了静电水垢控制器，对循环水的防垢、除垢也具有较好的效果。对于水质硬度高的地区，可以根据情况选用，以实现长期的节能运行。

2. 风冷式和蒸发式冷凝器的操作与维护

风冷式冷凝器同样要根据负荷情况，合理确定投入运行的台数和风机台数，以实现经济运行。运行中要保证风量足够、分配均匀。风冷式冷凝器的传热面上极易附着灰尘，影响传热效果。应根据使用情况定期进行冲洗或吹除，保持传热面的清洁。同时应注意清除冷凝器进风、排风口的遮挡物，使吸风、排风畅通无阻。

蒸发式冷凝器运行时，应先起动排风机、循环水泵，喷水嘴应畅通，定期清除水垢。蒸发式冷凝器的进出水温差通常控制在5～10℃。在维护保养中，应注意检查传热管道外表面的防锈层是否脱落，贮水箱中浮球阀动作是否灵活。在补充水时，应按要求添加缓蚀剂，进行水质处理。注意调整挡水板的角度，防止水的飞散损失。风机处于潮湿环境中工作，应注意其轴承的检查和油脂的更换。风机外壳易锈蚀或腐蚀，应对其进行防腐或防锈的处理。

10.3.2 蒸发器的操作和维护

蒸发器是制冷装置用来向被冷却对象吸热，达到降温制冷的设备。它也是系统中的主要换热设备。蒸发器的传热状况不良，制冷效果就要下降，能耗增大。计算表明，当制冷量不变时，蒸发温度每降低1℃，功耗将增加3%～5%（随温度范围而不同）。常用的蒸发器有冷却空气的蒸发排管和冷风机、冷却液体载冷剂的沉浸式和壳管式蒸发器。

1. 冷风机的操作和维护

冷风机是由蒸发管簇和风机组成的换热器。借助风机强制提高空气流过蒸发管簇时的速度，使传热系数增大，改善传热效果，同时使冷间各部位降温均匀，还兼有通风换气作用。因此，冷风机是冻结间、冷藏间都适用的制冷降温设备。冷风机的操作维护包括风机的维护。

1）冷风机起动前的检查。冷风机投入使用前，应检查风机与电动机传动机构是否良好，叶片及防护罩是否完整，叶片与风筒、外壳有无摩擦，转动是否轻松无碍，润滑情况是否良好。

2）风道的调整。设有风道、出风闸口及导风板的冷风系统，应根据室内空气流通要求和货物情况调整，使配风均匀。

3）起动风机。风机的工作台数应根据库温及库房热负荷确定，可少开、全开或不开。

4）先打开回气阀，再打开供液阀。

5）停止工作时，关闭供液阀和回气阀，停止风机。

6）注意事项。在风机起动后，若出现下列情况之一，应立即停机：①风机不转或转速较慢；②风机或电动机运转声音不正常；③电流超过额定值；④电动机过热、有焦味或冒烟现象；⑤电动机或风机轴承温度过高。

7）冷风机的维护要点是要及时除霜，避免霜层太厚。干式冷风机的冷却管组表面的霜层应均匀、连续。当霜层过厚时，会阻碍空气流通。同时由于霜的热导率只有0.3W/(m·K)，约为钢管热阻的120倍以上。因此，蒸发器表面结霜，会使传热系数大大降低，换热效率明显下降，压缩机功耗增大。所以，操作人员必须及时、定期对冷风机进行除霜。冷风机常用的除霜方法有热气融霜、水冲霜、热气与水配合融霜、电加热融霜。

2. 蒸发排管的操作和维护

蒸发排管又称冷却排管，是由钢管或铜管制成的冷却空气的蒸发器。冷却排管有不同形式，但都是制冷剂在管内蒸发，结构简单，操作维护也简单。其操作维护要点如下：

1）保持正常供液量。由于冷却排管的形式和制冷系统供液方式不同，排管中液面要求保持的液量也不同。液量过多易使压缩机倒霜，过少则库房降温困难。排管中的供液情况可根据排管结霜情况判断，例如，排管全部不结霜，是由于供液太少引起的；上部结霜、下部不结霜是由排管内积油过多等原因所引起的。

2）及时除霜。冷却排管的除霜可用热气融霜或者人工机械除霜。除霜时严禁用重物敲打排管。

3）及时放油。有热气冲霜时可在冲霜时放出。

4）避免货物或重物挤压或撞击排管。

3. 沉浸式蒸发器的操作和维护

沉浸式蒸发器用于冷却液体载冷剂。载冷剂可以是水、盐水或其他介质。沉浸式蒸发器用于载冷剂为开式循环的系统中，根据结构形式的不同，还可分为立管式、螺旋管式、蛇管式等。尽管其形式有多种，但都是制冷剂在管内蒸发吸热。管外侧被冷却的载冷剂通常由搅拌器驱动，使载冷剂通过换热表面时有较高的流速，增大传热系数。

沉浸式蒸发器的操作管理，包括检查搅拌器和载冷剂泵的运行情况，载冷剂泵有无渗漏现象，载冷剂槽（池）中载冷剂的液量。蒸发器应完全被载冷剂覆盖，液面应高出蒸发器

100mm以上。蒸发器投入生产时，应先缓慢开启蒸发器回气阀，起动盐水搅拌器，再开供液阀。当载冷剂的温度达到要求时，再起动载冷剂泵。沉浸式蒸发器在运行中应注意以下问题：

1）当载冷剂为盐水时，盐水的冻结点应低于制冷剂的蒸发温度4～5℃。应定期检查盐水的相对密度，使之维持在要求的范围。

2）蒸发温度一般应比盐水温度低5℃。

3）蒸发器应定期放油。放油前，应停止蒸发器工作，待蒸发压力升高后再向集油器放油。

4）为了保持盐水清洁，制备盐水时，应在配制箱内进行，不要直接在盐水池内溶盐。向盐水池添加盐水时要经过滤设备，以免混入杂质，堵塞管路。

5）长期停止工作时，应抽空蒸发器(保持0.1MPa的压力)，然后关闭回气阀。

当载冷剂为盐水时，维护要点是保持盐水的含盐量适中。含盐量过低时，在蒸发器表面会结冰；含盐量过高时，增加溶液相对密度，不仅流动阻力大，而且热容量小，腐蚀性大。为了减轻盐水对金属的腐蚀作用，可以根据采用的盐添加防腐剂。

4. 壳管式蒸发器的操作和维护

壳管式蒸发器同沉浸式蒸发器一样，用来冷却液体载冷剂。其不同在于壳管式蒸发器主要用于封闭式载冷剂系统，即载冷剂在密闭系统中循环，与空气不接触。

壳管式蒸发器的操作与沉浸式蒸发器类似。但载冷剂如发生冻结，将损坏蒸发器，造成严重后果。操作中通常先开启蒸发器进出口的载冷剂阀门，起动载冷剂泵，然后再缓慢开启蒸发器的回气阀。这样可以避免管内载冷剂温度过低，发生冻结。为了安全，壳管式蒸发器的载冷剂凝固点，一般应比蒸发温度低8～10℃。

冷却液体的蒸发器，不论是沉浸式或壳管式，日常的保养工作是定期检查蒸发器载冷剂侧的结垢、锈蚀及渗漏情况；检查载冷剂水质的变化、供水量情况，以及配套使用的附属设备(水箱、搅拌器、泵)的运行情况；定期进行清除过滤器和防锈工作。

5. 冷却空气的蒸发器除霜

对于冷却空气的蒸发器，当蒸发温度低于0℃时，空气中的水蒸气就会凝结在其表面，形成霜。霜层将使传热效率大大下降，必须及时清除。常用的除霜方法有以下几种：

(1) 人工除霜　利用竹笤帚扫霜或专用刮刀铲霜。这种方法操作简单，不影响库房的正常工作；但劳动强度大，除霜不彻底，不适用于翅片管或冷风机的除霜。

(2) 热气融霜　把压缩机排出的过热蒸气，经油分离器后引入蒸发器，使霜层融化脱落；同时利用制冷剂的压力，还可将蒸发器内的油和污物排出。这种方法除霜干净，还能冲除油污；但库温波动大，一般应在货物出库后，或库内货物很少时进行。

(3) 热气与水配合融霜　先采用热气融霜，到霜层与蒸发器表面已能基本脱开，此时再打开冲霜供水阀，进行水冲霜。这种方法的优点是速度快，效果好，既能融霜，又能清除污垢；其缺点是操作和安装比较复杂，它只适合用于冷风机的除霜。

(4) 电加热融霜　在蒸发器内设置电加热器，利用一定的装置，控制电加热器的通断，实现融霜。一般利用低压控制器来接通电加热器，并由时间继电器控制融霜时间。当冷风机的霜层达到一定的厚度时，气流阻力增大，造成冷风机前后出现压差。因此，可以利用微压差继电器控制电加热器。小型制冷系统常由定时器控制每天融霜的次数和融霜时间。

电加热器融霜的优点是结构和操作简单，便于实现自动化；缺点是增加了耗电量，库温易波动。它一般仅限用于电冰箱、小型冷库、冷藏汽车和冷藏列车等的除霜。

研究表明[51]，利用制冷压缩机的排气进行热气化霜，要比用电加热融霜节能，而且比用水化霜时加到冷间去的热量要少。热气与水配合化霜，是一种最有效和最迅速的化霜方法。我国大多数工业鼓风冻结间都装备了热气和水配合化霜装置，但有许多冷库因怕麻烦，不开热气，只用水冲霜。实践表明[150]，这样操作引起库温上升幅度大，制冷装置运行时间延长，能耗增大。

在工程实际中，经常发现冷却排管结霜严重，没有及时除霜的情况[151,132]。有的霜层达到数厘米，甚至排管之间的霜层连成一体，整个排管成为一个大冰坨。这不仅严重影响传热，能耗大大增加，而且可能造成严重的安全事故。

10.4 制冷空调装置中相关设施的维护

制冷空调装置中除了上述的各种机器设备外，还有一些相关设施或系统。例如冷却水系统、冷库的隔热结构、冷藏门等。从广义节能(即直接节能和间接节能)的角度看，制冷空调装置中一切设施、设备的合理操作和维护，都与节能有关。本节只从与制冷空调装置能耗直接有关的角度，讨论相关设施的合理操作维护，以保证高效节能运行。

10.4.1 冷却水系统与冷冻水系统

制冷剂在冷凝器中凝结过程放出的热量，一般通过空气或水带走。以空气为冷却介质的冷凝器，多用于小型制冷装置及缺水地区。大中型制冷装置中，广泛采用水作为冷却介质。显然，水冷却系统的工作情况，直接影响水冷式冷凝器的运行情况，直接影响制冷空调装置的运行能耗。因此，冷却水系统的合理维护，将保证制冷装置的高效节能运行。

1. *冷却水的供水要求*

制冷装置用水量较大，除了冷凝器，压缩机、再冷却器也需用水，还有冲霜用水、制冰用水。因此，制冷装置应有完整的供水系统。对供水的要求主要指水温、水质和水压三方面。

冷却水温度较低，有利于降低冷凝温度，减少压缩机的能耗。冷却水的水温取决于水源的水温及当地的气候条件。为了保证制冷系统的冷凝温度，不超过制冷压缩机的允许工作条件，各设备的冷却水进、出水温度不应高于表10-1所列的值。

目前我国尚无专门的制冷设备用冷却水的水质标准。但如冷却水的水质较差，就会造成设备结垢，制冷装置制冷量下降，能耗增大；或者造成腐蚀严重而缩短设备的使用寿命。因此，冷却水的水质应按一定的标准管理[152]。对于敞开式系统，水质标准可参见GB 50050—2007《工业循环冷却水处理设计规范》。对于封闭式系统的冷却水水质要求可参考表10-2。

表10-1 冷却水进、出水温度允许值 (单位:℃)

设备名称	进水水温	出水水温	设备名称	进水水温	出水水温
压缩机	≤32	≤45	卧式冷凝器	≤32	≤35
立式冷凝器	≤33	≤35	淋激式冷凝器	≤33	≤34

表 10-2　中央空调冷却水水质要求

项　目	基准值	补充水	项　目	基准值	补充水
酸碱度 pH(25℃)	6.0～8.0	6.0～8.0	氯离子(Cl^-)/(mg/L)	<200	<50
全硬度（以 $CaCO_3$ 计）/(mg/L)	<200	<50	硫酸根离子(SO_4^{2-})/(mg/L)	<200	<50
电导率(25℃)/(S/m)	<500	<200	总碱度(以 $CaCO_3$ 计)/(mg/L)	<100	<50
全铁(Fe)/(mg/L)	<1.0	<0.3	二氧化硅(SiO_2)/(mg/L)	<20	<50

冷却水进入制冷机(站)房的水压，一般情况下应为0.15～0.2MPa，但不宜大于0.3MPa。冷风机配水装置前的自由压力，不应小于0.049MPa。

2. 冷却水系统的设备运行管理

冷却水系统投入运行之前，应对整个水系统进行全面检查。对于冷却塔，应检查喷头是否堵塞，淋水装置是否损坏，集水槽和集水池是否清洁，进风百叶窗是否通畅。集水池内水位应达到最高标高，所有管路应充满水。还要检查电动机的绝缘和防潮情况，叶轮旋转是否灵活，有无松动现象，集水池有无渗漏现象等。

对于水泵，应检查泵和电动机轴承的润滑情况，泵转动部分是否灵活，以及保护装置是否完善，密封器松紧度是否适当。检查吸、排水管道的阀门和泵的吸水阀是否开启，排水阀是否关闭。对于管路中的阀门，主要检查开或关是否符合要求。

离心式水泵起动操作时，应先打开泵吸水管的放气阀，将吸水管和泵体内灌满水；起动水泵，当电动机达到正常转速时，开启泵的排水阀。起动时，应注意电流表的负荷，不能超过正常工作数值。运转中应无杂音，轴承温度不能超过60～70℃，电流表和压力表指针应稳定，排水管上压力表读数应与要求相对应，密封器和法兰处不应有漏水。停泵时先关闭排水阀，切断电动机电源。当电动机停止运转时，关闭吸水阀，做好运行记录。

冷却塔的运行和日常维护主要有：①随时注意配水装置的配水均匀性，发现问题及时调整；②及时清除管道、喷头和喷嘴的结垢、脏污及杂物，通常每月应清洗一次；③运行中要经常检查风机轴承的温升情况，要求轴承温升不大于35℃，最高温度不大于70℃；④电动机和联轴器轴承的润滑脂须定期更换，一般每年加一次；⑤风机运行要平稳、振动小，钢制叶片及其部件应涂漆防腐，及时清除附着物；⑥为了节省能源，当多台风机并联安装时，应根据情况适当调节风机的投入运行台数。

3. 水质控制

(1) 水质的恶化　在制冷空调装置中，常用敞开式冷却水系统。该系统冷却水吸收热量后，经冷却塔与大气直接接触放出热量，二氧化碳逸出，溶解氧和浊度增加，水中溶解盐类浓度增加，以及工艺介质的泄漏等，使循环水水质恶化，带来结垢、腐蚀、污泥和菌藻等问题。

1) 水垢。当 $CaCO_3$ 沉积在换热器传热表面，形成致密的碳酸钙水垢时，会导致换热效率严重下降，因为水垢的热导率约为钢的1%。水垢的危害：①使传热效率下降；②过水断面减小，增加了水阻力，减少了水的流量；③不均匀的沉积物往往也是造成局部腐蚀的重要原因之一。

2) 设备腐蚀。碳钢制成的换热器，长期使用循环冷却水，会发生腐蚀穿孔。腐蚀的原因一是水中溶解氧，引起电化学腐蚀；二是有害离子引起的金属腐蚀。腐蚀严重时出现泄漏事故，被迫停产检修。

3）污泥和菌藻。在循环冷却水中，由于养分的浓缩、水温的升高和日光照射，给细菌和藻类创造了迅速繁殖的条件。大量细菌分泌出的粘液，像粘合剂一样，能使水中的悬浮物和化学沉淀物等粘附在一起，形成污泥，粘附在换热器的传热表面上。还会使冷却水流量减少，降低了换热器的冷却效率。因此，对循环冷却水的处理是非常重要的。

循环冷却水的水质控制主要是解决冷却水的结垢、腐蚀、污泥和微生物的问题，具体地说，控制腐蚀率要小于0.125mm/a；年污垢系数要达到$0.00017 \sim 0.00052m^2 \cdot K/W$，每毫升水的厌氧菌总数小于$10^3$个[153]。

（2）水的软化　为了达到上述要求，要适当投加阻垢剂以防止结垢，投加缓蚀剂以防止腐蚀，用剥离杀生剂来消灭微生物。由于影响因素很多，例如补充水水质、循环水浓缩倍数、循环水水质和流速、换热器结构与材料、工艺介质渗漏及水温等，各厂都不相同。因此，循环冷却水处理的药剂配方也不尽相同。

采用下述方法控制Ca^{2+}的含量，降去Ca^{2+}，使水软化：

1）离子交换树脂法。让水通过阳离子交换树脂，利用树脂的特性，将Ca^{2+}离子吸附在树脂上，达到除钙目的。

2）投加阻垢剂。碳酸钙等水垢从水中析出的过程，就是微溶性盐从溶液中结晶沉淀的一种过程。因此，如能投加某些阻垢剂，破坏其结晶增长，就可达到控制水垢形成的目的。常用的阻垢剂有聚磷酸盐、磷酸盐、磷酸酯类、聚合电解质、分散剂等，其反应机理就是将水中的Ca^{2+}与阻垢剂形成螯合物（单环螯合物、双合螯合物），破坏了碳酸钙等晶体的正常生长过程，从而阻止了碳酸钙水垢的形成。聚磷酸盐还具有缓蚀作用。

3）投加缓蚀剂。缓蚀剂的种类很多，应用比较广泛，一般可分为无机缓蚀剂，如铬酸盐、亚硝酸盐、磷酸盐、硅酸盐、钼酸盐、锌酸；有机缓蚀剂，如硫脲、磷酸等。缓蚀剂的作用能使金属表面形成各种不同的膜，有氧化膜、沉淀膜和吸附膜。近年来，水处理化学取得很大进展，铬酸盐被认定为对环境有害且致癌的物质。现在应用的化学物质包括晶体改良剂和螯合剂等。

4）投加杀生剂。在循环冷却水系统中，水的温度和pH值的范围恰好适宜多种微生物的生长，而且随着水的浓缩，使冷却水的营养源增加，再加上冷却塔、凉水池置于室外，阳光充足，因此给微生物的生长提供了良好的条件，这是敞开式循环冷却水系统微生物增多的原因。由于微生物的繁殖而引起的危害必须给以充分的重视。

当补充水进入系统前，预先经过过滤处理，可以除去水中藻类等悬浮物质，对循环水也可采用过滤法除去悬浮的浑浊物、藻类等。在循环冷却水系统中，投加杀生剂是目前抑制微生物的通行方法。

杀生剂可分为氧化性和非氧化性两大类。氧化性杀生剂是一种强氧化剂，如臭氧O_3等。非氧化性杀生剂的效果比氧化性杀生剂要好。非氧化性杀生剂有氯代苯酚，这是以二氯苯酚为主体的一种水溶液，是一种广谱性杀生剂，对藻类和真菌，以及厌氧菌等均有良好的杀生效果。溶液中二氯苯酚的质量分数一般为$(50 \sim 100) \times 10^{-8}$。

冷冻水系统的维护管理原则与上述冷却水系统类似。不同之处是空调冷冻水系统通常是闭式循环系统，系统内的水一般经软化处理。又由于空调冷冻水的温度较低，因此结垢的问题相对不是太突出。但由于系统的不严密及停运时的管理不善，往往会造成管路的腐蚀。腐蚀产物有的进入水中，有的粘附在设备上，时间一长，影响了冷冻水系统的正常运行。所以，冷冻水有必要进行水质处理，以抑制和减缓腐蚀问题的产生。一般采用投加缓蚀剂或复合水处理剂。原化工部为空调冷冻水循环系统制定的水质标准见表 10-3。

表 10-3 冷冻水循环系统水质标准

项 目	允 许 值	项 目	允 许 值
Ca^{2+}	$<100\times10^{-6}$	$SO4^{2-}$	$<150\times10^{-6}$
Mg^{2+}	$<50\times10^{-6}$	Cl^-	$<150\times10^{-6}$
Fe^{2+}	$<1.0\times10^{-6}$（增值）	浊度	$<20\times10^{-6}$
Cu^{2+}	$<0.2\times10^{-6}$（增值）	铜腐蚀率/(mm/a)	<0.005
pH	7.0~9.5	碳钢腐蚀率/(mm/a)	<0.05

4. 水量补充与除垢

在冷却塔的循环水中，形成水垢的无机物含量还与被风吹失的水滴以及蒸发水量(1%左右)有关。通常被风吹失的水滴占循环水量的 0.1%~0.3%。因此必须经常补充水，以保证足够的循环水量，并可以减少循环水中无机物的含量。通常要求循环水中重碳酸钙质量分数小于 1.7×10^{-8}，否则易结垢。

补充水量应比蒸发掉的水多。多补充一些水是为了放掉一些含盐量较多的水，以降低循环水中盐的含量，这就是排水补水除垢法。此法简便，使用在水量充足且盐含量较小的地区。当补充水中盐含量等于循环水的极限含量（即大于此含量会产生结垢）时，此法不起作用；而当补充水中盐含量大于循环水的极限含量，结垢反而会增加，此时只能用化学除垢法进行水质稳定处理。

化学除垢法是利用化学方法，使溶解度小的盐变为溶解度大的盐，借以提高循环水的极限碳酸盐含量(并非使含盐量显著减少)，以增加循环水的稳定性。化学除垢法有酸化法、磷化法和烟气处理法等。

除结垢问题外，水对金属的腐蚀作用也会影响系统的使用。为减少腐蚀，循环水应略呈碱性，保持水的 pH = 7.0 ~ 7.5。

若没有重视冷却水的水质控制，冷却水系统设备、管道会发生结垢、腐蚀，甚至使管道和设备泄漏、穿孔或堵塞。维修更换管道、设备费用较大，特别是一些隐蔽性工程难度更大。

换热表面结垢会使热交换率大大下降，参考文献[129]报道，管壁上水垢每增加 0.1mm，传热效率下降 5%~10%，耗电量增加 10%~15%。因此，水质控制是节能中重要的一环。

10.4.2 冷库建筑的正确使用和维护

对于冷冻厂、冷藏间、冻结间等冷库建筑，实际上是制冷装置的制冷对象。正确使用和维护好这些冷库建筑，就能减少制冷装置的热负荷，降低了制冷的能耗。另外，冷库是低温、高湿、密封性建筑，结构复杂，造价高，其使用和维护管理的水平直接关系到企业的效益及冷库的使用寿命。因此，冷库的使用和维护管理必须严格按科学办事，认真执行有关的规章制度和操作规程，建立健全岗位责任制，用好管好冷库，取得最佳的经济效益。

1. 严格控制库内温度

按要求严格控制库内温度，对保证食品质量，延长冷库使用寿命，提高经济效益具有十分重要的意义。冻结物冷藏间的库内温度应按设计要求保持稳定，其波动幅度应控制在2℃或3℃以内。当冷库开门进货时，应特别注意库温，防止回升过大，影响食品质量。

2. 严防水、汽渗入隔热层

水、汽渗入隔热层、建筑构件和地坪，冷库隔热性能将明显降低，并会损坏冷库建筑。

1）穿堂和库房的墙、地坪、顶棚和门框要求无冰、霜、水，做到随有随扫，及时清除。在库内不准做多水的作业。不得把高、低温库改作其他用途。

2）库内的排管和冷风机要及时冲霜和扫霜。冲霜要注意安全，速度要快。冷风机承水盘内不得积水、结冰，以免冲霜水外流溢到地面。

3）没有经过冻结的热货，不准直接进入低温库，以防止带入热汽损坏建筑，并影响库内原有食品的储藏质量。

4）严格管理冷库门。库门要开启灵活，关闭严密。开门时间尽量要短，开门次数要尽量少。如有损坏要及时修理。凡与外界及穿堂相通的门，均应设置空气幕或门帘。

3. 防止冻融循环对冷库建筑的损坏

冷库建筑物在0℃以下的低温下冻结，又在0℃以上的温度下解冻，称为冻融循环。冻融循环对土建冷库有较大的损坏作用。

1）各种库房应按设计规定使用。高、低温库不许混淆使用。原设计的两用库按一种用途使用后，改为另一种用途，应注意进行相应的调整。

2）各种土建冷库在空库时，也要保持一定的低温。冻结间和低温库应保持在-5℃以下，高温库应保持在露点温度以下，以免库内滴水受潮。

3）原设计有冷却工序的冻结间，如改为直接冻结时，冻结间要有足够的制冷设备。同时要掌握进货数量，控制库温。库内不得出现滴水现象。

4. 保护地坪和楼板，防止冻臌损坏

1）不得把物品直接铺在地坪上冻结；拆内垛时不得采用倒垛的方法；脱钩和脱盘时，不准在地坪上摔砸，以免损坏地坪和隔热层。

2）物品堆垛与吊轨悬挂的重量，不得超过规定。

3）地坪没有做防冻措施的高温库，其温度不得低于0℃，以免地坪冻臌。

4）冷库地坪下用于加热的自然通风通道应保持畅通，不得积水、堵塞。北方地区应冬闭春开。如果用机械通风的，应经常测量地坪下的温度，定时开启通风机。如设地下油管加热装置，要掌握进出油温度，并定时开动油泵。

5. 合理使用库容，提高库房利用率

研究改进物品堆垛方法，合理安排货位，在具有合理间隔保证降温效果的前提下，要提高堆放密度，增加堆放高度，提高容积利用率。这样可以降低单位产品电耗，达到节能的目的。

10.5 制冷空调装置运行维护的综合管理

制冷空调装置运行的各种技术经济指标，着重从制冷机器设备本身来考察运行的性能和效益。从系统工程的角度看，制冷空调装置的运行技术指标、维护状况和制冷空调服务的质量，都应该全面综合考虑。制冷空调装置的应用大致可以分四个方面：①食品的冷加工和分配；②各种工业工程中的物料冷却降温；③工业空调和舒适性空调中的降温；④各种特殊用途。

这些制冷对象以及它们相关设施的状况，都应该进行维护管理。以加工食品的冷冻厂为例，不仅要采用技术经济指标衡量制冷机器设备的运行水平，还应该对冷加工食品的设备、冷库库房、冻结间等设施进行维护管理。实际上，运行技术经济指标的管理属于直接节能的管理。而设备设施的维护管理，减少了非正常的物资消耗，提高了工作效率和综合效益，属于间接节能的管理。

1. 制冷空调装置综合管理的主要任务

制冷空调装置综合管理的主要任务是：保证制冷空调装置能正常不间断地运行；使用好、维护好所有的技术设备和设施，谋求最佳的制冷装置综合效益。具体包括以下几个方面：

1）根据生产工艺要求，以及制冷空调系统和设备的实际情况，确定各种动力设备的最佳经济运行参数，定出允许波动的范围，以减少能耗。

2）科学地组织生产，合理地配置生产设备，使各种设备充分发挥效能，合理利用能源，达到节约能源的效果。

3）加强生产组织调度，搞好能源管理。开展企业的能量测试，建立平衡图(能量平衡表)，能源图，配齐能耗计量仪表，加强能耗的数量统计分析，开展经济核算。

4）有计划地、定期地进行设备的维修和检修，保证所有机器设备处于良好的技术状态。制冷空调装置中的相关设施，同样也应进行定期维护，保证所有设备和设施随时能够正常运行使用，不影响制冷工艺生产的要求。

5）建立健全的规章制度。集中统一的指挥是保证制冷空调系统正常运行的基础。因此，必须要有一套以岗位责任制为中心、完整科学的规章制度。并且经过严格校核、审查、批准程序，认真贯彻执行。还要根据情况变化，不断总结、修订和提高。

6）加强对操作管理人员的技术培训考核。经常组织学习有关职责条例、规章、制度及基础理论。同时要定期进行操作和事故演习，提高操作人员的操作熟练程度。严格执行操作合格证制度，及时组织运行管理人员对事故进行分析讨论，提高事故处理和预防的能力。

7）根据行业的技术进步，有计划地对企业现有设备进行挖潜、改造和更新，大力采用新技术、新工艺，提高能源利用率。

2. 综合管理规章制度的建立和贯彻

实现制冷空调装置综合管理的任务，必须依靠一套科学的、符合实际的、以岗位责任制为中心的规章制度，并认真贯彻执行。这些规章制度根据不同的制冷空调装置有所不同，一般应包括如下内容：

（1）岗位责任制　主要内容为各级人员的工作范围、责任和权利。岗位责任制是企业管理的基础性制度，企业的各项规章制度都应当以岗位责任制为中心来建立。对操作工人，岗位责任制的内容包括四大部分：基本职责、应知应会、权利、考核方法。随着企业经济管理的深入发展，不少企业将岗位责任制与企业经济指标及效益挂钩，并落实分解到个人，进行逐项计奖，形成岗位责任制。这样，个人的责权利与经济效益密切结合，各种规章制度就能得到切实的贯彻落实，取得良好的效果。

(2) 技术操作规范　一般分单台设备和整个系统两种。

单台设备操作规范的内容：

1) 设备概述。包括主要组成部分、设备型号、性能规范、主要参数、工艺流程、润滑、冷却方式、安全调节装置。

2) 设备正常操作。包括设备起动前的准备和检查、起动程序、正常运行监督和记录、正常设备维护、正常停机。

3) 事故预防和处理。包括设备的各种损坏、事故现象和原因、异常声响、润滑和冷却系统、参数不正常及各种事故、损坏、异常现象的处理措施。

系统运行操作规程的内容：

1) 系统概况。包括工艺流程、主要设备、控制部件、工艺参数。

2) 正常操作。包括起动前的准备和检查工作、各部分的联系工作、起动顺序、检查巡视调整、运行监督和记录、正常停止运行。

3) 事故预防和处理。包括查明系统参数不正常、性能下降和单机故障等原因，以及预防和修理措施。

(3) 安全操作规范　一般分综合性规程和专业性规程两部分。综合性的内容包括一般要求、奖惩、工作条件、防火消防等；专业性的内容是各行业特殊的安全规定。

(4) 交接班制度　主要内容是设备运行方式、实验、检修情况、故障、缺陷情况、上级指示、运行通知、工具和用品、交接班事件等。

(5) 巡回检查制度　规定每班对管辖设备的检查次数和内容。检查设备要勤问、细看、细听，发现缺陷及时处理并记录到日志上，及时汇报。

(6) 安全、节约奖惩制度　对无事故运行和节约者应奖励。要制定奖惩考核办法、奖惩范围及惩罚方式、奖惩的呈报、审批手续等。

(7) 事故分析处理报告制度　包括人身及设备两部分。事故的现场保护，事故的经过和现象叙述或记录，事故分析，处理过程和措施，报告方法及格式等。

(8) 设备运行经济技术指标的管理和考核方法　包括值班人员的原始记录、统计、计算和公布有关资料，开展经济考核，奖励和惩罚，信息传递等。

制冷空调系统是动力系统中的一种，应参照动力系统的管理，参照行业颁布的管理规范(办法)，根据本企业、本装置的具体情况，制定切实可行的各种规章制度。

在规章制度建立后，重要的是要坚持，严格贯彻执行。为此，必须不断组织学习有关的职责条例、规程、制度和基础理论，不断提高管理人员的理论水平和操作人员的熟练程度。必须严格技术考核制度。正式上岗人员均需经过安全和技术考核，合格后方可独立操作。对运行管理人员也要定期考核(一般每年一次)。注意开展思想教育，使职工爱岗敬业，认真自觉地做好各项工作。

3. 设备管理学科的发展

设备管理是从维修萌发的，它大致经历了四个阶段：①事后维修阶段，其特点是机器坏了再修；②预防维修阶段，即以预防为中心的维修管理思想；③生产维修阶段，这一维修制度突出了维修策略的灵活性，并提出了设备可靠性、维修性设计及寿命期费用等基本思想；④多种设备管理模式并行阶段，20 世纪 60 年代后期起，有些国家提出了对设备一生综合管理的概念，使设备管理逐渐发展成为一门专门的学科。目前，世界各国基本处于多种设备管理模式并行阶段。

英国在 20 世纪 70 年代提出了设备综合工程学(Terotechnology)的概念[154]。其定义是："为了求得经济的生命周期费用，而把适用于有形资产的有关工程技术、管理、财务及其有关业务加以综合的学科"。它是一门以设备一生为研究对象，以提高设备效率、使其生命周期费用最经济为目的的综合学科。其内容包括了机器、设备、装置、建筑物与构筑物的规划和设计的可靠性与维修性，它们的安装、投产试车、维修、改造和更新，以及有关设计、性能和费用信息方面的反馈。

日本从本国的国情出发，从 20 世纪 50 年代起，吸取了欧美多国预防维修、生产维修和设备综合工程学的经验，创立了全员生产维修(TPM)。在日本全员生产维修的普及率已达 65% 左右，使许多企业的设备维修费降低 50%，设备开动率提高 50% 左右[154]。全员生产维修追求的目标是"三全"：①全效率——把设备综合效率提到最高；②全系统——建立以设备一生为对象的预防维修系统，及反馈系统；③全员——凡涉及设备一生的有关人员都参加到 TPM 体系中。

设备综合工程学的思想是产业技术进步的必然结果。各国相继提出并不断发展的各种模式理论，如英国的设备综合工程学、日本的 TPM、美国的后勤工程学，虽然随国情不同而各有差异，但其精髓部分是相同的。这些模式理论相互学习和借鉴，相互促进和发展。

我国的工业企业设备管理经历了曲折的历程，到 20 世纪 80 年代初步入正轨。1981 年，国家经济贸易委员会设立了全国设备管理主管部门；1982 年，成立了中国设备管理协会；1983 年，颁布了"国营工业交通企业设备管理试行条例"，开始引进国外现代设备管理理论，并经过多年实践和研究；1987 年 7 月，国务院颁布了"全民所有制工业交通企业设备管理条例"，明确了"设备综合管理"为中国设备管理的实践模式。我国的设备管理也逐渐发展成为一门专门的学科。

随着我国改革开放的深入，在政府职能转变和建立现代企业的进程中，政府全面淡化了各项行政管理职能，设备管理成为企业的自主行为。但是，我国有关资产经营、管理与维修的法律法规尚未健全和完善；企业经营机制转变过程中，全能型的组织模式已经改变或者正在改变，而设备要素市场尚未健全完善。这些都给企业的设备管理带来了新的机遇和挑战。在当前形势下，结合各用能单位的具体情况，提升设备管理水平达到节能降耗还有待于大量的研究和实践。

随着科学技术的迅速发展，工业企业中的现代化设备日益增加。其特点是：效率高、结构复杂、容量大、费用昂贵。由此带来的影响是：设备一旦出现故障，将造成很大经济损失，设备的性能、效率直接影响产品质量和生产成本。对于制冷空调装置而言，也是如此。例如，在冻结高档水产品中，制冷装置若发生故障，将导致水产品变质，造成很大经济损失。在工业工艺空调中，空调装置发生故障，可能造成生产工艺中的全部物料报废。因此，制冷空调装置的管理也应按照"设备综合管理"的模式，吸取国外现代管理工程学的经验，并结合企业的实际情况，对制冷空调装置进行全面的综合管理，实现节能降耗。

思 考 题

1. 制冷空调系统维护和保养的内容是什么？目的是什么？

2. 制冷系统中的不凝性气体有何危害？如何判断系统中有不凝性气体？其来源有哪些？

3. 排除制冷系统中的空气常用什么设备？根据什么原理？放空气与节能有何关系？

4. 制冷系统中的润滑油起什么作用？油对制冷效率(能耗)有何影响？

5. 在氨制冷系统和氟利昂制冷系统中，对系统中油的处理有何不同？

6. 制冷系统中的机械杂质来源有哪些？有何危害？如何排除？

7. 制冷系统中的水对制冷循环的效率有何影响？在氨系统和氟利昂系统中，分别采取什么措施排除水的影响？

8. 什么叫检修制度？其中心思想是什么？它包括哪些内容？

9. 检修周期与哪些因素有关？对活塞式制冷压缩机，一般情况下的小修、中修和大修的周期为多少？

10. 为什么水质控制是制冷空调装置节能中重要的一环？

11. 冷却水水质控制主要有哪些内容？冷媒水(冷冻水)的水质控制有何目的？

12. 制冷空调装置综合管理的规章制度主要包括哪些内容？

13. 世界各国的设备管理主要有哪几种模式？英国提出的“设备综合工程学”和日本提出的“全员生产维修”，两者有何异同？

第 11 章 制冷空调装置节能体系的建设与管理

从系统工程角度看，现役制冷空调装置的节能应包括节能设备、节能技术及节能管理体系整个系统的节能。在这个系统中，节能新工艺和新设备等硬件技术，往往比较受到人们的重视。节能管理体系又称节能软技术，往往未受到足够重视。一般节能软技术比起节能硬技术来，投资较少而收获较大，但贯彻落实的难度也较大。在我国的实际工程中，设备和人员等硬件设施相同，能耗水平及效益差别极大的事例不胜枚举，其主要原因在于管理。

制冷空调装置的节能管理水平，不能脱离整个企业(用能单位)的管理水平，因为节能管理是企业管理的重要组成部分。因此，通过科学系统的管理而节能，是制冷空调装置节能中重要的一个方面。要全面提高管理水平，实现制冷空调装置节能的科学管理，必须建立一个完善的能源管理体系。该体系可以分为两个部分，即微观的用能单位节能管理体系和宏观的国家能源管理体系。对于用能单位，这个节能管理体系包括能源计量、耗能设备工作日记及报表、计量统计核算和分析、定额管理、规章制度建设和节能队伍建设等各个环节。

显然，制冷空调装置宏观节能体系是国家节能管理体系中的一个专业领域。国家节能管理体系包括能源(节能)法律、规范、财税及价格等激励和引导政策、执法队伍管理体系、节能服务体系等。构建一个完善的宏观节能体系，做好每个环节的工作，制冷空调等各个领域(或用能单位)的微观节能体系的建设才能保证。

11.1 能源计量

一般认为，能源科学管理至少有以下三项要求：

1) 用数值表示企业内部能源消耗情况。

2) 了解节能的潜力在哪些环节。

3) 能源可以节约到什么程度。

计量管理是制冷空调装置节能管理的基础。没有健全的能源计量，就难以对能源的使用进行统计和核算，也就谈不上定额管理、班组核算等一系列节能管理。换言之，要开展节能管理工作，计量必须先行。掌握企业的能源消耗的计量数据，才能够开展有效的能源管理。

在 GB/T 6422—2009《用能设备能量测试导则》中，对用能设备的用能计量作出了原则规定。它是制定企业用能计量、设备能量平衡测试标准，以及有关参数测量分析标准的依据。标准规定，能量计量范围包括一次能源、二次能源和耗能工质。企业应根据实际情况建立能源流程具体模型，并确定计量点。企业能源计量器具和管理工作，按 GB 17167—2006《用能单位能源计量器具配备和管理通则》执行。

企业的能量计量工作必须遵循 GB/T 6442—2009《用能设备能量测试导则》，对企业的能源结构、分布、流向和用能设备状况进行调查分析。针对企业生产的特点和用能要求，本着先进合理、简便易行、经济可靠的原则，运用科学的管理方法和管理手段，对企业的用能进行有效的计划、组织、监督和调整，为企业的节能工作奠定基础。国内许多节能先进企业经过多年总结，提出要做好能源计量工作必须注意以下几方面。

1. 合理选配能源计量器具

对于企业来讲，能源计量器具是否稳定可靠地运行，至关重要。通常在选择计量器具时，均是在满足测量介质、测量温度等要求的前提下，优先选择精度足够和技术先进的产品。在能源计量器具选型时，运行的稳定可靠性和实用性要比技术的先进性更为重要，应将其作为首选条件。应充分做好市场调查，了解用户的使用意见。追求过高的技术先进性和测量精度是不必要的，应注重搞好计量器具的合理配套。

2. 增强操作人员对计量工作重要性的认识

要通过各种形式和途径，使操作人员了解计量与节能的密切关系，认识到计量工作是企业能源管理的基础，做好计量工作直接关系到企业的经济效益。操作管理人员要树立敬业爱岗的思想，增强主人翁意识，自觉地做好计量工作。

3. 完善经济责任制，加强对班组能源计量的考核

班组的工作是企业管理工作的基础。制定班组能源计量器具的管理办法，简便易行的能源计量工作标准和职责明确的考核办法，把班组的能源计量器具管理状况和能源计量工作的质量，同职工的经济效益挂钩，就能够有效地加强班组的能源计量工作。这样，企业的能源计量管理工作才能真正贯彻落实。

应该看到，我国能源计量管理基础十分薄弱，许多制冷装置没有建立应有的计量管理。在一级、二级和三级（即厂级、车间级和设备级）的能源计量中，二级和三级计量大多是空白。因此，建立健全能源计量管理，仍然是制冷空调装置节能中艰巨的基础工作。

11.2 制冷空调装置的工作日记

制冷空调装置的工作日记，是反映制冷空调装置运行和管理情况的原始记录。它记录了每班操作管理的基本情况，各制冷对象的温度变化和各种冷加工产品的进出量。日记中的数据是进行经济核算和技术分析的依据，也是制冷装置节能管理的基础。因此，要求每个操作人员和管理人员必须重视工作日记，填写要及时、准确、清楚。并按月汇总装订存查，作为制冷空调装置运行考核和维护管理的依据。

工作日记是根据各种仪表指示填写的，故应经常检查和校正仪表，力求仪表保持正常，读数时要做到认真准确。工作日记的格式应根据制冷空调装置的具体情况制定，表 11-1 所示是制冷机房工作日记，是用以计算压缩机制冷量、各种动力设备耗电量和辅助材料消耗量的记录格式，可供参考。

表 11-1　制冷机房工作日记

年　　月　　日　　编号

设备名称	工作条件		测量时间(点钟)												日平均	工作时间/(点钟)						运转小时数/h
			2	4	6	8	10	12	14	16	18	20	22	24		开车	停车	开车	停车	开车	停车	
1 号单级机	蒸发压力/MPa																					
	吸入温度/℃																					
	排出温度/℃																					
	冷凝压力/MPa																					
	电流/A																					
	电度表/kW · h																					
2 号单级机	蒸发压力/MPa																					
	吸入温度/℃																					
	排出温度/℃																					
	冷凝压力/MPa																					
	电流/A																					
	电度表/kW · h																					
3 号两级机组	蒸发压力/MPa																					
	吸入温度/℃	低压缸																				
		高压缸																				
	排出温度/℃	低压缸																				
		高压缸																				
	冷凝压力/MPa																					
	中间温度/℃																					
	电流/A																					
	电度表/kW · h																					
4 号两级机组	蒸发压力/MPa																					
	吸入温度/℃	低压缸																				
		高压缸																				
	排出温度/℃	低压缸																				
		高压缸																				
	冷凝压力/MPa																					
	中间温度/℃																					
	电流/A																					
	电度表/kW · h																					
全日耗电汇总																						
1 号循环水泵	电流/A																					
2 号循环水泵	电流/A																					

（续）

设备名称	工作条件	测量时间（点钟）												日平均	工作时间/（点钟）						运转小时数/h
		2	4	6	8	10	12	14	16	18	20	22	24		开车	停车	开车	停车	开车	停车	
1号氨泵	电流/A																				
2号氨泵	电流/A																				
3号氨泵	电流/A																				
1号风机	电流/A																				
2号风机	电流/A																				
3号风机	电流/A																				
4号风机	电流/A																				
5号风机	电流/A																				
6号风机	电流/A																				
冷却水	进水温度/℃													备注							
	出水温度/℃																				
气候	室内温度/℃																				
	室外温度/℃																				

名称		班次				
		第一班	第二班	第三班	合计	
耗用材料/kg	冷冻机油					
	氯化钙					
	食盐					
	液氨					
放油量/kg	从油分离器					交换班签字
	从冷凝器					第一班：
	从蒸发器					第二班：
	从液氨分离器					第三班：
	从中间冷却器					车间主任：
	从排液桶					
	从高压贮液桶					
	合计					

11.2.1 压缩机车间工作日记

1. 日记的填写

在日记中，首先要填写压缩机和制冷剂泵的开机和停机时间，每2h记录各种制冷设备工作的温度和压力状况，如蒸发温度、冷凝温度、中间温度和压力、排气温度、吸气温度、膨胀阀前制冷剂液体温度、冷却水温度等，以便计算压缩机实际制冷量，检查制冷装置管理工作的合理程度。

每班工作结束时，必须记录电表和水表的指示值，并将本班使用的各种材料消耗量填入日记，以便确定每班的实际耗电、耗水量和月终计算各种材料的消耗量。各台电动机没有单独设置电表时，每2h要记录电动机的电流，以便月终计算各台电动机的耗电量。

2. 日记的日统计和月综合

压缩机房工作日记每天应由专人负责汇总，统计每台压缩机、泵、风机等的工作时数，计算一昼夜的平均工作状况(按算术平均值计算,即记录数字之和除以记录次数)。表11-2为一天中冷凝温度的记录，共8次，各次记录之和为188，平均冷凝温度为(188/8)℃ = 23.5℃。

表11-2 一天中冷凝温度的记录

测量时间(点钟)	2	4	6	8	10	12	14	16	18	20	22	24	平均冷凝温度/℃
冷凝温度/℃	制冷设备不工作				22	23	24	25	25	24	23	22	23.5

水、电的消耗量应按水表、电表的指示值差计算。各种材料的消耗量按每班记载的消耗量计算。月平均工作状况，只有在一个月内昼夜工作时数不变的情况下，才可以按算术平均数计算，否则要将每一个昼夜的日平均数乘以工作时数，然后将所有乘积加起来，除以一个月内总工作时数。例如，某台压缩机全月工作130h，日平均冷凝温度累计之和为2720℃，则月平均冷凝温度为(2720/130)℃ =20.9℃，详见表10-3。

表11-3 月平均冷凝温度的计算

日期	1~21	22	23	24	25	26	27	28	29	30	31	全月
工作小时/h	压缩机不工作	5	10	20	20	5	10	20	10	10	20	130
平均冷凝温度/℃	0	18	19	22	22	18	19	21	20	22	22	20.9
积数①	0	90	190	440	440	90	190	420	200	220	440	2720

① 积数是指每天平均冷凝温度乘以工作小时数。

为了简化计算，月平均数可不以日平均数计算，而以全月记录合计数，除以全月记录次数求得，如1号压缩机蒸发温度全月共记录250次，各次记录合计数为 -3900℃，则月平均蒸发温度为 -3900℃ ÷250 = -15.6℃。

11.2.2 冷加工产品的产量统计

除了舒适性空调的制冷外，制冷装置总是为生产服务的。为了计算单位产品的耗冷量、耗电量，显然必须对每天的产量进行详细记录，然后定期进行统计。例如对于冷藏库，为了计算冷藏库的耗冷量、冷冻干耗、冷藏成本和冷库利用率，必须汇总计算每月各种货物的冷却、冻结数量和冷藏间的进、出库货物量，累计储藏量。

显然，制冷装置的服务对象不同，产品也不相同，日报表和月报表应根据具体产品而编制。表11-4是冷库中统计货物冷加工月报表。表11-5所示是统计冷藏品月报表，可供参考。

表 11-4 统计货物冷加工月报表

冷加工名称	货物名称	冷加工前质量/t	冷加工后质量/t	干耗量/t	冷加工名称	货物名称	冷加工前质量/t	冷加工后质量/t	干耗量/t
冷却					冻结				
	小计					小计			

表 11-5 统计冷藏品月报表

库别	货物名称	本月进库质量/t	本月出库质量/t	月末库存质量/t	累计储藏量/t·d	库别	货物名称	本月进库质量/t	本月出库质量/t	月末库存质量/t	累计储藏量/t·d
高温冷藏间						低温冷藏间					
	小计						小计				

注：根据日报表统计累计储藏量。

11.3 能源统计分析与制冷运行指标及分析

11.3.1 能源统计分析

企业能耗的计量、各耗能设备的运行工作日记和报表，为企业的能源管理奠定了基础。但获得能源计量统计数据后，还必须用科学的方法分析这些数据，从中发现规律性的问题。这样才能及时总结工作中的成功经验，发现存在问题，提出切实可行的能源管理措施。

对能源使用情况进行统计，首先要确定统计范围；然后制定出计量标准，统一计量单位；接下来进行数据采集、整理加工、编制统计报表、计算各类能源综合指标；然后对比能耗标准和历史数据，作出设备能耗评价。图 11-1 所示为能源统计分析流程图。

标准制定阶段需要对不同种类的能源制定统一的衡量标准，即对能源单位确定换算标准，能源单位换算为吨标准煤，见表 11-6。

表 11-6 能源单位换算为吨标准煤

各种能源	吨标准煤	各种能源	吨标准煤
1t 原煤	0.7143	1GJ 蒸汽	0.0341
10000kW·h 电	3.82	$1m^3$ 管道煤气	0.00005
1t 柴油	1.4571	1t 液化天然气	1.7572

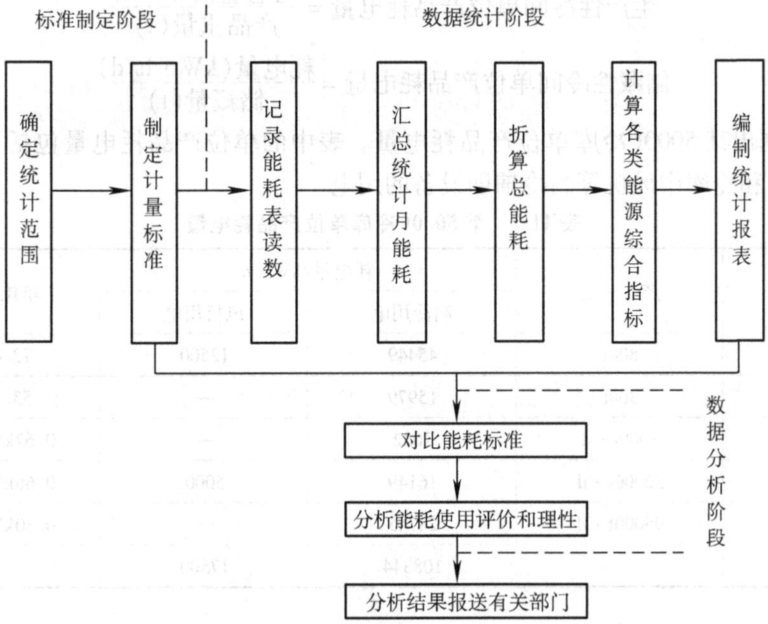

图 11-1　能源统计分析流程图

为了便于记录和统计，读取设备能源消耗量后，建立设备能源消耗统计表，记录设备的能源使用情况，并与去年同期进行比较。

目前，我国一些大中型制冷空调用户的能源统计工作，已经走上制度化和科学化的轨道。但是，多数用户对计量和统计数据的分析，还停留在简单的数学计算阶段。其特点是总量计算与对比多，结构探讨与分析少，定量的深入分析少等。总之，能耗计算统计数据的信息加工产出水平较低，深化分析少，分析能力仍待提高。完善的能源统计分析工作，能够揭示统计数据中隐含的信息及规律，从而指导企业进行节能管理和技术改造。

11.3.2　单位产品耗电量计算

制冷空调的能耗情况最终要由单位能耗指标来考核。冷库是典型之一，下面以冷库为例说明单位产品耗电量计算方法。

冷库的耗电量包括制冷用电、动力用电和照明用电。制冷用电包括压缩机、输送制冷剂的液泵和冷却水泵等用电。动力用电包括风机、电梯、叉车充电，以及输送设备用电等。这些耗电量基本上可以从压缩机车间工作日记中汇总取得。根据参考文献[155]，计算单位产品耗电量时，只统计制冷用电和冷库中风机用电两项。其他动力用电和照明用电在制冷成本中计算。这样计算单位产品耗电量需用的原始资料，都可从工作日记中汇总而得。

根据参考文献[155]，冷库的单位产品耗电量，是将压缩机的制冷用电量、冷库风机用电计算结果，分配到冷库各种冷冻品和冷藏品后求得的。其中冷量损耗按耗冷量比例分摊，压缩机耗电按单位冷量耗电量计算，氨泵、水泵耗电量按耗冷量比例分摊，冻结间风机由冻结间分担，冷却物冷藏间风机耗电由冷却物冷藏间分担。

$$生产性冷间单位产品耗电量=\frac{耗电量(kW\cdot h)}{产品重量(t)} \tag{11-1}$$

$$储藏性冷间单位产品耗电量=\frac{耗电量(kW\cdot h/d)}{储藏量(t)} \tag{11-2}$$

表11-7列出某5000t冷库单位产品耗电量。表中的单位产品耗电量包括了压缩机、氨泵、冷却水泵和冷库中风机等制冷辅助设备的用电。

表11-7 某5000t冷库单位产品耗电量

产品名称	产量	耗电量/kW·h		单位产品耗电量
		制冷用电	风机用电	
猪肉冷加工	800t	45449	12500	72.44kW·h/t
机制冰	300t	15979	—	53.26kW·h/t
冰冷藏	3000t·d	2022	—	0.67kW·h/(t·d)
冷却物冷藏	32000t·d	16149	5000	0.66kW·h/(t·d)
冻结物冷藏	95000t·d	28745	—	0.30kW·h/(t·d)
合计		108344	17500	

必须强调指出，上述的单位产品耗电量计算方法，是根据参考文献[155]，即由原商业部冷藏加工企业管理局在1980年提出的。由于制冷的单位产品耗电量尚无全国的统一标准，不同行业的计算方法不统一，主要差别在于耗电量统计项目的范围不同。例如，原水产行业标准SC3008—1987《冷冻水产品、冷藏水产品、人造冰单位产品耗电量》中，耗电量的统计项目包括了风幕、电梯、生产照明等一切相关的耗电量。而原商业部计算方法不包括这些项目。对这种差别，可以理解为原商业部的计算方法较为粗略，容易贯彻执行，而原水产行业的标准较为精确，相应地对于管理和贯彻提出了更高的要求。

11.3.3 制冷运行指标分析

1. 制冷的成本核算

制冷的成本主要由制冷装置的耗能、折旧费用和工资三部分组成。对于广泛应用的压缩式制冷，其消耗的能源是电能。根据制冷的用途不同，制冷的温度不同，不同制冷装置全年的利用率各不相同。因此，不同应用场合下制冷成本也各不相同。一般来说，制冷的成本核算包括制冷过程所发生的一切费用，其成本项目如下：

1）电费和水费。包括压缩机用电、制冷剂泵和冷却水泵用电。

2）辅助材料。包括制冷剂、冷冻机油、氯化钠或氯化钙等。制冷剂消耗量按每月充注数计算，至年度终了累计总数。冷冻机油按耗用数减去尚能使用的回收油计算。

3）固定资产折旧费。指机房房屋和压缩机制冷设备的折旧费用及大修理费用。

4）生产工人工资。指制冷装置操作管理人员的工资。

5）生产工人工资附加费。按规定比例提取以上工人工资附加费和保健费。

6）车间经费。指制冷装置维修费用和其他管理费用。

由于各制冷系统的单位制冷量耗电量不同，因此制冷成本应以与各产品耗用冷量相应的用电量，按比例分配比较合理。以冷库为例，某冷库当月制冷成本26500元，其中辅助材料消耗1500元，动力用电16000元，折旧费4000元，工资2500元，工资附加费400元，车间经费2100元。如猪肉冷加工制冷用电45464kW·h，机制冰制冷用电15999kW·h，冰冷藏制冷用电2023kW·h，冷却物冷藏制冷用电16169kW·h，冻结物冷藏制冷用电28749kW·h，则制冷成本的分配可见表11-8。

表11-8 制冷成本的分配

名称	制冷用电/kW·h	分配率(%)	辅助材料费/元	动力用电费/元	折旧费/元	生产工人工资/元	生产工人工资附加费/元	车间经费/元	合计/元
猪肉冷加工	45464	41.94	629.10	6710.40	1677.60	1048.50	167.76	880.74	11114.10
机制冰	15999	14.76	221.40	2361.60	590.40	369.00	59.04	309.96	3911.40
冰冷藏	2023	1.87	28.05	299.20	74.80	46.75	7.48	39.27	495.55
冷却物冷藏	16169	14.91	223.65	2385.60	596.40	372.75	59.64	313.11	3951.15
冻结物冷藏	28749	26.52	397.80	4243.20	1060.80	663.00	106.08	556.92	7027.80
合计	108404	100.00	1500.00	16000.00	4000.00	2500.00	400.00	2100.00	26500.00

计算时，先求出各项产品用电量占总用电量的百分率，再以此百分率作为各项费用的分担率，分别算出各种产品的费用。

2. 制冷技术经济指标及分析

制冷成本的分析，是根据制冷装置运行的主要技术经济指标完成情况来进行的。即将制冷成本核算得出的数据，与定额或上期实绩比较，来判断制冷装置的管理达到的合理和经济的程度，进一步分析工作中的不正常现象，制定消除不正常现象的措施。通过对比分析，可以了解各设备利用情况和成本高低的原因，以便指导改进制冷装置的经营管理。

根据制冷装置用途不同，其部分技术经济指标可能有所不同，但主要的技术经济指标是一致的。通常进行分析的指标有制冷量、耗冷量、单位冷量耗电量、单位产品耗电量等。

表11-9列出某冷库中冷冻、冷藏品耗电量分析。通过本期实绩与定额的比较，该冷库当月共节电901kW·h。

表11-9 某冷库中冷冻、冷藏品耗电量分析

名　称	数　量	单位产品耗电量/kW·h			节约或超支用电量/kW·h
		定　额	实　绩	比　较	
猪肉冷加工	800t	71	72.45	+1.45	+1160
机制冰	300t	52	53.33	+1.33	+399
冰冷藏	3000t·d	0.65	0.67	+0.02	+60
冷却物冷藏	32000t·d	0.62	0.66	+0.04	+1280
冻结物冷藏	95000t·d	0.34	0.30	-0.04	-3800
合计					-901

注：“定额”指预定指标；“实绩”指实际耗电量；“比较”栏中，“+”表示实际比预定的多耗电，“-”表示少耗电。

表11-10所示是冷库单位产品成本分析，即把本期单位产品的实际成本，与去年同期产品的成本进行比较，计算总成本的节约或超支数。由表11-10可见，本月份总成本比计划降低1626元。

表 11-10 冷库单位产品成本分析

名 称	数 量	单位成本/元			节约或超支/元
		计 划	实 绩	比 较	
猪肉冷加工	800t	17.30	17.73	+0.43	+344
机制冰	300t	16.20	16.90	+0.70	+210
冰冷藏	3000t · d	0.34	0.35	+0.01	+30
冷却物冷藏	32000t · d	0.32	0.34	+0.02	+640
冻结物冷藏	95000t · d	0.30	0.27	-0.03	-2850
合计					-1626

通过对各项运行技术经济指标的列表分析，可以找出对能耗指标或成本等指标的影响因素。例如，冷库中冷藏的成本比较稳定，不因储藏量的多寡有较大变化。因此，冷库库房利用率高时，冷藏品单位成本下降，以单位成本计算的总成本也下降。表 11-11 列出库房容量利用率分析。从表中看出，由于储藏量提高，使总成本下降了 2020 元。

表 11-11 库房容量利用率分析

名 称	计划单位成本/元	储藏量/t · d			节约或超支/元
		计 划	实 绩	比 较	
冰冷藏	0.34	4000	3000	-1000	+340
冷却物冷藏	0.32	34000	32000	-2000	+640
冻结物冷藏	0.30	85000	95000	+10000	-3000
合计					-2020

20 世纪 80 年代，根据对国有冷库的统计分析：制冷和动力设备耗电费用约占总成本的 25%~40%；库房和机器设备折旧(包括大修理)费用约占 25%~35%；工人工资和附加工资等费用约占 10%~15%。从分析结果可知，耗电费用占了主要部分。

节约用电主要取决于制冷机器与设备的先进性、完好程度、操作调节及管理是否合理等因素。另外在许多情况下，还与制冷装置的利用率有关。例如，对于冷库来说，由围护结构传入的热量，不因库内储存量的多少而变化。提高库房利用率，不仅可以使分摊到每吨商品的折旧费减少，单位产品耗冷量、耗电量降低，还可以使冷藏品的干耗率减少。因为食品在同一储藏期内的绝对干耗量，仅与库外侵入并被食品吸收的热量有关。因此，提高制冷装置的利用率，对减少单耗十分重要。

11.4 产品电耗定额的制定与管理

在对制冷装置运行指标的分析中，生产实际需要与定额进行比较，来确定制冷装置的管理水平和达到的经济效益。为了科学地制定产品电耗定额，促进合理用电和降低电能消耗，GB/T 5623—2008《产品电耗定额制定和管理导则》，GB/T 12723—2008《单位产品能源消耗限额编制通则》，对相关内容作出了明确的规定。

制冷装置的能耗定额，是指在一定的条件下，为生产一定数量产品所规定的能量消耗的数量标准。

能耗定额的制定、贯彻执行和考核分析，是能耗定额管理的三个基本环节。单位产品能耗是反映制冷装置能源利用效率和生产效率水平的综合性指标，也是反映能源利用效果的最终指标。制定先进合理的能耗定额指标，企业就能实行能耗定额管理，促进企业内部节能工作的开展，提高用能技术水平和能耗管理水平。

制冷空调装置的能耗定额，应该参照本行业的先进水平，参照本厂历史最好水平和现行的生产工艺和设备状况，认真考虑各种因素后核定。已达到历史最好水平或同行业平均先进水平的，应巩固提高。有重大节能措施项目的，要根据其节能效益，合理修订定额。

对制冷装置能耗定额的考核有以下三种标准：①按定额指标考核；②按历史消耗水平考核；③按行业消耗水平考核。一般情况下，国有企业大多是按上级规定的能耗定额与实际能耗进行比较。能耗节约的计算，一般按统计期与上年同期能耗进行比较。根据笔者的调查，目前许多国有制冷企业，包括改制后的企业，能耗的统计已经停止。民营企业和外资企业对制冷能耗的考核也普遍不重视。

表 11-12 所示是 1987 年农业部对水产冷藏企业规定的单位产品耗电定额指标(SC 156—1987)。表 11-13 所示是上海市技术监督局发布的上海市地方标准 DB 31/T 580—1995《冷库耗电考核标准》。表 11-14 和表 11-15 所示为来自浙江省地方标准 DB 33/763—2009《低温冷库单位电耗限额及计算方法》。这些均可供制定电耗定额时参考。

表 11-12　各区水产冷库单位产品耗电量(SC 156—1987)

区　号	Ⅰ	Ⅱ	Ⅲ	区　号	Ⅰ	Ⅱ	Ⅲ
鱼冻结/(kW·h/t)	93	95	100	水产品冷藏/[kW·h/(t·d)]	0.5	0.5	0.5
小包装冻结/(kW·h/t)	93×1.5	95×1.5	100×1.5	制冰/(kW·h/t)	50	52	60
虾冻结/(kW·h/t)	93×2	95×2	100×2	储冰/[kW·h/(t·d)]	0.3	0.3	0.3

注：Ⅰ区：辽宁、河北、北京、天津、山东等省市；Ⅱ区：江苏、浙江、上海等省市；Ⅲ区：福建、广东、广西、海南、湖南、湖北、江西等省区。

表 11-13　上海市地方标准冷库耗电考核标准(DB 31/T 580—1995)

[适用于公称容积 1500m³ 左右(相当于存放 300t 冻品)的单体冷库]

序　号	项　目	产　品	单　位	定　额
一	冷却	冷却肉 家禽 蔬菜	kW·h/t	80 60 100
二	冻结	猪 牛 羊 家禽 冰蛋 水产品 果、蔬	kW·h/t	白条 130，小包装 400(其中含冷却用电 60) 白条 130，小包装 400(其中含冷却用电 60) 白条 120，小包装 560(其中含冷却用电 60) 盘冻 150，分割 420(其中含冷却用电 30) 盘冻 180，纸箱包装 220 盘冻 130，小包装 190 200
三	冷饮	冰激凌 棒式 调理食品	kW·h/t	600 100 580

（续）

序号	项目	产品	单位	定额
四	冷藏	冻结物冷藏	kW·h/(t·d)	大中型0.4~0.5；小型0.6~0.9
		冷却物冷藏		大中型0.9；小型1.4~1.5
五	制冰	机冰	kW·h/t	56
		储冰	kW·h/(t·d)	0.3

注：1. 冷藏容量5000t以上为大型冷库；1000~5000t为中型冷库；1000t以下为小型冷库。
2. 中转调运的冻结品需再冻时的产品单位耗电电额，按规定的定额0~6倍考核。
3. 中转调运的冻结品再冷藏时的第一个月产品单位耗电定额，按规定的定额1~8倍考核，以后按上表。
4. 冻结耗电统计范围：制冷压缩机、冷却水泵、氨泵、冷风机、快速连续冻结传送机构、冷却塔风机、冻结盘提升机、脱盘机、冲霜水泵、制冷自控元件、冻结自控元件、冻结生产照明。
5. 冷藏耗电统计范围：制冷压缩机、冷却水泵、氨泵、冷风机、冷却塔风机、冷风幕、电动门、除霜机、库门与地坪电加热、电梯、冷藏用叉车充电机、制冷自控元件、冷藏生产照明。
6. 制冰耗电统计范围：制冷压缩机、冷却水泵、氨泵、冷却塔风机、加水泵、搅拌器、吊冰行车、堆冰机、推进冰桶电动机、制冷自控元件、制冰生产照明。

表11-14 浙江省冻结物冷藏单位电耗限额

类别	计量单位	单位电耗限额			
		小于3000m³	3000~6000m³	6000~12000m³	大于12000m³
已建限额	(kW·h/m³·30d)	6.0	5.5	4.3	4
新建准入		4		3	2

表11-15 浙江省冻结加工单位电耗限额

类别	计量单位	单位电耗限额
		大块冻(10 kg及以上)
冻结加工	kW·h/t	105

我国国土辽阔，各地气候气温差别较大。另外，各企业的设备配置不同，设备先进程度和新旧程度不同，自动控制水平不同，即使同一行业，也很难采用一个严格统一的标准。因此，在制定产品电耗额定标准时，各制冷装置(企业)既要参考各行业、各地区的标准，又要实事求是，根据本单位的具体情况，制定适当可行的电耗定额标准。

考核一套制冷空调装置是否高效运行，是否节能，最终需要根据能耗定额来衡量。从冷库行业的现状看，国内多数冷库都没有能源消耗检测仪表，没有建立能源台账，尚未开展对制冷量、单位产品耗电量等进行定量分析。由表11-16[18]可见，即使是在冷库管理比较规范的上海，各冷冻企业能耗水平也存在很大差距。

表11-16 上海市冷库行业单位产品耗电量

冷加工类别	平均单位产品耗电量	最高单位产品耗电量	最低单位产品耗电量
冻结物冷藏	0.35kW·h/(t·d)	0.92kW·h/(t·d)	0.17kW·h/(t·d)
冷却物冷藏	0.99kW·h/(t·d)	2.15kW·h/(t·d)	0.66kW·h/(t·d)
冷冻加工	188.75kW·h/t	294.16kW·h/t	101.27kW·h/t

国内较早建设的冷库基本为国家投资建设，一直延续有主管部门，有定期能源统计等管理制度。随着我国经济改革的发展，许多冷冻企业已经或者正面临改变所有制。原来的主管部门没有了，新的行业管理组织尚未建立。许多应用制冷空调的企事业单位，对能耗管理不重视，甚至能耗成了一笔糊涂账。因此，在新形势下如何实现能耗定额管理，还需要制冷空调工作者进一步探索。

11.5　制冷空调装置用户节能管理体系的建设

11.5.1　用户管理节能与科技进步节能

管理节能是通过各种管理手段，在不投资或少量投资的情况下，杜绝能源浪费，减少各种非正常的能源消耗，达到节能的目的。因此，管理节能也被称为“非投资性节能”。这是一种最经济的节能方式，尤其在管理落后的企业中，是效益显著的节能方法。

企业的能源消耗可以表示为

$$\sum W_n = W_b + W_c + W_s + W_f + W_{sb} \tag{11-3}$$

式中　$\sum W_n$——制冷装置的综合能耗量；

W_b——设备(或产品)标准能耗；

W_c——工人非正常操作浪费的能源；

W_s——因维护保养不善设备损坏造成的能耗；

W_f——运输、保管及其他非正常消耗；

W_{sb}——设备状况不良，运行中浪费的能源。

由式(11-3)可见，在构成制冷空调装置能耗的各项因素中，除 W_b 项外，其余均属应当节省下来而浪费掉的能源。管理节能的主要任务，就在于用各种管理手段，减少这些能源的浪费，可见这种节能效益的获得是最经济的。

管理节能需要大量的基础工作，需要建立一个系统的管理体系，需要企业生产中各环节所有操作管理人员的密切配合。因此，管理节能也需要付出巨大的工作量，而且各环节需要有高素质人员的配合，才能真正贯彻落实。

制冷空调装置的管理节能关键在于设备管理。长期以来，我国的设备管理在企业管理中未被放到应有的地位。设备部门作为企业的第二线，一旦机器发生故障影响生产，只要求设备部门抢修完毕就了事。因此，在我国的许多制冷空调装置中，管理节能具有巨大的潜力。

应当说明，管理节能是有一定限度的。当一切浪费的能源都得到了控制，此时管理节能就达到了极限。要进一步提高节能水平，就只有靠科技进步节能。科技进步节能是通过对设备或工艺进行局部或全部改造，提高设备技术水平或工艺水平，降低能源消耗。科技进步节能通常要进行适当的投资，故又称为投资性节能。

由于技术和工艺的改进，可能使能耗呈较大幅度的下降。但是，在新设备、新工艺的条件下，又会产生新的非正常消耗。例如，工人的技术熟练程度、设备的最佳状态及合理使用等，又会造成新的浪费，即又会出现新的管理节能效益。因此，管理节能又是不断发展的。

我国的制冷空调装置中，压缩式制冷还占有主要地位，即消耗的主要是电能。据一般估计，如果把我国的一般用电企业的总节电效益当做100%，通过加强管理可收到的节电效益约占 30%；通过改进工艺过程，实行一些基本不花钱的技术措施，可收到的节电效益约占 40%；通过改造或增加设备且耗费较大的投资，可以收到的节电效益约占 30%[156]。这种估计虽然由于企业不同而不太准确，但由此估计可以认识到管理节能的重要性。

11.5.2 用户节能管理体系的建设

制冷空调装置的能耗是企业事业单位能耗的重要部分，或者是主要部分。显然，要实现制冷空调装置的节能，用户必须建立一个科学的能源(节能)管理体系，才能实现节约能源、降低营运成本的目标。用户能源(节能)管理体系包括能源管理机构和能源管理制度。

1. 建立能源管理机构

建立能源管理机构是搞好能源管理的必要条件。一般情况下，应该有一个专门分管能源工作的经理，企业的工程部应该是能源管理的权威部门。能源管理是工程部的一个功能分支，各能源使用部门应该配合工程部做好能源的使用和管理工作。有的制冷空调用户设立节能专员等专门岗位，对节能工作的落实发挥了十分积极的作用。

2. 建立能源管理制度

建立能源管理制度是能源管理工作标准化、科学化的前提。用能的企事业单位必须以国家的能源方针政策、法令法规和制度为依据，结合自身的设备情况和经营情况，制定出一整套能源管理规章制度。规章制度应明确各有关部门在能源使用和管理中的责任，以及能源从采购、验收、发放、使用、回收等各个环节的管理要求和操作规程。主要包括能源管理责任制、能源采购验收制、用能管理制度、定额管理制度、操作管理制度、计量管理制度、统计与分析制度、用能考核和奖惩制度等。

根据我国一些冷库节能管理的经验，管理制度中最重要的是节能效益奖惩制度。一些高能耗单位制定了合理的奖励制度，将取得的节能效益直接按百分比奖励给操作管理人员，反之则给以惩罚，取得了很好的节能效益。因此，根据能耗定额，定期考核，节奖超罚，合理利用经济杠杆，调动操作管理人员节能的积极性，是取得良好节能效益的有效手段。

11.6 宏观节能管理体系的建设

节能工作是关系到各行各业、各个方面的全社会的系统工程，既是政府行为，也是企业行为，是全社会的共同责任。只有各级政府、各企事业单位、每个家庭、全社会人人都认识到节能的重要性和紧迫性，千方百计、群策群力才能做好。因此，要实现节能目标，需要构建一个宏观节能管理体系。2006 年 9 月，国务院颁布国发〔2006〕28 号《国务院关于加强节能工作的决定》(以下简称《决定》)，2007 年 10 月第十届全国人大通过了修订的《中华人民共和国节约能源法》，为我国构建一个宏观节能管理体系提供了重要基础。

11.6.1 加强制冷空调行业的节能基础工作

1. 加强节能宣传和教育

《决定》要求新闻出版、广播影视、文化等部门和有关社会团体，要组织开展形式多样的节能宣传活动，广泛宣传我国的能源形势和节能的重要意义，弘扬节能先进典型，曝光浪费行为。制冷空调等有关学会和行业协会，要协助政府做好行业节能管理、技术推广、宣传培训、信息咨询和行业统计等工作，使节能理念深入人心。

2. 加强节能培训工作

制冷空调属于重点耗能行业，国家现有十二类通用耗能设备中，制冷空调装置就拥有风机、电动机、压缩机、水泵、变压器等多种。一切节能技术和节能管理措施都要靠人去贯彻执行，没有一支具有较高素质的队伍，节能工作就不能贯彻落实。节能又是一门综合性跨学科的新兴科学，要增加节能的教育，培育节能专门人才。

目前许多制冷空调装置的运行管理，处在缺少或无专门人才的状态，急需一批专业人才的投入，去实践、去指导、去管理。因此，应有计划地开展分层次、分专题的节能培训，将节能知识纳入企业培训和各种教材中。发挥各行业协会、学会等社会和学术团体的桥梁和纽带作用，从各种渠道获取各类节能信息，促进节能工作的进步。

对于制冷空调装置的节能，没有第一线操作人员的自觉参与，节能工作难以贯彻落实。因此，既要有节能专门人才作为骨干，又要有广大操作人员的共同配合，才能使节能管理和技术进步转换成实际的节能效益。在实际工作中，有关领导的支持和参与是十分关键的一环。因为领导和领导机关给予的不仅仅是精神上的支持，还有财政上、计划上、人力上等多方面的支持，这是节能工作顺利开展的根本保证。

在节能培训中，要加强对各级能源管理干部、技术人员和操作工的培训。系统地对这三类人员进行能源形势、能源管理基础知识及节能技术的培训，尤其是各级领导干部和用能单位业主的培训。通过培训，使他们对国家的能源方针、政策、能源供需形势、能源科学管理知识、热工基础理论和节能技术改造途径有全面的了解，增强搞好节能工作的责任感和紧迫感。通过培训还可促进用能单位间的经验交流，有力地推动节能工作。

11.6.2　建立健全节能保障机制

目前，我国有很多现役的制冷空调装置，因没有考虑节能措施，存在着严重的能源浪费。在制冷空调装置的设计中，经常发生由于设计人员对节能技术不熟悉，或者由于因循守旧而没有采用节能技术。另外，采用了节能技术固然会提高效率，降低运行费用，但通常需要增加一次性投资费用，同时要求更高的维护管理和操作水平。一般增加的一次投资是可以很快从节省的能源费中回收的，但有时在不合理的经济核算办法和能源价格的情况下，单算经济账会认为节能措施不合算。

例如，在我国一般工程中，一次投资和运行费用是完全不相干的两本账。这样在工程设计中，往往会把要增加投资的节能技术项目砍掉。可见，单靠技术或者经济杠杆是不能保证节能技术推广应用的。为了推行节能技术，努力限制能源的浪费，必须制定具体的节能标准，为设计部门和使用部门改进能量利用，提供设计依据和起法规的约束作用。

在目前制冷空调装置的设计工作中，仍然存在“设计人员精心的高水平设计无奖，节能无功，浪费无过，求稳求全”的状况。这种状况是缺乏健全有力的管理方法和制度造成的，急需具体明确的节能标准和法规，将节能工作纳入法制轨道。制冷空调装置设计工程项目的可行性研究报告，应当包括合理用能的专题报告，其设计和建议，应当遵守节能的标准和规范。目前对节能标准、规范不重视的现象普遍存在。

制冷空调装置的设计和运行管理是否普遍采用节能技术措施，是与技术、经济、政策多方面因素有关的问题。管理本身就是一种具有权力特性和组织特性的活动，而利用法律的手段、方法和形式进行组织和领导，正是管理的要求。因此，建立和健全各种能源管理的规章制度，将科学的能源管理(包括方法、程序、对象、范围等)内容以法规的方式明确下来，成为[企业]各级各类人员的规范和准则，才能保证节能工作得以贯彻落实。

建立健全节能保障机制，需要政府发挥宏观调控作用，出台相应的配套政策措施。包括实行节能税收优惠政策，编制“节能产品目录”，实行节能奖励制度，加大节能监督检查力度等。

11.6.3 培育节能服务体系

《决定》要求有关部门抓紧研究制定和加快节能服务体系建设，促进各级各类节能技术服务机构转换机制、创新模式、拓宽领域、增强服务能力、提高服务水平。《决定》要求加快推行合同能源管理，推进企业节能技术改造。

20 世纪 70 年代中期以来，一种基于市场的、全新的节能新机制——“合同能源管理”在市场经济国家中逐步发展起来。基于这种节能新机制运作的实体“节能服务公司”(Energy Management Company,EMC)的发展十分迅速，尤其是在美国、加拿大和欧洲，“节能服务公司”已发展成为一种新兴的节能产业。

在传统的节能投资方式下，节能项目的所有风险和所有盈利都由实施节能投资的企业承担。在合同能源管理方式中，原则上不要求企业自身对节能项目进行大笔投资。一般情况下，企业不用投资即可获得节能项目和节能效益，从而实现零风险。

合同能源管理是指由 EMC，带资金、技术为能源用户实施节能改造提供诊断、设计、融资、改造、运行、管理一条龙服务，为能源用户减轻或者免除节能技术改造的资金和负担投资风险。EMC 为客户提供节能服务，承担大部分或全部项目风险，通过与客户分享项目实施后产生的节能效益来盈利和滚动发展。

EMC 的具体工作模式：①为客户提供能源系统诊断、节能项目可行性分析、节能项目设计、帮助项目融资，选择并采购设备；②为客户安装调试、进行项目管理、培训操作人员、合同期内系统设备维护等一条龙服务；③与客户共同验证项目的节能效果、环境效益与经济效益；④与客户分享项目实施后取得的经济效益，回收项目的投资和获得应有的利润。EMC 销售的实际上是一种系统的节能服务。

显然，“合同能源管理”是 EMC 和客户双方都能从中受益的一种双赢机制。能耗企业不用资金投入，即可完成节能技术改造；节能工程施工完毕，就可分享项目的部分节能效益；在合同期内，耗能企业的支付全部来自项目效益，现金流始终为正值；合同结束后，节能设备和全部节能效益归耗能企业。EMC 则通过分享节能效益来获得利润。

合同能源管理这种节能新机制的出现，带动和促进了北美、欧洲等国家全社会节能项目的加速普遍实施。事实证明，这种模式能够激起耗能企业开展节能技改的热情，有效地推进了节能工作，受到了联合国和各国政府的大力推广。在我国，引进和推广“合同能源管理”和 EMC 也具有十分重要的意义。

1) EMC 将“合同能源管理”用于技术和财务可行的节能项目中，对客户和 EMC 都有经济上的吸引力。这种双赢的机制形成了客户和 EMC 双方实施节能项目的内在动力。

2) EMC 为客户实施节能项目，承担了与项目实施有关的大部分风险，从而克服了目前实施节能项目的主要市场障碍。

3）EMC是专业化的节能服务公司，实施节能项目具有专业技术服务、系统管理、资金筹措等多方面的综合优势；EMC的专业化管理，不仅可以有效地减少项目成本，还可以通过分享项目实施后的节能效益，来获得利润而不断发展壮大，并吸引其他节能机构和投资者组建更多的EMC，从而可以实施更多的节能项目。EMC的发展将推动和促进节能的产业化。

自从1998年起，在世界银行和我国国家发展和改革委员会的支持下，EMC已经在我国部分城市试点。但这个被世界各国证明为最有效的节能模式，在我国依然成长艰难。长时间以来，推广EMC遇到的最大难题就是融资。原因是：实施合同能源管理项目需要巨大的资金投入，而EMC经营时间短，还没有建立起商业信誉，国有银行对其经营方式缺乏了解；另外，一些用能单位领导的传统思维方式，对EMC业务还不理解，也影响了EMC业务的发展。

随着国务院关于加强节能工作的决定的发布，EMC无疑迎来了迅速发展的春天。在制冷空调领域，EMC同样具有广阔的前景[157,158]。

11.6.4 我国节能法制建设的发展与现状

世界上各国对节能的法制建设都十分重视，相继制定了一系列的能源法。美国自1973年以来，出台了多部关于节约能源的法律。在过去10余年间，出台了《联邦政府能源管理计划》等法规来推动节能，2003年出台的《能源部能源战略计划》，把“提高能源利用率”上升到“能源安全战略”的高度。2005年8月，美国又通过《国家能源政策法—2005》。日本于1979年10月颁布实施《节约能源法》，并分别于1998年和2002年两次对其进行了修订，提高了各种产品的节能标准。德国、加拿大、荷兰等国家也都颁布实施了节能法。

我国节能工作始于20世纪80年代初。1980年确定了“开发与节约并重，近期把节能放在优先地位”的能源发展总方针，并把节能纳入国民经济和社会发展计划。之后，我国政府陆续制定了《节约能源管理暂行条例》、《关于进一步加强节约用电的若干规定》、《关于基本建设和技术改造项目可行性研究报告增列节能篇(章)的暂行规定》、《节能技术政策大纲》等规定。八届人大四次会议批准的“九五”计划和2010年远景目标纲要指出：“坚持节约与开发并举，把节约放在首位”。

1997年11月，我国颁布了《中华人民共和国节约能源法》，并于1998年1月1日起开始施行。随后，又陆续出台《重点用电单位节能管理办法》、《节约用电管理办法》等相关的配套法规。近年来，我国的节能法规建设进一步加速。2004年发布了我国第一个《节能中长期专项规划》。2005年2月颁布了《中华人民共和国可再生能源法》。2005年7月1日开始实施GB 50189—2005《公共建筑节能设计标准》，要求全年的总能耗(采暖、通风、空气调节和照明)减少50%。2006年1月，开始实行国家建设部颁布的《民用建筑节能管理规定》。国家发展和改革委员会、科技部2006年发布了《中国节能技术政策大纲》，随后又发布了《中国节能技术政策大纲(2009年)》。这些法规对推动我国的节能降耗发挥积极的作用。

能源和节能已经引起我国高度重视。2005年6月，成立了以国务院总理为组长的能源领导小组。2006年9月，国务院颁布国发〔2006〕28号《国务院关于加强节能工作的决定》。2007年6月国务院印发了《节能减排综合性工作方案》，11月公布了节能减排统计、监测及考核实施方案。建立节能减排统计、监测及考核三大体系，节能减排成为政绩考核重要指标，并实行严格问责制。2007年10月第十届全国人大通过了修订的《中华人民共和国节约能源法》，自2008年4月1日起施行。新节能法是一部可操作性强、约束力强的法律，标志着我国节能工作进入一个新的历史阶段，一个科学有效的节能体系正在建设中。

显然，一系列节能法规建设和政策出台，必将有力地促进我国制冷空调行业和其他各行业的节能工作，推进我国国民经济向节能型、节约型的社会发展。这对保障我国的现代化建设，实现国民经济可持续发展具有极其重要深远的意义。

建设节约型社会，丹麦已经做出了漂亮的样板。丹麦的人均能耗在1980年为5.24t标准煤，2003年为5.25t标准煤，人均GDP从1.09万美元(1980年)增加到3.93万美元(2003年)[159]。即在人均能耗没有增加的条件下，人均GDP增加了2.6倍，创造了奇迹！这充分说明，节能具有极大的潜力。

制冷业是22个大规模工业领域之一，国际制冷学会的专家组提出了今后20年的节能目标，每个制冷设备耗能减少30%~50%[160]。这说明，制冷空调装置的节能也具有极大的潜力。制冷空调的能耗已经占我国能耗的20%以上[161]。广大制冷空调工作者及相关领导，对制冷空调装置节能的重要性和紧迫性应有充分的认识。

思考题

1. 什么叫一级、二级和三级能源计量？
2. 制冷空调车间的工作日记主要内容应记录什么？它有何意义？
3. 什么叫单位产品电耗定额？它有何意义？
4. 企业要制定自己的单位产品电耗定额，需要考虑哪些因素？
5. 企业要实现单位产品电耗定额管理，关键措施是什么？
6. 用户管理节能与科技进步节能有何不同？
7. 用户节能管理体系包括哪两方面？
8. 宏观节能管理体系包括哪些内容？
9. 国家制定“节能产品名录”和“能源效率标识”有何意义？
10. 什么是“合同能源管理”？它是如何运作的？它对用户的节能改造有何意义？
11. 建筑节能与制冷空调节能有何关系？
12. 新修订的《中华人民共和国节约能源法》何年颁布？何时生效？违法的后果是什么？

附　　录

附录 A　冷库管理规范(试行)

[摘自原商业部(1989)商副字第153号]

本规范适用于肉、禽、蛋、水产类冷加工和储藏的各类冷库。

1　总则

1.1　冷库是食品冷藏加工企业的主要组成部分。担负着易腐食品的冷冻加工和储藏任务，起着促进农副渔业生产、调剂市场季节供求、配合完成出口任务的作用。

1.2　冷库结构复杂，技术性强，冷库的使用、维修、管理，必须严格按照科学办事，认真执行国家颁布的有关标准和法规，做到安全、卫生、低消耗。

1.3　冷库领导及各级主管部门在抓使用的同时，要抓好日常维护检修工作，切实做到使用好、管理好冷库。

1.4　冷库全体职工要钻研业务，掌握科学技术，热爱本职工作，爱护国家财产。要加强科学研究，充分发挥科技人员的作用，采用先进技术，努力赶超世界先进水平。

2　人员

2.1　企业必须按有关规定配备受过专门教育和培训，具有冷藏、加工、制冷、电器、卫检等专业知识、生产经验及组织能力的各级管理人员和技术人员，有一定数量的技师、助理工程师、工程师、高级工程师负责冷库的生产、技术、管理、科研工作。

2.2　冷库的压缩机房操作人员，必须具有初中以上文化程度，经过专业培训，获得合格证书方能上岗操作。

2.3　负责冷库生产和管理的企业领导人，应具有冷库管理的专业知识和实践经验。要定期组织专业技术人员和操作人员进行技术学习和经验交流，要对本规范的实施负全部责任。

3　库房的使用管理

3.1　冷库的使用应按设计要求，充分发挥冻结、冷藏能力，确保安全生产和产品质量，养护好冷库建筑结构。库房管理要设专门小组，责任落实到人。每一个库门，每一件设备、工具，都要有人负责。

3.2　冷库是用隔热材料建成的，具有怕水、怕潮、怕热气、怕跑冷的特性，要把好冰、霜、水、门、灯五关。

3.2.1　穿堂和库房的墙、地、门、顶等都不得有冰、霜、水，有了要及时清除。

3.2.2 库内排管和冷风机要及时扫霜、冲霜，以提高制冷效能。冲霜时必须按规程操作，冻结间至少要做到出清一次库，冲一次霜。冷风机水盘内和库内不得有积水。

3.2.3 冷库内严禁多水性作业。

3.2.4 没有经过冻结的货物，不准直入冻结物冷藏间，以保证商品质量，防止损坏冷库。

3.2.5 要严格管理冷库门，商品出入库时，要随时关门，库门如有损坏要及时维修，做到开启灵活、关闭严密、防止跑冷。凡接触外界空气的门，均应设空气幕，减少冷热空气对流。

3.3 防止建筑结构冻融循环、冻酥、冻臌。

3.3.1 各类冷库库房必须按设计规定用途使用，冷却物、结冻物冷藏间不能混淆使用。原设计有冷却工艺的冻结间，如改为一次冻结时，要配备足够的制冷设备。冷却物冷藏间、结冻物冷藏间、原设计的两用间确需改换用途的，由设计部门设计并按程序报批。

3.3.2 空库时，冻结间和冻结物冷藏间应保持在 -5℃以下，防止冻融循环。冷却物冷藏间应保持在露点温度以下，避免库内滴水受潮。

3.4 保护地坪(楼板)，防止冻臌和损坏。

3.4.1 不得把商品直接散铺在地坪上或垫上席子等冻结；拆肉垛不得采用倒垛的方法；脱钩和脱盘不准在地坪上摔击，以免砸坏地坪，破坏隔热层。

3.4.2 商品堆垛、吊轨悬挂，其重量不得超过设计负荷。

3.4.3 没有地坪防冻措施的冷却物冷藏间，其库温不得低于0℃，以免冻臌。

3.4.4 冷库地下自然通风道应保持畅通，不得积水、有霜，不得堵塞，北方地区要做到冬堵春开。采用机械通风或地下油管加热等设备，要指定专人负责，定期检查，根据要求，及时开启通风机、加热器等装置。

3.5 冷库必须合理利用仓容，不断总结、改进商品堆垛方法，安全、合理安排货位和堆垛高度，提高冷库利用率。堆垛要牢固、整齐，便于盘点、检查、进出库。

3.6 库内货位堆垛要求：距冻结物冷藏间顶棚 0.2m；距冷却物冷藏间顶棚 0.3m；距顶排管下侧 0.3m；距顶排管横侧 0.2m；距无排管的墙 0.2m；距墙排管外侧 0.4m；距冷风机周围 1.5m；距风道底面 0.2m。

3.7 库房要留有合理的走道，便于库内操作、车辆通过、设备检修，保证安全。

3.8 商品进出库及库内操作，要防止运输工具和商品碰撞库门、电梯门、柱子、墙壁和制冷系统管道等工艺设备，在易受碰撞之处，应加防护装置。

3.9 库内电器线路要经常维护，防止漏电，出库房要随手关灯。

3.10 冷库不宜采用包库制度，防止违章使用。

4 商品保管与卫生

4.1 冷库要加强商品保管和卫生工作，重视商品养护，严格执行《食品卫生法》，保证商品质量，减少干耗损失。冷库要加强卫检工作。库内要求无污垢、无霉菌、无异味、无鼠害、无冰霜等，并有专职卫检人员检查出入库商品。肉及肉制品在进入冷库时，必须有卫检印章或其他检验证件。严禁未经检疫检验的社会零宰畜禽肉及肉制品入库。

4.2 为保证商品质量，冻结、冷藏商品时，必须遵守冷加工工艺要求。商品深层温度必须降低到不高于冷藏间温度3℃时才能转库，如冻结物冷藏间库温为－18℃，则商品冻结后的深层温度必须达到－15℃以下。长途运输的冷冻商品，在装车、船时的温度不得高于－15℃。外地调入的冻结商品，温度高于－8℃时，必须复冻到要求温度后，才能转入冻结物冷藏间。

4.3 根据商品特性，严格掌握库房温度、湿度。在正常情况下，冻结物冷藏间一昼夜温度升降幅度不得超过1℃，冷却物冷藏间不得超过0.5℃。在货物进出库过程中，冻结物冷藏间温升不得超过4℃，冷却物冷藏间不得超过3℃。

4.4 对库存商品，要严格掌握贮存保持期限，定期进行质量检查，执行先进先出制度。如发现商品有变质、酸败、脂肪泛黄现象时，应迅速处理。商品储藏保质期见附表A-1。

附表A-1 商品储藏保质期

商品名称	库房温度/℃	保质期/月
带皮冻猪白条肉	－18	12
无皮冻猪白条肉	－18	10
冻分割肉	－18	12
冻牛羊肉	－18	11
冻禽、冻兔	－18	8
冻畜禽副产品	－18	10
冻鱼	－18	9
鲜蛋	－1.5～－2.5 （相对湿度80%～85%）	6～8
冰蛋（听装）	－18 （相对湿度80%～85%）	15

超期商品经检验后才能出库。

4.5 鲜蛋入库前必须除草，剔除破损、裂纹、脏污等残次蛋，并在过灯照验后，方可入库储藏，以保证产品质量。

4.6 下列商品要经过挑选、整理或改换包装，否则不准入库：

4.6.1 商品质量不一、好次混淆者。

4.6.2 商品污染和夹有污物。

4.6.3 肉制品和不能堆垛的零散商品，应加包装或冻结成形后方可入库。

4.7 下列商品严禁入库：

4.7.1 变质腐败、有异味、不符合卫生要求的商品。

4.7.2 患有传染病畜禽的肉类商品。

4.7.3 雨淋或水浸泡过的鲜蛋。

4.7.4 用盐腌或盐水浸泡，没有严密包装的商品，流汁、流水的商品。

4.7.5 易燃、易爆、有毒、有化学腐蚀作用的商品。

4.8 供应少数民族的商品和有强挥发气味的商品应设专库保管，不得混放。

4.9 要认真记载商品的进出库时间、品种、数量、等级、质量、包装和生产日期等。要按垛挂牌，定期核对账目，出一批清理一批，做到账、货、卡相符。

4.10 冷库必须做好下列卫生工作：

4.10.1　冷库工作人员要注意个人卫生，定期进行身体健康检查，发现有传染病者应及时调换工作。

4.10.2　库房周围和库内外走廊、汽车和火车月台、电梯等场所，必须设专职人员经常清扫，保持卫生。

4.10.3　库内使用的易锈金属工具、木质工具和运输工具、垫木、冻盘等设备，要勤洗、勤擦，定期消毒，防止发霉、生锈。

4.10.4　库内商品出清后，要进行彻底清扫、消毒，堵塞鼠洞，消灭霉菌。

5　设备管理

5.1　冷库中的制冷设备和制冷剂具有高压、易爆、含毒的特性，冷库工作人员要树立高度的责任感，认真贯彻预防为主的方针，定期进行安全检查。每年旺季生产之前，要进行一次重点安全检查：查制度，查各种设备的技术状况，查劳动保护用品和安全设施的配置情况。

5.2　要加强冷库制冷设备和其他设备的管理，提高设备完好率，确保安全生产。冷库的机房要建立岗位责任制度、交接班制度、安全生产制度、设备维护保养制度和班组定额管理制度等各项标准。根据设备的特性和实际操作经验，制定本厂切实可行规程，报主管部门备查，并严格执行。

5.3　冷库所用的仪器、仪表、衡器、量具等都必须经过法定计量部门的鉴定，同时要按规定定期复查，确保计量器具的准确性。

5.4　操作人员要做到“四要”、“四勤”、“四及时”：

5.4.1　“四要”是：要确保安全运行；要保证库房温度；要尽量降低冷凝压力(表压力最高不超过1.5MPa)；要充分发挥制冷设备的制冷效率，努力降低水、电、油、制冷剂的消耗。

5.4.2　“四勤”是：勤看仪表；勤查机器温度；勤听机器运转有无杂声；勤了解进出货情况。

5.4.3　“四及时”是：及时放油；及时除霜；及时放空气；及时清除冷凝器水垢。

5.5　操作人员要严格遵守交接班制度，要加强工作责任心，互相协作。

5.5.1　交接班时，要做到：

5.5.1.1　当班生产任务及机器运转、供液、库温等情况清楚。

5.5.1.2　机器设备运行中的故障、隐患及需要注意的事项明确。

5.5.1.3　车间记录完整、准确。

5.5.1.4　生产工具、用品齐全。

5.5.1.5　机器设备和工作场所清洁无污，周围没有杂物。

5.5.2　交接中发现问题，如能在当班处理时，交班人应在接班人协同下负责处理完毕再离开。

5.6　氨瓶的使用管理，必须严格遵守《气瓶安全监察规程》中的有关事项，特别注意：

5.6.1　不得使用已超过检验期的氨瓶。

5.6.2　充装量不得超过规定。

5.6.3　不得放在热源附近。

5.6.4 不得强烈振动。

5.6.5 不得在太阳下曝晒。

5.6.6 氨瓶必须按期鉴定。

5.7 大、中型冷库必须装设库温遥测装置，以保证冷库温度的稳定和设备的正常运转，降低能源消耗。

6 冷库维护检修

6.1 冷库要按有关规定提取大修基金，做到专款专用。

6.2 冷库必须认真执行有关的维护检修制度。冷库维护检修工作要列入领导议事日程，配备专人负责。要将冷库的定期检修和日常维护相结合，以日常维护为主，切实把建筑结构、机器设备等维护好，使其经常处于良好的工作状态。

6.3 为掌握建筑结构和机器设备的技术性能状况，便于管理和维修，要按标准建立完善的技术档案。

6.4 要定期对冷库屋面和其他各项建筑结构进行检查。

6.4.1 屋面漏水，油毡层臌起、裂缝，保护层损坏，屋面排水不畅，雨水管损坏或堵塞，库内外排水管道渗水，墙面或地面裂缝、破损、粉面脱落，冷库门损坏等，应及时修复。

6.4.2 地坪冻臌，墙壁和柱子裂缝时，应查明原因，采取措施，不使其继续发展。

6.4.3 松散隔热层有下沉，应以同样材料填满压实，发现受潮要及时翻晒或更换。

6.4.4 冷库平顶和月台罩棚顶，不得作其他用途，有积雪、长草时应及时清除。

6.5 冷库的维修必须保证质量。积极采取新工艺、新技术，力求维修后的使用效果达到或超过原设计要求。要认真做好维修的质量检查，竣工后要组织验收。

6.6 冷库的机器设备发生故障和建筑结构损坏后，应立即检查，分析原因，制定解决办法和措施，并认真总结经验教训。对于那些玩忽职守、违章操作造成事故的人员，要追究责任，按章处理。

6.7 冷库发生重大事故要立即逐级向主管部门报告。一般事故也要建立登记制度，报厂级劳动安全部门备案。各冷库每年要将各种事故书面报告主管部门，省级汇总后报原商业部。

7 附则

7.1 本规范是根据1978年原商业部颁发的《商业部门冷库管理办法》修改的，自1990年1月1日起执行，《商业部门冷库管理办法》相应废止。

7.2 本规范修改、解释权属于中华人民共和国原商业部。

注：1. 冷库重大事故是指各种机器设备遭受严重破坏，以致报废或大修后才能使用；由于爆炸、跑氨等事故造成严重的人身伤亡；商品变质损失达十万元以上：冷库建筑坍塌，地坪严重冻臌、沉陷，造成主要结构损坏，需要停产进行大修等。

2. 冷库一般事故是指各种机器设备的部件非正常磨损而发生的损坏，经过一般修理后仍能恢复使用；设备、容器、管道局部开裂、折断、跑氨，以及一般的商品变质、建筑结构损坏等。

附录B 冷库管理检查评比办法

[摘自(1983)中食冷字第42号]

项目	内容	具体要求	标准得分
一、机房部分	1. 规章制度	规章制度包括安全生产制度、各工种岗位责任制、交接班制度、设备维修保养制度、班组定额管理、技术操作规程等	10
	2. 机器设备技术资料	机器设备技术资料完整；车间记录、机器设备维修、保养、主要部位间隙检测、事故分析记录正确和完整	12
	3. 机器保养和仪表检验	各种机器、设备的维护保养情况，按维修保养制度进行大、中、小修，使机器、设备处于良好状态，各种压力表、安全阀一年校正一次	20
	4. 操作水平	正确熟练掌握压缩机制冷设备操作和制冷系统的调节方法，认真掌握库内温度，记录准时、正确，低温库内温度波动不应超过±1℃(出入库时,波动不超过4℃)，高温库为±0.5℃。掌握应知的制冷知识，应会的操作技术，并经得起检查考核。掌握事故抢救方法，防氨面具的检查和使用，中毒的急救措施	25
	5. 安全运行	严格执行交接班制度；制冷系统运行安全，不发生任何事故；机房要配备相应的消防器材；发生重大事故按规定时间，如实上报给主管部门	15
	6. 节约用电	节约电、水、油、氨有措施和实绩，和上年同期相比，单位消耗有所下降	10
	7. 机房面貌	机器设备清洁，地面干净无油污，工具、物品、配件、氧气呼吸器及其他用品按指定地点存放，堆放整齐，机房内不得烘衣服及堆放其他物品	8
		机房部分合计得分	100
二、库房部分	1. 规章制度	安全生产制度，各种岗位责任制度，商品质量保管制度，出入库制度，库房电梯、叉车、码垛机等的操作规程及工具保管制度等	12
	2. 商品养护和安全生产	商品无软化、污染、变色、氧化干枯、霉变、腐败等质量事故；库存商品执行先进先出制度；顶、墙排管冷风机漏氨、跑氨及时报告；无商品损毁和人身伤亡事故	15
	3. 商品堆码	商品堆垛整齐、稳妥，商品分类清楚、数量正确，账货、账卡相符，货垛不得在地板上直接堆码，库内留有符合要求的走道和间距	20
	4. 冰、霜、水	库内及时清除冰、霜、水，不得进行多水性作业，不堆放带水商品	15
	5. 门灯及风幕	门的关闭严密，结构完好，启闭灵活；风幕安装正确，电动机运行正常，做到人走灯灭	10
	6. 库房及工具卫生	不随地吐痰，库房川堂、月台的地面无油、泥、杂物，保证环境与商品卫生；库内金属、木质货架、容器、垫衬物及运输工具无发霉和生锈现象	12
	7. 建筑结构的完好程度	屋面不漏水，油毡无臌起、裂缝，保护层不损坏，屋面排水通畅，雨水管不破损，库内不滴水、不渗水，无浸泡水迹；墙、柱子、地板、阁楼的防潮、隔热层性能良好，无破损及裂缝，抹面完整，电梯门不损坏；无冻臌现象；地坪加热用的地下通风道不堵塞，无积水、冰、霜，冷库基础护坡完整，周围无垃圾，排水畅通；避雷装置完整无损	16
		库房部分合计得分	100

附录C 空气调节节能途径与方法

附表 C-1 建筑的节能设计方法

项 目	节能途径与方法
改善建筑环境	1）加强建筑周围环境的绿化 2）加强自然通风
建筑体形、平面布置、遮阳与朝向	1）采用外表面小的圆形或方形建筑 2）采用良好的外遮阳，可减少日射得热的50%~80% 3）根据地域气候特点及主导风向，合理选择建筑朝向
外窗和玻璃	1）减小窗户面积，使用隔热窗帘 2）采用吸热玻璃、反射玻璃和双层玻璃
屋顶和外墙	1）加强屋顶和外墙的保温，采用新型隔热材料 2）炎热地区，建筑采用浅色外表面 3）设置通风屋面、屋顶花园等

附表 C-2 空气调节系统的节能途径

项 目	节能途径与方法
室内空调参数的设定	在满足要求的条件下，适当降低室内温湿度标准
室外新风量的确定	1）冬、夏季采用最小新风量。过渡季采用全新风，取用新风冷量 2）采用 CO_2 浓度控制器，合理补给新风 3）采用全热交换器，减少新风冷、热负荷 4）在空调系统对房间进行预冷预热时，不使用新风
空调方式的选择	1）尽可能根据温湿度要求、房间朝向、使用时间、洁净度等级等进行空调分区 2）采用大温差空调，减少水量、风量、泵与风机的功耗 3）采用变水量(VWV)、变风量(VAV)空调系统 4）采用热回收系统，进行经济循环和余冷(热)的再利用 5）采用蓄冷、蓄热系统(水蓄冷和冰蓄冷) 6）采用计算机最佳控制 7）采用额定负荷和部分负荷时效率高的冷、热源设备 8）选用较高能效比的空调器和风机盘管
可再生能源的利用	1）充分利用自然通风技术，改善室内热环境 2）利用太阳能、风能、水能、生物质能、地热能和海洋能等作为空调能源
空调运行时的过冷、过热	1）提高节能意识，加强对空调系统的维护管理 2）完善自动控制装置 3）严格限制使用再热装置
合理起停和控制空调设备及空调系统运行时间	1）水泵在空调系统运行时的合理配置 2）空调系统的最佳起、停控制 3）合理选择蓄冷空调的运行模式 4）针对不同空调系统形式，合理进行季节性调节和日常运行调节
维护、保养和管理	定期检查、维修和保养，提高空调系统的工作效率和使用寿命

附录D　深圳市中央空调系统节能运行维护管理暂行规定

（深圳市贸易工业局、深圳市国土资源和房产管理局、深圳市建设局2005年7月颁布）

第一章　总　　则

第一条　为合理解决我市季节性、区域性电力供应紧张问题，保证中央空调安全、节能运行，制定本规定。

第二条　本规定适用于深圳辖区内设有中央空调系统的各类民用和工业建筑(工艺性建筑除外)。

第三条　运行管理者对中央空调系统采用的相关管理文件、技术文件和合同等文件，应当符合本规定的要求。

第四条　本规定适用于常规条件下中央空调系统的运行维护管理。如当地发生突发性公共卫生事件、灾害或生化恐怖袭击，有可能通过中央空调系统扩散污染和产生伤害时，应按实际情况采取应急运行措施。

第五条　本规定由深圳市贸易工业局(以下简称市主管部门)委托相应的机构执行，市国土资源和房产管理局、建设局按各自职责进行监督管理。

第二章　运　行　管　理

第一节　人　员　管　理

第六条　有关单位应当根据中央空调系统的规模、复杂程度和维护管理工作量的大小，配备必要的专职或兼职管理技术人员，建立相应的运行管理和维修班组，购置相应的维修设备和检测仪表等。

第七条　管理和操作人员应经过培训及节能教育，考试合格后才能上岗。

第八条　有关单位应当建立、健全管理和操作人员的培训、考核档案。

第九条　操作人员应当熟悉其所管理的中央空调系统，树立节能与环保意识，做好空调运行的日常记录和责任记录。

第十条　对忠于职守、安全操作，在节能工作中成绩突出的集体和个人，有关单位应当给予奖励。

第二节　规　章　制　度

第十一条　运行管理者应建立健全设备操作规程、常规运行调节总体方案、机房管理、水质管理等相关规章制度。

第十二条　运行管理者应建立健全岗位责任制、专职人员负责制、安全卫生制度(包含突发事件应急处理预案)、运行值班制度、巡回检查制度、维修保养制度、事故报告制度等。

第十三条　管理部门应定期检查有关规章制度的执行情况。

第十四条　管理人员应对工作人员和系统状态进行定时或不定时抽查，并进行数据统计和运行技术分析，发现异常应及时纠正。

第十五条　有关单位应对空调系统的运行状况、设备的完好程度、能耗状况、节能改进措施等进行季度、年度运行总结和分析。

第十六条 在设备工作期内，设备供应者应为使用者提供相应的技术服务及配件，并做好维修记录。

第十七条 对于清洗、节能、调试、改造等工程项目，实施前宜对实施结果予以量化约束，签订的合同文本中必须明确保证实施结果和有效期限。

第三节 技术资料管理

第十八条 中央空调系统的设计、施工、验收、检测、维修和评定等技术文件应当完整并保存完好。下列文件应当存档，并作为技术管理、责任分析、管理评定的重要依据：

1. 主要材料、设备、成品和半成品的技术资料、出厂合格证明及进场检(试)验报告。
2. 仪表出厂的合格证明、使用说明书和校正记录。
3. 图纸会审记录、设计变更通知书和竣工图(含更新改造和维修改造)。
4. 检查验收记录。
5. 工程设备、风管系统、水管系统安装及检验记录。
6. 管道试验记录。
7. 设备单机试运转记录。
8. 系统联合试运转与调试记录。
9. 安全和功能检验资料的检查记录。
10. 系统综合效能测定报告。
11. 维护保养记录和检修记录。
12. 水质化验报告。

第十九条 各种运行管理记录应齐全，包括主要设备运行记录、巡回检查记录、运行值班记录、维护保养记录等。不停机运行的系统，应当有交接班记录等。原始记录应准确、清楚，符合相关管理制度的要求，且保存完好。

第二十条 有关单位应妥善保管设备和系统运行记录、事故分析及其处理记录、设备和系统部件的大修和更换情况记录、年度运行总结和分析等资料。

第二十一条 巡回检查应定时、定点、定人，并做好原始记录。采用计算机集中控制的系统，可用定期打印汇总报表和数据数字化储存的方式记录、保存运行原始资料。

第三章 技 术 要 求

第一节 运行保养规定

第二十二条 设备、阀门和管道的表面应保持整洁，无严重锈蚀，无跑、冒、滴、漏、堵现象。电动阀门应能够正常工作。

第二十三条 空调系统主要设备和计量仪表应定期检验、标定和维护。缺少仪表装置的应当及时增设。

第二十四条 空调自控设备和系统应定期检修、维护，定期校验传感器和仪表，以保证系统正常工作。

第二十五条 更新、增设空调系统温湿度敏感元件和检测元件时，应符合下列要求：

1. 在室内，应设置在不受局部热源影响的、有代表性的、空气流通的地点，局部区域有严格要求时，应设在严格要求的地点。

2. 在风管内，设在气流稳定的管段的截面中心。

3. 露点温度的敏感元件和检测元件，应装设在挡水板后有代表性的位置，并应避免辐射热、振动、水滴和二次回风的影响。

第二十六条 空调系统的主要设备和风管的检查孔、检修孔和测量孔，不得取消或遮挡。必要时应当增设检查孔、检修孔和测量孔，以便随时对运行情况进行检测。

第二十七条 空调系统末端设备，如风机盘管、空气处理机组、新风机组等，由运行管理部门统一维护保养，并应定期检查，及时维修，及时更换损坏设备及部件。过滤网应当定期检查和清洗。

第二节 安全事项

第二十八条 有关单位应对制冷机房主机制冷剂泄漏定期检查，有报警装置的应定期检测和维护，与通风系统联锁的应保证联动正常，保证系统安全、正常地工作。

第二十九条 有关单位应检查安全防护装置的工作状态，各种压力容器、化学危险物品与油料的存放等情况。

第三十条 空调系统设备的电气控制及操作系统应安全可靠，电源符合设备要求，接线牢固，接地措施符合《电气安装验收标准》，无过载运转现象。

第三十一条 制冷设备的冷水和冷却水的水流开关应定期检查，确保工作正常。

第三十二条 制冷设备、水泵和风机等设备的基础应稳固，传动装置运转应正常，轴承冷却润滑良好，无过热现象，轴封密封良好，无异常声音或振动现象。

第三十三条 有关单位应按照设备要求定期检查冷水机组冷凝器的进出口压差，消除设备内的水垢。

第三十四条 有关单位应定期检查空调通风系统送、回风管的防火阀及其感温、感烟控制元件，保证其正常工作。

第三十五条 机房内严禁放易燃、易爆和有毒危险品。

第三十六条 对电制冷压缩机组，应定期检查，确保下列装置正常工作：

1. 压缩机的安全保护。

2. 排气压力的高压保护和吸气压力的低压保护。

3. 润滑系统的油压差保护。

4. 电动机过载及断相运行保护。

5. 冷却水套断水保护。

6. 离心式压缩机轴承的高温保护。

7. 蒸发器冷水的防冻保护。

8. 冷凝器冷却水断水保护及蒸发式冷凝器通风机的事故保护。

第三十七条 电制冷设备的安全阀、压力表、温度计、液压计等装置，以及高低压保护装置、低温防冻保护、电动机过电流保护、排气温度保护、油压差保护等安全装置必须齐全，定期校验，确保正常工作。

第三十八条 电制冷设备的冷冻油应油标醒目，油位正常，油质符合要求。制冷设备的运行情况应符合技术要求，不得有超温、超压现象。定期检查、记录水冷式冷水机组冷凝器和蒸发器的水流阻力，确保其数值不超过机组额定阻力值。

第三十九条　有关单位应按安全和经济运行的要求(见附件1)，确保各种安全和自控装置的正常运行，如有异常应及时做好记录并报告。特殊情况下需要停用安全或自控装置的，应当履行有关审批或备案手续，并告知所有相关空调用户。

第四章　节 能 要 求

第四十条　运行管理部门应当每年进行一次空调系统能耗和供冷量统计。电制冷压缩机组满负荷及部分负荷制冷(热)性能系数(COP)，应符合 GB 50189—2005《公共建筑节能设计标准》第5.4.5条的要求(见附件2)。

第四十一条　空调系统的使用功能和负荷分布发生变化时，或空调系统存在明显的温度不平衡时，运行管理部门应对空调水系统和风系统进行平衡调试，水量失调率(实测流量与需求流量的偏差/需求流量)和风量失调率(实测风量与需求风量的偏差/需求风量)均不应超过20%。

第四十二条　全空气系统运行中的新风量控制，应按以下原则运行：

1. 在系统预热和预冷运行时，可以无新风运行。
2. 在系统正常运行时，新风量可按 CO_2 浓度[⊖]小于0.1%控制，或者按表5-5取用。
3. 增大新风量会降低系统能耗时，宜增大新风量或采用全新风直供方式运行。
4. 增大新风量会增加系统能耗时，宜适当减少新风量。

第四十三条　对于人流密度峰值较大且变化波动量较大的场所，宜采用 CO_2 浓度控制系统来调节新风比例。

第四十四条　表冷器的冷水进水温度，应比空气出口干球温度至少低3.5℃。冷水温升宜采用2.5~6.5℃。表冷器用于空气冷却去湿过程时，冷水出口温度应比空气的出口露点温度至少低0.7℃。

第四十五条　制冷情况宜采用大温差送风，但不宜超过下列数值：

1. 送风高度小于或等于5m时，不超过10℃。
2. 送风高度在5m以上时，不超过15℃。
3. 送风高度在10m以上时，按射流理论计算确定。
4. 当采用顶部送风(非散流器)时，按射流理论计算确定。

第四十六条　空调系统中的热回收装置，应定期检查维护，确保其正常工作。如没有热回收装置的空调系统满足下列条件时，可增设全热或显热回收装置：

1. 设有集中排风系统，风量大于或等于3000 m^3/h 直流式空调系统，且新风空气与排风空气设计计算温差大于或等于8℃。

2. 设有集中排风系统、风量大于或等于10000 m^3/h，新风比大于或等于40%的系统，且新风空气与排风空气设计计算温差大于或等于8℃。

3. 设有独立新风、排风的系统。

第四十七条　当空调系统在供冷工况下，系统的供回水温差经常小于3℃时(设计温差5℃)，或在供热工况下，系统的供回水温差经常小于6℃时(设计温差10℃)，宜采

⊖ CO_2 浓度是指新风中 CO_2 的体积分数。——作者注

用减少流量的节能措施，且不应影响系统的水力平衡。尽量避免小温差大流量的运行工况。

第四十八条 风系统运行时，宜采取有效节能措施以增大送、回风温差，且不应影响系统的风量平衡和室内气流组织。

第四十九条 有关单位应定期检查空气过滤器的前后压差，如压差不能直接显示或远程显示，应增设可视检测仪表。

第五十条 有再热盘管的空气处理设备，运行中宜尽量减少冷热抵消。

第五十一条 多台并联运行的同类设备，应能根据实际负荷情况，自动或手动调整运行台数，使输出的容量(如冷量、热量、水量、风量、压力等)与要求提供的参数相匹配。

第五十二条 具备调速功能的设备，应使其输出能力可自动随控制参数(如供冷量、供热量、供水量、送风量、回风量、压力等)的变化而变化。

第五十三条 对于大空间，人员流动量较大而采用定风量集中处理、输送和分配的全空气系统，宜对空气处理机组风机作变频调速改造运行。

第五十四条 由两台或两台以上制冷冷水机组组成，且同时使用率低的制冷系统，其冷水泵、冷却水泵宜采用变频等改造措施，以减少单机运行时水泵无谓消耗的功率。

第五十五条 对于一塔多风机配置的冷却塔，宜根据冷却水回水温度，及时调整投入运转的风机数。在保证冷却水温度满足冷水机组正常运行的前提下，应使运转的风机数量最少。

第五十六条 在多台制冷主机并联供冷的系统中，与其相匹配的冷却塔也宜采用并联形式，以便在过渡季节或者外界气温较低、室内冷负荷减少、部分制冷主机运行时，利用并联冷却塔，不开风机而采用自然冷却的方式降低能耗。

第五十七条 当空调系统为间歇运行方式时，应根据每天的天气情况和室内空调负荷情况，在充分考虑建筑的围护结构蓄热性能的条件下，确定合适的开停机时间。

第五十八条 在满足室内空气控制参数的条件下，冰蓄冷空调系统宜加大供、回水温差。

第五十九条 制冷系统通过技术经济分析，宜回收冷凝热。

第六十条 空调工况下的制冷主机操作人员，应避免将冷水出水温度调在7℃以下运行。当主机负载不大，在满足空调系统冷量需要的条件下，可适当提高机组的出水温度，以提高制冷机效率。

第六十一条 完善和提高中央空调制冷系统的自动控制水平。条件允许的，应尽可能改手动操作为自动控制。

第六十二条 应推广中央空调系统能量分户计量收费的技术，改中央空调按用户使用建筑面积平摊收费的传统方法为分户计量，使用户的经济利益与节能要求一致。

第六十三条 加强管路保温措施的检查和维护，以减少冷、热量的流失。

第六十四条 对技术落后、老化、低效率、高能耗的设备，逐步实施淘汰。

第六十五条 为了降低中央空调系统的能耗，应适当提高空调环境的温度。

第六十六条 中央空调系统宜设置独立的供配电计量装置。

附件1 室内空调环境设计温度与节能运行温度对照表

房间功能		设计温度/℃	节能运行温度/℃	房间功能		设计温度/℃	节能运行温度/℃
办公室	高	23~25	25~27	多功能厅	高	22~24	24~26
	一般	24~26	26~28		一般	23~25	25~27
客房	高	23~25	24~26	大堂	高	24~26	26~28
	一般	24~26	25~27		一般	25~27	27~28
商场	首层	24~26	26~28	中庭	高	24~26	26~28
	其他层	24~26	26~28		一般	24~26	26~28
餐厅	高	22~24	24~26	康乐室	高	23~25	25~27
	一般	24~26	26~28		一般	24~26	26~28
宴会厅	高	22~24	24~26	会议室	高	23~25	25~27
	一般	24~26	26~28		一般	23~25	25~27

注：1. 未注明的场所可参照节能运行温度控制使用；无波动范围者，按设计温度提升2℃。

2. 四星级、五星级酒店，特殊的场所可灵活控制。

附件2 公共建筑节能设计标准(仅摘录5.4.4~5.4.6)(GB 50189—2005)

蒸气压缩循环冷水(热泵)机组应采用卸载灵活、可靠、满负荷及部分负荷制冷(热)性能系数(COP)较高的机型，应符合以下要求：

1. 名义工况制冷性能系数(COP)不应低于附表D-1规定的数值。
2. 综合部分负荷能效值IPLV不宜低于附表D-1规定的数值。

附表D-1 冷水(热泵)机组制冷性能系数及综合部分负荷能效值

类型		额定制冷量/kW	性能系数COP/(W/W)	综合部分负荷能效值IPLV/(W/W)
水冷	活塞式/涡旋式	<528	3.8	—
		528~1163	4.0	—
		>11633	4.2	—
	螺杆式	<528	4.10	4.47
		528~1163	4.30	4.81
		>1163	4.60	5.13
	离心式	<528	4.40	4.49
		528~1163	4.70	4.88
		>1163	5.10	5.42
风冷或蒸发冷却	活塞式/涡旋式	≤50	2.40	—
		>50	2.60	—
	螺杆式	≤50	2.60	—
		>50	2.80	

注：1. 使用侧：制冷进/出口水温12℃/7℃。

2. 热源侧(或放热侧)：水冷式冷却水进/出口水温30℃/35℃，风冷式制冷空气干球温度35℃，蒸发冷却式空气湿球温度24℃。

3. 使用侧和水冷式热源侧污垢系数0.086$m^2\cdot$℃/kW。

4. IPLV值基于单台主机运行工况。

附录 E 评价企业合理用电技术导则

（摘自 GB/T 3485—1998）

1 范围

本标准规定了企业合理用电的基本要求、评价原则和方法。

本标准适用于一切企业，其他用电单位也可参照执行。

2 引用标准

下列标准所包含的条文，通过在本标准中引用而构成本标准的条文。本标准出版时，所示版本均为有效。所有标准都会被修订，使用本标准的各方应探讨使用下列标准最新版本的可能性。

GB/T 12326—2008 电能质量　电压波动和闪变

GB/T 14549—1993 电能质量　公用电网谐波

GB 50034—2004 建筑照明设计标准

GB/T 50033—2001 建筑采光设计标准

3 企业供电的合理化

3.1　企业应根据用电性质、用电容量，选择合理供电电压和供电方式。

3.2　企业配变电所的位置应接近负荷中心，减少变压级数，缩短供电半径，按经济电流密度选择导线截面。

3.3　企业根据受电端电压至用电设备的变压级数，其总线损率分别应不超过以下指标：①一级 3.5%；②二级 5.5%；③三级 7%。

3.4　企业受电端电压在额定电压允许偏差范围内，企业用电设备的供电电压偏移值不应超过额定电压的 ±5%。

3.5　调整企业用电设备的工作状态，合理分配与平衡负荷，使企业用电均衡化，提高企业负荷率。根据不同的用电情况，企业日负荷率应不低于以下指标：①连续性生产 95%；②三班制生产 85%；③两班制生产 60%；④一班制生产 30%。

3.6　企业单相用电设备应均匀地接在三相网络上，降低三相电压不平衡度，供电网络的电压不平衡度应小于 2%。

3.7　企业在提高自然功率因数的基础上，应在负荷侧合理装置集中与就地无功补偿设备，在企业最大负荷时的功率因数应不低于 0.90；低负荷时，应调整无功补偿设备的容量，不得过补偿。

3.8　企业应根据用电负荷的特性和变化规律，正确选择和配置变压器容量和台数，通过运行方式的择优，合理调整负荷，实现变压器经济运行。

3.9　企业配电所内的变配电设备要配置相应的测量和计量仪表。监测并记录电压、电流、功率、功率因数和有功电量、无功电量。电能计量仪表准确度等级为 2.0～1.0 级。

3.10　企业用电设备的非线性负荷产生高次谐波，引起电网电压及电流的畸变，应采取抑制高次谐波的措施达到 GB/T 14549—1993 的要求。

3.11　企业用电设备的冲击负荷及波动负荷，引起电网电压波动、闪变，应采取限制冲击负荷及波动负荷的措施达到 GB/T 12326—2008 的要求。

3.12　对企业自备电厂和地方电厂应考核厂用电率指标。

4　电能转换为机械能的合理化

4.1　电动机类型应在满足电动机安全、起动、制动、调速等方面要求的情况下，以节能的原则来选择。

4.1.1　恒负载连续运行，功率在 520kW 及以上，宜采用同步电动机。

4.1.2　功率在 200kW 及以上，宜采用高压电动机。

4.1.3　除特殊负载需要外，一般不宜选用直流电动机。

4.2　电动机功率选择，应根据负载特性和运行要求合理选择，使电动机工作在经济运行范围内。

4.3　异步电动机当采取更换或改造措施时，须经综合功率损耗与节约功率计算及起动转矩的校验后，在满足机械负载要求的条件下，使新投入的电动机工作在经济运行范围内。

4.4　异步电动机当采取调压节电措施时，须经综合功率损耗与节约功率计算，以及起动转矩、过载能力的校验后，在满足机械负载要求的条件下，使调压的电动机工作在经济运行范围内。

4.5　对机械负载经常变化的电气传动系统，应采用调速运行的方式加以调节。调速运行方式的选择，应根据系统的特点和条件，通过安全、技术、经济、运行维护等方面，综合经济分析比较后确定。

4.6　在安全、经济合理的条件下，对异步电动机采取就地补偿无功功率，提高功率因数，降低线损，达到经济运行。

4.7　对交流电气传动系统，应在满足工艺要求、生产安全和运行可靠的前提下，通过科学管理及技术改进，使电气传动系统中的设备、管网及负载相匹配，达到系统经济运行，提高系统电能利用率。

4.8　功率在 50kW 及以上的电动机，应单独配置电压表、电流表、有功电能表等计量仪表，以便监测与计量电动机运行中的有关参数。

……

7　企业照明的合理化

7.1　根据使用场所和周围环境对照明的要求及不同电光源的特点，选择合理的照明方式。在保证照明质量的前提下，优先选用光效高、显色性好的光源及配光合理、安全高效的灯具。

7.2　各种工作场所的照明标准值，应符合 GB 50034—2004 的规定。

7.3　使用气体放电光源时，应装设就地补偿电容器。补偿后的功率因数应不低于 0.90。

7.4　企业照明用电应配置相应的测量和计量仪表，并定期测量电压、照度和考核用电量。

7.5 合理选择照明控制方式，加强照明设备的运行管理。

7.6 要充分利用天然光、建筑物的窗面积及室内表面反射系数，应符合 GB/T 50033—2001 的规定。

附录 F 制冷空调节能相关国家标准与规范目录

1. 能源效率标准

GB/T 24915—2010 合同能源管理技术通则
GB 15316—2009 节能监测技术通则
GB/T 15320—2001 节能产品评价导则
GB/T 13471—2008 节电技术经济效益计算与评价方法
GB/T 14909—2005 能量系统 分析技术导则
GB/T 15587—2008 工业企业能源管理导则
GB 1028—2000 工业余热术语、分类、等级及余热资源量计算方法
GB/T 2588—2000 设备热效率计算通则
GB/T 2589—2008 综合能耗计算通则
GB/T 3484—2009 企业能量平衡通则
GB/T 17166—1997 企业能源审计技术通则
GB 17167—2006 用能单位能源计量器具配备和管理通则
GB/T 3485—1998 评价企业合理用电技术导则
GB/T 3486—1993 评价企业合理用热技术导则
GB/T 5623—2008 产品电耗定额制定和管理导则
GB/T 6422—2009 用能设备能量测试导则
GB/T 13234—2009 企业节能量计算方法
GB/T 12723—2008 单位产品能源消耗限额编制通则
GB/T 8174—2008 设备及管道绝热效果的测试与评价
GB/T 8175—2008 设备及管道绝热设计导则
GB/T 8222—2008 用电设备电能平衡通则
GB/T 12455—2010 宾馆、饭店合理用电
GB/T 12497—2006 三相异步电动机经济运行
GB 8871—2001 交流接触器节电器
GB/T 4272—2008 设备及管道绝热技术通则
GB/T 13462—2008 电力变压器经济运行
GB/T 13466—2006 交流电气传动风机(泵类、空气压缩机)系统经济运行通则
GB/T 13469—2008 离心泵、混流泵、轴流泵与旋涡泵系统经济运行
GB/T 13467—1992 通风机系统电能平衡测试与计算方法
GB/T 13468—1992 泵类系统电能平衡的测试与计算方法
GB/T 16666—1996 泵类及液体输送系统节能监测方法

GB/T 15317—2009　燃煤工业锅炉节能监测
GB/T 15910—2009　热力输送系统节能监测
GB/T 15912.1—2009　制冷机组及供制冷系统节能测试第1部分：冷库
GB/T 15913—2009　风机机组与管网系统节能监测
GB/T 15914—1995　蒸汽加热设备节能监测方法
GB/T 16664—1996　企业供配电系统节能监测方法
GB/T 17954—2007　工业锅炉经济运行
GB/T 17981—2007　空气调节系统经济运行
GB/T 13470—2008　通风机系统经济运行
GB 18613—2006　中小型三相异步电动机能效限定值及节能评价值
GB 12021.2—2008　家用电冰箱耗电量限定值及能源效率等级
GB 12021.3—2010　房间空气调节器能效限定值及能效等级
GB 19576—2004　单元式空气调节机能效限定值及能源效率等级
GB 19577—2004　冷水机组能效限定值及能源效率等级

2. 常用制冷空调节能设计规范

GB/T 50114—2010　暖通空调制图标准
GB 50072—2010　冷库设计规范
GB 50019—2003　采暖通风与空气调节设计规范
GB 50176—1993　民用建筑热工设计规范
JGJ/T 229—2010　民用建筑绿色设计规范(2011年10月1日实施)
GB 50073—2001　洁净厂房设计规范
GB 50325—2010　民用建筑工程室内环境污染控制规范
GB/T 50604—2010　民用建筑太阳能热水系统评价标准
GB/T 50627—2010　城镇供热系统评价标准
GB 50264—1997　工业设备及管道绝热工程设计规范
JGJ 26—2010　严寒和寒冷地区居住建筑节能设计标准
GB 50189—2005　公共建筑节能设计标准
JGJ 134—2010　夏热冬冷地区居住建筑节能设计标准
JGJ 75—2003　夏热冬暖地区居住建筑节能设计标准(附条文说明)
GB 50034—2004　建筑照明设计标准

3. 工程施工验收及设备质量检验评定

JGJ/T 132—2009　居住建筑节能检测标准
JGJ/T 177—2009　公共建筑节能检测标准
GB/T 50640—2010　建筑工程绿色施工评价标准(2011年10月1日实施)
GB 50252—2010　工业安装工程施工质量验收统一标准
GB 50231—2009　机械设备安装工程施工及验收通用规范
GB 50185—2010　工业设备及管道绝热工程施工质量验收规范

GB/T 8174—2008　设备及管道绝热效果的测试与评价

GB 50243—2002　通风与空调工程施工质量验收规范

GB 50591—2010　洁净室施工及验收规范

GB/T 19409—2003　水源热泵机组

GB/T 19232—2003　风机盘管机组

GB/T 17758—2010　单元式空气调节机

GB/T 25127. 1—2010　低环境温度空气源热泵(冷水)机组　第1部分：工业或商业用及类似用途的热泵(冷水)机组

GB/T 25127. 2—2010　低环境温度空气源热泵(冷水)机组　第2部分：户用及类似用途的热泵(冷水)机组

GB/T 25128—2010　直接蒸发式全新风空气处理机组

GB/T 25129—2010　制冷用空气冷却器

GB/T 25142—2010　风冷式循环冷却液制冷机组

GB/T 25857—2010　低环境温度空气源多联式热泵(空调)机组(2011年10月1日实施)

GB/T 25858—2010　精密空调机组性能测试方法(2011年10月1日实施)

GB/T 25860—2010　蒸发式冷气机(2011年10月1日实施)

GB/T 25861—2010　蒸气压缩循环水源高温热泵机组(2011年10月1日实施)

GB/T 25862—2010　制冷与空调用同轴套管式换热器(2011年10月1日实施)

JG/T 14—2010　通风空调风口(2011年8月1日实施)

JG/T 295—2010　空调变风量末端装置(2011年8月1日实施)

JG/T 296—2010　空气吹淋室(2011年8月1日实施)

CJ/T 337—2010　城镇污水热泵热能利用水质

JG/T 299—2010　供冷供热用蓄能设备技术条件

GB/T 25966—2010　带电辅助能源的家用太阳能热水系统技术条件

GB/T 25967—2010　带辅助能源的家用太阳能热水系统热性能试验方法

参考文献

[1] 张国宝. 中国能源发展报告2009[M]. 北京：经济科学出版社，2009.

[2] 钱伯章. 节能减排——可持续发展的必由之路[M]. 北京：科学出版社，2008.

[3] 陈学俊，袁旦庆. 能源工程概论[M]. 西安：西安交通大学出版社，2002.

[4] 全国人民代表大会. 我国国民经济和社会发展十二五规划纲要[N]. 人民日报，2011-3-17.

[5] 张国强. 中国制冷空调暖通年鉴2005/2006[M]. 北京：中国建筑工业出版社，2006.

[6] 张国强. 中国制冷空调暖通年鉴2003/2004[M]. 北京：中国建筑工业出版社，2004.

[7] 王如竹. 制冷学科进展研究与发展报告[M]. 北京：科学出版社，2007.

[8] 黄德赋. 福州建成我国第一套地热制冷装置[J]. 制冷技术，1982(3)：15-16.

[9] 周邦宁. 燃气空调[M]. 北京：中国建筑工业出版社，2005.

[10] 史云兰. 纺织厂空调制冷机的选型与节能[J]. 四川制冷，1996(3)：16-18.

[11] Zhang Jianyi，Eckhard A Groll. Survey of the Design of Refrigeration Plants for Public Refrigerated Warehouses[J]. ASHRAE Transactions，2005，111(2)：327-332.

[12] 曹德胜，史琳. 制冷剂使用手册[M]. 北京：冶金工业出版社，2003.

[13] 黄劲松. 氨和R22在冻结系统内的性能比较[J]. 冷藏技术，1992(2)：36-41.

[14] 张建一，徐颖. 国内外大中型冷库制冷剂的现状和发展动向[J]. 制冷学报，2009，30(4)：51-57.

[15] ASHRAE. 2009 ASHRAE Handbook-Fundamentals[M]. Atlanta：American Society of Heating，Refrigerating and Air-Conditioning Engineers，Inc.，2009.

[16] 陈国邦. 新型低温技术[M]. 上海：上海交通大学出版社，2003.

[17] 盛德庄. 冷库电气技术应用手册[M]. 北京：中国建筑工业出版社，2003.

[18] 吴治娟，童明伟. 冷库节能探讨[J]. 重庆大学学报：自然科学版，2002(8)：137-139.

[19] 单翠霞. 制冷与空调自动控制[M]. 北京：中国商业出版社，2003.

[20] 张建一. 氨单级压缩制冷新流程及其性能分析[J]. 厦门水产学院学报，1991(2)：43-48.

[21] Zhang Jianyi，Hu Weiping，Hashmi，et al. Super-Subcooling with R12 & R22 Refrigeration Plants Using Reciprocating Compressors[J]. Applied Energy，1993，45(2)：157-166.

[22] 王秀松. 氨双级压缩二次节流制冷系统的节能分析[J]. 冷藏技术，1998(1)：19-24.

[23] 陈绍桥. 国外冷藏库的制冷装置与冷库建设[J]. 冷藏技术，1995(3)：49-51.

[24] 张建一. 美国和加拿大冷库设计的节能技术研究[J]. 制冷学报，2000(3)：41-46.

[25] 刘卫华. 制冷空调新技术及进展[M]. 北京：机械工业出版社，2005.

[26] 张建一，杨坚. 螺杆式或活塞式制冷压缩机——理论与实际[J]. 冷藏技术，2002(1)：3-8.

[27] 杨小灿. 制冷空调产品设备手册[M]. 北京：国防工业出版社，2003.

[28] 卜啸华. 螺杆式制冷压缩机的节能途径. 上海制冷学会论文集[C]. 上海：上海制冷学会，1989：123-129.

[29] 朱兆奇，等. 美国冷藏库建设技术[M]. 北京：中国商业出版社，1984.

[30] 汪善国. 空调与制冷技术手册[M]. 李德英，赵秀敏，译. 北京：机械工业出版社，2006.

[31] 张建一. 爱尔兰共和国的制冷与节能[J]. 制冷，1993(4)：40-43.

[32] 李浙. 板式冷凝器在氨制冷系统中的应用探讨[J]. 冷藏技术，2000(1)：36-38.

[33] 张建一，秘文涛. 氨制冷装置用蒸发式冷凝器的实际能耗研究[J]. 制冷学报，2007(5)：36-39.

[34] 张建一，秘文涛. 工业用蒸发式和水冷式冷凝器的循环水量和能耗研究[J]. 低温与超导，2007，35(3)：253-256.

[35] 王铁军，吴昊，刘向农，等. 蒸发式冷凝器经济技术分析[J]. 低温与超导，2003，31(2)：48-51.
[36] 张建一，秘文涛. 制冷用蒸发式冷凝器的选型与电耗[J]. 电力需求侧管理，2008，10(2)：37-39.
[37] 孔庆源. 江浦冷冻厂大修改造设计中的节能[J]. 冷藏技术，1991(4)：38-51.
[38] 蒋义珏. 盐水制冰蒸发器面积配置的探讨[J]. 渔业机械仪器，1994(3)：34-35.
[39] 张建一. 国外冷库节能点滴[J]. 冷藏技术，1991(1)：27-30.
[40] 曹德胜. 制冷空调系统的安全运行、维护管理及节能环保[M]. 北京：中国电力出版社，2003.
[41] 邹宁宇. 墙体屋面绝热材料[M]. 北京：化学工业出版社，2008.
[42] 谢文丁. 绝热材料与绝热工程[M]. 北京：国防工业出版社，2006.
[43] 古春艳，缪国元，许锦峰. 建筑节能涂料的制备及评定[J]. 中国涂料，2010，25(3)：49-54.
[44] 邹宁宇，鹿成滨，张德信. 绝热材料应用技术[M]. 北京：中国石化出版社，2005.
[45] 陈邓曼，李松寿. 小型水产冷库设计探讨[J]. 制冷，1989(3)：39-42.
[46] 庄友明. 制冷装置设计[M]. 厦门：厦门大学出版社，2006.
[47] 朱关成. 冷库技术改造设计方案的探讨[J]. 冷藏技术，1994(1)：19-25.
[48] 王文忠，王宝海. 上海住宅建筑节能技术与管理[M]. 上海：同济大学出版社，2004.
[49] 仇保兴. 中国建筑节能六大领域及对策[J]. 建设科技，2010(7)：16-19.
[50] 张德信. 建筑保温隔热材料[M]. 北京：化学工业出版社，2006.
[51] 国际制冷学会. 制冷中的节能[M]. 孙光三，译. 上海：上海交通大学出版社，1987.
[52] 张建一. 冷藏库采用封闭月台的技术经济分析[J]. 冷藏技术，2006(1)：14-18.
[53] 张建一. 美国和加拿大冷库维护保养中的节能技术研究[J]. 大连水产学院学报，2001(3)：206-211.
[54] 张建一. 英国冷藏库的节能研究[J]. 冷藏技术，1997(3)：1-4.
[55] 谈向东. PVC 门帘在冷库中的应用[J]. 制冷技术，1987(4)：9-11.
[56] 马最良，姚杨. 民用建筑空调设计[M]. 北京：化学工业出版社，2003.
[57] 陈小丰. 建筑灯具与装饰照明手册[M]. 北京：中国建筑工业出版社，1995.
[58] 李宏毅，金磊. 建筑工程电气节能[M]. 北京：中国电力出版社，2004.
[59] 孙成宝，金哲. 现代节电技术与节电工程[M]. 北京：中国水利水电出版社，2005.
[60] 钟宇新. 浅析小功率中显型高压钠灯在冷库照明中的应用[J]. 灯与照明，1998(2)：28-31.
[61] 张帆，张伟. 冷库灯具的选择[J]. 冷藏技术，2009(2)：14-16.
[62] 贾宝书，方文娟. LED 电子高效节能冷库专用灯结构设计与应用[J]. 冷藏技术，2009(2)：42-45.
[63] 柳春生. 现代供配电系统实用与新技术问答[M]. 北京：机械工业出版社，2008.
[64] 陶毅. 节能变压器问与答[J]. 节能与环保，2010(3)：58-59.
[65] 张继兰，陈玉国. 非晶合金铁心配电变压器技术与选用[J]. 电气制造，2010(2)：29-30.
[66] 张建一. 国产中型活塞式制冷机的新进展与选用探讨[J]. 制冷，1998(2)：27-30.
[67] 张建一，赵进萍. 国产 12.5 系列双级制冷机的电机匹配[J]. 厦门水产学院学报，1996(2)：39-43.
[68] 陆安定. 功率因数与无功补偿[M]. 上海：上海科学普及出版社，2004.
[69] Zhang Jianyi，Eckhand A Groll. Saving Energy in Refrigerated Warehouses[J]. ASHRAE Journal，2000(8)：35-39.
[70] 阎海潮. 一种简单、可靠、高效的无功补偿方法[J]. 节能技术，1996(4)：29-30.
[71] 张宗桐. 变频器应用与配套技术[M]. 北京：中国电力出版社，2008.
[72] 陈国呈. 变频驱动技术及应用[M]. 北京：科学出版社，2009.
[73] 王树. 变频调速系统设计与应用[M]. 北京：机械工业出版社，2005.
[74] 张燕宾. 变频调速460 问[M]. 北京：机械工业出版社，2006.
[75] 范仲海. 中央空调水系统应用变频调节的节能实测与分析[J]. 制冷，2005(2)：58-63.
[76] 张燕宾. 变频器应用教程. 北京：机械工业出版社，2007.

[77] 建设部标准定额研究所.《夏热冬暖地区居住建筑节能设计标准》实施指南[M]. 北京：中国计划出版社，2005.
[78] 黄素逸. 能源与节能技术[M]. 北京：中国电力出版社，2004.
[79] 钱以明. 高层建筑空调与节能[M]. 上海：同济大学出版社，1990.
[80] 俞炳丰. 中央空调新技术及其应用[M]. 北京：化学工业出版社，2004.
[81] 李晓燕，闫泽生. 制冷空调节能技术[M]. 北京：中国建筑工业出版社，2004.
[82] 陆耀庆. 实用供热空调设计手册[M]. 北京：中国建筑工业出版社，1993.
[83] 赵荣义. 简明空调设计手册[M]. 北京：中国建筑工业出版社，1998.
[84] 陈沛霖. 建筑空调实用技术基础[M]. 北京：中国电力出版社，2004.
[85] 李莉，陶求华. 办公建筑室内设定参数 PMV-PPD 分析与空调能耗模拟[J]. 建筑热能通风空调，2010，29(6)：60-63.
[86] 王天富，买宏金. 空调设备[M]. 北京：科学出版社，2003.
[87] 吴元炜. 暖通空调新技术[M]. 北京：中国建筑工业出版社，2000.
[88] 赵荣义，范存养，薛殿华，等. 空气调节[M]. 4版. 北京：中国建筑工业出版社，2009.
[89] 何天祺. 供暖通风与空气调节[M]. 重庆：重庆大学出版社，2002.
[90] 赵贤兵，李芳芹. 空调水系统合理配置与节能研究[J]. 节能，2001(2)：12-14.
[91] 付小平，杨洪兴，安大伟. 中央空调系统运行管理[M]. 北京：清华大学出版社，2001.
[92] 杨昌智，刘光大，李念平. 暖通空调工程设计方法与系统分析[M]. 北京：中国建筑工业出版社，2001.
[93] 方贵银. 蓄冷空调工程实用新技术[M]. 北京：人民邮电出版社，2000.
[94] 李莉，朱彩霞，张建一. 与冰蓄冷相结合的低温送风系统[J]. 低温工程，2004(5)：59-62.
[95] Kirkpatrick A T，Elleson J S. 低温送风空调系统设计指南[M]. 汪训昌，译. 北京：中国建筑工业出版社，1999：62-68.
[96] 华泽钊，刘道平，吴兆琳，等. 蓄冷技术及其在空调工程中的应用[M]. 北京：科学出版社，1997.
[97] 庄友明. 冰蓄冷空调的运行模式及制冷主机容量确定[J]. 流体机械，2003，31(2)：56-59.
[98] 李莉，张建一. 低温送风空调系统的风管得热与温升[J]. 低温工程，2005(6)：60-63.
[99] Harmon J J，Yu H C. Design Consideration for Low-Temperature Air Distribution System[J]. ASHRAE Tran，1993，97(1)：854-859.
[100] 殷平. 空调大温差研究(1)：经济分析方法[J]. 暖通空调，2000，30(4)：62-66.
[101] 龚光彩. 流体输配管网[M]. 北京：机械工业出版社，2005.
[102] 李莉. 低温大温差空调与常规空调冷冻水管路设计计算比较[J]. 流体机械，2008，36(5)：79-83.
[103] 李莉. 冰蓄冷低温送风系统风管路计算与经济分析[J]. 电力需求侧管理，2008，10(5)：24-26.
[104] 黄翔. 空调工程[M]. 北京：机械工业出版社，2009.
[105] 刘晓华，江亿. 温湿度独立控制空调系统[M]. 北京：中国建筑工业出版社，2006.
[106] 李莉. 太阳能—海水源热泵与空调系统联合运行分析[J]. 湖南大学学报：自然科学版，2009，36(S2)：84-89.
[107] 姚杨. 暖通空调热泵技术[M]. 北京：中国建筑工业出版社，2008.
[108] 李莉. 厦门夏季热环境调控与节能分析[J]. 能源与环境，2004(3)：11-14.
[109] 李莉. 夏季居住建筑室内热舒适及其空调环境标准[J]. 集美大学学报：自然科学版，2009，14(4)：399-405.
[110] Li Li，Xue Xiangdong. Wind Energy Utilizing on the Basis of the Building Energy-Conserving[J]. The Proceedings of the China Association for Science and Technology，2006，2(1)：214-220.
[111] 王如竹，王丽伟，吴静怡. 吸附式制冷理论与应用[M]. 北京：科学出版社，2007.

[112] 孙宝田. 谈谈食品冷库的节能问题[J]. 冷藏技术，1984(2)：14-30.
[113] 胡新晚，宋绍民. 磁性槽泥在改善电动机性能中的应用[J]. 中小型电机，2004，31(1)：62-64.
[114] 蔡又新. 制冷用轻载大型电动机Δ-Y变换节电情况与体会[J]. 冷藏技术，1983(4)：21-22.
[115] 张维力. 节电顾问[M]. 北京：中国农业机械出版社，1983.
[116] 徐鹏青，刘广霞. 异步电动机内Δ-外Y接法在节能降耗中的应用[J]. 节能，1995(8)：29-32.
[117] 国家技术前瞻研究组. 中国技术前瞻报告2004：能源、资源环境和先进制造[R]. 北京：科学技术文献出版社，2004.
[118] 边增林. 用外贴隔热层方法维修和改造冷库[J]. 冷藏技术，1988(4)：40-42.
[119] 孔庆源. 中国水产冷库的发展与进步[J]. 制冷技术，2008(1)：35-38.
[120] 王新龙. 浅论降低机制冰能耗的问题[J]. 冷藏技术，1993(4)：18-24.
[121] 许业清. 实用节电技术[M]. 合肥：中国科学技术大学出版社，1990.
[122] 周淑军，王晓颖. 交流接触器节电技术的发展[J]. 电气时代，2005(2)：65-66.
[123] 刘炳彰. 交流接触器节电技术发展和GB 8871标准修订简介[J]. 低压电器，2001(2)：58-62.
[124] 张建一. 国外制冷装置热回收一瞥[J]. 节能，1988(11)：38-41.
[125] Zhang Jianyi, Eckhand A Groll. Energy Efficiency Survey and Recommendations for Public Refrigerated Warehouses[R]. West Lafayette: Purdue University, 1999.
[126] 谢堃，等. 冷库低品位余热回收利用的技术分析[J]. 节能技术，2007，25(5)：399-402.
[127] 张建一. 美国和加拿大冷库操作调节中的节能新技术研究[J]. 制冷，2002，21(1)：6-10.
[128] 邹才福. 中央空调冷凝热回收技术在我国推广应用与经济分析[M]. 上海：上海交通大学出版社，2003：213-216.
[129] 谭志宣，孙一坚. 饭店节能技术及应用实例[M]. 北京：化学工业出版社，2006.
[130] 邱文国. 冷风机融霜水量的确定及再利用[J]. 渔业机械仪器，1991(1)：20-22.
[131] 张建一. 食品速冻装置的节能[J]. 制冷，1996(2)：64-67.
[132] 张建一，秘文涛. 福建省食品冷藏链的技术现状和发展趋势[J]. 冷藏技术，2007(4)：5-9.
[133] 徐世琼. 新编制冷技术问答[M]. 北京：中国农业出版社，1999.
[134] 林桂煌. 制冷系统的冷凝压力与能耗关系浅说[J]. 冷藏技术，1994(4)：22-24.
[135] 张建一，秘文涛. 制冷装置冷凝压力优化分析[J]. 集美大学学报：自然科学版，2011，16(1)：45-49.
[136] 张建一. 制冷装置部分负荷时冷却水系统的节能[J]. 制冷与空调，2002(1)：58-60.
[137] 喻建华. 冷库节能的点滴看法[J]. 制冷学报，1981(2)：67-70.
[138] 李永安，郭锦琪，刘宏伟. 制冷机夜间运行节能效果研究[J]. 制冷，1997(4)：40-42.
[139] 莫宗波. 冷库经济运行的一些探讨[J]. 制冷，1997(3)：39-42.
[140] 张建一，毛有花. 湿球温度变化与两级制冷装置的性能研究[J]. 制冷，2002(2)：15-18.
[141] 张建一，郭晓勋. 分时电价与冷库运行调节的效益分析[J]. 冷藏技术，2001(1)：28-31.
[142] 赵娟，谭忠富，李强. 我国峰谷分时电价的状况分析[J]. 现代电力，2005，22(2)：82-85.
[143] 张建一. 对虾速冻装置中的若干问题和建议[J]. 渔业机械仪器，1989(3)：21-23.
[144] 张建一，刘年生. 两段冷冻工艺的工业应用实验[J]. 中国水产科学，2000(1)：91-94.
[145] 廖传善. 空调设备与系统节能控制[M]. 北京：中国建筑工业出版社，1984.
[146] 张建一. 工业氨制冷装置中的不凝性气体排放与节能[J]. 冷藏技术，2003(1)：13-16.
[147] 全国水产节能协作组. 冷库节能[J]. 渔业节能通讯，1992(1)：122-130.
[148] 张建一，杜丕昌. 氨制冷装置放油的节能探讨[J]. 冷藏技术，1989(4)：41-43.
[149] 季皖生. 氨制冷系统的冰堵及其解除办法[J]. 冷藏技术，1992(2)：25-26.
[150] 赵育川. 关于冷风机热气除霜节能的探讨[J]. 制冷技术，1996(2)：28-31.

[151] 张建一，任荣. 厦门市冷库制冷装置的维护管理与节能研究[J]. 冷藏技术，2001(2)：12-16.
[152] 金熙，项成林，齐冬子. 工业水处理技术问答[M]. 北京：化学工业出版社，2003.
[153] 尉迟斌，卢士勋，周祖毅，等. 实用制冷与空调工程手册[M]. 北京：机械工业出版社，2002.
[154] 赵艳萍. 设备管理与维修[M]. 北京：化学工业出版社，2004.
[155] 商业部冷藏加工企业管理局. 冷库制冷技术[M]. 北京：中国财政经济出版社，1980.
[156] 朱明道. 设备管理工程[M]. 北京：水利电力出版社，1990.
[157] 李先庭，王鹏飞，胡海峰，等. 合同能源管理在我国供热空调系统中的应用前景分析[J]. 制冷空调与电力机械，2005(2)：1-5.
[158] 国家电力公司电力需求侧管理指导中心. 美国节能服务行业回顾[M]. 北京：国家电力公司电力需求侧管理指导中心，2003.
[159] 诺加德，等. 从我做起——走向低能耗社会[M]. 高沛峻，李健，译. 北京：经济管理出版社，2006.
[160] Billiard D F. 制冷与可持续发展[J]. 制冷学报，2003(2)：22-26.
[161] 潘秋生. 新世纪中国制冷科学技术发展趋势[J]. 制冷学报，2003(3)：31-37.

信息反馈表

尊敬的老师：

您好！感谢您多年来对机械工业出版社的支持和厚爱！为了进一步提高我社教材的出版质量，更好地为我国高等教育发展服务，欢迎您对我社的教材多提宝贵意见和建议。另外，如果您在教学中选用了**《制冷空调节能技术》(张建一、李莉编著)**，欢迎您提出修改建议和意见。索取课件的授课教师，请填写下面的信息，发送邮件即可。

一、基本信息

姓名：________性别：_______职称：_______职务：____________________

邮编：________地址：____________________________________

学校：________________________________

任教课程：____________________电话：_____—_______(H)________(O)

电子邮件：___________________________手机：__________________

二、您对本书的意见和建议

（欢迎您指出本书的疏误之处）

三、您对我们的其他意见和建议

请与我们联系：

100037　机械工业出版社·高等教育分社　刘涛　收

Tel：010-8837 9542(O)，6899 4030(Fax)

E-mail：ltao929@163.com

http://www.cmpedu.com(机械工业出版社·教材服务网)

http://www.cmpbook.com(机械工业出版社·门户网)

http://www.golden-book.com(中国科技金书网·机械工业出版社旗下网上书店)

